線形代数学講義

［増補版］

木田雅成 著

培風館

まえがき

本書は大学 1 年生を対象にした線形代数の教科書である.

多くの線形代数の教科書が発行されている今日の状況をみれば，本書を新たにその列に加えることの意義を少しばかり述べないわけにはいかない.

私が線形代数を教え始めて 15 年ほどになるが，その間に，理工系に限ってみても，学生のレベルの多様化とともに，大学初年時の線形代数に求められるものも多様化しているように思われる．その段階をおおきく三つに分ければ，

(1) 行列に関するさまざまな計算ができ，行列を使った連立 1 次方程式の解法と，その理論を理解する

(2) (1) に加えて，ベクトル空間の基礎理論がわかる．特に数ベクトル空間について，理論と行列の計算を結びつけて行うことができる

(3) (2) に加えて，抽象的なベクトル空間について，その意義を理解し，諸概念を数ベクトル空間の理論と結びつけて考えることができる

ということになるのではないだろうか．本書はこの三つの段階のいずれにも対応できるような教科書を目指して構成した.

(1) を目指す場合は IV 章までをやれば良いようになっている．それで行列の対角化までがカバーされる．(2)(3) を目指す場合は最後までやる必要があるが，抽象的なベクトル空間に関する例や問題はなるべく独立させ，それらを飛ばしても後の理解に差し支えないようにしてある.

本書は類書に比べてページ数が若干多くなっているが，それは取り上げる題材を増やしたからではなく，本書を書く上で採用した，以下にあげるような方針のためである．まず，高校で行列やベクトルを履修したことがなくても理解が滞らないように，高校の履修内容にスムーズに結びつくように初等

的なところから書き起こした．具体的な計算問題や確認問題を配して，大学の内容に自然に入っていけるように配慮した．高校ですでに学習している内容でも，必要と思われるものについては本書の中でもう一度説明をしている．後半では前半に比べて抽象的になる対象を具体的に理解していけるように具体例を多くあげた．幾何的なイメージを十分喚起できるよう，幾何的な例や問題もなるべく入れるようにした．また，簡単な証明が自力で書けるようになることを目標に，その手がかりとなるよう証明もなるべく省略せず丁寧に書いた．ただし，一般的な証明が冗長になる場合は例証ですませたものもある．

また，本書では多くの教科書で省略されている線形写像の単射性，全射性の議論を避けることなく丁寧に述べた．その説明なしに線形写像の核や像の意義の理解は難しく，さらに基底を与えることの意義も曖昧になってしまうと考えたからである．さらに単射，全射という概念は数学全体を支える重要な基礎概念のひとつであるから，線形写像という格好の素材を通してこれらに慣れてほしいと思ったからである．

全体を通して，計算問題を中心に十分な量の練習問題をつけてある．本文中の問にはすべての人が取り組んでほしい．章末の演習問題は自分の，または講義のレベルにあわせて解けば良い．それらのほとんどの問題には略解がつけてあるので多いに活用してほしい．

1年間の講義で使う場合にはIV章までを前半に，残りを後半にという意図で書いた．ただし，前半はともかく，後半はその内容をすべて講義で取り上げると少し忙しいことになると思われる．私の場合は演習を適宜織り交ぜながら講義をすすめるというスタイルなので，例を取捨選択しても，第25節，第30節は自習に委ねることになる．

最後に，長い間にわたって，線形代数の教育について，いろいろな議論に応じてくださった著者の勤務先の電気通信大学の同僚の先生方，また，原稿に目を通し，多くの間違い，誤植などを指摘してくださった佐藤篤さん，寺井伸浩さん，大野真裕さんに深く感謝したい．もちろん，それでも紛れ込んでいる間違いは著者である私の責任である．また本書の編集を担当してくださった松本和宣さんには大変お世話になった．あわせて感謝したい．

2013年1月

著 者 記

増補版まえがき

本書の初版以来10年がたち，その間，幸いにも多くの読者に恵まれ，このたび増補版を作る機会を得ることができた．これを機に複素内積空間に関する第31節と第32節を追加した．理工系の課程において，学年が進むと必ず必要になる内容であり，必要になったときに本書を読み返してほしいと考えた．一方で，既存の節は，直和に関する定義と命題を第19節に付け加えた以外は，表現，表記の統一など最低限の変更にとどめた．この増補により，理工系の課程に必要なより高度な数学への橋渡しの役割を本書が担うことができれば，著者の本望である．

初版の発行以来これまでの間，初版にあった誤りや誤植の指摘をしてくださった読者の方々に深く感謝する．また培風館の岩田誠司さんには，この増補版の編集担当として，著者の目の届かない点にまで細やかに配慮をしていただいた．深く謝意を表したい．

2022年11月

著 者 記

目　　次

I 平面と空間のベクトル

高校の数学で学ぶ平面と空間のベクトルについて復習し，直線と平面のベクトル方程式を導くのがこの章の目標である．幾何学的な視点を導入することによって，あとの章の抽象的な議論において，直観的・具体的な理解の一助とすることを目的とする．

1 ベクトルとその演算

ベクトルの定義

平面または空間に 2 つの点 A と B をとり，A から B への向きをもった線分を考える．A を**始点**，B を**終点**という．この向きをもった線分の位置を無視して，大きさと向きだけを考えたものを**ベクトル**という．A から B への向きをもった線分によって決まるベクトルを $\overrightarrow{\mathrm{AB}}$ で表す．したがって，別の 2 点 A′ と B′ から定まるベクトル $\overrightarrow{\mathrm{A'B'}}$ が $\overrightarrow{\mathrm{AB}}$ と等しいのは，始点，終点の位置に関係なく，向きと長さが同じになるときである (図 I.1)．始点，終点を明示しないでベクトルを表すときは $\boldsymbol{a}, \boldsymbol{b}, \boldsymbol{c}$ など小文字の太文字で表すことにする．

この定義からベクトル $\boldsymbol{a}$ と，任意の点 A に対して，$\boldsymbol{a} = \overrightarrow{\mathrm{AB}}$ となるような点 B が決まる．

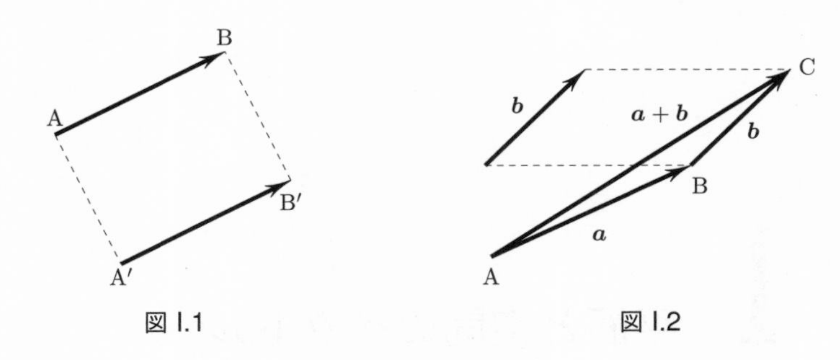

図 I.1　　　　図 I.2

ベクトルの和

$\boldsymbol{a}, \boldsymbol{b}$ を 2 つのベクトルとする．$\boldsymbol{a} = \overrightarrow{\mathrm{AB}}$ と書いて，この終点 B を $\boldsymbol{b}$ の始点にとって $\boldsymbol{b} = \overrightarrow{\mathrm{BC}}$ と書く．このときベクトル $\overrightarrow{\mathrm{AC}}$ を $\boldsymbol{a}$ と $\boldsymbol{b}$ の**和**といい $\boldsymbol{a}+\boldsymbol{b}$ で表す (図 I.2).

$\boldsymbol{a} = \overrightarrow{\mathrm{AB}}$ に対して，方向が逆で長さが同じベクトル $\overrightarrow{\mathrm{BA}}$ を $\boldsymbol{a}$ の**逆ベクトル**といい $-\boldsymbol{a}$ で表す．またベクトル $\overrightarrow{\mathrm{AA}}$ を長さが 0 で向きのない特別なベクトルと考えて，**零ベクトル**とよび $\mathbf{0}$ で表す.

和について次の性質が成り立つ.

$$\boldsymbol{a}+\boldsymbol{b} = \boldsymbol{b}+\boldsymbol{a} \qquad \text{交換法則}$$

$$\boldsymbol{a}+(\boldsymbol{b}+\boldsymbol{c}) = (\boldsymbol{a}+\boldsymbol{b})+\boldsymbol{c} \qquad \text{結合法則}$$

$$\boldsymbol{a}+\mathbf{0} = \mathbf{0}+\boldsymbol{a} = \boldsymbol{a}$$

$$\boldsymbol{a}+(-\boldsymbol{a}) = (-\boldsymbol{a})+\boldsymbol{a} = \mathbf{0}$$

$\boldsymbol{a}+(-\boldsymbol{b})$ を $\boldsymbol{a}-\boldsymbol{b}$ で表し，$\boldsymbol{a}$ と $\boldsymbol{b}$ の**差**という.

ベクトルの実数倍

$\boldsymbol{a}$ を零ベクトルでないベクトルとする．実数 $c > 0$ に対して，$\boldsymbol{a}$ の c 倍とよばれるベクトル $c\boldsymbol{a}$ を，$\boldsymbol{a}$ と同じ向きで長さが c 倍のベクトルとして定義する．$c < 0$ のときは $c\boldsymbol{a} = (-c)(-\boldsymbol{a})$ で定義し，$c = 0$ のときは $0\boldsymbol{a} = \mathbf{0}$ と定義する．また零ベクトル $\mathbf{0}$ については，どんな実数 c に対しても $c\mathbf{0} = \mathbf{0}$ とする.

実数倍は次の性質をもつ．c, d を実数とするとき

$$c(\boldsymbol{a}+\boldsymbol{b}) = c\boldsymbol{a}+c\boldsymbol{b} \qquad \text{分配法則}$$

$$(c+d)\boldsymbol{a} = c\boldsymbol{a} + d\boldsymbol{a} \qquad \text{分配法則}$$

$$(cd)\boldsymbol{a} = c(d\boldsymbol{a})$$

補注 1.1　これらの式は当り前のことを述べているわけではない．例えば2番目の分配法則の式をみると，この左辺にでてくる + は実数のたし算であるが，右辺の + はベクトルのたし算である．したがって実数のたし算を先にしてからベクトルを実数倍をしても，それぞれのベクトルを実数倍してからベクトルのたし算をしても結果は変わらないことを述べている．このように，式が何を意味しているのかを言葉にしてみることは大切である．

位置ベクトルとベクトルの成分

平面または空間に1つの点Oを固定する．各点Aに対してOを始点とするベクトル $\overrightarrow{\mathrm{OA}}$ が決まる．これを点AのOに関する**位置ベクトル**とよぶ．Oがはっきり決まっていて誤解が生じない場合は単にAの位置ベクトルという．このようにして平面または空間の点とベクトルを対応させることができる．

以下では空間のベクトルを主に考えるが，平面でも同様である．

Oを原点とする座標系が x 軸，y 軸，z 軸によって与えられているとする．空間では図I.3のように，右手の親指，人差指，中指の配置と同じになるように x 軸，y 軸，z 軸をとるものとする (この座標系を**右手系**とよぶ†)．

以下では，x 軸，y 軸，z 軸は常に右手系になっているものとする．

ベクトル $\boldsymbol{a}$ に対して $\boldsymbol{a} = \overrightarrow{\mathrm{OA}}$ となる点Aが決まる．このとき $\boldsymbol{a}$ はAの位置ベクトルになる．Aの座標を (a_1, a_2, a_3) とするとき，この a_1, a_2, a_3 を $\boldsymbol{a}$ の**成分**といい，

$$\boldsymbol{a} = \begin{bmatrix} a_1 \\ a_2 \\ a_3 \end{bmatrix}$$

と表す．このようにしてベクトルと3個の実数の組を対応させることができる．

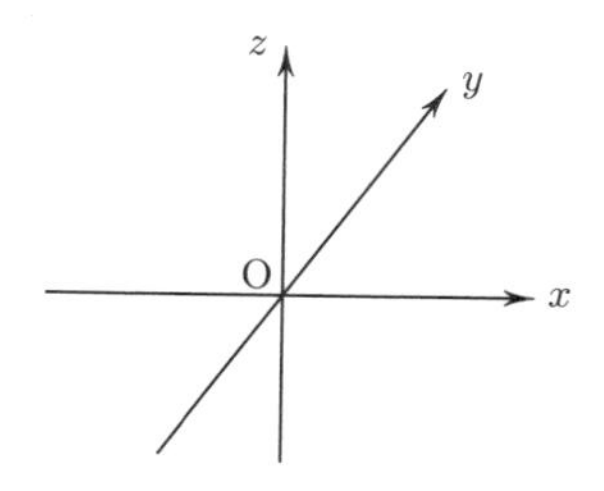

図 I.3　右手系

† 平面では座標系は，x 軸から反時計回り (これを正の方向という) に $\frac{\pi}{2}$ 回転したところに y 軸があるとする．

$\boldsymbol{a} = \begin{bmatrix} a_1 \\ a_2 \\ a_3 \end{bmatrix}$, $\boldsymbol{b} = \begin{bmatrix} b_1 \\ b_2 \\ b_3 \end{bmatrix}$ なら，和 $\boldsymbol{a}+\boldsymbol{b}$，実数倍 $c\boldsymbol{a}$ は

$$\boldsymbol{a}+\boldsymbol{b} = \begin{bmatrix} a_1+b_1 \\ a_2+b_2 \\ a_3+b_3 \end{bmatrix}, \quad c\boldsymbol{a} = \begin{bmatrix} ca_1 \\ ca_2 \\ ca_3 \end{bmatrix}$$

となることが簡単に確かめられる．

●問 1.1　点 A の位置ベクトルを $\boldsymbol{a} = \begin{bmatrix} 2 \\ 3 \\ 1 \end{bmatrix}$，点 B の位置ベクトルを $\boldsymbol{b} = \begin{bmatrix} 4 \\ -1 \\ 3 \end{bmatrix}$ とするとき，線分 AB の中点の位置ベクトルを求めよ．

ベクトルの内積

平面ベクトル $\boldsymbol{a} = \begin{bmatrix} a_1 \\ a_2 \end{bmatrix}$, $\boldsymbol{b} = \begin{bmatrix} b_1 \\ b_2 \end{bmatrix}$ に対して，実数

$$\boldsymbol{a} \cdot \boldsymbol{b} = a_1b_1 + a_2b_2$$

を $\boldsymbol{a}$ と $\boldsymbol{b}$ の**内積**という．

空間ベクトル $\boldsymbol{a} = \begin{bmatrix} a_1 \\ a_2 \\ a_3 \end{bmatrix}$, $\boldsymbol{b} = \begin{bmatrix} b_1 \\ b_2 \\ b_3 \end{bmatrix}$ に対しても内積が

$$\boldsymbol{a} \cdot \boldsymbol{b} = a_1b_1 + a_2b_2 + a_3b_3$$

によって定義される．

内積は次の性質をみたす．

$$(\boldsymbol{a}+\boldsymbol{a}') \cdot \boldsymbol{b} = \boldsymbol{a} \cdot \boldsymbol{b} + \boldsymbol{a}' \cdot \boldsymbol{b}$$
$$(c\boldsymbol{a}) \cdot \boldsymbol{b} = c(\boldsymbol{a} \cdot \boldsymbol{b})$$
$$\boldsymbol{a} \cdot \boldsymbol{b} = \boldsymbol{b} \cdot \boldsymbol{a}$$
$$\boldsymbol{a} \neq \boldsymbol{0} \text{ ならば } \boldsymbol{a} \cdot \boldsymbol{a} > 0.$$

平面または空間のベクトル $\boldsymbol{a}$ の長さを $\|\boldsymbol{a}\|$ で表すと，

$$\|\boldsymbol{a}\| = \sqrt{\boldsymbol{a} \cdot \boldsymbol{a}} = \begin{cases} \sqrt{{a_1}^2 + {a_2}^2} & (\boldsymbol{a} \text{ が平面ベクトルの場合}) \\ \sqrt{{a_1}^2 + {a_2}^2 + {a_3}^2} & (\boldsymbol{a} \text{ が空間ベクトルの場合}) \end{cases}$$

が成り立つ．内積の性質から $\boldsymbol{a} \neq \boldsymbol{0}$ ならば $\|\boldsymbol{a}\| > 0$ で，$\|\boldsymbol{0}\| = 0$ である．

命題 1.2 内積とベクトルの長さに関して次の不等式が成り立つ．

(i) $|\boldsymbol{a}\cdot\boldsymbol{b}| \leq \|\boldsymbol{a}\|\,\|\boldsymbol{b}\|$ (コーシー・シュワルツの不等式)

(ii) $\|\boldsymbol{a}+\boldsymbol{b}\| \leq \|\boldsymbol{a}\|+\|\boldsymbol{b}\|$ (三角不等式)

［証明］ (i) 平面のベクトル $\boldsymbol{a}=\begin{bmatrix}a_1\\a_2\end{bmatrix}$, $\boldsymbol{b}=\begin{bmatrix}b_1\\b_2\end{bmatrix}$ について証明するが，空間のベクトルについても計算が複雑になるだけで同様である．

$$\begin{aligned}\|\boldsymbol{a}\|^2\|\boldsymbol{b}\|^2-(\boldsymbol{a}\cdot\boldsymbol{b})^2 &= (a_1^2+a_2^2)(b_1^2+b_2^2)-(a_1b_1+a_2b_2)^2\\ &= a_1^2b_2^2+a_2^2b_1^2-2a_1b_1a_2b_2\\ &= (a_1b_2-a_2b_1)^2 \geq 0.\end{aligned}$$

(ii) 内積の性質から

$$\begin{aligned}\|\boldsymbol{a}+\boldsymbol{b}\|^2 &= (\boldsymbol{a}+\boldsymbol{b})\cdot(\boldsymbol{a}+\boldsymbol{b})\\ &= \|\boldsymbol{a}\|^2+\|\boldsymbol{b}\|^2+2(\boldsymbol{a}\cdot\boldsymbol{b})\\ &\leq \|\boldsymbol{a}\|^2+\|\boldsymbol{b}\|^2+2\|\boldsymbol{a}\|\,\|\boldsymbol{b}\|\\ &= (\|\boldsymbol{a}\|+\|\boldsymbol{b}\|)^2.\end{aligned}$$

ここで不等号はコーシー・シュワルツの不等式から得られる．これから三角不等式がわかる．

□

コーシー・シュワルツの不等式から，$\boldsymbol{a}, \boldsymbol{b}$ がともに $\boldsymbol{0}$ でないとき

$$-1 \leq \frac{\boldsymbol{a}\cdot\boldsymbol{b}}{\|\boldsymbol{a}\|\,\|\boldsymbol{b}\|} \leq 1$$

が成り立つので，2 つのベクトル $\boldsymbol{a}$ と $\boldsymbol{b}$ のなす角 θ を

$$\cos\theta = \frac{\boldsymbol{a}\cdot\boldsymbol{b}}{\|\boldsymbol{a}\|\,\|\boldsymbol{b}\|} \quad (0 \leq \theta \leq \pi)$$

で定義することができる．特に 2 つのベクトルが直交するための条件は

$$\boldsymbol{a}\cdot\boldsymbol{b}=0$$

である．このように内積を使うと長さや角度が決まる．

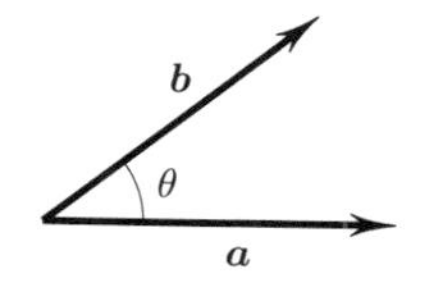

$\boldsymbol{a}$ と $\boldsymbol{b}$ のなす角

●問 1.2 $\boldsymbol{a}=\begin{bmatrix}2\\2\\-1\end{bmatrix}$ と $\boldsymbol{b}=\begin{bmatrix}4\\1\\1\end{bmatrix}$ のなす角を求めよ．

●問 1.3 $\begin{bmatrix}1\\2\end{bmatrix}$ に直交する長さ 1 のベクトルを 1 つ求めよ．

例題 1.3 2 つのベクトル $\boldsymbol{a}$ と $\boldsymbol{b}$ の作る平行四辺形の面積 S は

$$S=\sqrt{\|\boldsymbol{a}\|^2\|\boldsymbol{b}\|^2-(\boldsymbol{a}\cdot\boldsymbol{b})^2}$$

で与えられることを示せ．

【解】 $\boldsymbol{a}$ と $\boldsymbol{b}$ のなす角を θ とする．$\boldsymbol{a}$ を底辺とみると，高さは $\|\boldsymbol{b}\|\sin\theta$ であるから

$$S=\|\boldsymbol{a}\|\,\|\boldsymbol{b}\|\sin\theta.$$

よって

$$\begin{aligned}S^2&=\|\boldsymbol{a}\|^2\|\boldsymbol{b}\|^2(1-\cos^2\theta)\\&=\|\boldsymbol{a}\|^2\|\boldsymbol{b}\|^2\left(1-\frac{(\boldsymbol{a}\cdot\boldsymbol{b})^2}{\|\boldsymbol{a}\|^2\|\boldsymbol{b}\|^2}\right)\\&=\|\boldsymbol{a}\|^2\|\boldsymbol{b}\|^2-(\boldsymbol{a}\cdot\boldsymbol{b})^2.\end{aligned}$$

これから，コーシー・シュワルツの不等式に注意すると目的の式が得られる．

特に平面ベクトル $\boldsymbol{a}=\begin{bmatrix}a_1\\a_2\end{bmatrix}$，$\boldsymbol{b}=\begin{bmatrix}b_1\\b_2\end{bmatrix}$ のときは，命題 1.2(i) の証明の計算によって

$$S=|a_1b_2-a_2b_1| \tag{1.1}$$

がわかる．

この絶対値の中身は重要だから新しい記号で書く．

$$\begin{vmatrix}a_1&b_1\\a_2&b_2\end{vmatrix}=a_1b_2-a_2b_1.$$

これは行列式とよばれるものだが，それについては第 IV 章で詳しく学ぶことにして，ここでは $\begin{vmatrix}a_1&b_1\\a_2&b_2\end{vmatrix}$ の符号を決定しておく．

命題 1.4 $\boldsymbol{a}$ から $\boldsymbol{b}$ へ正の向き (反時計回りの向き) にはかった角を φ とする．このとき

$$0 \leq \varphi \leq \pi \Longrightarrow \begin{vmatrix} a_1 & b_1 \\ a_2 & b_2 \end{vmatrix} \geq 0,$$

$$\pi \leq \varphi \leq 2\pi \Longrightarrow \begin{vmatrix} a_1 & b_1 \\ a_2 & b_2 \end{vmatrix} \leq 0.$$

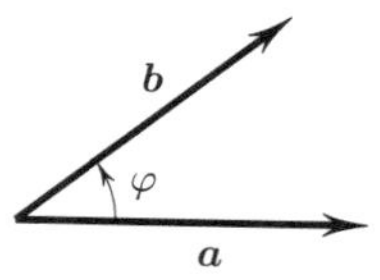

［証明］$\boldsymbol{a}$ と $\boldsymbol{b}$ の位置関係だけが関係するから，必要なら座標軸を回転させることにより，$\boldsymbol{a}$ が x 軸上で正の方向にあるとしてよい．このとき $\boldsymbol{a} = \begin{bmatrix} a_1 \\ 0 \end{bmatrix}$ $(a_1 > 0)$. もし $0 \leq \varphi \leq \pi$ ならば $b_2 \geq 0$ となるので $\begin{vmatrix} a_1 & b_1 \\ a_2 & b_2 \end{vmatrix} = a_1 b_2 \geq 0$. また $\pi \leq \varphi \leq 2\pi$ ならば $b_2 \leq 0$ だから $\begin{vmatrix} a_1 & b_1 \\ a_2 & b_2 \end{vmatrix} \leq 0$ となる． □

正射影

$\boldsymbol{u}$ を平面または空間の $\boldsymbol{0}$ でないベクトルとする．与えられた任意のベクトル $\boldsymbol{a}$ を，$\boldsymbol{u}$ と向きが同じまたは逆のベクトル $\boldsymbol{a}_1$ と，$\boldsymbol{u}$ と垂直なベクトル $\boldsymbol{a}_2$ の和に分解することを考える (図 I.4)．すなわち実数 c を使って，

$$\boldsymbol{a} = \boldsymbol{a}_1 + \boldsymbol{a}_2, \quad \boldsymbol{a}_1 = c\boldsymbol{u}, \quad \boldsymbol{a}_2 \cdot \boldsymbol{u} = 0.$$

$\boldsymbol{a}_1$ を $\boldsymbol{a}$ の $\boldsymbol{u}$ 方向への**正射影**とよぶ．

この分解は次のようにして求められる．$\boldsymbol{a}_2 \cdot \boldsymbol{u} = 0$ に $\boldsymbol{a}_2 = \boldsymbol{a} - \boldsymbol{a}_1 = \boldsymbol{a} - c\boldsymbol{u}$ を代入すると，内積の性質から，

$$(\boldsymbol{a} - c\boldsymbol{u}) \cdot \boldsymbol{u} = \boldsymbol{a} \cdot \boldsymbol{u} - c\boldsymbol{u} \cdot \boldsymbol{u} = 0.$$

したがって $c = \dfrac{\boldsymbol{a} \cdot \boldsymbol{u}}{\boldsymbol{u} \cdot \boldsymbol{u}}$. これから，$\boldsymbol{a}$ の $\boldsymbol{u}$ 方向の正射影 $\boldsymbol{a}_1$ は

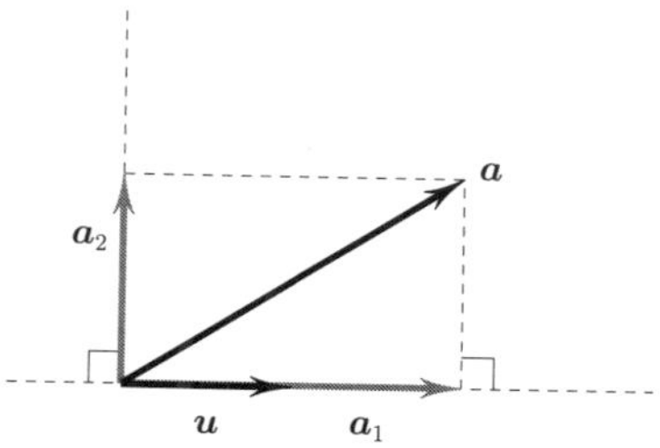

$$\boldsymbol{a}_1 = \frac{\boldsymbol{a} \cdot \boldsymbol{u}}{\boldsymbol{u} \cdot \boldsymbol{u}} \boldsymbol{u}$$

で与えられる．

図 I.4

●問 1.4 $\boldsymbol{a}=\begin{bmatrix}10\\4\end{bmatrix}$ の $\boldsymbol{u}=\begin{bmatrix}1\\1\end{bmatrix}$ 方向への正射影を求めよ．また $\boldsymbol{u}$ と垂直な方向の成分 (上の $\boldsymbol{a}_2$) を求めよ．

空間ベクトルの外積

空間ベクトル $\boldsymbol{a}=\begin{bmatrix}a_1\\a_2\\a_3\end{bmatrix}$, $\boldsymbol{b}=\begin{bmatrix}b_1\\b_2\\b_3\end{bmatrix}$ に対して，**外積**とよばれるベクトル $\boldsymbol{a}\times\boldsymbol{b}$ が

$$\boldsymbol{a}\times\boldsymbol{b}=\begin{bmatrix}a_2b_3-a_3b_2\\-(a_1b_3-a_3b_1)\\a_1b_2-a_2b_1\end{bmatrix}=\begin{bmatrix}\begin{vmatrix}a_2&b_2\\a_3&b_3\end{vmatrix}\\-\begin{vmatrix}a_1&b_1\\a_3&b_3\end{vmatrix}\\\begin{vmatrix}a_1&b_1\\a_2&b_2\end{vmatrix}\end{bmatrix}$$

によって定まる．外積は数ではなくベクトルを与えるので**ベクトル積**ともよばれる．

外積は次の性質をもつ．

命題 1.5 $\boldsymbol{c}=\boldsymbol{a}\times\boldsymbol{b}$ とするとき，

(i) $\boldsymbol{a}\cdot\boldsymbol{c}=0$ かつ $\boldsymbol{b}\cdot\boldsymbol{c}=0$. つまり，$\boldsymbol{c}$ は $\boldsymbol{a}$ とも $\boldsymbol{b}$ とも直交する．

(ii) $\boldsymbol{c}$ の向きは $\boldsymbol{a}$ から $\boldsymbol{b}$ に右ねじを回したときの進行方向である．

(iii) $\boldsymbol{c}$ の大きさは $\boldsymbol{a}$ と $\boldsymbol{b}$ の作る平行四辺形の面積に等しい．

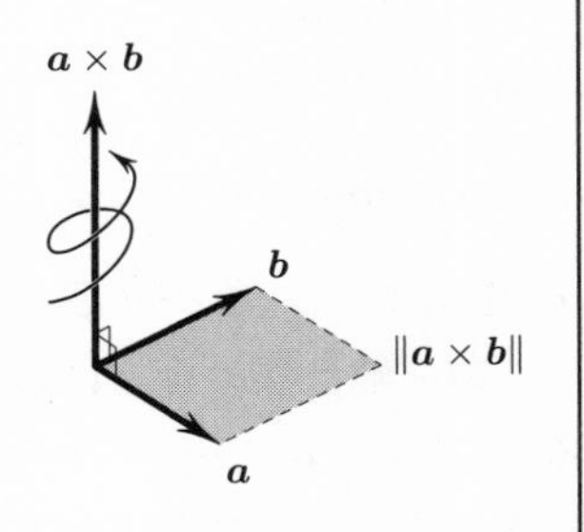

［証明］(i) 最初の式だけを示す．次の式も同様である．

$$\boldsymbol{a}\cdot(\boldsymbol{a}\times\boldsymbol{b})=a_1(a_2b_3-a_3b_2)+a_2(-a_1b_3+a_3b_1)+a_3(a_1b_2-a_2b_1)=0.$$

(ii) 座標軸を回転させることによって，$\boldsymbol{a},\boldsymbol{b}$ が xy 平面にある場合だけを考えればよい．このとき

$$\boldsymbol{a}\times\boldsymbol{b}=\begin{bmatrix}0\\0\\a_1b_2-a_2b_1\end{bmatrix}$$

となるから，

$$a_1b_2 - a_2b_1 = \begin{vmatrix} a_1 & b_1 \\ a_2 & b_2 \end{vmatrix}$$

の正負によって $\boldsymbol{a} \times \boldsymbol{b}$ の正負は決まるが，この値は命題 1.4 から $\boldsymbol{a}$ から $\boldsymbol{b}$ への正の向きの角 φ が $0 \leq \varphi \leq \pi$ をみたすなら正．これは $\boldsymbol{a}$ から $\boldsymbol{b}$ へ右ねじを回したときの進行方向になっている．$\pi \leq \varphi \leq 2\pi$ のときも同様である．

(iii) 計算によって，

$$\begin{aligned} \|\boldsymbol{c}\|^2 &= (a_2b_3 - a_3b_2)^2 + (-a_1b_3 + a_3b_1)^2 + (a_1b_2 - a_2b_1)^2 \\ &= ({a_1}^2 + {a_2}^2 + {a_3}^2)({b_1}^2 + {b_2}^2 + {b_3}^2) - (a_1b_1 + a_2b_2 + a_3b_3)^2 \\ &= \|\boldsymbol{a}\|^2\|\boldsymbol{b}\|^2 - (\boldsymbol{a} \cdot \boldsymbol{b})^2. \end{aligned}$$

例題 1.3 により主張が成り立つ．　□

この命題から

$$\boldsymbol{a} \times \boldsymbol{b} = -\boldsymbol{b} \times \boldsymbol{a}$$

が成り立つことがわかる．また次のような性質も直接，計算によって確かめられる．

$$\boldsymbol{a} \times (\boldsymbol{b} + \boldsymbol{c}) = \boldsymbol{a} \times \boldsymbol{b} + \boldsymbol{a} \times \boldsymbol{c}$$

$$(\boldsymbol{a} + \boldsymbol{b}) \times \boldsymbol{c} = \boldsymbol{a} \times \boldsymbol{c} + \boldsymbol{b} \times \boldsymbol{c}$$

$$k(\boldsymbol{a} \times \boldsymbol{b}) = (k\boldsymbol{a}) \times \boldsymbol{b} = \boldsymbol{a} \times (k\boldsymbol{b}) \qquad (k \text{ は実数}).$$

●問 1.5　$\boldsymbol{a} = \begin{bmatrix} 2 \\ 0 \\ 1 \end{bmatrix}$，$\boldsymbol{b} = \begin{bmatrix} 0 \\ 3 \\ 3 \end{bmatrix}$，$\boldsymbol{c} = \begin{bmatrix} -2 \\ 3 \\ 1 \end{bmatrix}$ とするとき，次を計算せよ．

(i) $\boldsymbol{a} \times \boldsymbol{b}$　(ii) $\boldsymbol{b} \times \boldsymbol{a}$　(iii) $\boldsymbol{b} \times \boldsymbol{c}$　(iv) $\boldsymbol{a} \times (\boldsymbol{b} \times \boldsymbol{c})$　(v) $(\boldsymbol{a} \times \boldsymbol{b}) \times \boldsymbol{c}$

外積については結合法則が成り立たないことに注意せよ．すなわち一般に

$$\boldsymbol{a} \times (\boldsymbol{b} \times \boldsymbol{c}) \neq (\boldsymbol{a} \times \boldsymbol{b}) \times \boldsymbol{c}.$$

例題 1.6　空間の 3 つのベクトル $\boldsymbol{a}, \boldsymbol{b}, \boldsymbol{c}$ が作る平行六面体の体積は

$$(\boldsymbol{a} \times \boldsymbol{b}) \cdot \boldsymbol{c}$$

の絶対値で与えられることを示せ．

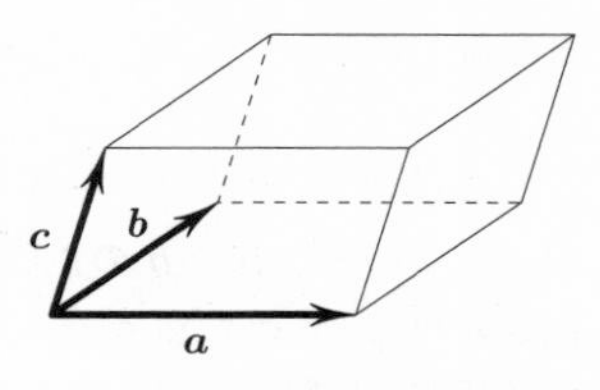

$\boldsymbol{a}, \boldsymbol{b}, \boldsymbol{c}$ が作る平行六面体

【解】 命題 1.5 から $\|\boldsymbol{a} \times \boldsymbol{b}\|$ は $\boldsymbol{a}$ と $\boldsymbol{b}$ の作る平行四辺形の面積に等しい．したがって，$\boldsymbol{a} \times \boldsymbol{b}$ と $\boldsymbol{c}$ のなす角を θ $(0 \leq \theta \leq \pi)$ とすれば，求める体積は

$$\|\boldsymbol{a} \times \boldsymbol{b}\| \, \|\boldsymbol{c}\| \cos\theta = (\boldsymbol{a} \times \boldsymbol{b}) \cdot \boldsymbol{c}$$

の絶対値となる．

●問 1.6 $\boldsymbol{a} = \begin{bmatrix} 3 \\ 7 \\ 10 \end{bmatrix}$, $\boldsymbol{b} = \begin{bmatrix} 6 \\ -1 \\ 6 \end{bmatrix}$, $\boldsymbol{c} = \begin{bmatrix} 5 \\ 1 \\ 9 \end{bmatrix}$ が作る平行六面体の体積を求めよ．

2 直線と平面の方程式

直線の方程式

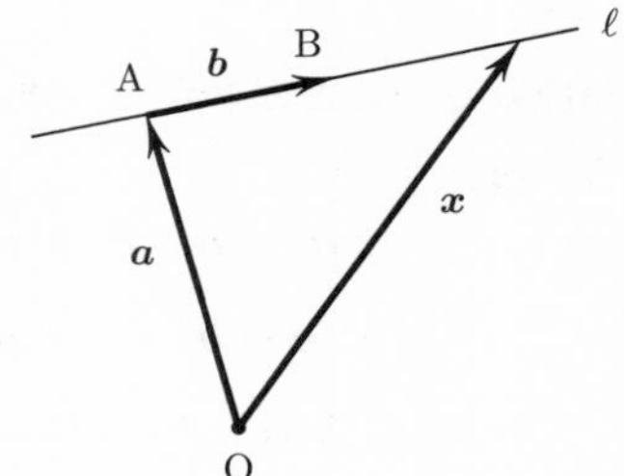

ℓ を平面または空間の直線とする．A, B を ℓ 上の 2 点とする．A の位置ベクトルを $\boldsymbol{a}$ とし，$\boldsymbol{b} = \overrightarrow{\mathrm{AB}}$ とすると，直線 ℓ 上の任意の点の位置ベクトル $\boldsymbol{x}$ は

$$\boldsymbol{x} = \boldsymbol{a} + t\boldsymbol{b} \quad (t \text{ は実数})$$

と表すことができる．これが直線 ℓ の**ベクトル方程式**である．$\boldsymbol{b}$ を ℓ の**方向ベクトル**という．実数を動く変数 t を**パラメータ** (媒介変数) とよぶ．

平面内の直線

ℓ が xy 平面内にある場合に，ℓ のみたす式を成分を使って書いてみよう．

$$\boldsymbol{x} = \begin{bmatrix} x \\ y \end{bmatrix}, \quad \boldsymbol{a} = \begin{bmatrix} x_0 \\ y_0 \end{bmatrix}, \quad \boldsymbol{b} = \begin{bmatrix} a \\ b \end{bmatrix}$$

とすると，

$$\begin{bmatrix} x \\ y \end{bmatrix} = \begin{bmatrix} x_0 \\ y_0 \end{bmatrix} + t \begin{bmatrix} a \\ b \end{bmatrix} = \begin{bmatrix} x_0 + at \\ y_0 + bt \end{bmatrix}.$$

すなわち，

$$\begin{cases} x = x_0 + at \\ y = y_0 + bt \end{cases}$$

という ℓ の連立方程式による表示が得られる．これからパラメータ t を消去すると

$$b(x-x_0)-a(y-y_0)=0 \tag{2.1}$$

という方程式が得られる．これが (x_0, y_0) を通り，方向ベクトルが $\begin{bmatrix} a \\ b \end{bmatrix}$ の直線 ℓ の方程式である．また $c=bx_0-ay_0$ とおけば，

$$bx-ay=c \tag{2.2}$$

という式が得られる．よって平面内の直線は x, y の 1 次式で与えられる．

(2.1) を内積を使って書き直すと

$$\begin{bmatrix} b \\ -a \end{bmatrix} \cdot \begin{bmatrix} x-x_0 \\ y-y_0 \end{bmatrix} = 0.$$

この式はベクトル $\boldsymbol{d}=\begin{bmatrix} b \\ -a \end{bmatrix}$ が直線 ℓ と直交していることを示す．$\boldsymbol{d}$ を ℓ の**法線ベクトル**という．

●**問 2.1**　次の直線のベクトル方程式を求めよ．また (2.2) の形の方程式を求めよ．

(i) 点 $(1,2)$ を通り，方向ベクトルが $\begin{bmatrix} 3 \\ -1 \end{bmatrix}$ である直線．

(ii) 2 点 $(1,1), (3,5)$ を通る直線．

空間内の直線

ℓ が空間内の直線である場合も同様に方程式を求めることができる．

$$\boldsymbol{x}=\begin{bmatrix} x \\ y \\ z \end{bmatrix}, \quad \boldsymbol{a}=\begin{bmatrix} x_0 \\ y_0 \\ z_0 \end{bmatrix}, \quad \boldsymbol{b}=\begin{bmatrix} a \\ b \\ c \end{bmatrix}$$

と書くと，平面内の直線のときと同様の計算で，

$$\begin{cases} x=x_0+at \\ y=y_0+bt \\ z=z_0+ct \end{cases}$$

が得られる．a, b, c のいずれもが 0 でないときは，t を消去して

$$\frac{x-x_0}{a}=\frac{y-y_0}{b}=\frac{z-z_0}{c}. \tag{2.3}$$

これが空間内の直線の方程式になる．

●**問 2.2** 2 点 $(1,2,3)$, $(-2,3,-1)$ を通る直線のベクトル方程式を求めよ．さらに可能であれば，(2.3) の形の方程式を求めよ．

平面の方程式

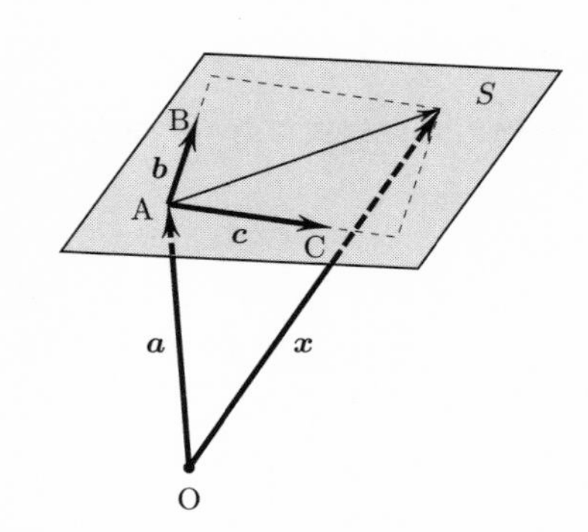

S を空間内の平面とする．A, B, C を平面 S 上の一直線上にない 3 点とし，

$$\boldsymbol{b} = \overrightarrow{\mathrm{AB}}, \quad \boldsymbol{c} = \overrightarrow{\mathrm{AC}}$$

とおく (右図)．A の位置ベクトルを $\boldsymbol{a}$ とすれば，S 上の任意の点の位置ベクトル $\boldsymbol{x}$ は

$$\boldsymbol{x} = \boldsymbol{a} + s\boldsymbol{b} + t\boldsymbol{c} \quad (s, t \text{ は実数})$$

と表される．これが平面のベクトル方程式である．

これから s, t を消去すると複雑になるので，次のように考える．$\boldsymbol{b}$ と $\boldsymbol{c}$ の両方に直交するベクトル (例えば外積 $\boldsymbol{b} \times \boldsymbol{c}$) を $\boldsymbol{p}$ とすると，

$$\begin{aligned} \boldsymbol{x} \cdot \boldsymbol{p} &= (\boldsymbol{a} + s\boldsymbol{b} + t\boldsymbol{c}) \cdot \boldsymbol{p} \\ &= \boldsymbol{a} \cdot \boldsymbol{p} + s\boldsymbol{b} \cdot \boldsymbol{p} + t\boldsymbol{c} \cdot \boldsymbol{p} \\ &= \boldsymbol{a} \cdot \boldsymbol{p}. \end{aligned}$$

移項すると，

$$(\boldsymbol{x} - \boldsymbol{a}) \cdot \boldsymbol{p} = 0.$$

これは $\boldsymbol{p}$ が平面 S 上の任意のベクトルと直交することを示している．$\boldsymbol{p}$ を S の**法線ベクトル**という．そこで

$$\boldsymbol{x} = \begin{bmatrix} x \\ y \\ z \end{bmatrix}, \quad \boldsymbol{a} = \begin{bmatrix} x_0 \\ y_0 \\ z_0 \end{bmatrix}, \quad \boldsymbol{p} = \begin{bmatrix} a \\ b \\ c \end{bmatrix}$$

とおいて，$(\boldsymbol{x} - \boldsymbol{a}) \cdot \boldsymbol{p} = 0$ に代入すると

$$a(x - x_0) + b(y - y_0) + c(z - z_0) = 0$$

となる．これが (x_0, y_0, z_0) を通り，法線ベクトルが $\boldsymbol{p} = \begin{bmatrix} a \\ b \\ c \end{bmatrix}$ の平面の方程式である．$d = ax_0 + by_0 + cz_0$ とおくと，

$$ax + by + cz = d \tag{2.4}$$

という x, y, z の 1 次式になる．

●問 2.3　次の平面の方程式を (2.4) の形で求めよ．

(i) 3 点 $(1,0,2), (-1,1,1), (0,2,2)$ を通る平面．

(ii) 点 $(-1,1,-3)$ を通り，z 軸に垂直な平面．

補注 2.1　ここで (2.3) の空間内の直線の方程式 $\dfrac{x-x_0}{a} = \dfrac{y-y_0}{b} = \dfrac{z-z_0}{c}$ を振り返ると，この式は条件 $abc \neq 0$ の下で，次の連立方程式と同値である．

$$\begin{cases} b(x-x_0) - a(y-y_0) = 0 \\ c(y-y_0) - b(z-z_0) = 0 \end{cases}$$

1 番目の式は点 (x_0, y_0, z) (z は任意) を通り，法線ベクトルが $\boldsymbol{p}_1 = \begin{bmatrix} b \\ -a \\ 0 \end{bmatrix}$ の平面，また 2 番目の式は点 (x, y_0, z_0) (x は任意) を通り，法線ベクトルが $\boldsymbol{p}_2 = \begin{bmatrix} 0 \\ c \\ -b \end{bmatrix}$ の平面を表す式である．したがって (2.3) は 2 つの平面の交わりとして，1 つの直線を表す式になっている．点 (x_0, y_0, z_0) がこの 2 平面の交わりに含まれるので，交わりは空集合ではない．この 2 つの法線ベクトルはもとの直線の方向ベクトル $\begin{bmatrix} a \\ b \\ c \end{bmatrix}$ と当然ながら直交している．

演習問題 I

[A]

I.1　$\boldsymbol{a} = \begin{bmatrix} 2 \\ 1 \\ -1 \end{bmatrix}$，$\boldsymbol{b} = \begin{bmatrix} 0 \\ 3 \\ 7 \end{bmatrix}$，$\boldsymbol{c} = \begin{bmatrix} 5 \\ -4 \\ 0 \end{bmatrix}$ に対して，以下の計算をせよ．

(i) $\boldsymbol{a} + 2\boldsymbol{b}$　(ii) $-\boldsymbol{b} - 2\boldsymbol{c}$　(iii) $\boldsymbol{b} + 2\boldsymbol{c}$

(iv) $\|\boldsymbol{a}\|$　(v) $\|-2\boldsymbol{a}\|$　(vi) $\boldsymbol{b} \cdot \boldsymbol{c}$

(vii) $\boldsymbol{a} \times \boldsymbol{b}$　(viii) $\boldsymbol{b} \times \boldsymbol{a}$　(ix) $\|\boldsymbol{a} \times \boldsymbol{b}\|$

(x) $(\boldsymbol{a} \times \boldsymbol{b}) \times \boldsymbol{c}$　(xi) $\boldsymbol{a} \times (\boldsymbol{b} \times \boldsymbol{c})$　(xii) $\boldsymbol{c} \cdot (\boldsymbol{a} \times \boldsymbol{b})$

(xiii) $\boldsymbol{a}$ と $\boldsymbol{b}$ で決まる三角形の面積

(xiv) $\boldsymbol{a}$ と $\boldsymbol{b}$ と $\boldsymbol{c}$ で決まる平行六面体の体積

(xv) $\boldsymbol{a}$ と $\boldsymbol{b}$ と $\boldsymbol{c}$ で決まる四面体の体積

I.2　次の直線または平面のベクトル方程式を求めよ．

(i) 点 $(1,1)$ を通り，$3x + 2y = 1$ と平行な直線．

(ii) 点 $(1,1)$ を通り，$x + 2y = 0$ と垂直な直線．

(iii) 点 $(3,-2,5)$ を通り，x 軸と平行な直線.

(iv) 点 $(1,-1,1)$ を通り，xy 平面に垂直な直線.

(v) 点 $(0,1,-1)$ を通り，平面 $x-y+3z=2$ に垂直な直線.

(vi) 3 点 $(2,0,1),(1,-1,1),(3,2,0)$ を通る平面.

(vii) 2 直線 $\frac{x}{3}=-y=\frac{z}{5}$, $x=-\frac{y}{2}=-z$ を含む平面.

(viii) 2 平面 $x-y+2z=1$, $2x-z=-3$ の交わりに現れる直線.

I.3 2 直線 $x-3=\frac{y}{-7}=\frac{z+3}{2}$ と $2-x=\frac{y+2}{4}=z-4$ のなす角を求めよ.

I.4 2 平面 $6x+2y+9z=3$ と $3x-4y+5z=1$ のなす角を求めよ.

I.5 空間内の 3 点 $\mathrm{A}=(0,1,1)$, $\mathrm{B}=(1,t,1)$, $\mathrm{C}=(t,1,1-t)$ が直角二等辺三角形の頂点になるように t の値を決めよ．またそのときの三角形の面積を求めよ.

[B]

I.6 次の図形のベクトル方程式を求めよ.

(i) 点 $(1,-1)$ を中心とし，半径が 3 の円.

(ii) 点 $(2,-3,1)$ を中心とし，半径が 2 の球面.

I.7 xy 平面内の直線 ℓ: $ax+by+c=0$ と，平面上の点 $\mathrm{P}=(x_0,y_0)$ に対して以下の問に答えよ.

(i) P を通り，ℓ に垂直な直線 m のベクトル方程式を求めよ.

(ii) ℓ と m の交点に対応するパラメータの値を求めよ.

(iii) P と ℓ の距離を求めよ.

I.8 x,y,z を座標とする空間内の平面 $Ax+By+Cz+D=0$ と直線 $\frac{x-a}{p}=\frac{y-b}{q}=\frac{z-c}{r}$ のなす角を θ $\left(0\leq\theta\leq\frac{\pi}{2}\right)$ とするとき,

$$\sin\theta=\frac{|pA+qB+rC|}{\sqrt{A^2+B^2+C^2}\sqrt{p^2+q^2+r^2}}$$

となることを示せ.

I.9 空間のベクトル $\boldsymbol{a},\boldsymbol{b},\boldsymbol{c}$ が同一平面上にあるための必要十分条件は

$$(\boldsymbol{a}\times\boldsymbol{b})\cdot\boldsymbol{c}=0$$

であることを証明せよ.

I.10 空間のベクトル $\boldsymbol{a},\boldsymbol{b},\boldsymbol{c}$ に対して次を示せ.

(i) $\boldsymbol{a}\times(\boldsymbol{b}\times\boldsymbol{c})=(\boldsymbol{c}\cdot\boldsymbol{a})\boldsymbol{b}-(\boldsymbol{a}\cdot\boldsymbol{b})\boldsymbol{c}$

(ii) $\boldsymbol{a}\times(\boldsymbol{b}\times\boldsymbol{c})+\boldsymbol{b}\times(\boldsymbol{c}\times\boldsymbol{a})+\boldsymbol{c}\times(\boldsymbol{a}\times\boldsymbol{b})=\boldsymbol{0}$ (ヤコビ恒等式)

II 行　列

この章では，行列と，行列の演算を定義し，その基本的な性質を調べる．

3　行列の定義

定義 3.1. 数を長方形の形に並べて角括弧(かっこ) [ ] でくくったものを**行列**という．

例えば

$$\begin{bmatrix} 1 & 2 & -3 & 4 \\ 6 & -1 & 3 & -2 \\ 5 & -6 & 7 & 8 \end{bmatrix}$$

が行列の例である．横の並びを**行**とよび，上から順に第 1 行，第 2 行などとよぶ．また縦の並びを**列**とよび，左から順に第 1 列，第 2 列などとよぶ．上の行列には 3 つの行と 4 つの列がある．m 個の行と n 個の列をもつ行列を $m \times n$ 行列とか，m 行 n 列の行列などとよぶ．上の行列は 3×4 行列，あるいは 3 行 4 列の行列である．この $m \times n$ を行列の**サイズ**とよぶ．行列はアルファベットの大文字を使って

$$A = \begin{bmatrix} 5 & 1 & 3 \\ 4 & 6 & 2 \end{bmatrix}$$

のように表す．行列の中に並んでいる数を**成分**とよぶ．第 i 行の第 j 列に

ある成分を (i,j) 成分とよぶ．例えば上の 2×3 行列 A の $(1,2)$ 成分は 1 で，$(2,1)$ 成分は 4 である．(i,j) 成分を a_{ij} と表す．これを使うと，一般の 2×3 行列は

$$\begin{bmatrix} a_{11} & a_{12} & a_{13} \\ a_{21} & a_{22} & a_{23} \end{bmatrix}$$

と書かれる．また一般の $m\times n$ 行列は，途中を省略する点々を使って

$$\begin{bmatrix} a_{11} & a_{12} & \cdots & a_{1n} \\ a_{21} & a_{22} & \cdots & a_{2n} \\ \vdots & \vdots & & \vdots \\ a_{m1} & a_{m2} & \cdots & a_{mn} \end{bmatrix}$$

のように書く．行列のサイズが前後の関係から明らかなときには，この行列を (i,j) 成分で代表させて $A=[a_{ij}]$ と簡単に書く．

行列の成分はたし算，ひき算，かけ算，0 でない数によるわり算の四則が自由にできるような数であるとする．以下では成分が実数である場合を主に扱う．

●問 3.1　次の 2 つの行列 A と B について以下の問に答えよ．

$$A=\begin{bmatrix} 1 & -1 & 2 \\ -2 & 3 & -3 \end{bmatrix} \qquad B=\begin{bmatrix} 2 & 3 & 4 \\ -1 & 1 & -2 \\ 5 & -5 & -3 \end{bmatrix}$$

(i) それぞれの行列のサイズは何か．

(ii) それぞれの行列の $(1,2)$ 成分および $(2,3)$ 成分を答えよ．

この問の B のように行の個数と列の個数の等しい行列を**正方行列**という．サイズが $n\times n$ の正方行列を n 次正方行列とよぶ．この B は 3 次正方行列である．正方行列の右下がりの対角線上に並んだ成分を**対角成分**とよぶ．B の対角成分は上から順に $2,1,-3$ である．

●問 3.2　(i,j) 成分が有理数 $\dfrac{i}{j}$ である 3 次正方行列を書け．

●問 3.3　(i,j) 成分が $(-1)^{i+j}$ である 4 次正方行列を書け．

$1\times n$ 行列

$$\begin{bmatrix} a_1 & a_2 & \cdots & a_n \end{bmatrix}$$

を n 次**行ベクトル**といい，$m\times 1$ 行列

$$\begin{bmatrix} a_1 \\ a_2 \\ \vdots \\ a_m \end{bmatrix}$$

を m 次**列ベクトル**とよぶ．行ベクトルの $(1,i)$ 成分，列ベクトルの $(i,1)$ 成分を単に第 i 成分とよぶ．本書では行ベクトル，列ベクトルを，一般の行列と区別するために，アルファベットの小文字の太文字 $\boldsymbol{a}, \boldsymbol{b}$ などで表す．

単位行列，零行列

n 次正方行列で対角成分が 1 で他はすべて 0 であるような行列を**単位行列**といい E_n で表す．サイズが明らかなときは n を省略して単に E と書く．

$$E = E_n = \begin{bmatrix} 1 & & O \\ & \ddots & \\ O & & 1 \end{bmatrix}.$$

ここで O (アルファベット大文字のオー) は対角成分以外が 0 であることの略記法である．すべてを略さないで書くなら，例えば

$$E_3 = \begin{bmatrix} 1 & 0 & 0 \\ 0 & 1 & 0 \\ 0 & 0 & 1 \end{bmatrix}.$$

また，すべての成分が 0 であるような $m \times n$ 行列を $O_{m,n}$ で表し，**零行列**とよぶ．

$$O_{2,3} = \begin{bmatrix} 0 & 0 & 0 \\ 0 & 0 & 0 \end{bmatrix}.$$

サイズに混乱が起きないときは単に O と書く．

転置行列

A を $m \times n$ 行列とするとき，行と列を入れ換えてできる $n \times m$ 行列を A の**転置行列**といい ${}^tA$ で表す．${}^tA$ の (i,j) 成分は A の (j,i) 成分である．

◆例 **3.2** $A = \begin{bmatrix} 0 & -1 & 2 \\ -3 & 4 & -5 \end{bmatrix}$ の転置行列は ${}^tA = \begin{bmatrix} 0 & -3 \\ -1 & 4 \\ 2 & -5 \end{bmatrix}$ である．

簡単にわかるように，転置行列の転置行列はもとの行列に一致する．

$$ {}^{\mathrm{t}}({}^{\mathrm{t}}A) = A. $$

●問 3.4　次の行列の転置行列を求めよ．

$$ A = \begin{bmatrix} 2 & 1 \\ -1 & -2 \end{bmatrix} \qquad B = \begin{bmatrix} 3 & 1 \\ 2 & 4 \\ 0 & 5 \end{bmatrix} \qquad C = \begin{bmatrix} -1 & 2 & 4 & 1 \end{bmatrix} $$

補注 3.3　転置行列を表す記号は ${}^{\mathrm{t}}A$ 以外に

$$ A^{\mathrm{t}}, \quad {}^{\mathrm{T}}A, \quad A^{\mathrm{T}} $$

などが使われることがある．本書では転置行列は上で定義したようにつねに左上に小文字の t をのせて表す．

特別な形をした行列

対角成分以外が 0 である正方行列を**対角行列**という．つまり

$$ \begin{bmatrix} a_{11} & & O \\ & \ddots & \\ O & & a_{nn} \end{bmatrix} $$

の形の行列が対角行列である．また単位行列も対角行列である．

対角成分より下の成分がすべて 0 であるような正方行列

$$ \begin{bmatrix} a_{11} & \cdots & a_{1n} \\ & \ddots & \vdots \\ O & & a_{nn} \end{bmatrix} $$

を**上三角行列**，また対角成分より上の成分がすべて 0 であるような正方行列

$$ \begin{bmatrix} a_{11} & & O \\ \vdots & \ddots & \\ a_{n1} & \cdots & a_{nn} \end{bmatrix} $$

を**下三角行列**とよぶ．明らかに上三角行列の転置行列は下三角行列で，下三角行列の転置行列は上三角行列である．

4 行列の演算

この節では行列の演算を定義し，その性質を調べる．

2 つの行列が等しいこと

これまで，あまり意識せずに行列の間に等号を書いてきたが，ここで 2 つの行列が等しいということをきちんと定義しておく．

2 つの行列 A と B が等しいのは，そのサイズが等しく，かつすべての対応する成分がそれぞれ等しいときである．A と B が等しいとき $A = B$ と書く．

行列のたし算とひき算

$A = [a_{ij}]$, $B = [b_{ij}]$ をサイズの等しい行列とする．行列のたし算 $A + B$ をサイズが A および B と同じで，(i, j) 成分が $a_{ij} + b_{ij}$ となる行列として定義する．

$$A + B = [a_{ij} + b_{ij}].$$

この行列を A と B の**和**という．また行列のひき算 $A - B$ は，サイズが A および B と同じで，(i, j) 成分が $a_{ij} - b_{ij}$ となる行列として定義する．

$$A - B = [a_{ij} - b_{ij}].$$

例えば

$$\begin{aligned}
\begin{bmatrix} 1 & 2 & 3 \\ 3 & -4 & 1 \end{bmatrix} + \begin{bmatrix} 2 & -1 & -2 \\ -1 & 2 & -1 \end{bmatrix} &= \begin{bmatrix} 1+2 & 2+(-1) & 3+(-2) \\ 3+(-1) & -4+2 & 1+(-1) \end{bmatrix} \\
&= \begin{bmatrix} 3 & 1 & 1 \\ 2 & -2 & 0 \end{bmatrix},
\end{aligned}$$

$$\begin{aligned}
\begin{bmatrix} 1 & 2 & 3 \\ 3 & -4 & 1 \end{bmatrix} - \begin{bmatrix} 2 & -1 & -2 \\ -1 & 2 & -1 \end{bmatrix} &= \begin{bmatrix} 1-2 & 2-(-1) & 3-(-2) \\ 3-(-1) & -4-2 & 1-(-1) \end{bmatrix} \\
&= \begin{bmatrix} -1 & 3 & 5 \\ 4 & -6 & 2 \end{bmatrix}
\end{aligned}$$

のように計算すればよい．

行列のたし算，ひき算はサイズの等しい行列に対してだけ定義されるので注意しなくてはならない．

スカラー倍

通常の数を行列やベクトルと区別するために**スカラー**とよぶことがある．c をスカラーとする．$A=[a_{ij}]$ を $m\times n$ 行列とするとき cA は $m\times n$ 行列で，(i,j) 成分が ca_{ij} となるものとして定義する．

$$cA=[ca_{ij}].$$

例えば

$$3\begin{bmatrix}2 & -1\\1 & 3\end{bmatrix}=\begin{bmatrix}3\cdot 2 & 3\cdot(-1)\\3\cdot 1 & 3\cdot 3\end{bmatrix}=\begin{bmatrix}6 & -3\\3 & 9\end{bmatrix}$$

となる．A と B がサイズの同じ行列のときに

$$A-B=A+(-1)B$$

が成り立つ．ここで左辺は行列のひき算，右辺は A と -1 倍の B のたし算である．

補注 4.1　このような等式を証明するにはどうしたらよいかを説明しよう．先に定義したように，2つの行列が等しいとは，サイズが等しくて，かつ各成分が等しいことだから，この2つのことを示せばよい．

まずサイズについてみると，A,B がともに $m\times n$ 行列ならば，左辺はひき算の定義から $m\times n$ 行列である．また右辺の $(-1)B$ は $m\times n$ 行列だから A とたし算ができて，$A+(-1)B$ は $m\times n$ 行列になる．よって左辺と右辺の行列のサイズは等しい．次に成分をみる．左辺の (i,j) 成分はひき算の定義から $a_{ij}-b_{ij}$ である．一方，右辺では $(-1)B$ の (i,j) 成分がスカラー倍の定義から $(-1)b_{ij}=-b_{ij}$ である．よって $A+(-1)B$ の (i,j) 成分はたし算の定義から $a_{ij}+(-b_{ij})=a_{ij}-b_{ij}$ となり，左辺の (i,j) 成分と一致する．以上から $A-B=A+(-1)B$ が成り立つ．

このように定義にもどって丁寧に確認することが必要である．以下では一つひとつの式をこのように証明することはしないが，自分でいくつかやってみるとよい．

●**問 4.1**　次の計算せよ．

(i) $\begin{bmatrix}-2 & 1\\3 & -3\end{bmatrix}+\begin{bmatrix}1 & -4\\-4 & 5\end{bmatrix}$　(ii) $-2\begin{bmatrix}-3 & 0 & 1\\6 & -1 & 7\end{bmatrix}+3\begin{bmatrix}3 & -1 & 0\\0 & 5 & 2\end{bmatrix}$

(iii) $\dfrac{1}{2}\begin{bmatrix}2\\3\end{bmatrix}-\begin{bmatrix}3\\4\end{bmatrix}$　(iv) $0.3\begin{bmatrix}1 & 2\\1 & 4\end{bmatrix}+0.7\begin{bmatrix}1 & 2\\1 & 4\end{bmatrix}$

和の記号

次の行列のかけ算の定義にでてくる和の記号 $\sum$ (シグマ) について復習しておく．a_1, a_2, a_3 を 3 個の数とする．その和 $a_1 + a_2 + a_3$ を $\sum_{i=1}^{3} a_i$ で表す．

$$\sum_{i=1}^{3} a_i = a_1 + a_2 + a_3.$$

n 個の数についても同様に

$$\sum_{i=1}^{n} a_i = a_1 + a_2 + \cdots + a_n$$

と表す．i が 1 から n まで動くことに注意する．例えば

$$\sum_{i=1}^{n} i = 1 + 2 + \cdots + n\,.$$

$A = [a_{ij}]$ が $m \times n$ 行列のとき，

$$\sum_{i=1}^{m} a_{ij} = a_{1j} + a_{2j} + \cdots + a_{mj}$$

は第 j 列の成分の和を表し，

$$\sum_{j=1}^{n} a_{ij} = a_{i1} + a_{i2} + \cdots + a_{in}$$

は第 i 行の成分の和を表す．

$$A = \begin{matrix} \\ \\ \\ (i) \\ \\ \\ \end{matrix} \!\!\begin{matrix} & & (j) & & \\ \left[\begin{matrix} & & a_{1j} & & \\ & & \vdots & & \\ a_{i1} & \cdots & a_{ij} & \cdots & a_{in} \\ & & \vdots & & \\ & & a_{mj} & & \end{matrix}\right] \end{matrix}$$

●**問 4.2** (i, j) 成分が $a_{ij} = i \times (j+1)$ であるような 4 次正方行列で次の和を計算せよ．

(i) $\sum_{i=1}^{4} a_{i2}$ (ii) $\sum_{j=1}^{4} a_{3j}$ (iii) $\sum_{i=1}^{4} a_{ii}$ (iv) $\sum_{k=1}^{4} a_{12}$

行列のかけ算

$A=[a_{ij}]$ を $m \times n$ 行列，$B=[b_{ij}]$ を $n \times r$ 行列とする．このように A の列の個数と B の行の個数が等しいとき，A と B のかけ算 AB が次のように定義される．AB は $m \times r$ 行列で (i,j) 成分は

$$\sum_{k=1}^{n} a_{ik}b_{kj} = a_{i1}b_{1j} + a_{i2}b_{2j} + \cdots + a_{in}b_{nj}$$

である．行列 AB を A と B の**積**とよぶ．

例えば

$$A = \begin{bmatrix} a_{11} & a_{12} \end{bmatrix}, \quad B = \begin{bmatrix} b_{11} & b_{12} & b_{13} \\ b_{21} & b_{22} & b_{23} \end{bmatrix}$$

のとき，A は 1×2 行列，B は 2×3 行列だから，積 AB が定義できて，それは 1×3 行列になる．その $(1,2)$ 成分は

$$\sum_{k=1}^{2} a_{1k}b_{k2} = a_{11}b_{12} + a_{12}b_{22}$$

になる．すべてを書くと，

$$AB = \begin{bmatrix} a_{11}b_{11} + a_{12}b_{21} & a_{11}b_{12} + a_{12}b_{22} & a_{11}b_{13} + a_{12}b_{23} \end{bmatrix}$$

となる．この場合からもわかるように，AB が定義されても，BA が定義できるとは限らない．

●**問 4.3** 次の積を計算せよ．

(i) $\begin{bmatrix} 3 & 1 \\ 0 & 4 \end{bmatrix} \begin{bmatrix} 2 & -1 \\ 5 & 3 \end{bmatrix}$　　(ii) $\begin{bmatrix} -10 & 5 & -6 \\ -7 & 2 & 8 \end{bmatrix} \begin{bmatrix} -1 \\ 2 \\ 1 \end{bmatrix}$

(iii) $\begin{bmatrix} 5 & -4 & 10 \end{bmatrix} \begin{bmatrix} 7 & 0 \\ -7 & 1 \\ 2 & -3 \end{bmatrix}$

●**問 4.4** 次の 4 つの行列 A, B, C, D のうちで，積が定義できるすべての組に対して，積を計算せよ．

$$A = \begin{bmatrix} 1 & 2 & 0 \end{bmatrix} \quad B = \begin{bmatrix} 2 & 0 & -1 \\ 0 & -1 & 3 \end{bmatrix} \quad C = \begin{bmatrix} 2 & 1 & 0 \\ 3 & 0 & 2 \\ 1 & -4 & 0 \end{bmatrix} \quad D = \begin{bmatrix} -1 \\ -2 \\ 0 \end{bmatrix}$$

ここで定義された行列のかけ算が自然な定義であることが，行列と線形写像の関係を考えることで明らかになる (問 21.7，命題 23.7)．

行列の演算規則

行列も通常の数と同じように次にあげる演算の規則をみたす．A, B, C は行列で a, b はスカラーとすると，

和に関して

$$(A+B)+C = A+(B+C) \quad \text{和の結合法則}$$

$$A+O = O+A = A$$

$$A-A = O$$

$$A+B = B+A \quad \text{和の交換法則}$$

積に関して

$$(AB)C = A(BC) \quad \text{積の結合法則}$$

$$AE = EA = A$$

$$AO = OA = O$$

スカラー倍

$$(ab)A = a(bA)$$

$$(aA)B = a(AB) = A(aB)$$

$$0A = O$$

$$1A = A$$

分配法則

$$a(A+B) = aA+aB$$

$$(a+b)A = aA+bA$$

$$A(B+C) = AB+AC$$

$$(A+B)C = AC+BC$$

もちろんこれらの等式は各辺の演算が定義されている場合に限って成り立つ．

これらの公式のうち，積の結合法則の証明を与えておく．

［積の結合法則の証明］ 行列 $A=[a_{ij}]$, $B=[b_{ij}]$, $C=[c_{ij}]$ のサイズをそれぞれ $m\times n$, $n\times r$, $r\times s$ とする．このとき積 $AB, (AB)C, BC, A(BC)$ が定義できて，それぞれのサイズは $m\times r$, $m\times s$, $n\times s$, $m\times s$ となる．よって $(AB)C$ と $A(BC)$ のサイズは等しい．

次に $(AB)C$ と $A(BC)$ のそれぞれの (i,j) 成分を計算する．

$$AB \text{ の } (i,q) \text{ 成分} = \sum_{p=1}^{n} a_{ip}b_{pq},$$

$$(AB)C \text{ の } (i,j) \text{ 成分} = \sum_{q=1}^{r} (AB \text{ の } (i,q) \text{ 成分}) \times c_{qj} = \sum_{q=1}^{r}\sum_{p=1}^{n} a_{ip}b_{pq}c_{qj}.$$

一方，

$$BC \text{ の } (p,j) \text{ 成分} = \sum_{q=1}^{r} b_{pq}c_{qj},$$

$$A(BC) \text{ の } (i,j) \text{ 成分} = \sum_{p=1}^{n} a_{ip} \times (BC \text{ の } (p,j) \text{ 成分}) = \sum_{p=1}^{n}\sum_{q=1}^{r} a_{ip}b_{pq}c_{qj}.$$

和の順序を入れ換えると，$(AB)C$ の (i,j) 成分と $A(BC)$ の (i,j) 成分が等しいことがわかる．□

以上で述べた演算規則は，通常はそれほど意識する必要はないが，数の演算の規則とは異なる以下の事実には注意を払う必要がある．

(i) 2 つの行列 A, B に対して，AB と BA がともに定義できたとしても積の交換法則 $AB = BA$ が成り立つとは限らない．

例えば，$A = \begin{bmatrix} 0 & 1 \\ 1 & 0 \end{bmatrix}$，$B = \begin{bmatrix} 2 & 0 \\ 0 & 3 \end{bmatrix}$ に対して，$AB = \begin{bmatrix} 0 & 3 \\ 2 & 0 \end{bmatrix}$，$BA = \begin{bmatrix} 0 & 2 \\ 3 & 0 \end{bmatrix}$ だから $AB \neq BA$.

$AB = BA$ が成り立つとき，A と B は**可換**であるという．

(ii) $AB = O$ であっても $A = O$ または $B = O$ が成り立つとは限らない．

例えば $A = \begin{bmatrix} 0 & 1 \\ 0 & 0 \end{bmatrix}$，$B = \begin{bmatrix} 1 & 0 \\ 0 & 0 \end{bmatrix}$ とすれば，$AB = O$.

このような A, B を**零因子**という．

●問 4.5　行列 $A = \begin{bmatrix} 0 & 1 \\ 1 & 0 \end{bmatrix}$ に対して $AX = XA$ をみたす 2 次正方行列 X をすべて求めよ．

●問 4.6　2 次正方行列 A, B であって，$(AB)^2 = A^2B^2$ をみたさないものの例をあげよ．

●問 4.7　次の条件をみたす 2×2 行列 A, B, C の例をあげよ．

$$AB = AC \text{ かつ } A \neq O \text{ であるが } B \neq C.$$

転置行列と演算

転置行列と和と積に関して次の命題が成り立つ.

> **命題 4.2**
> $$ {}^{\mathrm{t}}(A+B) = {}^{\mathrm{t}}A + {}^{\mathrm{t}}B, \qquad {}^{\mathrm{t}}(AB) = {}^{\mathrm{t}}B\,{}^{\mathrm{t}}A. $$

［証明］ 積の式だけを証明する. $A=[a_{ij}]$ を $m \times n$ 行列, $B=[b_{ij}]$ を $n \times \ell$ 行列とする. このとき AB が定義され, $m \times \ell$ 行列になる. よって ${}^{\mathrm{t}}(AB)$ は $\ell \times m$ 行列になる. 一方, ${}^{\mathrm{t}}A$ は $n \times m$ 行列, ${}^{\mathrm{t}}B$ は $\ell \times n$ 行列になるので, ${}^{\mathrm{t}}B\,{}^{\mathrm{t}}A$ が定義され, $\ell \times m$ 行列になる. よって ${}^{\mathrm{t}}(AB)$ と ${}^{\mathrm{t}}B\,{}^{\mathrm{t}}A$ のサイズは等しい.

${}^{\mathrm{t}}(AB)$ の (i,j) 成分は AB の (j,i) 成分であるから

$$ \sum_{k=1}^{n} a_{jk}b_{ki} $$

に等しい. 一方, ${}^{\mathrm{t}}B$ の第 i 行は $\begin{bmatrix} b_{1i} & \cdots & b_{ni} \end{bmatrix}$ で ${}^{\mathrm{t}}A$ の第 j 列は $\begin{bmatrix} a_{j1} \\ \vdots \\ a_{jn} \end{bmatrix}$ となるので, ${}^{\mathrm{t}}B\,{}^{\mathrm{t}}A$ の (i,j) 成分も

$$ \sum_{k=1}^{n} a_{jk}b_{ki} $$

になる. □

●**問 4.8** $A = \begin{bmatrix} -1 & 8 \\ 6 & 1 \end{bmatrix}$, $B = \begin{bmatrix} 5 & -9 \\ 4 & 3 \end{bmatrix}$ に対して,

$$ AB, \quad BA, \quad {}^{\mathrm{t}}A\,{}^{\mathrm{t}}B, \quad {}^{\mathrm{t}}B\,{}^{\mathrm{t}}A $$

を計算せよ.

逆行列, 正則行列

A を n 次正方行列とする. $AB = E_n$ かつ $BA = E_n$ をみたす行列 B が存在するとき, B を A の**逆行列**という†. B は必然的に $n \times n$ 行列になる.

◆**例 4.3** $A = \begin{bmatrix} 1 & 2 \\ 5 & 9 \end{bmatrix}$ とする. $B = \begin{bmatrix} -9 & 2 \\ 5 & -1 \end{bmatrix}$ は A の逆行列になる.

---

† この 2 条件をまとめて $AB = BA = E_n$ と書く.

A の逆行列は存在すれば1つに決まる．なぜなら B と C がともに A の逆行列だとすると

$$B = BE = B(AC) = (BA)C = EC = C$$

が成り立つからである．こうして1つに決まる A の逆行列を

$$A^{-1}$$

で表す．

0でない数には必ず逆数が存在するが，行列の場合は A が零行列でなくても逆行列があるとは限らない．

◆**例 4.4** $A = \begin{bmatrix} 1 & 1 \\ 2 & 2 \end{bmatrix}$ は逆行列をもたない．実際

$$AB = \begin{bmatrix} 1 & 1 \\ 2 & 2 \end{bmatrix} \begin{bmatrix} b_{11} & b_{12} \\ b_{21} & b_{22} \end{bmatrix} = \begin{bmatrix} b_{11} + b_{21} & b_{12} + b_{22} \\ 2(b_{11} + b_{21}) & 2(b_{12} + b_{22}) \end{bmatrix}$$

は E_2 に決して等しくならないことが簡単にわかる．

逆行列をもつ行列を**正則行列**という．

●**問 4.9** 2次正方行列 $A = \begin{bmatrix} a & b \\ c & d \end{bmatrix}$ が正則になるための必要十分条件は $ad - bc \neq 0$ であることを示せ．また，これがみたされるとき，A の逆行列は

$$A^{-1} = \frac{1}{ad - bc} \begin{bmatrix} d & -b \\ -c & a \end{bmatrix}$$

で与えられることを示せ．

命題 4.5 A, B をサイズの等しい正則行列とするとき，

(i) A^{-1} も正則行列で，$(A^{-1})^{-1} = A$.

(ii) ${}^{t}A$ も正則行列で，$({}^{t}A)^{-1} = {}^{t}(A^{-1})$.

(iii) AB も正則行列で，$(AB)^{-1} = B^{-1}A^{-1}$.

［証明］ (i) A は正則だから，逆行列 A^{-1} があって，$AA^{-1} = A^{-1}A = E$. この式は A^{-1} が正則でその逆行列が A であることも示している．

(ii) $AA^{-1} = A^{-1}A = E$ の各辺の転置行列を作ると，命題 4.2 から

$${}^{t}(A^{-1})\,{}^{t}A = {}^{t}A\,{}^{t}(A^{-1}) = {}^{t}E.$$

${}^{t}E = E$ だから ${}^{t}A$ の逆行列が ${}^{t}(A^{-1})$ で与えられることがわかる.

(iii) 結合法則を使って計算する.

$$(AB)(B^{-1}A^{-1}) = A(BB^{-1})A^{-1} = (AE)A^{-1} = AA^{-1} = E.$$

同様に

$$(B^{-1}A^{-1})(AB) = B^{-1}(A^{-1}A)B = B^{-1}(EB) = B^{-1}B = E.$$

以上から $B^{-1}A^{-1}$ が AB の逆行列であることがわかる. □

●問 4.10 $(ABC)^{-1} = C^{-1}B^{-1}A^{-1}$ を示せ.

●問 4.11 零因子であるような正方行列 A は正則でないことを示せ. すなわち $B\ (\neq O)$ があって, $AB = O$ になっているとき, A は正則でないことを示せ.

行列のべき乗

A を正方行列とする. 自然数 n に対して, 結合法則から $A^n = \underbrace{A \cdots A}_{n\text{ 個の積}}$ が定義される. また A が正則のときには $A^{-n} = \underbrace{A^{-1} \cdots A^{-1}}_{n\text{ 個の積}}$ と定義する. さらに $A^0 = E$ と定義する.

●問 4.12 自然数 n に対して次の行列の n 乗を計算せよ.

$$A = \begin{bmatrix} 1 & 0 & 0 \\ 0 & 2 & 0 \\ 0 & 0 & 3 \end{bmatrix} \qquad B = \begin{bmatrix} 0 & 1 & 3 \\ 0 & 0 & 2 \\ 0 & 0 & 0 \end{bmatrix} \qquad C = \begin{bmatrix} 0 & 0 & 0 \\ 1 & 0 & 0 \\ 3 & 2 & 0 \end{bmatrix}$$

また A^{-n} を計算せよ.

●問 4.13 ある自然数 n に対して $A^n = E$ ならば A は正則であることを示せ. このとき A の逆行列は何か.

5 行列の分割と結合

与えられた行列に新たに区切りを入れていくつかの小さな行列に分割すると, 計算が簡単になったり, 証明の見通しがよくなったりすることがある. ここでは, よくでてくるいくつかの場合に限って解説する.

行列の分割

行列 A に縦と横に区切りを入れていくつかに分割することを**行列の分割**という．例えば縦と横に 1 つずつ区切りを入れて

$$A = \left[\begin{array}{c:c} A_{11} & A_{12} \\ \hdashline A_{21} & A_{22} \end{array}\right]$$

としたものが行列の分割の例である．ここで $A_{11}, A_{12}, A_{21}, A_{22}$ は A より小さなサイズの行列で，横に並ぶ行列の組 A_{11} と A_{12}, A_{21} と A_{22} はそれぞれ行の数が等しく，縦に並ぶ行列の組 A_{11} と A_{21}, A_{12} と A_{22} はそれぞれ列の数が等しい．ここでは区切り線を入れているが意味がはっきりしているときは書かないことも多い．

◆**例 5.1**　$A = \left[\begin{array}{cc:c} 1 & 2 & 3 \\ 2 & -1 & 3 \\ -1 & 0 & 1 \\ \hdashline 0 & 1 & 2 \end{array}\right]$ のように分割すると，

$$A_{11} = \begin{bmatrix} 1 & 2 \\ 2 & -1 \\ -1 & 0 \end{bmatrix}, \quad A_{12} = \begin{bmatrix} 3 \\ 3 \\ 1 \end{bmatrix}, \quad A_{21} = \begin{bmatrix} 0 & 1 \end{bmatrix}, \quad A_{22} = \begin{bmatrix} 2 \end{bmatrix}$$

となる．

A を $m \times n$ 行列，B を $n \times \ell$ 行列とするとき，積 AB が定義されるが，ここでは A と B の分割を利用して積を計算することを考える．行列の分割

$$A = \begin{bmatrix} \overbrace{A_{11}}^{r} & \overbrace{A_{12}}^{s} \\ A_{21} & A_{22} \end{bmatrix}, \qquad B = \begin{matrix} r\,\{ \\ s\,\{ \end{matrix} \begin{bmatrix} B_{11} & B_{12} \\ B_{21} & B_{22} \end{bmatrix}$$

で，A の列の分け方と，B の行の分け方は同じとする．このとき小行列どうしの積

$$A_{11}B_{11}, \quad A_{12}B_{21}, \quad A_{21}B_{11}, \ \ldots$$

などが定義され，次の式が成り立つ．

$$AB = \begin{bmatrix} A_{11} & A_{12} \\ A_{21} & A_{22} \end{bmatrix} \begin{bmatrix} B_{11} & B_{12} \\ B_{21} & B_{22} \end{bmatrix} = \begin{bmatrix} A_{11}B_{11} + A_{12}B_{21} & A_{11}B_{12} + A_{12}B_{22} \\ A_{21}B_{11} + A_{22}B_{21} & A_{21}B_{12} + A_{22}B_{22} \end{bmatrix}.$$

この式で，例えば $(1,1)$ 成分の場所にある 2 つの行列 $A_{11}B_{11}, A_{12}B_{21}$ のサイズは同じで，したがって和が定義できることも注意しておく (以下の例題

でも確認せよ). ここでは簡単のために 4 つの行列に分割した場合を書いたが, A の列の分け方と B の行の分け方が一致していれば, いくつに分割しても同様の式が成り立つ.

例題 5.2 行列の分割を利用して次の行列の積 AB を計算せよ.

$$A = \left[\begin{array}{cc:c} 2 & 0 & -1 \\ 0 & 1 & 3 \\ \hdashline 1 & 1 & 0 \end{array}\right] \qquad B = \left[\begin{array}{cc:cc} 1 & 2 & 1 & 0 \\ 2 & -1 & 0 & 1 \\ \hdashline 0 & 0 & 2 & 1 \end{array}\right]$$

【解】

$$AB = \begin{bmatrix} \begin{bmatrix} 2 & 0 \\ 0 & 1 \end{bmatrix}\begin{bmatrix} 1 & 2 \\ 2 & -1 \end{bmatrix} + \begin{bmatrix} -1 \\ 3 \end{bmatrix}\begin{bmatrix} 0 & 0 \end{bmatrix} & \begin{bmatrix} 2 & 0 \\ 0 & 1 \end{bmatrix}\begin{bmatrix} 1 & 0 \\ 0 & 1 \end{bmatrix} + \begin{bmatrix} -1 \\ 3 \end{bmatrix}\begin{bmatrix} 2 & 1 \end{bmatrix} \\ \begin{bmatrix} 1 & 1 \end{bmatrix}\begin{bmatrix} 1 & 2 \\ 2 & -1 \end{bmatrix} + \begin{bmatrix} 0 \end{bmatrix}\begin{bmatrix} 0 & 0 \end{bmatrix} & \begin{bmatrix} 1 & 1 \end{bmatrix}\begin{bmatrix} 1 & 0 \\ 0 & 1 \end{bmatrix} + \begin{bmatrix} 0 \end{bmatrix}\begin{bmatrix} 2 & 1 \end{bmatrix} \end{bmatrix}$$

$$= \begin{bmatrix} \begin{bmatrix} 2 & 4 \\ 2 & -1 \end{bmatrix} + \begin{bmatrix} 0 & 0 \\ 0 & 0 \end{bmatrix} & \begin{bmatrix} 2 & 0 \\ 0 & 1 \end{bmatrix} + \begin{bmatrix} -2 & -1 \\ 6 & 3 \end{bmatrix} \\ \begin{bmatrix} 3 & 1 \end{bmatrix} + \begin{bmatrix} 0 & 0 \end{bmatrix} & \begin{bmatrix} 1 & 1 \end{bmatrix} + \begin{bmatrix} 0 & 0 \end{bmatrix} \end{bmatrix} = \begin{bmatrix} 2 & 4 & 0 & -1 \\ 2 & -1 & 6 & 4 \\ 3 & 1 & 1 & 1 \end{bmatrix}.$$

●**問 5.1** 積が定義できるように分割されているとして, 次の計算をせよ.

$$\text{(i)} \begin{bmatrix} A & O \\ O & B \end{bmatrix}\begin{bmatrix} C & O \\ O & D \end{bmatrix} \quad \text{(ii)} \begin{bmatrix} A & B \\ O & C \end{bmatrix}\begin{bmatrix} S & T \\ U & V \end{bmatrix} \quad \text{(iii)} \begin{bmatrix} O & E \\ E & O \end{bmatrix}\begin{bmatrix} A & B \\ C & D \end{bmatrix}$$

●**問 5.2** 行列 A, C を正則行列とする. 2 つの行列

$$S = \begin{bmatrix} A & B \\ O & C \end{bmatrix} \qquad T = \begin{bmatrix} B & A \\ C & O \end{bmatrix}$$

はそれぞれ正則になることを示し, 逆行列を A, B, C を使って表せ.

行ベクトル分割と列ベクトル分割

行列の分割の特別な場合として, よく使われる行ベクトル, 列ベクトルへの分割を調べる.

$$A = \begin{bmatrix} a_{11} & \cdots & a_{1n} \\ \vdots & & \vdots \\ a_{m1} & \cdots & a_{mn} \end{bmatrix} \text{ を } m \times n \text{ 行列とする.}$$

A の第 1 列から第 n 列の列ベクトルを

$$\boldsymbol{a}_1 = \begin{bmatrix} a_{11} \\ a_{21} \\ \vdots \\ a_{m1} \end{bmatrix}, \quad \boldsymbol{a}_2 = \begin{bmatrix} a_{12} \\ a_{22} \\ \vdots \\ a_{m2} \end{bmatrix}, \quad \ldots, \quad \boldsymbol{a}_n = \begin{bmatrix} a_{1n} \\ a_{2n} \\ \vdots \\ a_{mn} \end{bmatrix}$$

とするとき A を

$$A = \begin{bmatrix} \boldsymbol{a}_1 & \boldsymbol{a}_2 & \cdots & \boldsymbol{a}_n \end{bmatrix}$$

のように列ベクトルに分割することができる．これを A の**列ベクトル分割**とよぶ．

また，A の第 1 行から第 m 行の行ベクトルを

$$\begin{aligned} \boldsymbol{a}_1{}' &= \begin{bmatrix} a_{11} & a_{12} & \cdots & a_{1n} \end{bmatrix}, \\ \boldsymbol{a}_2{}' &= \begin{bmatrix} a_{21} & a_{22} & \cdots & a_{2n} \end{bmatrix}, \\ &\cdots \\ \boldsymbol{a}_m{}' &= \begin{bmatrix} a_{m1} & a_{m2} & \cdots & a_{mn} \end{bmatrix} \end{aligned}$$

とするとき，A の分割

$$A = \begin{bmatrix} \boldsymbol{a}_1{}' \\ \boldsymbol{a}_2{}' \\ \vdots \\ \boldsymbol{a}_m{}' \end{bmatrix}$$

を A の**行ベクトル分割**という．

A が $m \times n$ 行列，B が $n \times \ell$ 行列であるとき，A の行ベクトル分割，B の列ベクトル分割を，あらためて

$$A = \begin{bmatrix} \boldsymbol{a}_1 \\ \boldsymbol{a}_2 \\ \vdots \\ \boldsymbol{a}_m \end{bmatrix}, \quad B = \begin{bmatrix} \boldsymbol{b}_1 & \boldsymbol{b}_2 & \cdots & \boldsymbol{b}_\ell \end{bmatrix}$$

とするとき，次の式が成り立つ．

$$AB = \begin{bmatrix} \boldsymbol{a}_1 B \\ \boldsymbol{a}_2 B \\ \vdots \\ \boldsymbol{a}_m B \end{bmatrix} = \begin{bmatrix} A\boldsymbol{b}_1 & A\boldsymbol{b}_2 & \cdots & A\boldsymbol{b}_\ell \end{bmatrix} = \begin{bmatrix} \boldsymbol{a}_1\boldsymbol{b}_1 & \boldsymbol{a}_1\boldsymbol{b}_2 & \cdots & \boldsymbol{a}_1\boldsymbol{b}_\ell \\ \boldsymbol{a}_2\boldsymbol{b}_1 & \boldsymbol{a}_2\boldsymbol{b}_2 & \cdots & \boldsymbol{a}_2\boldsymbol{b}_\ell \\ \vdots & \vdots & & \vdots \\ \boldsymbol{a}_m\boldsymbol{b}_1 & \boldsymbol{a}_m\boldsymbol{b}_2 & \cdots & \boldsymbol{a}_m\boldsymbol{b}_\ell \end{bmatrix}$$

列ベクトル分割と1次結合

$m \times n$ 行列 A の列ベクトル分割 $A = \begin{bmatrix} \boldsymbol{a}_1 & \boldsymbol{a}_2 & \cdots & \boldsymbol{a}_n \end{bmatrix}$ と列ベクトル $\boldsymbol{x} = \begin{bmatrix} x_1 \\ x_2 \\ \vdots \\ x_n \end{bmatrix}$ に対して,

$$A\boldsymbol{x} = x_1\boldsymbol{a}_1 + x_2\boldsymbol{a}_2 + \cdots + x_n\boldsymbol{a}_n$$

が成り立つ．右辺の形の和を $\boldsymbol{a}_1, \ldots, \boldsymbol{a}_n$ の**1次結合**という．特に A として n 次単位行列 E_n をとると，E_n の列ベクトル分割

$$E = \begin{bmatrix} \boldsymbol{e}_1 & \boldsymbol{e}_2 & \cdots & \boldsymbol{e}_n \end{bmatrix}$$

において,

$$\boldsymbol{e}_1 = \begin{bmatrix} 1 \\ 0 \\ \vdots \\ 0 \end{bmatrix}, \quad \boldsymbol{e}_2 = \begin{bmatrix} 0 \\ 1 \\ \vdots \\ 0 \end{bmatrix}, \quad \ldots, \quad \boldsymbol{e}_n = \begin{bmatrix} 0 \\ 0 \\ \vdots \\ 1 \end{bmatrix}.$$

このとき $E_n\boldsymbol{x} = \boldsymbol{x}$ より

$$\boldsymbol{x} = x_1\boldsymbol{e}_1 + x_2\boldsymbol{e}_2 + \cdots + x_n\boldsymbol{e}_n.$$

この式は任意の n 次列ベクトルが，$\boldsymbol{e}_1, \ldots, \boldsymbol{e}_n$ の1次結合で表されることを示している．n 個の列ベクトル $\boldsymbol{e}_1, \ldots, \boldsymbol{e}_n$ を n 次元の**基本ベクトル**という．

●**問 5.3** A を $m \times n$ 行列とし,

$$A = \begin{bmatrix} \boldsymbol{a}_1 & \boldsymbol{a}_2 & \cdots & \boldsymbol{a}_n \end{bmatrix} = \begin{bmatrix} \boldsymbol{a}_1{}' \\ \boldsymbol{a}_2{}' \\ \vdots \\ \boldsymbol{a}_m{}' \end{bmatrix}$$

を A の列ベクトル分割，行ベクトル分割とする．さらに

$$E_n = \begin{bmatrix} \boldsymbol{e}_1 & \boldsymbol{e}_2 & \cdots & \boldsymbol{e}_n \end{bmatrix}, \quad E_m = \begin{bmatrix} \boldsymbol{e}_1{}' \\ \boldsymbol{e}_2{}' \\ \vdots \\ \boldsymbol{e}_m{}' \end{bmatrix}$$

を E_n の列ベクトル分割，E_m の行ベクトル分割とする．このとき，$i = 1, \ldots, n$, $j = 1, \ldots, m$ に対して,

$$A\boldsymbol{e}_i = \boldsymbol{a}_i, \quad \boldsymbol{e}_j{}'A = \boldsymbol{a}_j{}'$$

が成り立つことを示せ.

●問 5.4　A, B がともに $m \times n$ 行列であるとする．任意の n 次列ベクトル $\boldsymbol{x}$ に対して $A\boldsymbol{x} = B\boldsymbol{x}$ が成り立っているならば，$A = B$ が成立することを示せ．

行列の結合

行列の分割とは逆にいくつかの行列を結合して新しい行列を作ることができる．よく使うのは A と B の行の個数が同じとき，A と B を並べて

$$\left[A \;\vdots\; B\right]$$

を作ることである．区切りの線はこの場合も省略することが多い．これを使うと X_i $(i = 1, \ldots, n)$ をサイズの同じ行列として，

$$AX_i = B_i \quad (i = 1, \ldots, n)$$

であれば，

$$\begin{bmatrix} AX_1 & \cdots & AX_n \end{bmatrix} = \begin{bmatrix} B_1 & \cdots & B_n \end{bmatrix}$$

だから

$$A\begin{bmatrix} X_1 & \cdots & X_n \end{bmatrix} = \begin{bmatrix} B_1 & \cdots & B_n \end{bmatrix}$$

が成り立つ．

演習問題 II

[A]

II.1　次を計算せよ．ただし i は虚数単位である．

(i) $\begin{bmatrix} 6 & 4 & -2 \\ -1 & 9 & 0 \\ -3 & -3 & 1 \end{bmatrix}\begin{bmatrix} 1 & -3 \\ 0 & 2 \\ 3 & 8 \end{bmatrix}$　(ii) $\begin{bmatrix} 3 \\ 4 \\ -2 \end{bmatrix}\begin{bmatrix} 2 & 1 & -3 \end{bmatrix}$

(iii) $\begin{bmatrix} 0 & 1 & 0 \\ 0 & 0 & 1 \\ 1 & 0 & 0 \end{bmatrix}^5$　(iv) $\left(-\begin{bmatrix} -2 & 5 \\ -3 & -5 \\ -7 & 1 \end{bmatrix} + \dfrac{1}{3}\begin{bmatrix} 6 & 6 \\ 3 & 6 \\ -3 & 3 \end{bmatrix}\right)\begin{bmatrix} -1 & 2 \\ 3 & 4 \end{bmatrix}$

(v) $\begin{bmatrix} 3 & -5 & -4 & 1 \end{bmatrix}\begin{bmatrix} -8 \\ 3 \\ 1 \\ 7 \end{bmatrix}$　(vi) ${}^{t}\!\left(2\begin{bmatrix} 0.8 & 2.5 \\ 1.2 & 0.4 \end{bmatrix}\right) - \begin{bmatrix} 1.3 & 0.2 \\ 2.1 & 0.4 \end{bmatrix}$

(vii) $\begin{bmatrix} -1+i & 1+i \end{bmatrix}\begin{bmatrix} i & 1 \\ -1 & i \end{bmatrix}\begin{bmatrix} i \\ 1-i \end{bmatrix}$

II.2

$$A = \begin{bmatrix} 4 & 1 \\ 5 & 0 \\ 2 & 3 \end{bmatrix} \quad B = \begin{bmatrix} 4 \\ -1 \\ -4 \end{bmatrix} \quad C = \begin{bmatrix} 0 & 8 & 3 \end{bmatrix} \quad D = \begin{bmatrix} 2 & 1 \\ -3 & 5 \end{bmatrix}$$

とするとき，以下の行列のうち定義されるものを計算せよ．

(i) $A\,{}^{t}A$　(ii) BC　(iii) ${}^{t}A\,{}^{t}B$　(iv) AD

(v) $C\,{}^{t}B$　(vi) $AD + 2A$　(vii) $D({}^{t}(3A)A - E_2)$

II.3

$$A = \begin{bmatrix} 2 & -1 & 1 & 0 \\ 0 & 7 & 1 & 3 \\ 1 & 0 & -1 & 4 \\ 2 & 5 & 0 & 1 \end{bmatrix} \qquad B = \begin{bmatrix} 4 & 0 & 1 & 1 \\ 1 & 9 & 0 & -2 \\ 0 & 7 & 3 & 0 \\ 2 & -2 & 0 & 1 \end{bmatrix}$$

とするとき，積 AB の

(i) $(3, 1)$ 成分　(ii) 第 2 行　(iii) 第 3 列

を求めよ．

II.4　$A = {}^{t}A$ をみたす行列を**対称行列**という．$\begin{bmatrix} 1 & a & 2 \\ 2b-1 & 0 & c \\ b & a+2 & 0 \end{bmatrix}$ が対称行列になるように a, b, c を決めよ．

II.5　$\begin{bmatrix} 0 & 4 \\ 1 & 4 \\ 3 & 3 \end{bmatrix} A = \begin{bmatrix} 4 & 44 \\ 9 & 57 \\ 18 & 72 \end{bmatrix}$ をみたす行列 A を求めよ．

II.6　次の条件をみたす 2 次正方行列 A をすべて求めよ．

(i) A は整数を成分にもつ上三角行列であって $A^2 = E$ をみたす．

(ii) A は $A^2 = O$ をみたす．

II.7　次のそれぞれの行列を ${}^{t}(A^{-1})$ と ${}^{t}(B^{-1})$ を使って表せ．

(i) $({}^{t}(AB))^{-1}$　(ii) ${}^{t}((AB)^{-1})$

II.8　任意の正方行列 A に対して $A + {}^{t}A$ は対称行列であることを示せ．また，$A\,{}^{t}A$ が対称行列であることを示せ．

[B]

II.9　2 つの上三角行列の積はまた上三角行列であることを示せ．

II.10　A を $m \times n$ 行列とするとき，自然数 k に対して，$\begin{bmatrix} E_m & A \\ O & E_n \end{bmatrix}^k$ を求めよ．

II.11　$A = -{}^{t}A$ をみたす行列を**交代行列**という．

(i) 交代行列の対角成分は 0 であることを示せ．

(ii) 任意の正方行列 A に対して $A - {}^{t}A$ は交代行列であることを示せ．

II.12 対称行列でかつ交代行列である行列を求めよ．

II.13 n 次正方行列 $A = [a_{ij}]$ の対角成分の和を A のトレイスとよび，$\mathrm{tr}\, A$ と書く．

$$\mathrm{tr}\, A = a_{11} + a_{22} + \cdots + a_{nn}.$$

A, B を n 次正方行列とし，c を実数とするとき以下を示せ．

(i) $\mathrm{tr}(cA) = c\, \mathrm{tr}\, A$

(ii) $\mathrm{tr}(A + B) = \mathrm{tr}\, A + \mathrm{tr}\, B$

(iii) $\mathrm{tr}(AB) = \mathrm{tr}(BA)$

また，これを使って $AB - BA = E$ をみたす正方行列 A, B が存在しないことを示せ．

II.14 すべての 2 次正方行列と可換な 2 次正方行列を求めよ．(ヒント：まずそのような行列がみたさなくてはならない必要条件を求めよ)．

II.15 ある自然数 n に対して $A^n = O$ となる行列 A をべき零行列という．

(i) $A = \begin{bmatrix} 0 & 1 & a & b \\ 0 & 0 & 1 & c \\ 0 & 0 & 0 & 1 \\ 0 & 0 & 0 & 0 \end{bmatrix}$ がべき零行列であることを示せ．

(ii) A, B がともにべき零行列で $AB = BA$ が成り立つならば，AB もべき零行列になることを示せ．

(iii) べき零行列は正則でないことを示せ．

(iv) A がべき零行列なら $E + A$, $E - A$ はともに正則行列であることを示し，それぞれの逆行列を求めよ．

III 連立 1 次方程式

x, y を変数とする連立 1 次方程式

$$\begin{cases} ax + by = c \\ dx + ey = f \end{cases}$$

の解法は高校でも学習する．実際，この 2 式をうまく組み合わせて，どちらかの変数を消去すればよい．しかし，変数の個数や式の個数が多くなると，なんの方針もなくこれを実行するのは難しくなってくる．この章では，連立 1 次方程式を行列の変形を使って解く，変数や式の個数が多い場合にでも通用するアルゴリズムを与え，それを使って，連立 1 次方程式の解の性質を調べることを目標にする．

6 連立 1 次方程式と行列

$x_1, x_2, \ldots, x_n$ を n 個の変数とするとき，式の個数が m 個の**連立 1 次方程式**は定数 a_{ij} $(i = 1, \ldots, m, j = 1, \ldots, n)$ と $b_1, \ldots, b_m$ を使って，

$$\begin{cases} a_{11}x_1 & + a_{12}x_2 & + \cdots + a_{1n}x_n & = b_1 \\ a_{21}x_1 & + a_{22}x_2 & + \cdots + a_{2n}x_n & = b_2 \\ & \cdots & & \\ a_{m1}x_1 & + a_{m2}x_2 & + \cdots + a_{mn}x_n & = b_m \end{cases} \tag{6.1}$$

と表される．係数 a_{ij} において最初の添字 i は方程式の番号に対応し，後の添字 j は変数の番号に対応していることに注意する．例えば $n=3$, $m=2$ であれば，

$$\begin{cases} a_{11}x_1 + a_{12}x_2 + a_{13}x_3 = b_1 \\ a_{21}x_1 + a_{22}x_2 + a_{23}x_3 = b_2 \end{cases}$$

となる．連立1次方程式 (6.1) に対して，変数の係数を並べた $m \times n$ 行列

$$A = \begin{bmatrix} a_{11} & a_{12} & \cdots & a_{1n} \\ a_{21} & a_{22} & \cdots & a_{2n} \\ \vdots & \vdots & & \vdots \\ a_{m1} & a_{m2} & \cdots & a_{mn} \end{bmatrix}$$

を (6.1) の**係数行列**という．また係数行列に (6.1) の右辺にある数から作ったベクトル

$$\boldsymbol{b} = \begin{bmatrix} b_1 \\ b_2 \\ \vdots \\ b_m \end{bmatrix}$$

を A に結合した行列

$$[A \mid \boldsymbol{b}] = \left[\begin{array}{cccc:c} a_{11} & a_{12} & \cdots & a_{1n} & b_1 \\ a_{21} & a_{22} & \cdots & a_{2n} & b_2 \\ \vdots & \vdots & & \vdots & \vdots \\ a_{m1} & a_{m2} & \cdots & a_{mn} & b_m \end{array}\right]$$

を (6.1) の**拡大係数行列**という．今はわかりやすさのために区切り線を入れてあるが，誤解が起こらない限り入れなくてもよい．逆に拡大係数行列が与えられれば，それから連立1次方程式を復元することはやさしい．

変数もベクトルの形

$$\boldsymbol{x} = \begin{bmatrix} x_1 \\ x_2 \\ \vdots \\ x_n \end{bmatrix}$$

にまとめて書けば，連立1次方程式 (6.1) は行列の積を使って

$$A\boldsymbol{x} = \boldsymbol{b}$$

と表すことができる．

●問 6.1 (i) x, y, z を変数とする連立 1 次方程式

$$\begin{cases} 3x + 2y - z = 1 \\ -x + 4z = -2 \end{cases}$$

を $A\boldsymbol{x} = \boldsymbol{b}$ の形に表せ．また，係数行列と拡大係数行列を求めよ．

(ii) 拡大係数行列が $\begin{bmatrix} 1 & 2 & -3 \\ 2 & -1 & 5 \end{bmatrix}$ の連立 1 次方程式を (6.1) の形に書け．

連立 1 次方程式を解くことと，拡大係数行列に対してある種の操作を行うことが，同じであることを次の例でみる．

◆例 **6.1**

$$\begin{cases} 3x + 2y = -8 \\ x - 4y = 2 \end{cases}$$

を解く．拡大係数行列は $\begin{bmatrix} 3 & 2 & -8 \\ 1 & -4 & 2 \end{bmatrix}$ である．

式の変形		行列に対する操作	
$\begin{cases} x - 4y = 2 \\ 3x + 2y = -8 \end{cases}$	第 1 式と第 2 式を入れ換え	$\begin{bmatrix} 1 & -4 & 2 \\ 3 & 2 & -8 \end{bmatrix}$	第 1 行と第 2 行を交換
$\begin{cases} x - 4y = 2 \\ 14y = -14 \end{cases}$	第 1 式を -3 倍して第 2 式にたす	$\begin{bmatrix} 1 & -4 & 2 \\ 0 & 14 & -14 \end{bmatrix}$	第 1 行を -3 倍して第 2 行にたす
$\begin{cases} x - 4y = 2 \\ y = -1 \end{cases}$	第 2 式を 1/14 倍する	$\begin{bmatrix} 1 & -4 & 2 \\ 0 & 1 & -1 \end{bmatrix}$	第 2 行を 1/14 倍する
$\begin{cases} x = -2 \\ y = -1 \end{cases}$	第 2 式を 4 倍して第 1 式にたす	$\begin{bmatrix} 1 & 0 & -2 \\ 0 & 1 & -1 \end{bmatrix}$	第 2 行を 4 倍して第 1 行にたす

これで解 $x = -2, y = -1$ が求まった．こうしてみると，それぞれのステップで右側の行列が左側の連立 1 次方程式の拡大係数行列になっていて，式の変形と行列の操作がパラレルに対応している様子がわかる．また，この変形が逆にもたどれる同値変形であることにも注意しておく．

この例でみたように，行列に変形を何回か行って，解がすぐに求まる簡単な形にすることが連立 1 次方程式を解くことと同じになる．

連立1次方程式の最終的な解を与える行列を想定して次の定義をする.

定義 6.2. 行列 A の行ベクトル分割を

$$A = \begin{bmatrix} \boldsymbol{a}_1 \\ \boldsymbol{a}_2 \\ \vdots \\ \boldsymbol{a}_m \end{bmatrix}$$

とする. A が次の4条件をみたすとき**簡約行列**とよぶ†.

(i) $\boldsymbol{a}_i$ のうち零ベクトル $\boldsymbol{0}$ があれば, それらは下に集まっている.

(ii) $\boldsymbol{a}_i \neq \boldsymbol{0}$ なら一番左にある0でない成分は1である. この1を $\boldsymbol{a}_i$ の**主成分**という.

(iii) 各行の主成分は下の行ほど右にある.

(iv) 主成分を含む列の主成分以外の成分はすべて0である.

(i), (ii), (iii) の3条件をみたす行列を**階段行列**という. 階段行列の主成分の下側はすべて0である.

●**問 6.2** 次の行列のなかから (a) 簡約行列, (b) 階段行列, (c) どちらでもない行列を選べ.

$$(1) \begin{bmatrix} 1 & 0 & 0 \\ 0 & 0 & 1 \\ 0 & 0 & 0 \end{bmatrix} \qquad (2) \begin{bmatrix} 1 & 0 \\ 0 & 0 \\ 0 & 1 \end{bmatrix} \qquad (3) \begin{bmatrix} 1 & -1 & 0 & 0 \\ 0 & 1 & 0 & 0 \\ 0 & 0 & 0 & 1 \end{bmatrix}$$

$$(4) \begin{bmatrix} 1 & 0 & 0 \\ 0 & 0 & 1 \\ 0 & 1 & 0 \end{bmatrix} \qquad (5) \begin{bmatrix} 1 & 2 & 0 \\ 0 & 0 & 1 \end{bmatrix} \qquad (6) \begin{bmatrix} 1 & 0 & 2 \\ 0 & 1 & 0 \\ 0 & 0 & 1 \end{bmatrix}$$

$$(7) \begin{bmatrix} -1 & 0 & 0 \\ 0 & 0 & 1 \end{bmatrix} \qquad (8) \begin{bmatrix} 1 & 1 & -2 \\ 0 & 0 & 1 \end{bmatrix} \qquad (9) \begin{bmatrix} 1 & 4 \\ 0 & 0 \end{bmatrix}$$

次に, 連立1次方程式を解く際の拡大係数行列に対する操作を念頭に, 一般の行列に対して次の定義をする.

† 正式には行に関する簡約階段行列とよぶべきであるが, 本書では簡単のため簡約行列とよぶ.

定義 6.3. 行列に対する以下の 3 つの操作を**行基本変形**という．

(R1) ある行を何倍かする (ただし 0 倍はしない)

(R2) 2 つの行を入れ換える

(R3) ある行を何倍かして別の行にたす

もし与えられた行列がある連立 1 次方程式の拡大係数行列ならば，これらの操作は，対応する連立 1 次方程式に対して，「ある方程式を何倍かする」「2 つの方程式を入れ換える」「ある方程式の何倍かを別の方程式にたす」という操作にそれぞれ対応している．

以下では説明のため次の記号を使う．

(R1) 第 i 行を c 倍することを $c \times ⓘ$ と書く．

(R2) 第 i 行と第 j 行を入れ換えることを $ⓘ \leftrightarrow ⓙ$ と書く．

(R3) 第 i 行に第 j 行の c 倍をたすことを $ⓘ + c \times ⓙ$ と書く．

●**問 6.3** 問 6.2 の行列のうち簡約行列でないものに対して，行基本変形を一度だけ行って，簡約行列にせよ．

●**問 6.4** 簡約行列であるような 2 次正方行列をすべて求めよ．

7 行列の簡約化

与えられた行列に何回かの行基本変形を行って，階段行列あるいは簡約行列に変形することができる．これを**行列の簡約化**という．

簡約化の手順

与えられた零行列でない行列を簡約行列に変形するための一般的な手順を述べる．同時にその手順を行列

$$\begin{bmatrix} 0 & 0 & 2 & -3 & 1 \\ 2 & 4 & -8 & 8 & -12 \\ 1 & 2 & -3 & 3 & -4 \end{bmatrix}$$

に適用して，その変形の様子をみる．

ステップ1 すべての成分が0でない列のうち，一番左の列に注目する．

$$\begin{bmatrix} \mathbf{0} & 0 & 2 & -3 & 1 \\ \mathbf{2} & 4 & -8 & 8 & -12 \\ \mathbf{1} & 2 & -3 & 3 & -4 \end{bmatrix}$$ 今の場合は第1列

ステップ2 注目した列の1番上の数が0のときは，0でない行と入れ換える．

$$\xrightarrow{①\leftrightarrow②} \begin{bmatrix} 2 & 4 & -8 & 8 & -12 \\ 0 & 0 & 2 & -3 & 1 \\ 1 & 2 & -3 & 3 & -4 \end{bmatrix}$$

ステップ3 第1行を何倍かして主成分を作る．

$$\xrightarrow{\frac{1}{2}\times①} \begin{bmatrix} \mathbf{1} & 2 & -4 & 4 & -6 \\ 0 & 0 & 2 & -3 & 1 \\ 1 & 2 & -3 & 3 & -4 \end{bmatrix}$$

ステップ4 第1行を何倍かして他の行に加えることによって，主成分の下にある成分をすべて0にする．

$$\xrightarrow{③+(-1)\times①} \begin{bmatrix} \mathbf{1} & 2 & -4 & 4 & -6 \\ 0 & 0 & 2 & -3 & 1 \\ 0 & 0 & 1 & -1 & 2 \end{bmatrix}$$

ステップ5 第1行を忘れて，残った行列について，ステップ1からの操作を行う．これを階段行列が得られるまで続ける．

$$\xrightarrow{\frac{1}{2}\times②} \begin{bmatrix} 1 & 2 & -4 & 4 & -6 \\ 0 & 0 & \mathbf{1} & -\frac{3}{2} & \frac{1}{2} \\ 0 & 0 & 1 & -1 & 2 \end{bmatrix} \xrightarrow{③+(-1)\times②} \begin{bmatrix} 1 & 2 & -4 & 4 & -6 \\ 0 & 0 & 1 & -\frac{3}{2} & \frac{1}{2} \\ 0 & 0 & 0 & \frac{1}{2} & \frac{3}{2} \end{bmatrix}$$

$$\xrightarrow{③\times 2} \begin{bmatrix} 1 & 2 & -4 & 4 & -6 \\ 0 & 0 & 1 & -\frac{3}{2} & \frac{1}{2} \\ 0 & 0 & 0 & \mathbf{1} & 3 \end{bmatrix}$$

ステップ6 階段行列を簡約行列に変形するためには，主成分の上にある成分をすべて0にすればよい．そのために主成分を含む行を何倍かして，それより上の行にたしていく．これを簡約行列が得られるまで繰り返す．

$$\xrightarrow{①+4\times②} \begin{bmatrix} 1 & 2 & 0 & -2 & -4 \\ 0 & 0 & 1 & -\frac{3}{2} & \frac{1}{2} \\ 0 & 0 & 0 & 1 & 3 \end{bmatrix} \xrightarrow{②+\frac{3}{2}\times③} \begin{bmatrix} 1 & 2 & 0 & -2 & -4 \\ 0 & 0 & 1 & 0 & 5 \\ 0 & 0 & 0 & 1 & 3 \end{bmatrix}$$

$$\xrightarrow{①+2\times③}\begin{bmatrix}1&2&0&0&2\\0&0&1&0&5\\0&0&0&1&3\end{bmatrix}$$

以上で簡約行列が得られる．

次の定理が成り立つ．

定理 7.1 任意の行列に有限回の行基本変形を行うことにより，簡約行列に変形することができる．簡約行列はもとの行列から，行基本変形のやり方によらず一意的に決まる．

後半の一意性の部分は次節の最後で証明を与える．

行列の階数

定義 7.2. 行列 A を簡約行列に変形したときの主成分の個数を A の**階数**といい $\operatorname{rank} A$ で表す．ただし零行列の階数は 0 とする．

主成分は各行に高々 1 個，また各列に高々 1 個しかないから，次の命題がただちにわかる．

命題 7.3 A が $m\times n$ 行列ならば

$$\operatorname{rank} A\leq m \text{ かつ } \operatorname{rank} A\leq n.$$

●問 7.1 n 次正方行列で階数が n の簡約行列はどのような行列か．

以下でもどの基本変形を行ったかがわかるように記号を書いておくが，実際に簡約行列を計算をするときには，これを書き入れる必要はない．

例題 7.4 $A=\begin{bmatrix}0&1&1&1\\1&2&0&1\\3&4&0&5\\1&2&-2&-3\end{bmatrix}$ の簡約行列と階数を求めよ．

【解】 上で説明した方法に従って，行基本変形を繰り返して簡約行列を計算する．

$$A \xrightarrow{①\leftrightarrow②} \begin{bmatrix} 1 & 2 & 0 & 1 \\ 0 & 1 & 1 & 1 \\ 3 & 4 & 0 & 5 \\ 1 & 2 & -2 & -3 \end{bmatrix} \xrightarrow{③+(-3)\times①} \begin{bmatrix} 1 & 2 & 0 & 1 \\ 0 & 1 & 1 & 1 \\ 0 & -2 & 0 & 2 \\ 1 & 2 & -2 & -3 \end{bmatrix}$$

$$\xrightarrow{④+(-1)\times①} \begin{bmatrix} 1 & 2 & 0 & 1 \\ 0 & 1 & 1 & 1 \\ 0 & -2 & 0 & 2 \\ 0 & 0 & -2 & -4 \end{bmatrix} \xrightarrow{③+2\times②} \begin{bmatrix} 1 & 2 & 0 & 1 \\ 0 & 1 & 1 & 1 \\ 0 & 0 & 2 & 4 \\ 0 & 0 & -2 & -4 \end{bmatrix}$$

$$\xrightarrow{\frac{1}{2}\times③} \begin{bmatrix} 1 & 2 & 0 & 1 \\ 0 & 1 & 1 & 1 \\ 0 & 0 & 1 & 2 \\ 0 & 0 & -2 & -4 \end{bmatrix} \xrightarrow{④+2\times③} \begin{bmatrix} 1 & 2 & 0 & 1 \\ 0 & 1 & 1 & 1 \\ 0 & 0 & 1 & 2 \\ 0 & 0 & 0 & 0 \end{bmatrix}$$

$$\xrightarrow{①+(-2)\times②} \begin{bmatrix} 1 & 0 & -2 & -1 \\ 0 & 1 & 1 & 1 \\ 0 & 0 & 1 & 2 \\ 0 & 0 & 0 & 0 \end{bmatrix} \xrightarrow{②+(-1)\times③} \begin{bmatrix} 1 & 0 & -2 & -1 \\ 0 & 1 & 0 & -1 \\ 0 & 0 & 1 & 2 \\ 0 & 0 & 0 & 0 \end{bmatrix}$$

$$\xrightarrow{①+2\times③} \begin{bmatrix} \mathbf{1} & 0 & 0 & 3 \\ 0 & \mathbf{1} & 0 & -1 \\ 0 & 0 & \mathbf{1} & 2 \\ 0 & 0 & 0 & 0 \end{bmatrix}.$$

階数は簡約行列の主成分の個数だから $\operatorname{rank} A = 3$ となる．

●問 7.2 次の行列のそれぞれについて簡約行列と階数を求めよ．

(i) $\begin{bmatrix} 0 & 1 & 8 \\ -1 & 1 & 10 \end{bmatrix}$ (ii) $\begin{bmatrix} 1 & 0 & -1 \\ -10 & -7 & 3 \\ -5 & 3 & 8 \end{bmatrix}$ (iii) $\begin{bmatrix} 2 & -3 & -4 & -8 \\ 1 & -2 & -3 & 5 \\ 1 & 0 & 1 & 4 \end{bmatrix}$

補注 7.5 簡約行列は基本変形のやり方によらず一意的に決まるから，簡約行列を求める際には，計算が簡単になるように，適宜基本変形の順序をかえてもよい．例えば上の問の (iii) では第1行を2でわるのではなく，まず第1行と第2行を交換するのがよい．これからこの計算をたくさん経験するにしたがって，いろいろな工夫が自然に身につくのが望ましい．

行基本変形は可逆な変形であることをもう一度注意しておく．例えば第 i 行を c $(\neq 0)$ 倍して得られる行列の第 i 行を $1/c$ 倍すればもとの行列にもどる．逆の操作にあたるものを，上で使った略記号を使って書くと

基本変形	逆の基本変形
$c \times ⓘ$	$(1/c) \times ⓘ$
$ⓘ \leftrightarrow ⓙ$	$ⓘ \leftrightarrow ⓙ$
$ⓘ + c \times ⓙ$	$ⓘ - c \times ⓙ$

となる．

行基本変形と基本行列

一般に行基本変形を行うと，行列は別の行列に変換される．したがって，基本変形の前後の行列は等号で結ぶことができない．このことは理論的な側面を議論する際にしばしば困難を引き起こす．その困難を克服するために基本変形を行列の等号で表すための手段がここで学ぶ基本行列である．

単位行列 E に行基本変形を1回だけ施して得られる行列を**基本行列**という．E に (R1) の $c \times ⓘ$ を行った基本行列を

$$P_i(c) = \begin{bmatrix} 1 & & & & & & \\ & \ddots & & & & & \\ & & 1 & & & & \\ & & & c & & & \\ & & & & 1 & & \\ & & & & & \ddots & \\ & & & & & & 1 \end{bmatrix} (i)$$

と書く．同様に E に (R2) の $ⓘ \leftrightarrow ⓙ$ を行って，基本行列

$$P_{ij} = \begin{bmatrix} 1 & & & & & & & & \\ & \ddots & & & & & & & \\ & & 1 & & & & & & \\ & & & 0 & & \cdots & & 1 & & \\ & & & & 1 & & & & \\ & & & \vdots & & \ddots & & \vdots & \\ & & & & & & 1 & & \\ & & & 1 & & \cdots & & 0 & \\ & & & & & & & & 1 \\ & & & & & & & & & \ddots \\ & & & & & & & & & & 1 \end{bmatrix} \begin{matrix} \\ \\ \\ (i) \\ \\ \\ \\ (j) \\ \\ \\ \\ \end{matrix}$$

を得る．また (R3) の $ⓘ + c \times ⓙ$ を行うと，

$$P_{ij}(c) = \begin{bmatrix} 1 & & & & & & \\ & \ddots & & & & & \\ & & 1 & \cdots & c & & \\ & & & \ddots & \vdots & & \\ & & & & 1 & & \\ & & & & & \ddots & \\ & & & & & & 1 \end{bmatrix} \begin{matrix} \\ \\ (i) \\ \\ (j) \\ \\ \\ \end{matrix}$$

が得られる．

> **命題 7.6** A を $m \times n$ 行列とする．A に1つの行基本変形を適用して得られる行列は，m 次の単位行列 E に同じ基本変形を適用して得られる基本行列 P を A の左側からかけて得られる行列 PA に等しい．

[証明] $E = \begin{bmatrix} \boldsymbol{e}_1 \\ \vdots \\ \boldsymbol{e}_m \end{bmatrix}$, $A = \begin{bmatrix} \boldsymbol{a}_1 \\ \vdots \\ \boldsymbol{a}_m \end{bmatrix}$ をそれぞれ E, A の行ベクトル分割とする．このとき，問 5.3 より

$$P_i(c)A = \begin{bmatrix} \boldsymbol{e}_1 \\ \vdots \\ c\boldsymbol{e}_i \\ \vdots \\ \boldsymbol{e}_m \end{bmatrix} A = \begin{bmatrix} \boldsymbol{e}_1 A \\ \vdots \\ c\boldsymbol{e}_i A \\ \vdots \\ \boldsymbol{e}_m A \end{bmatrix} = \begin{bmatrix} \boldsymbol{a}_1 \\ \vdots \\ c\boldsymbol{a}_i \\ \vdots \\ \boldsymbol{a}_m \end{bmatrix}.$$

他の式も同様に証明できる． □

●**問 7.3** $A = \begin{bmatrix} 1 & 2 \\ 3 & 4 \\ 5 & 6 \end{bmatrix}$ とする．

$$P_2(c) = \begin{bmatrix} 1 & 0 & 0 \\ 0 & c & 0 \\ 0 & 0 & 1 \end{bmatrix}, \quad P_{12} = \begin{bmatrix} 0 & 1 & 0 \\ 1 & 0 & 0 \\ 0 & 0 & 1 \end{bmatrix}, \quad P_{13}(c) = \begin{bmatrix} 1 & 0 & c \\ 0 & 1 & 0 \\ 0 & 0 & 1 \end{bmatrix}$$

をそれぞれ A の左からかけることにより，命題 7.6 の主張を確かめよ．

●**問 7.4** 命題 7.6 の証明を完成させよ．

基本行列を導入することによって定理 7.1 は等式の形で述べることができる．

命題 7.7　A を任意の行列とするとき，いくつかの基本行列 $P_1, \ldots, P_r$ が存在して，

$$B = P_1 P_2 \cdots P_r A$$

を簡約行列となるようにできる．

上の命題で $P = P_1 P_2 \cdots P_r$ とおくと，$B = PA$ となる．この P を求めるには次のような計算をすればよい．

◆**例 7.8**　$A = \begin{bmatrix} 1 & -1 & 2 \\ 0 & 1 & 0 \\ 3 & -3 & 8 \end{bmatrix}$ とする．E と A を並べて書いて，それに対して同じ行基本変形をする．

E	A	
$\begin{bmatrix} 1 & 0 & 0 \\ 0 & 1 & 0 \\ -3 & 0 & 1 \end{bmatrix}$	$\begin{bmatrix} 1 & -1 & 2 \\ 0 & 1 & 0 \\ 0 & 0 & 2 \end{bmatrix}$	③ + (−3) × ①
$\begin{bmatrix} 1 & 0 & 0 \\ 0 & 1 & 0 \\ -\frac{3}{2} & 0 & \frac{1}{2} \end{bmatrix}$	$\begin{bmatrix} 1 & -1 & 2 \\ 0 & 1 & 0 \\ 0 & 0 & 1 \end{bmatrix}$	$\frac{1}{2}$ × ③
$\begin{bmatrix} 1 & 1 & 0 \\ 0 & 1 & 0 \\ -\frac{3}{2} & 0 & \frac{1}{2} \end{bmatrix}$	$\begin{bmatrix} 1 & 0 & 2 \\ 0 & 1 & 0 \\ 0 & 0 & 1 \end{bmatrix}$	① + 1 × ②
$\begin{bmatrix} 4 & 1 & -1 \\ 0 & 1 & 0 \\ -\frac{3}{2} & 0 & \frac{1}{2} \end{bmatrix}$	$\begin{bmatrix} 1 & 0 & 0 \\ 0 & 1 & 0 \\ 0 & 0 & 1 \end{bmatrix}$	① + (−2) × ③

A が簡約行列になった時点で E は P になっている (なぜか)．検算してみると

$$PA = \begin{bmatrix} 4 & 1 & -1 \\ 0 & 1 & 0 \\ -\frac{3}{2} & 0 & \frac{1}{2} \end{bmatrix} \begin{bmatrix} 1 & -1 & 2 \\ 0 & 1 & 0 \\ 3 & -3 & 8 \end{bmatrix} = \begin{bmatrix} 1 & 0 & 0 \\ 0 & 1 & 0 \\ 0 & 0 & 1 \end{bmatrix}$$

となり，正しいことがわかる．なお P は 1 つに決まらないことがある．

●問 7.5　$A = \begin{bmatrix} 2 & 1 & 1 \\ -3 & -2 & -2 \\ 6 & 3 & 4 \end{bmatrix}$ の簡約行列を B とするとき $B = PA$ をみたす 3 次正方行列 P を 1 つ求めよ．

最後に基本行列は正則であることを注意しておく．それは命題 7.6 と行基本変形が可逆であることから導かれる．実際

$$P_i(c)^{-1} = P_i\left(\frac{1}{c}\right) \ (c \neq 0), \quad {P_{ij}}^{-1} = P_{ij}, \quad P_{ij}(c)^{-1} = P_{ij}(-c).$$

これは計算でも確かめられる．これから，基本行列の逆行列もまた基本行列になることもわかる．

8 連立 1 次方程式の解き方

この章の目的である行列の簡約化を利用した連立 1 次方程式の解き方について述べる．

連立 1 次方程式

$$\begin{cases} a_{11}x_1 + a_{12}x_2 + \cdots + a_{1n}x_n = b_1 \\ a_{21}x_1 + a_{22}x_2 + \cdots + a_{2n}x_n = b_2 \\ \quad\cdots \\ a_{m1}x_1 + a_{m2}x_2 + \cdots + a_{mn}x_n = b_m \end{cases}$$

において

$$A = \begin{bmatrix} a_{11} & a_{12} & \cdots & a_{1n} \\ a_{21} & a_{22} & \cdots & a_{2n} \\ \vdots & \vdots & & \vdots \\ a_{m1} & a_{m2} & \cdots & a_{mn} \end{bmatrix}, \quad \boldsymbol{x} = \begin{bmatrix} x_1 \\ x_2 \\ \vdots \\ x_n \end{bmatrix}, \quad \boldsymbol{b} = \begin{bmatrix} b_1 \\ b_2 \\ \vdots \\ b_m \end{bmatrix}$$

とおくと，連立 1 次方程式は行列のかけ算を使って

$$A\boldsymbol{x} = \boldsymbol{b}$$

と書ける．A を係数行列，$\begin{bmatrix} A & \boldsymbol{b} \end{bmatrix}$ を拡大係数行列とよんだ．さて，拡大係数行列を簡約化によって簡約行列 B に変形できたとする．

$$\begin{array}{c} \quad\quad\quad\quad\quad\quad x_1 \quad \cdots \quad\quad x_n \quad 右辺 \\ \begin{bmatrix} A & \boldsymbol{b} \end{bmatrix} \longrightarrow B = \begin{bmatrix} & 1 & & & \\ & & 1 & & * \\ & & & \ddots & \\ & O & & & 1 \\ & & & & \end{bmatrix}. \end{array}$$

行基本変形の意味を考えると B は $A\boldsymbol{x}=\boldsymbol{b}$ に同値な連立1次方程式の拡大係数行列になっている．したがって B の最後の列は，この同値な連立1次方程式の右辺にあたり，その他の列はある変数 x_i の係数が並んでいることになる．2つの場合が考えられる．

B の最後の列に主成分がない場合

この場合は次のようにして解を求めることができる．主成分がある列に対応する変数を**主成分に対応する変数**とよぶ．

まず，すべての変数が主成分に対応している場合を考える．この場合，次の例のように簡約行列に対応する連立1次方程式を書き下すことにより，ただ1つの解が求まる．

◆**例 8.1**

$$\begin{cases} x_1 & -x_2 & +2x_3 & =-8 \\ & x_2 & -2x_3 & =5 \\ 2x_1 & -2x_2 & +5x_3 & =-15 \end{cases}$$

上と同様に拡大係数行列に行基本変形をほどこす．

$$\begin{bmatrix} 1 & -1 & 2 & -8 \\ 0 & 1 & -2 & 5 \\ 2 & -2 & 5 & -15 \end{bmatrix} \to \begin{bmatrix} 1 & -1 & 2 & -8 \\ 0 & 1 & -2 & 5 \\ 0 & 0 & 1 & 1 \end{bmatrix} \to \begin{bmatrix} 1 & 0 & 0 & -3 \\ 0 & 1 & -2 & 5 \\ 0 & 0 & 1 & 1 \end{bmatrix}$$

$$\to \begin{array}{c} \begin{matrix} x_1 & x_2 & x_3 & \end{matrix} \\ \begin{bmatrix} \mathbf{1} & 0 & 0 & -3 \\ 0 & \mathbf{1} & 0 & 7 \\ 0 & 0 & \mathbf{1} & 1 \end{bmatrix} \end{array}$$

この簡約行列ではすべての変数が主成分に対応している．簡約行列に対応する連立1次方程式は

$$\begin{cases} x_1=-3 \\ x_2=7 \\ x_3=1 \end{cases}$$

となり，ただ1つの解が求まる．この場合，幾何学的には3つの平面が1点で交わっていることになる．

●**問 8.1** 次の連立1次方程式を解け．

(i) $\begin{cases} 2x_1 & -x_2 & =5 \\ 3x_1 & +2x_2 & =4 \\ x_1 & +x_2 & =1 \end{cases}$ (ii) $\begin{cases} -x_1 & +x_2 & +3x_3 & =-5 \\ 2x_1 & & +x_3 & =3 \\ 2x_1 & +2x_2 & -x_3 & =23 \end{cases}$

主成分に対応しない変数がある場合は**主成分に対応しない変数をすべて任意の数を表すパラメータにすると**，主成分に対応する変数はそれらのパラメータで書ける．

◆例 **8.2**

$$\begin{cases} 2x & -6y & +5z & =4 \\ x & -3y & +2z & =2 \\ -2x & +6y & +z & =-4 \end{cases}$$

拡大係数行列に行基本変形をほどこす．

$$\begin{bmatrix} 2 & -6 & 5 & 4 \\ 1 & -3 & 2 & 2 \\ -2 & 6 & 1 & -4 \end{bmatrix} \to \begin{bmatrix} 1 & -3 & 2 & 2 \\ 2 & -6 & 5 & 4 \\ -2 & 6 & 1 & -4 \end{bmatrix} \to \begin{bmatrix} 1 & -3 & 2 & 2 \\ 0 & 0 & 1 & 0 \\ 0 & 0 & 5 & 0 \end{bmatrix}$$

$$\to \begin{array}{c} \begin{matrix} x & y & z & \end{matrix} \\ \begin{bmatrix} \mathbf{1} & -3 & 0 & 2 \\ 0 & 0 & \mathbf{1} & 0 \\ 0 & 0 & 0 & 0 \end{bmatrix} \end{array}$$

1列目，3列目に主成分があるから x, z が主成分に対応する変数である．主成分に対応しない変数 y を任意の値をとるパラメータ t とすると，対応する方程式は

$$\begin{cases} & y & & = t \\ x & -3t & & = 2 \\ & & z & = 0. \end{cases}$$

これを整理して

$$\begin{cases} x = 3t+2 \\ y = t \\ z = 0. \end{cases}$$

t は任意の数をとりうるから，この連立1次方程式には無数に解があることになる．この解をベクトルの形に書くと，

$$\begin{bmatrix} x \\ y \\ z \end{bmatrix} = \begin{bmatrix} 2 \\ 0 \\ 0 \end{bmatrix} + t \begin{bmatrix} 3 \\ 1 \\ 0 \end{bmatrix}.$$

このようにパラメータ t について整理した形で書くと，与えられた3つの平面がこの1つの直線を共有していることがわかる．

●**問 8.2** 次の連立1次方程式を解け．

(i) $\begin{cases} & -7y & +7z & =-14 \\ -x & -3y & +z & =-3 \\ -x & & -2z & =3 \end{cases}$ (ii) $\begin{cases} -x & -2y & -3z & =-4 \\ 3x & +6y & +9z & =12 \end{cases}$

この問の (ii) のように，主成分に対応していない変数が2つ以上でてきた場合は，そのすべてを別のパラメータにとる必要がある．

B の最後の列に主成分がある場合

この最後の主成分を含む行に対応する方程式は

$$0x_1 + \cdots + 0x_n = 1$$

だから，この連立1次方程式は解をもたない．

次の例をみよう．

◆**例 8.3**

$$\begin{cases} x_1 & -2x_2 & -x_3 & = 1 \\ x_1 & -x_2 & -x_3 & = 4 \\ -2x_1 & +2x_2 & +2x_3 & = -7 \end{cases}$$

拡大係数行列を簡約行列に変形する．

$$\begin{bmatrix} 1 & -2 & -1 & 1 \\ 1 & -1 & -1 & 4 \\ -2 & 2 & 2 & -7 \end{bmatrix} \to \begin{bmatrix} 1 & -2 & -1 & 1 \\ 0 & 1 & 0 & 3 \\ 0 & -2 & 0 & -5 \end{bmatrix} \to \begin{bmatrix} 1 & -2 & -1 & 1 \\ 0 & 1 & 0 & 3 \\ 0 & 0 & 0 & 1 \end{bmatrix}$$

$$\to \begin{bmatrix} 1 & 0 & -1 & 7 \\ 0 & 1 & 0 & 3 \\ 0 & 0 & 0 & 1 \end{bmatrix} \to \begin{bmatrix} 1 & 0 & -1 & 0 \\ 0 & 1 & 0 & 0 \\ \mathbf{0} & \mathbf{0} & \mathbf{0} & \mathbf{1} \end{bmatrix}$$

簡約行列の第3行に対応する方程式は $0x_1 + 0x_2 + 0x_3 = 1$ となり解をもたない．簡約行列にまで変形しなくても，上の変形の1行目の終わりで階段行列になった時点で解をもたないことがわかる．

●**問 8.3**　次の連立1次方程式が解をもたないことを示せ．

$$\begin{cases} -2x & +4y & +z & = 3 \\ 3x & -6y & -2z & = -6 \\ x & -2y & -z & = -2 \end{cases}$$

B の最後の列の主成分の有無を階数を使って述べると次の定理が得られる．

定理 8.4　連立1次方程式 $A\boldsymbol{x} = \boldsymbol{b}$ が解をもつための必要十分条件は拡大係数行列の階数と係数行列の階数が一致することである．すなわち

$$\mathrm{rank}\begin{bmatrix} A & \boldsymbol{b} \end{bmatrix} = \mathrm{rank}\, A.$$

また連立 1 次方程式が解をもつとき，それがただ 1 つに決まるかどうかは，パラメータの有無で決まる．したがって次の定理が成り立つ．

定理 8.5 変数の個数が n 個の連立 1 次方程式 $A\boldsymbol{x} = \boldsymbol{b}$ がただ 1 つの解をもつための必要十分条件は変数の個数と係数行列の階数が等しいことである．すなわち

$$\operatorname{rank} A = \operatorname{rank} \begin{bmatrix} A & \boldsymbol{b} \end{bmatrix} = n.$$

命題 7.3 によって，つねに $\operatorname{rank} A \leq n$ だから，$\operatorname{rank} A < n$ ならば解が 1 つに決まらないことになる．

この定理から次の系が得られる．

系 8.6 変数の個数より式の個数が少ない連立 1 次方程式に，解があれば 1 つに決まらない．

［証明］変数の個数を n，式の個数を m とすると，仮定より $m < n$ である．拡大係数行列は $m \times (n+1)$ 行列であり，この階数は m 以下になるから (命題 7.3)，

$$\operatorname{rank} A = \operatorname{rank} \begin{bmatrix} A & \boldsymbol{b} \end{bmatrix} \leq m < n$$

となって，解は 1 つに決まらない． □

連立 1 次方程式の解法のまとめ

連立 1 次方程式 $A\boldsymbol{x} = \boldsymbol{b}$ を解く．

ステップ 1 拡大係数行列 $\begin{bmatrix} A & \boldsymbol{b} \end{bmatrix}$ を作る．

ステップ 2 拡大係数行列の簡約行列 B を計算する．

ステップ 3 $\operatorname{rank} \begin{bmatrix} A & \boldsymbol{b} \end{bmatrix} \neq \operatorname{rank} A$ ならば解なし．等しければ次のステップへ．

ステップ 4 主成分に対応していない変数があれば，それらのすべてを任意の値をとるパラメータとする．

ステップ 5 簡約行列に対応する連立 1 次方程式にパラメータの式を代入して整理すれば解が求まる．

●問 8.4　A を 3×2 行列とし，連立 1 次方程式 $A\begin{bmatrix} x \\ y \end{bmatrix} = \begin{bmatrix} 1 \\ 2 \\ 3 \end{bmatrix}$ を考える．以下の命題が成り立つような A の例をあげよ．もしそのような A がない場合はその理由を述べよ．

(i) 上の連立 1 次方程式は解をもたない．

(ii) 上の連立 1 次方程式は 1 つだけ解をもつ．

(iii) 上の連立 1 次方程式は解を 2 個以上もつ．

(iv) 上の連立 1 次方程式は解をちょうど 2 個もつ．

係数行列の等しい連立 1 次方程式の族

まず次の例をみる．

◆例 8.7　係数行列の等しい次の 2 つの連立 1 次方程式を考える．

$$(1)\ \begin{cases} x & +2y & = -1 \\ 3x & +7y & = 3 \end{cases} \qquad (2)\ \begin{cases} x & +2y & = 5 \\ 3x & +7y & = 2 \end{cases}$$

(1) を解くと

$$\begin{bmatrix} 1 & 2 & -1 \\ 3 & 7 & 3 \end{bmatrix} \to \begin{bmatrix} 1 & 2 & -1 \\ 0 & 1 & 6 \end{bmatrix} \to \begin{bmatrix} 1 & 0 & -13 \\ 0 & 1 & 6 \end{bmatrix} \qquad \begin{cases} x = -13 \\ y = 6 \end{cases}.$$

(2) を解くと

$$\begin{bmatrix} 1 & 2 & 5 \\ 3 & 7 & 2 \end{bmatrix} \to \begin{bmatrix} 1 & 2 & 5 \\ 0 & 1 & -13 \end{bmatrix} \to \begin{bmatrix} 1 & 0 & 31 \\ 0 & 1 & -13 \end{bmatrix} \qquad \begin{cases} x = 31 \\ y = -13 \end{cases}.$$

両方をよくみると，係数行列の部分は同じ変形をしていることがわかる．最初から (1) の拡大係数行列に (2) の右辺に対応する列ベクトルを結合して，次のようにまとめて書くと手間が省ける．

$$\begin{bmatrix} 1 & 2 & -1 & 5 \\ 3 & 7 & 3 & 2 \end{bmatrix} \to \begin{bmatrix} 1 & 2 & -1 & 5 \\ 0 & 1 & 6 & -13 \end{bmatrix} \to \begin{bmatrix} 1 & 0 & -13 & 31 \\ 0 & 1 & 6 & -13 \end{bmatrix}.$$

簡約行列の第 3 列に (1) の解が，第 4 列に (2) の解がでてくる．

一般に，係数行列の等しい ℓ 個の連立 1 次方程式

$$A\boldsymbol{x} = \boldsymbol{b}_1,\ \ldots,\ A\boldsymbol{x} = \boldsymbol{b}_\ell$$

があったとき，まとめた形の拡大係数行列

$$[A \quad \boldsymbol{b}_1 \quad \ldots \quad \boldsymbol{b}_\ell]$$

から簡約行列を求めることによって，これら ℓ 個の連立1次方程式の解を同時に求めることができる．

●問 8.5 以下の係数行列の等しい2つの連立1次方程式を解け．

(i) $\begin{cases} x - 2y - 2z = 3 \\ 3x - 5y - 6z = 10 \\ 2x - 5y - 5z = 2 \end{cases}$ (ii) $\begin{cases} x - 2y - 2z = 8 \\ 3x - 5y - 6z = 0 \\ 2x - 5y - 5z = 3 \end{cases}$

同次連立1次方程式

連立1次方程式 $A\boldsymbol{x} = \boldsymbol{b}$ で，右辺の $\boldsymbol{b}$ が零ベクトルである場合を考える．

$$A\boldsymbol{x} = \boldsymbol{0}.$$

この形の連立1次方程式を**同次連立1次方程式**とよぶ．一般の場合とは異なり，この方程式はつねに解をもつ．なぜなら $\boldsymbol{x} = \boldsymbol{0}$ はいつでも解だからである．この解を同次連立1次方程式の**自明な解**とよぶ．それ以外の解を**非自明な解**とよぶ．定理8.5から非自明な解をもつための条件が得られる．

定理 8.8 n 個の変数の同次連立1次方程式 $A\boldsymbol{x} = \boldsymbol{0}$ について次が成立する．

(i) $A\boldsymbol{x} = \boldsymbol{0}$ が自明な解 $\boldsymbol{x} = \boldsymbol{0}$ しかもたない $\Longleftrightarrow \operatorname{rank} A = n$

(ii) $A\boldsymbol{x} = \boldsymbol{0}$ が非自明な解をもつ $\Longleftrightarrow \operatorname{rank} A < n$

同次連立1次方程式の解を求めるためには，係数行列を簡約行列に変形すればよい．拡大係数行列から出発しても，最後の列は変形の間，零ベクトルのままなので，書く必要がないからである．

●問 8.6 次の同次連立1次方程式を解け．

(i) $\begin{cases} x + 2y - z = 0 \\ -2x - 3y + 3z = 0 \\ x + y - 2z = 0 \end{cases}$ (ii) $\begin{cases} x - 8y = 0 \\ y - z = 0 \\ -10x - 7y + 3z = 0 \end{cases}$

列ベクトルの1次独立性

同次連立1次方程式の解を詳しく調べるために次の定義をする．

定義 8.9. m 次列ベクトル $\boldsymbol{a}_1, \ldots, \boldsymbol{a}_s$ が**1次独立**であるとは，

$$c_1\boldsymbol{a}_1 + \cdots + c_s\boldsymbol{a}_s = \boldsymbol{0} \tag{8.1}$$

が成り立つのは $c_1 = \cdots = c_s = 0$ の場合に限るときをいう．

1次独立でないとき，**1次従属**であるという．1次従属なときは，

$$c_1\boldsymbol{a}_1 + \cdots + c_s\boldsymbol{a}_s = \boldsymbol{0}, \quad c_1, \ldots, c_s \text{ の少なくとも 1 つは 0 でない}$$

の形の関係式がある．これを $\boldsymbol{a}_1, \ldots, \boldsymbol{a}_s$ のみたす**非自明な1次関係式**とよぶ．

◆例 **8.10** 1つのベクトル $\boldsymbol{a}$ が1次独立になるのは $\boldsymbol{a} \neq \boldsymbol{0}$ のときである．

2つの $\boldsymbol{0}$ でないベクトル $\boldsymbol{a}_1, \boldsymbol{a}_2$ が1次従属とすると，$c_1\boldsymbol{a}_1 + c_2\boldsymbol{a}_2 = \boldsymbol{0}$ をみたす数 c_1, c_2 でどちらかが0でないものがある．例えば $c_1 \neq 0$ とすると，$\boldsymbol{a}_1 = -\dfrac{c_2}{c_1}\boldsymbol{a}_2$. すなわち $\boldsymbol{a}_1$ は $\boldsymbol{a}_2$ のスカラー倍になる．よって1次独立であるためには，2つのベクトルがスカラー倍の関係にないことが必要十分である．

一般に

$$A = \begin{bmatrix} \boldsymbol{a}_1 & \cdots & \boldsymbol{a}_s \end{bmatrix}, \qquad \boldsymbol{x} = \begin{bmatrix} c_1 \\ \vdots \\ c_s \end{bmatrix}$$

とおくと，(8.1) は

$$A\boldsymbol{x} = \boldsymbol{0}$$

となるから，1次独立の定義および定理 8.8 により，次の命題が成り立つ．

命題 8.11 $\boldsymbol{a}_1, \ldots, \boldsymbol{a}_s$ を m 次列ベクトルとし，$A = \begin{bmatrix} \boldsymbol{a}_1 & \ldots & \boldsymbol{a}_s \end{bmatrix}$ とおく．このとき

(i) $\boldsymbol{a}_1, \ldots, \boldsymbol{a}_s$ が1次独立 $\iff$ $A\boldsymbol{x} = \boldsymbol{0}$ の解は $\boldsymbol{x} = \boldsymbol{0}$ だけ
$\iff \operatorname{rank} A = s.$

(ii) $\boldsymbol{a}_1, \ldots, \boldsymbol{a}_s$ が1次従属 $\iff$ $A\boldsymbol{x} = \boldsymbol{0}$ は $\boldsymbol{x} = \boldsymbol{0}$ 以外の非自明な解をもつ
$\iff \operatorname{rank} A < s.$

●問 8.7　3 つのベクトル

$$\boldsymbol{a}_1 = \begin{bmatrix} 4 \\ 1 \\ -8 \\ -2 \end{bmatrix}, \quad \boldsymbol{a}_2 = \begin{bmatrix} 1 \\ 0 \\ -2 \\ -4 \end{bmatrix}, \quad \boldsymbol{a}_3 = \begin{bmatrix} 5 \\ 1 \\ -9 \\ -5 \end{bmatrix}$$

が 1 次独立であることを示せ.

●問 8.8　3 つのベクトル

$$\boldsymbol{a}_1 = \begin{bmatrix} 1 \\ -2 \\ 1 \end{bmatrix}, \quad \boldsymbol{a}_2 = \begin{bmatrix} -1 \\ 1 \\ -1 \end{bmatrix}, \quad \boldsymbol{a}_3 = \begin{bmatrix} 7 \\ -10 \\ 7 \end{bmatrix}$$

の間に成り立つ，非自明な 1 次関係式を 1 つ求めよ.

補注 8.12　一般に $\boldsymbol{a}_1, \ldots, \boldsymbol{a}_s$ が 1 次独立であれば，その中からいくつかベクトルを取り出したものも 1 次独立になる．なぜなら，$\boldsymbol{a}_1, \ldots, \boldsymbol{a}_t$ $(t \leq s)$ が 1 次従属だとすると，非自明な 1 次関係式 $c_1\boldsymbol{a}_1 + \cdots + c_t\boldsymbol{a}_t = \boldsymbol{0}$ があるが，このとき $c_1\boldsymbol{a}_1 + \cdots + c_t\boldsymbol{a}_t + 0\boldsymbol{a}_{t+1} + \cdots + 0\boldsymbol{a}_s = \boldsymbol{0}$ は $\boldsymbol{a}_1, \ldots, \boldsymbol{a}_s$ の非自明な 1 次関係式を与えることになって，$\boldsymbol{a}_1, \ldots, \boldsymbol{a}_s$ が 1 次独立であることに矛盾するからである.

1 次独立性については詳しい議論を第 16 節でもう一度行う.

同次連立 1 次方程式の 1 次独立な解

同次連立 1 次方程式 $A\boldsymbol{x} = \boldsymbol{0}$ の解 $\boldsymbol{x}_1, \ldots, \boldsymbol{x}_s$ が 1 次独立であるとき，これらを **1 次独立な解**とよぶ.

次の例をみてみよう.

◆**例 8.13**　$A = \begin{bmatrix} 1 & -1 & 3 & 2 & -3 \\ -2 & 2 & -6 & 1 & -4 \\ 1 & -1 & 3 & -2 & 5 \\ 3 & -3 & 9 & 1 & 1 \end{bmatrix}$, $\boldsymbol{x} = \begin{bmatrix} x_1 \\ x_2 \\ x_3 \\ x_4 \\ x_5 \end{bmatrix}$ として同次連立 1 次方程式 $A\boldsymbol{x} = \boldsymbol{0}$ を考える.

$$A \to \begin{bmatrix} 1 & -1 & 3 & 2 & -3 \\ 0 & 0 & 0 & 5 & -10 \\ 0 & 0 & 0 & -4 & 8 \\ 0 & 0 & 0 & -5 & 10 \end{bmatrix} \to \begin{bmatrix} 1 & -1 & 3 & 2 & -3 \\ 0 & 0 & 0 & 1 & -2 \\ 0 & 0 & 0 & 1 & -2 \\ 0 & 0 & 0 & 1 & -2 \end{bmatrix}$$

$$\begin{matrix} \quad x_1 & x_2 & x_3 & x_4 & x_5 \end{matrix}$$

$$\to \begin{bmatrix} \mathbf{1} & -1 & 3 & 0 & 1 \\ 0 & 0 & 0 & \mathbf{1} & -2 \\ 0 & 0 & 0 & 0 & 0 \\ 0 & 0 & 0 & 0 & 0 \end{bmatrix}.$$

主成分に対応しない変数は x_2, x_3, x_5 である．$x_2 = c_1$，$x_3 = c_2$，$x_5 = c_3$ とおくと，x_1, x_4 は c_1, c_2, c_3 を使って表すことができて，解は

$$\boldsymbol{x} = \begin{bmatrix} c_1 - 3c_2 - c_3 \\ c_1 \\ c_2 \\ 2c_3 \\ c_3 \end{bmatrix} = c_1 \begin{bmatrix} 1 \\ 1 \\ 0 \\ 0 \\ 0 \end{bmatrix} + c_2 \begin{bmatrix} -3 \\ 0 \\ 1 \\ 0 \\ 0 \end{bmatrix} + c_3 \begin{bmatrix} -1 \\ 0 \\ 0 \\ 2 \\ 1 \end{bmatrix}$$

となる．ここで網がかかっているのはパラメータに選んだ変数に対応する部分である．この式に現れる

$$\boldsymbol{x}_1 = \begin{bmatrix} 1 \\ 1 \\ 0 \\ 0 \\ 0 \end{bmatrix}, \quad \boldsymbol{x}_2 = \begin{bmatrix} -3 \\ 0 \\ 1 \\ 0 \\ 0 \end{bmatrix}, \quad \boldsymbol{x}_3 = \begin{bmatrix} -1 \\ 0 \\ 0 \\ 2 \\ 1 \end{bmatrix}$$

は1次独立である．これをみるために

$$c_1\boldsymbol{x}_1 + c_2\boldsymbol{x}_2 + c_3\boldsymbol{x}_3 = \boldsymbol{0}$$

とする．ここでパラメータに選んだ成分，例えば第2成分をみると，パラメータに対応する1のある $\boldsymbol{x}_1$ 以外の，$\boldsymbol{x}_2, \boldsymbol{x}_3$ では0になっている．このことから $c_1 = 0$ がでる．同様に第3，第5成分に着目することにより，$c_2 = c_3 = 0$ が得られる．これで $\boldsymbol{x}_1, \boldsymbol{x}_2, \boldsymbol{x}_3$ が1次独立であることが示せた．

この例を参考に一般の場合を考える．変数の個数が n 個としよう．すると簡約行列には $s = n - \operatorname{rank} A$ 個の主成分に対応していない変数があって，それらが独立に動くことができるパラメータになる．それを $c_1, \ldots, c_s$ として，パラメータに関して整理した形に書くと，すべての解 $\boldsymbol{x}$ は

$$c_1\boldsymbol{x}_1 + \cdots + c_s\boldsymbol{x}_s$$

の形に書ける．この場合も例8.13と同様にパラメータに選んだ変数に対応する成分に着目することによって，上の $\boldsymbol{x}_1, \ldots, \boldsymbol{x}_s$ が1次独立であることが示され，次が成り立つ．

命題 8.14 $m \times n$ 行列 A を係数行列とする同次連立1次方程式 $A\boldsymbol{x} = \boldsymbol{0}$ には $s = n - \operatorname{rank} A$ 個の1次独立な解がある．また $s+1$ 個以上の解は必ず1次従属になる．

［命題 *8.14* の後半の証明］ $t > s$ として，$\boldsymbol{y}_1, \ldots, \boldsymbol{y}_t$ を $A\boldsymbol{x} = \boldsymbol{0}$ の t 個の解であるとする．目標は

$$c_1\boldsymbol{y}_1 + \cdots + c_t\boldsymbol{y}_t = \boldsymbol{0} \tag{8.2}$$

という非自明な 1 次関係式があることを示すことである．

各 $\boldsymbol{y}_i$ は $A\boldsymbol{x} = \boldsymbol{0}$ の解だから，$\boldsymbol{x}_1, \ldots, \boldsymbol{x}_s$ を使って

$$\boldsymbol{y}_i = d_{1i}\boldsymbol{x}_1 + \cdots + d_{si}\boldsymbol{x}_s$$

と書ける．これを (8.2) に代入すると，

$$c_1(d_{11}\boldsymbol{x}_1 + \cdots + d_{s1}\boldsymbol{x}_s) + \cdots + c_t(d_{1t}\boldsymbol{x}_1 + \cdots + d_{st}\boldsymbol{x}_s) = \boldsymbol{0}.$$

$\boldsymbol{x}_1, \ldots, \boldsymbol{x}_s$ について整理すると，

$$(c_1d_{11} + \cdots + c_td_{1t})\boldsymbol{x}_1 + \cdots + (c_1d_{s1} + \cdots + c_td_{st})\boldsymbol{x}_s = \boldsymbol{0}.$$

$\boldsymbol{x}_1, \ldots, \boldsymbol{x}_s$ は 1 次独立だから，

$$c_1d_{i1} + \cdots + c_td_{it} = 0 \quad (1 \leq i \leq s).$$

これを行列の形に書くと，

$$\begin{bmatrix} d_{11} & \cdots & d_{1t} \\ \vdots & & \vdots \\ d_{s1} & \cdots & d_{st} \end{bmatrix} \begin{bmatrix} c_1 \\ \vdots \\ c_t \end{bmatrix} = \boldsymbol{0}.$$

$t > s$ より，これは式の個数が変数の個数より少ない連立 1 次方程式だから，$\boldsymbol{0}$ 以外の解をもつ (系 8.6)．この解が非自明な 1 次関係式を与える． □

この命題から $s = n - \operatorname{rank} A$ は $A\boldsymbol{x} = \boldsymbol{0}$ の 1 次独立な解の最大の個数である．$\boldsymbol{x}_1, \ldots, \boldsymbol{x}_s$ のように s 個の 1 次独立な解を $A\boldsymbol{x} = \boldsymbol{0}$ の**基本解**とよぶ．また独立に動くパラメータの個数 s を $A\boldsymbol{x} = \boldsymbol{0}$ の**解の自由度**という．

●問 8.9　同次連立 1 次方程式

$$\begin{bmatrix} 1 & 3 & -3 & -18 & -5 \\ 3 & 9 & -1 & -14 & 1 \\ -2 & -6 & 5 & 31 & 8 \end{bmatrix} \boldsymbol{x} = \boldsymbol{0}$$

の基本解を求めよ．また解の自由度を求めよ．

簡約行列の一意性

定理 7.1 で述べたように，与えられた行列から簡約行列は一意的に決まる．ここでその証明を与える．

まず，次の命題を証明する．

命題 8.15 $\boldsymbol{a}_1,\ldots,\boldsymbol{a}_r$ を n 次列ベクトルとし，P を n 次の正則行列とする．このとき，

$$\boldsymbol{a}_1,\ldots,\boldsymbol{a}_r \text{ が1次独立} \iff P\boldsymbol{a}_1,\ldots,P\boldsymbol{a}_r \text{ が1次独立.}$$

［証明］ $\boldsymbol{a}_1,\ldots,\boldsymbol{a}_r$ が1次独立とする．$c_1P\boldsymbol{a}_1+\cdots+c_rP\boldsymbol{a}_r=\boldsymbol{0}$ とすると，両辺の左から P^{-1} をかけて，$c_1\boldsymbol{a}_1+\cdots+c_r\boldsymbol{a}_r=\boldsymbol{0}$ が得られる．$\boldsymbol{a}_1,\ldots,\boldsymbol{a}_r$ の1次独立性から，$c_1=\cdots=c_r=0$．逆に $P\boldsymbol{a}_1,\ldots,P\boldsymbol{a}_r$ が1次独立とする．このとき $c_1\boldsymbol{a}_1+\cdots+c_r\boldsymbol{a}_r=\boldsymbol{0}$ ならば，左から P をかけて，$c_1P\boldsymbol{a}_1+\cdots+c_rP\boldsymbol{a}_r=\boldsymbol{0}$ となるので，仮定から $c_1=\cdots=c_r=0$ が得られる． □

［簡約行列の一意性の証明］ 行列 $A=\begin{bmatrix}\boldsymbol{a}_1 & \cdots & \boldsymbol{a}_n\end{bmatrix}$ の簡約行列 (の一つ) を

$$B=\begin{bmatrix}\boldsymbol{b}_1 & \cdots & \boldsymbol{b}_n\end{bmatrix}$$

とする．$PA=B$ をみたす正則行列 P が存在する (命題7.7)．P は基本行列の積である．

$\{1,2,\ldots,n\}$ の部分集合 $\{i_1,i_2,\ldots,i_r\}$ を $i_1<i_2<\cdots<i_r$ で，かつ次の条件をみたすように選ぶ．

$$\boldsymbol{a}_{i_1},\ldots,\boldsymbol{a}_{i_r} \text{ は1次独立.}$$

さらに $j\neq i_1,\ldots,i_r$ で $i_s<j<i_{s+1}$ ならば

$$\boldsymbol{a}_{i_1},\ldots,\boldsymbol{a}_{i_s},\boldsymbol{a}_j \text{ は1次従属.}$$

ただし $j<i_1$ に対して $\boldsymbol{a}_j=\boldsymbol{0}$ であるとする．また $i_{r+1}=n+1$ としておく．このような集合 $\{i_1,i_2,\ldots,i_r\}$ は $\boldsymbol{a}_1$ から順番に1次独立なベクトルを選んでいくことにより，一意的に決まる．

P は正則行列だから，命題8.15により $\boldsymbol{b}_i=P\boldsymbol{a}_i\ (i=1,\ldots,n)$ は $\boldsymbol{a}_i\ (i=1,\ldots,n)$ と同じ条件をみたす．すなわち，

$$\boldsymbol{b}_{i_1},\ldots,\boldsymbol{b}_{i_r} \text{ は1次独立.}$$

$j\neq i_1,\ldots,i_r$ で $i_s<j<i_{s+1}$ ならば

$$\boldsymbol{b}_{i_1},\ldots,\boldsymbol{b}_{i_r},\boldsymbol{b}_j \text{ は1次従属.}$$

B は簡約行列で，簡約行列はその定義から，主成分を含む列は基本ベクトルで，主成分を含まない列は，その列より左にある主成分を含む列の1次結合になることに注意すると，$\begin{bmatrix}\boldsymbol{b}_{i_1} & \cdots & \boldsymbol{b}_{i_r}\end{bmatrix}=\begin{bmatrix}\boldsymbol{e}_1 & \cdots & \boldsymbol{e}_r\end{bmatrix}$ であることがわかる．

さて，$i_s<j<i_{s+1}$ とする．$\boldsymbol{a}_{i_1},\ldots,\boldsymbol{a}_{i_s},\boldsymbol{a}_j$ は1次従属であるから，非自明な1次関係式

$$c_1\boldsymbol{a}_{i_1}+\cdots+c_s\boldsymbol{a}_{i_s}+b\boldsymbol{a}_j=\boldsymbol{0}$$

がある．ここで $b=0$ なら $\boldsymbol{a}_{i_1},\ldots,\boldsymbol{a}_{i_r}$ の1次独立性から，$c_1=\cdots=c_s=0$ と

なってしまうから，$b \neq 0$. よってこの関係式は，$b\boldsymbol{a}_j$ を移項して，$-b$ で全体をわることにより，

$$c_1{}'\boldsymbol{a}_{i_1} + \cdots + c_s{}'\boldsymbol{a}_{i_s} = \boldsymbol{a}_j$$

の形にできる．この両辺に左から P をかけると

$$c_1{}'\boldsymbol{b}_{i_1} + \cdots + c_s{}'\boldsymbol{b}_{i_s} = \boldsymbol{b}_j.$$

これは連立1次方程式

$$\begin{bmatrix}\boldsymbol{b}_{i_1} & \cdots & \boldsymbol{b}_{i_s}\end{bmatrix}\boldsymbol{x} = \boldsymbol{b}_j$$

が解をもつことを示す．さらに $\begin{bmatrix}\boldsymbol{b}_{i_1} & \cdots & \boldsymbol{b}_{i_r}\end{bmatrix} = \begin{bmatrix}\boldsymbol{e}_1 & \cdots & \boldsymbol{e}_r\end{bmatrix}$ だから，係数行列の階数と変数の個数は等しいので解はただ1つである．したがって $\boldsymbol{b}_j$ は $\boldsymbol{b}_{i_1}, \ldots, \boldsymbol{b}_{i_s}$ からただ1つ決まる．これが証明したいことであった． □

9 逆行列の計算

A を n 次正方行列とする．

$$AB = BA = E_n$$

をみたす行列 B が存在するとき，A を正則行列とよんだ．また，このとき B を A の逆行列とよび $B = A^{-1}$ と表した．

正則行列の性質をここでまとめておく．

定理 9.1 n 次正方行列 A に対して次の条件はすべて同値である．

(i) A は正則行列．

(ii) $A\boldsymbol{x} = \boldsymbol{b}$ はすべての $\boldsymbol{b}$ に対してただ1つの解をもつ．

(iii) $A\boldsymbol{x} = \boldsymbol{0}$ の解は $\boldsymbol{x} = \boldsymbol{0}$ だけ．

(iv) A の列ベクトルは1次独立．

(v) $\operatorname{rank} A = n$.

(vi) A の簡約行列は E_n である．

(vii) A はいくつかの基本行列の積である．

［証明］ 命題8.11より (iii), (iv), (v) は同値である．よって (i) ⇒ (ii), (ii) ⇒ (iii), (v) ⇒ (vi), (vi) ⇒ (vii), (vii) ⇒ (i) の5つの命題を示すことにより証明を完成させよう．

(i) ⇒ (ii). A は正則だから逆行列 A^{-1} がある．$A\boldsymbol{x} = \boldsymbol{b}$ の両辺に A^{-1} を左からかけると，$\boldsymbol{x} = A^{-1}\boldsymbol{b}$ となりこれがただ1つ解として決まる．

(ii) ⇒ (iii). $\boldsymbol{x}=\boldsymbol{0}$ は $A\boldsymbol{x}=\boldsymbol{0}$ の解であり，(ii) で $\boldsymbol{b}=\boldsymbol{0}$ とすると，これが唯一の解であることがわかる．

(v) ⇒ (vi). A は n 次正方行列だから，階数が n である簡約行列は E_n しかない．

(vi) ⇒ (vii). 命題 7.7 からいくつかの基本行列 $P_1,\ldots,P_r$ があって，$E_n = P_1\cdots P_rA$ と書ける．ここで，第 7 節の最後の注意から，基本行列は正則行列で，その積も正則 (命題 4.5) だから，

$$A=(P_1\cdots P_r)^{-1}={P_r}^{-1}\cdots {P_1}^{-1}.$$

基本行列の逆行列も基本行列だから主張が得られる．

(vii) ⇒ (i). 基本行列は正則だから，その積である A も正則になる．□

系 9.2 A,B を n 次正方行列とする．

(i) $BA=E$ なら A は正則で B は A の逆行列である．

(ii) $AB=E$ なら A は正則で B は A の逆行列である．

［証明］(i) 同次連立 1 次方程式 $A\boldsymbol{x}=\boldsymbol{0}$ を考える．この方程式の両辺の左から B をかけて，$BA\boldsymbol{x}=\boldsymbol{0}$. 仮定 $BA=E$ から $\boldsymbol{x}=\boldsymbol{0}$ がわかる．これはこの同次連立 1 次方程式の解が $\boldsymbol{x}=\boldsymbol{0}$ だけしかないことを示す．定理 9.1 から A は正則である．$BA=E$ の両辺右から A^{-1} をかけて $B=A^{-1}$ がでる．

(ii) 次に $AB=E$ とする．(i) を A,B の役割を交換して使うと B が正則であることがわかり，さらに A は B の逆行列になる．すなわち $A=B^{-1}$. 命題 4.5 より A は正則になって $A^{-1}=(B^{-1})^{-1}=B$. □

この系によって，逆行列を計算するには $AB=E$ をみたす B を求めればよいが，B を列ベクトルに分割して，

$$B=\begin{bmatrix}\boldsymbol{b}_1 & \cdots & \boldsymbol{b}_n\end{bmatrix}$$

とすると，

$$AB=\begin{bmatrix}A\boldsymbol{b}_1 & \cdots & A\boldsymbol{b}_n\end{bmatrix}$$

だから，$AB=E$ の両辺を比較して次の n 個の連立 1 次方程式ができる．

$$A\boldsymbol{b}_1=\boldsymbol{e}_1,\ \ldots,\ A\boldsymbol{b}_n=\boldsymbol{e}_n.$$

ここで $\boldsymbol{e}_i$ は i 番目の基本ベクトルである．これは係数行列の等しい連立 1 次方程式であるから同時に解くことができる．つまり，これらをまとめた形の拡大係数行列

$$\begin{bmatrix} A & \boldsymbol{e}_1 & \cdots & \boldsymbol{e}_n \end{bmatrix} = \begin{bmatrix} A & E \end{bmatrix}$$

から簡約行列を求めることによって逆行列が求まる.

例題 9.3 次のそれぞれの行列に逆行列がある場合は逆行列を求めよ.

$$A = \begin{bmatrix} 2 & 2 & 1 \\ 1 & -8 & 0 \\ 3 & -7 & 1 \end{bmatrix} \qquad B = \begin{bmatrix} 1 & -1 & 3 \\ 1 & 2 & -5 \\ 1 & -4 & 11 \end{bmatrix}$$

【解】 係数行列の等しい3つの連立1次方程式

$$A\boldsymbol{b}_1 = \begin{bmatrix} 1 \\ 0 \\ 0 \end{bmatrix}, \quad A\boldsymbol{b}_2 = \begin{bmatrix} 0 \\ 1 \\ 0 \end{bmatrix}, \quad A\boldsymbol{b}_3 = \begin{bmatrix} 0 \\ 0 \\ 1 \end{bmatrix}$$

を同時に解く.

$$\begin{bmatrix} A & E \end{bmatrix} = \begin{bmatrix} 2 & 2 & 1 & 1 & 0 & 0 \\ 1 & -8 & 0 & 0 & 1 & 0 \\ 3 & -7 & 1 & 0 & 0 & 1 \end{bmatrix} \xrightarrow{①\leftrightarrow②} \begin{bmatrix} 1 & -8 & 0 & 0 & 1 & 0 \\ 2 & 2 & 1 & 1 & 0 & 0 \\ 3 & -7 & 1 & 0 & 0 & 1 \end{bmatrix}$$

$$\xrightarrow{②+(-2)\times①,\ ③+(-3)\times①} \begin{bmatrix} 1 & -8 & 0 & 0 & 1 & 0 \\ 0 & 18 & 1 & 1 & -2 & 0 \\ 0 & 17 & 1 & 0 & -3 & 1 \end{bmatrix}$$

$$\xrightarrow{②+(-1)\times③} \begin{bmatrix} 1 & -8 & 0 & 0 & 1 & 0 \\ 0 & 1 & 0 & 1 & 1 & -1 \\ 0 & 17 & 1 & 0 & -3 & 1 \end{bmatrix}$$

$$\xrightarrow{③+(-17)\times②} \begin{bmatrix} 1 & -8 & 0 & 0 & 1 & 0 \\ 0 & 1 & 0 & 1 & 1 & -1 \\ 0 & 0 & 1 & -17 & -20 & 18 \end{bmatrix}$$

$$\xrightarrow{①+8\times②} \begin{bmatrix} 1 & 0 & 0 & 8 & 9 & -8 \\ 0 & 1 & 0 & 1 & 1 & -1 \\ 0 & 0 & 1 & -17 & -20 & 18 \end{bmatrix}.$$

分数がでないように工夫して計算した. 結果の簡約行列で, 1番目の方程式の解が第4列に, 2番目の方程式の解が第5列に, 3番目の方程式の解が第6列にでてきている. よって逆行列が存在することがわかる. また, これらの解をこの順序で並べたものが求める逆行列であるから,

$$A^{-1} = \begin{bmatrix} 8 & 9 & -8 \\ 1 & 1 & -1 \\ -17 & -20 & 18 \end{bmatrix}.$$

B についても同様に計算すると，

$$\begin{bmatrix} B & E \end{bmatrix} = \begin{bmatrix} 1 & -1 & 3 & 1 & 0 & 0 \\ 1 & 2 & -5 & 0 & 1 & 0 \\ 1 & -4 & 11 & 0 & 0 & 1 \end{bmatrix} \xrightarrow{②-①,\,③-①} \begin{bmatrix} 1 & -1 & 3 & 1 & 0 & 0 \\ 0 & 3 & -8 & -1 & 1 & 0 \\ 0 & -3 & 8 & -1 & 0 & 1 \end{bmatrix}$$

$$\xrightarrow{③+②} \begin{bmatrix} 1 & -1 & 3 & 1 & 0 & 0 \\ 0 & 3 & -8 & -1 & 1 & 0 \\ 0 & 0 & 0 & -2 & 1 & 1 \end{bmatrix}.$$

途中であるが，ここまで計算した時点で左半分をみれば $\mathrm{rank}\, B = 2$ がわかるので，B は正則ではないことが結論できる．このときは対応する方程式はもちろん解をもたない．

●**問 9.1** 次のそれぞれの行列が正則かどうか判定し，正則な場合は逆行列を求めよ．

$$A = \begin{bmatrix} -7 & 2 \\ -25 & 7 \end{bmatrix} \qquad B = \begin{bmatrix} -2 & 1 & -4 \\ 2 & 2 & -5 \\ 0 & 1 & -3 \end{bmatrix} \qquad C = \begin{bmatrix} 3 & 0 & 2 \\ 2 & -2 & 1 \\ -1 & 6 & 0 \end{bmatrix}$$

補注 9.4 $[A \quad E]$ と並べた行列を簡約行列に直すのは例 7.8 で行った計算と実は同じである．A が正則な場合は簡約行列が E になるので，A を E に変換する基本行列の積を P とすれば $E = PA$ の形になるが，このとき P は系 9.2 から A^{-1} に一致する．

演習問題 III

[A]

III.1 次の行列を簡約化せよ．また階数を求めよ．

(i) $\begin{bmatrix} 2 & 2 \\ 1 & 0 \end{bmatrix}$ (ii) $\begin{bmatrix} 1 & 3 & 2 \\ 2 & -2 & 2 \end{bmatrix}$ (iii) $\begin{bmatrix} -10 & 70 & 23 \\ -3 & 21 & 7 \end{bmatrix}$

(iv) $\begin{bmatrix} 2 & 3 & 5 \\ 0 & 0 & 2 \\ 0 & 1 & 4 \end{bmatrix}$ (v) $\begin{bmatrix} -3 & -6 & 0 \\ 4 & 9 & -2 \\ 1 & 2 & 0 \end{bmatrix}$ (vi) $\begin{bmatrix} 0 & 1 & 3 & -1 \\ 0 & 0 & -1 & 1 \\ 1 & 1 & 0 & 2 \end{bmatrix}$

(vii) $\begin{bmatrix} 11 & 55 & 77 & 66 \\ -8 & -40 & -56 & -48 \\ 6 & 30 & 42 & 36 \end{bmatrix}$ (viii) $\begin{bmatrix} 1 & 0 & -1 & 2 \\ 0 & 0 & 1 & 2 \\ 3 & 1 & -2 & 9 \\ 2 & 1 & -2 & 5 \end{bmatrix}$

(ix) $\begin{bmatrix} -1 & 0 & -2 & 0 \\ 1 & 1 & 5 & -2 \\ 0 & -1 & -2 & 2 \\ 0 & -2 & -8 & 5 \end{bmatrix}$

III.2 次の連立 1 次方程式を解け.

(i) $\begin{cases} 2x - y = 7 \\ -3x + y = 5 \end{cases}$ (ii) $\begin{cases} x - y - 2z = -2 \\ -4x + 5y + 10z = 1 \end{cases}$

(iii) $\begin{cases} -3x - 6y + z = 0 \\ 2x + 4y - z = 4 \end{cases}$ (iv) $\begin{cases} x + y - z = 0 \\ x + 2y = 4 \\ -x - 3y = -7 \end{cases}$

(v) $\begin{cases} 0.2x + 0.1z = 0.7 \\ 1.0x + 0.1y + 0.4z = 4.1 \\ -0.3x + 0.2y - 0.3z = 0.0 \end{cases}$ (vi) $\begin{cases} x + y + z = 0 \\ y - z = 1 \\ x + 2y = -1 \end{cases}$

(vii) $\begin{cases} -2x + y + 6z = 1 \\ x - y - 4z = -2 \\ 3x - 2y - 10z = -3 \end{cases}$

(viii) $\begin{cases} x_1 + x_2 - x_3 + x_4 = -1 \\ 6x_1 + 6x_2 - 6x_3 + 2x_4 = 2 \\ -2x_1 - 2x_2 + 2x_3 - 2x_4 = 2 \\ 2x_1 + 2x_2 - 2x_3 = 2 \end{cases}$

(ix) $\begin{bmatrix} 0 & 0 & 1 & 1 \\ -1 & -2 & 1 & -1 \\ 1 & 2 & -2 & 1 \\ 1 & 0 & 0 & 1 \end{bmatrix} \begin{bmatrix} x_1 \\ x_2 \\ x_3 \\ x_4 \end{bmatrix} = \begin{bmatrix} 1 \\ -3 \\ 2 \\ 1 \end{bmatrix}$

(x) $\begin{bmatrix} -2 & 0 & 1 & -2 & 0 \\ -1 & 1 & 1 & 0 & -1 \\ -2 & 3 & 2 & 0 & -2 \\ -2 & 0 & 1 & -3 & 1 \end{bmatrix} \begin{bmatrix} x_1 \\ x_2 \\ x_3 \\ x_4 \\ x_5 \end{bmatrix} = \begin{bmatrix} 2 \\ 0 \\ -2 \\ 2 \end{bmatrix}$

III.3 次の連立 1 次方程式が解をもつための a, b の条件を求めよ.

(i) $\begin{cases} x - 2y + z = a \\ x + 14y + 9z = 1 \\ -2x + 2y - 3z = b \end{cases}$ (ii) $\begin{cases} -y + 6z = 1 \\ -x + y + 2z = a \\ -x + y + bz = 3 \end{cases}$

III.4 次の連立 1 次方程式の解を a の値によって分類して求めよ.

$$\begin{cases} x + y + z = 1 \\ ax + z = 2 \\ ay + z = 2 \end{cases}$$

III.5 次のベクトルの集合が 1 次独立かどうか調べよ. 1 次従属のときは自明でない 1 次関係式を求めよ.

(i) $\boldsymbol{a}_1 = \begin{bmatrix} 1 \\ -1 \\ 3 \end{bmatrix}, \quad \boldsymbol{a}_2 = \begin{bmatrix} 1 \\ -1 \\ 2 \end{bmatrix}, \quad \boldsymbol{a}_3 = \begin{bmatrix} 3 \\ -3 \\ 2 \end{bmatrix}$

(ii) $\boldsymbol{b}_1 = \begin{bmatrix} 0 \\ 1 \\ -2 \end{bmatrix}, \quad \boldsymbol{b}_2 = \begin{bmatrix} 3 \\ 4 \\ -10 \end{bmatrix}, \quad \boldsymbol{b}_3 = \begin{bmatrix} 1 \\ 2 \\ -5 \end{bmatrix}$

III.6 $\boldsymbol{a}_1 = \begin{bmatrix} 1 \\ -1 \\ 3 \end{bmatrix}, \ \boldsymbol{a}_2 = \begin{bmatrix} -1 \\ 1 \\ -3 \end{bmatrix}, \ \boldsymbol{a}_3 = \begin{bmatrix} -4 \\ 3 \\ -13 \end{bmatrix}, \ \boldsymbol{a}_4 = \begin{bmatrix} 1 \\ -1 \\ 4 \end{bmatrix}, \ \boldsymbol{a}_5 = \begin{bmatrix} 3 \\ -4 \\ 13 \end{bmatrix}$

とする．

(i) $\boldsymbol{a}_1, \ldots, \boldsymbol{a}_5$ のみたす非自明な 1 次関係式を求めよ．

(ii) $\boldsymbol{a}_1, \ldots, \boldsymbol{a}_5$ から，できるだけたくさん 1 次独立なベクトルを選べ．

III.7 次の同次連立 1 次方程式の基本解と解の自由度を求めよ．

(i) $\begin{cases} -4x - 12y - 3z = 0 \\ x + 3y + z = 0 \\ -2x - 6y - z = 0 \end{cases}$ (ii) $\begin{cases} -x - 6y + 11z = 0 \\ 5x + 29y - 50z = 0 \\ -7x - 42y + 72z = 0 \end{cases}$

(iii) $\begin{bmatrix} 3 & 1 & -4 & 15 \\ 10 & 3 & -14 & 50 \\ 3 & 0 & -6 & 15 \end{bmatrix} \begin{bmatrix} x \\ y \\ z \\ w \end{bmatrix} = \mathbf{0}$

(iv) $\begin{bmatrix} 1 & 4 & -4 & -3 \\ 10 & 40 & -41 & -31 \\ 1 & 4 & -1 & 0 \\ -20 & -80 & 137 & 117 \end{bmatrix} \begin{bmatrix} x_1 \\ x_2 \\ x_3 \\ x_4 \end{bmatrix} = \mathbf{0}$

III.8 次の行列について，正則かどうか判定し，正則ならばその逆行列を求めよ．

(i) $\begin{bmatrix} 0 & 1 \\ -1 & 13 \end{bmatrix}$ (ii) $\begin{bmatrix} -12 & 2 \\ -17 & 3 \end{bmatrix}$ (iii) $\begin{bmatrix} 2 & 1 & -7 \\ -1 & 0 & 3 \\ -1 & 0 & 2 \end{bmatrix}$

(iv) $\begin{bmatrix} 1 & 0 & -7 \\ -1 & -1 & 18 \\ 0 & -3 & 32 \end{bmatrix}$ (v) $\begin{bmatrix} 3 & -2 & -1 \\ 8 & -5 & 0 \\ -1 & 1 & 2 \end{bmatrix}$ (vi) $\begin{bmatrix} 2 & -6 & 0 \\ -1 & 5 & 2 \\ 1 & -4 & -1 \end{bmatrix}$

(vii) $\begin{bmatrix} 2 & -1 & 2 \\ 1 & 1 & 1 \\ 2 & 0 & 3 \end{bmatrix}$ (viii) $\begin{bmatrix} -1 & 2 & -2 & -4 \\ 1 & -1 & 1 & 2 \\ 1 & 0 & 1 & 2 \\ -4 & 3 & -5 & -11 \end{bmatrix}$

(ix) $\begin{bmatrix} 0 & 0 & 1 & 1 \\ 1 & 2 & 0 & -3 \\ 1 & 1 & 0 & -1 \\ -2 & 0 & -1 & 0 \end{bmatrix}$

[B]

III.9 次の行列の階数を a の値によって分類して求めよ.

(i) $\begin{bmatrix} a & 1 & 1 \\ 1 & a & 1 \\ 1 & 1 & a \end{bmatrix}$ (ii) $\begin{bmatrix} a & 1 & 1 \\ a & a & 1 \\ a & a & a \end{bmatrix}$ (iii) $\begin{bmatrix} 1 & a & 2 \\ 2 & 1 & a \\ a & 2 & 1 \end{bmatrix}$

III.10 次の行列の逆行列を求めよ.

(i) $\begin{bmatrix} 1 & a & b \\ 0 & 1 & c \\ 0 & 0 & 1 \end{bmatrix}$ (ii) $abcd \neq 0$ のとき $\begin{bmatrix} 0 & 0 & 0 & a \\ 0 & 0 & b & 0 \\ 0 & c & 0 & 0 \\ d & 0 & 0 & 0 \end{bmatrix}$

(iii) $\begin{bmatrix} 1 & a & 0 & 0 \\ 0 & 1 & b & 0 \\ 0 & 0 & 1 & c \\ 0 & 0 & 0 & 1 \end{bmatrix}$

III.11 次の基本行列の等式を示せ.

$$P_{ij} = P_j(-1)P_{ji}(-1)P_{ij}(1)P_{ji}(-1).$$

III.12 2つの行列 A, B に対し, A に何回か行基本変形を行って B が得られるとき, B は A に行同値であるということにする. 次を示せ.

(i) A は A 自身に行同値である.

(ii) A が B に行同値ならば B は A に行同値である.

(iii) A が B に行同値で, B が C に行同値であるとする. このとき A は C に行同値である.

III.13 以下の等式あるいは命題が成り立たないような A, B の例をあげよ.

(i) $\operatorname{rank} AB = \operatorname{rank} A \operatorname{rank} B$

(ii) $\operatorname{rank} AB = \operatorname{rank} A$

(iii) $\operatorname{rank}(A+B) = \operatorname{rank} A + \operatorname{rank} B$

(iv) $\operatorname{rank} A = \operatorname{rank} B$ ならば $\operatorname{rank} A^2 = \operatorname{rank} B^2$

III.14 一般の連立1次方程式 $A\boldsymbol{x} = \boldsymbol{b}$ の解と同次連立1次方程式 $A\boldsymbol{x} = \boldsymbol{0}$ の解には密接な関係がある. 次の命題を証明せよ.

$\boldsymbol{x}$ を連立1次方程式

$$A\boldsymbol{x} = \boldsymbol{b}$$

の解の一つとする. 同じ係数行列をもつ同次連立1次方程式

$$A\boldsymbol{x} = \boldsymbol{0}$$

の任意の解を $\boldsymbol{x}_0$ とする. このとき, $\boldsymbol{x} + \boldsymbol{x}_0$ も $A\boldsymbol{x} = \boldsymbol{b}$ の解となる. 逆に $A\boldsymbol{x} = \boldsymbol{b}$ の任意の解は $A\boldsymbol{x} = \boldsymbol{0}$ のある解 $\boldsymbol{x}_0$ を使って $\boldsymbol{x} + \boldsymbol{x}_0$ の形に書ける.

IV 行列式とその応用

10　行列式の定義と基本的な性質

n 次正方行列 A に対して，行列式とよばれる数 $|A|$ を次のように帰納的に定義する．

定義 10.1. 1×1 行列 $A = [a]$ に対して $|A| = a$ とする．$n-1$ 次正方行列に対して行列式が定義できたと仮定するとき，n 次正方行列 $A = [a_{ij}]$ の $|A|$ を

$$|A| = (-1)^{1+1}a_{11}|A_{11}| + (-1)^{2+1}a_{21}|A_{21}| + \cdots + (-1)^{n+1}a_{n1}|A_{n1}| \tag{10.1}$$

で定義する．ここで A_{ij} は A の第 i 行と第 j 列を取り除いて得られる $n-1$ 次正方行列である．

$$A_{ij} = \begin{bmatrix} a_{11} & \cdots & a_{1j} & \cdots & a_{1n} \\ \vdots & & & & \vdots \\ a_{i1} & \cdots & a_{ij} & \cdots & a_{in} \\ \vdots & & & & \vdots \\ a_{n1} & \cdots & a_{nj} & \cdots & a_{nn} \end{bmatrix}$$

(網の部分は除く)

◆**例 10.2** A が 2 次正方行列 $\begin{bmatrix} a & b \\ c & d \end{bmatrix}$ のとき，

$$\begin{vmatrix} a & b \\ c & d \end{vmatrix} = a\begin{vmatrix} a & b \\ c & d \end{vmatrix} - c\begin{vmatrix} a & b \\ c & d \end{vmatrix} = ad - bc.$$

また A が 3 次正方行列のとき，

$$\begin{aligned} &\begin{vmatrix} a_{11} & a_{12} & a_{13} \\ a_{21} & a_{22} & a_{23} \\ a_{31} & a_{32} & a_{33} \end{vmatrix} \\ &= a_{11}\begin{vmatrix} a_{11} & a_{12} & a_{13} \\ a_{21} & a_{22} & a_{23} \\ a_{31} & a_{32} & a_{33} \end{vmatrix} - a_{21}\begin{vmatrix} a_{11} & a_{12} & a_{13} \\ a_{21} & a_{22} & a_{23} \\ a_{31} & a_{32} & a_{33} \end{vmatrix} + a_{31}\begin{vmatrix} a_{11} & a_{12} & a_{13} \\ a_{21} & a_{22} & a_{23} \\ a_{31} & a_{32} & a_{33} \end{vmatrix} \\ &= a_{11}(a_{22}a_{33} - a_{23}a_{32}) - a_{21}(a_{12}a_{33} - a_{13}a_{32}) + a_{31}(a_{12}a_{23} - a_{13}a_{22}) \\ &= a_{11}a_{22}a_{33} + a_{21}a_{13}a_{32} + a_{31}a_{12}a_{23} - a_{11}a_{23}a_{32} - a_{21}a_{12}a_{33} - a_{31}a_{13}a_{22}. \end{aligned}$$

これらの式を記憶するには

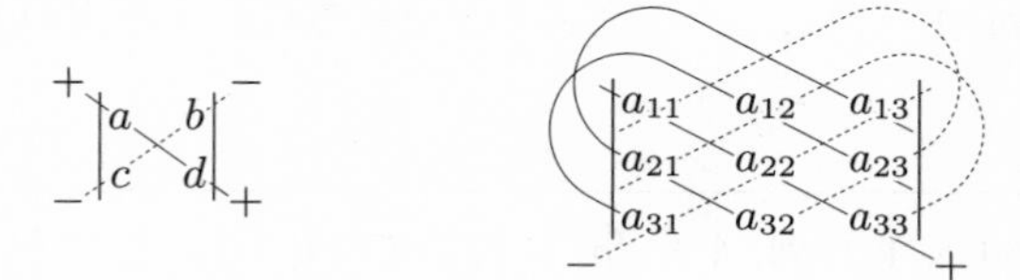

この図で実線に関してかけあわせるときは符号は $+$，点線のときは符号は $-$ とおぼえればよい．<u>$n > 3$ のときはこのような記憶法はないので注意が必要である．</u>

●**問 10.1** 定義に従って次の行列式を計算せよ．

(i) $\begin{vmatrix} -3 \end{vmatrix}$　(ii) $\begin{vmatrix} 3 & 7 \\ -2 & 4 \end{vmatrix}$　(iii) $\begin{vmatrix} -1 & -4 & 4 \\ 0 & 1 & -22 \\ 0 & 5 & 11 \end{vmatrix}$　(iv) $\begin{vmatrix} 1 & 23 & -2 \\ 2 & 0 & -2 \\ -1 & 10 & 6 \end{vmatrix}$

上の定義式だけで一般の行列式を計算するのは簡単ではないので，その性質を調べて具体的な計算ができるようにするのが最初の目標になる．

A の行ベクトル分割を $A = \begin{bmatrix} \boldsymbol{a}_1 \\ \vdots \\ \boldsymbol{a}_n \end{bmatrix}$ とするとき，以下では，場合に応じて $|A|$ を $\begin{vmatrix} \boldsymbol{a}_1 \\ \vdots \\ \boldsymbol{a}_n \end{vmatrix}$ や $\det A$ とも表すことにする．

定理 10.3 行列式 $|A|$ は次の性質をみたす.

(D1) ある i について $\boldsymbol{a}_i = \boldsymbol{b}_i + \boldsymbol{c}_i$ ならば

$$|A| = \begin{vmatrix} \vdots \\ \boldsymbol{b}_i + \boldsymbol{c}_i \\ \vdots \end{vmatrix} = \begin{vmatrix} \vdots \\ \boldsymbol{b}_i \\ \vdots \end{vmatrix} + \begin{vmatrix} \vdots \\ \boldsymbol{c}_i \\ \vdots \end{vmatrix}.$$

(D2) ある i について $\boldsymbol{a}_i = c\boldsymbol{b}_i$ ならば

$$|A| = \begin{vmatrix} \vdots \\ c\boldsymbol{b}_i \\ \vdots \end{vmatrix} = c \begin{vmatrix} \vdots \\ \boldsymbol{b}_i \\ \vdots \end{vmatrix}.$$

(D3) 2 つの等しい行がある $(\boldsymbol{a}_j = \boldsymbol{a}_i)$ ならば行列式は 0.

$$|A| = \begin{vmatrix} \vdots \\ \boldsymbol{a}_i \\ \vdots \\ \boldsymbol{a}_i \\ \vdots \end{vmatrix} = 0.$$

(D4) 単位行列の行列式は 1.

$$|E| = 1.$$

(D1) と (D2) の性質をあわせて**多重線形性**とよぶ. また (D3) の性質を**交代性**とよぶ.

この定理の証明はこの節の最後に与える.

特別な形をした行列は行列式が簡単に計算できる.

命題 10.4 (i) ある行が零ベクトルならば $|A| = 0$.

(ii) 上三角行列の行列式は対角成分の積に等しい. すなわち

$$\begin{vmatrix} a_{11} & \cdots & a_{1n} \\ & \ddots & \vdots \\ O & & a_{nn} \end{vmatrix} = a_{11} \cdots a_{nn}.$$

［証明］(i) (D2) を使って共通因子 0 をくくりだすと

$$\begin{vmatrix} \vdots \\ \mathbf{0} \\ \vdots \end{vmatrix} = 0 \begin{vmatrix} \vdots \\ \mathbf{0} \\ \vdots \end{vmatrix} = 0.$$

(ii) 定義 10.1 を使うと，$a_{21} = \cdots = a_{n1} = 0$ だから，

$$\begin{vmatrix} a_{11} & a_{12} & \cdots & a_{1n} \\ & a_{22} & \cdots & a_{2n} \\ & & \ddots & \vdots \\ O & & & a_{nn} \end{vmatrix} = a_{11} \begin{vmatrix} a_{22} & \cdots & a_{2n} \\ & \ddots & \vdots \\ O & & a_{nn} \end{vmatrix}.$$

これを繰り返すと，命題の式が得られる． □

上の命題の (ii) と同様に，行列式の定義から次の行列式の次数を下げる公式が得られる．

系 10.5

$$\begin{vmatrix} a_{11} & a_{12} & \ldots & a_{1n} \\ 0 & a_{22} & \ldots & a_{2n} \\ \vdots & \vdots & & \vdots \\ 0 & a_{n2} & \ldots & a_{nn} \end{vmatrix} = a_{11} \begin{vmatrix} a_{22} & \ldots & a_{2n} \\ \vdots & & \vdots \\ a_{n2} & \ldots & a_{nn} \end{vmatrix}$$

次に行基本変形と行列式の関係をみる．

命題 10.6 $A = \begin{bmatrix} \boldsymbol{a}_1 \\ \vdots \\ \boldsymbol{a}_n \end{bmatrix}$ を n 次正方行列とする．

(i) ある i について $\boldsymbol{a}_i = c\boldsymbol{b}_i$ ならば

$$|A| = \begin{vmatrix} \vdots \\ c\boldsymbol{b}_i \\ \vdots \end{vmatrix} = c \begin{vmatrix} \vdots \\ \boldsymbol{b}_i \\ \vdots \end{vmatrix}.$$

(ii) 2 つの行ベクトル $\boldsymbol{a}_i$ と $\boldsymbol{a}_j$ を入れ換えると，もとの行列式は -1 倍される．

$$|A| = \begin{vmatrix} \vdots \\ \boldsymbol{a}_i \\ \vdots \\ \boldsymbol{a}_j \\ \vdots \end{vmatrix} = -\begin{vmatrix} \vdots \\ \boldsymbol{a}_j \\ \vdots \\ \boldsymbol{a}_i \\ \vdots \end{vmatrix}.$$

(iii) $\boldsymbol{a}_j$ に $\boldsymbol{a}_i$ を c 倍してたしても行列式は変わらない．

$$|A| = \begin{vmatrix} \vdots \\ \boldsymbol{a}_i \\ \vdots \\ \boldsymbol{a}_j \\ \vdots \end{vmatrix} = \begin{vmatrix} \vdots \\ \boldsymbol{a}_i \\ \vdots \\ \boldsymbol{a}_j + c\boldsymbol{a}_i \\ \vdots \end{vmatrix}.$$

［証明］(i) これは (D2) そのものである．

(ii) A で $\boldsymbol{a}_i$ と $\boldsymbol{a}_j$ を両方とも $\boldsymbol{a}_i + \boldsymbol{a}_j$ に取り換えると (D3) から行列式の値は 0 である．

$$\begin{vmatrix} \vdots \\ \boldsymbol{a}_i + \boldsymbol{a}_j \\ \vdots \\ \boldsymbol{a}_i + \boldsymbol{a}_j \\ \vdots \end{vmatrix} = 0.$$

一方，第 i 行，第 j 行に (D1) を適用すると

$$\begin{vmatrix} \vdots \\ \boldsymbol{a}_i + \boldsymbol{a}_j \\ \vdots \\ \boldsymbol{a}_i + \boldsymbol{a}_j \\ \vdots \end{vmatrix} = \begin{vmatrix} \vdots \\ \boldsymbol{a}_i \\ \vdots \\ \boldsymbol{a}_i + \boldsymbol{a}_j \\ \vdots \end{vmatrix} + \begin{vmatrix} \vdots \\ \boldsymbol{a}_j \\ \vdots \\ \boldsymbol{a}_i + \boldsymbol{a}_j \\ \vdots \end{vmatrix} = \begin{vmatrix} \vdots \\ \boldsymbol{a}_i \\ \vdots \\ \boldsymbol{a}_i \\ \vdots \end{vmatrix} + \begin{vmatrix} \vdots \\ \boldsymbol{a}_i \\ \vdots \\ \boldsymbol{a}_j \\ \vdots \end{vmatrix} + \begin{vmatrix} \vdots \\ \boldsymbol{a}_j \\ \vdots \\ \boldsymbol{a}_i \\ \vdots \end{vmatrix} + \begin{vmatrix} \vdots \\ \boldsymbol{a}_j \\ \vdots \\ \boldsymbol{a}_j \\ \vdots \end{vmatrix}.$$

最後の第 1 項と第 4 項は (D3) から 0 だから，以上をあわせて，

$$\begin{vmatrix} \vdots \\ \boldsymbol{a}_i \\ \vdots \\ \boldsymbol{a}_j \\ \vdots \end{vmatrix} + \begin{vmatrix} \vdots \\ \boldsymbol{a}_j \\ \vdots \\ \boldsymbol{a}_i \\ \vdots \end{vmatrix} = 0.$$

これから主張が得られる．

(iii) 第 j 行に (D1), (D2) を続けて適用すると，

$$\begin{vmatrix} \vdots \\ \boldsymbol{a}_i \\ \vdots \\ \boldsymbol{a}_j + c\boldsymbol{a}_i \\ \vdots \end{vmatrix} = \begin{vmatrix} \vdots \\ \boldsymbol{a}_i \\ \vdots \\ \boldsymbol{a}_j \\ \vdots \end{vmatrix} + \begin{vmatrix} \vdots \\ \boldsymbol{a}_i \\ \vdots \\ c\boldsymbol{a}_i \\ \vdots \end{vmatrix} = \begin{vmatrix} \vdots \\ \boldsymbol{a}_i \\ \vdots \\ \boldsymbol{a}_j \\ \vdots \end{vmatrix} + c\begin{vmatrix} \vdots \\ \boldsymbol{a}_i \\ \vdots \\ \boldsymbol{a}_i \\ \vdots \end{vmatrix}.$$

右辺の第 2 項は (D3) より 0 である． □

例題 10.7 $A = \begin{bmatrix} -1 & 2 & 4 & 2 \\ -3 & 5 & 0 & -9 \\ -2 & 5 & 0 & 9 \\ 1 & 1 & -5 & -7 \end{bmatrix}$ の行列式を求めよ．

【解】 行基本変形を使って，系 10.5 の形に変形して，サイズの小さい行列式に帰着していく．最後の 2 次行列の行列式は例 10.2 の公式で計算できる．

$$|A| = \begin{vmatrix} -1 & 2 & 4 & 2 \\ 0 & -1 & -12 & -15 \\ 0 & 1 & -8 & 5 \\ 0 & 3 & -1 & -5 \end{vmatrix} = -\begin{vmatrix} -1 & -12 & -15 \\ 1 & -8 & 5 \\ 3 & -1 & -5 \end{vmatrix} = -\begin{vmatrix} -1 & -12 & -15 \\ 0 & -20 & -10 \\ 0 & -37 & -50 \end{vmatrix}$$

$$= -(-1)\begin{vmatrix} -20 & -10 \\ -37 & -50 \end{vmatrix} = -10\begin{vmatrix} 2 & 1 \\ -37 & -50 \end{vmatrix} = -10(-100+37) = 630.$$

●**問 10.2** 次の行列式を計算せよ．

(i) $\begin{vmatrix} 0 & 0 & -3 \\ 0 & 6 & 7 \\ 2 & 1 & 5 \end{vmatrix}$ (ii) $\begin{vmatrix} 1 & -2 & 1 \\ 0 & 7 & 1 \\ 2 & -2 & 6 \end{vmatrix}$ (iii) $\begin{vmatrix} 0.2 & 0.1 & -1.5 \\ 1 & 0.2 & 0.5 \\ 0.8 & 0.3 & -1 \end{vmatrix}$

(iv) $\begin{vmatrix} a & 0 & 1 \\ 0 & a & 1 \\ 1 & 1 & a \end{vmatrix}$ (v) $\begin{vmatrix} -3 & 4 & 5 & 0 \\ 3 & -2 & 1 & 2 \\ 6 & 5 & -4 & 1 \\ 0 & 1 & 1 & -3 \end{vmatrix}$ (vi) $\begin{vmatrix} 1 & 0 & -1 & 2 \\ 0 & 1 & 2 & 3 \\ -1 & 2 & 2 & 0 \\ 3 & 4 & 0 & -1 \end{vmatrix}$

定理 10.3 の証明

定義 10.1 で定義した行列式が (D1) から (D4) をみたすことを n に関する帰納法で証明する．行列式の計算ができれば十分であるという読者は以下の証明をスキップしてよい．

［証明］まず $n=1$ のとき $|A| = \det[a] = a$ がこれらの性質をみたすのは明らかである．$n>1$ として $n-1$ 次までの行列式がこれらの性質をみたすと仮定して，(10.1) で定義された n 次正方行列 A の行列式が (D1) から (D4) までの性質をもつことを証明する．

$|A|$ の定義式 (10.1) の第 k 項は

$$(-1)^{k+1}a_{k1}|A_{k1}| = (-1)^{k+1}a_{k1}\begin{vmatrix} a_{11} & a_{12} & \cdots & a_{1n} \\ \vdots & \vdots & & \vdots \\ a_{k1} & a_{k2} & \cdots & a_{kn} \\ \vdots & \vdots & & \vdots \\ a_{n1} & a_{n2} & \cdots & a_{nn} \end{vmatrix}$$

(網の部分は除く)

である．$\boldsymbol{a}_i{}' = [a_{i2} \quad \cdots \quad a_{in}]$ とおく．このとき A_{k1} の行ベクトル分割は $\begin{bmatrix} \boldsymbol{a}_1{}' \\ \vdots \\ \boldsymbol{a}_n{}' \end{bmatrix}$ である．ただし $\boldsymbol{a}_k{}'$ は現れない．

(D1) $\boldsymbol{a}_i = \boldsymbol{b}_i + \boldsymbol{c}_i$ となっているとする．これに対応して，$\boldsymbol{a}_i{}' = \boldsymbol{b}_i{}' + \boldsymbol{c}_i{}'$ と書く．A の第 i 行を $\boldsymbol{b}_i$ で置き換えた行列を B とし，同様に $\boldsymbol{c}_i$ で置き換えた行列を C とすると，

$$|A| = |B| + |C|$$

が (D1) で示すべきことである．

$k \neq i$ なら $a_{k1} \neq a_{i1}$ で，帰納法の仮定から，

$$|A_{k1}| = \begin{vmatrix} \vdots \\ \cancel{\boldsymbol{a}_k{}'} \\ \vdots \\ \boldsymbol{b}_i{}' + \boldsymbol{c}_i{}' \\ \vdots \end{vmatrix} = \begin{vmatrix} \vdots \\ \cancel{\boldsymbol{a}_k{}'} \\ \vdots \\ \boldsymbol{b}_i{}' \\ \vdots \end{vmatrix} + \begin{vmatrix} \vdots \\ \cancel{\boldsymbol{a}_k{}'} \\ \vdots \\ \boldsymbol{c}_i{}' \\ \vdots \end{vmatrix} = |B_{k1}| + |C_{k1}|.$$

したがって

$$(-1)^{k+1}a_{k1}|A_{k1}| = (-1)^{k+1}a_{k1}(|B_{k1}| + |C_{k1}|).$$

一方，$k = i$ なら $a_{k1} = a_{i1} = b_{i1} + c_{i1}$ で

$$|A_{k1}| = |A_{i1}| = \begin{vmatrix} \vdots \\ \cancel{\boldsymbol{a}_i{}'} \\ \vdots \end{vmatrix} = \begin{vmatrix} \vdots \\ \cancel{\boldsymbol{b}_i{}' + \boldsymbol{c}_i{}'} \\ \vdots \end{vmatrix} = |B_{i1}| = |C_{i1}|$$

だから，

$$(-1)^{k+1}a_{k1}|A_{k1}| = (-1)^{i+1}a_{i1}|A_{i1}| = (-1)^{i+1}(b_{i1}+c_{i1})|A_{i1}|.$$

以上をまとめると，

$$\begin{aligned}
|A| &= \sum_{k=1}^{n}(-1)^{k+1}a_{k1}|A_{k1}| \\
&= \sum_{k=1,\ k\neq i}^{n}(-1)^{k+1}a_{k1}(|B_{k1}|+|C_{k1}|) + (-1)^{i+1}(b_{i1}+c_{i1})|A_{i1}| \\
&= \left(\sum_{k=1,\ k\neq i}^{n}(-1)^{k+1}a_{k1}|B_{k1}| + (-1)^{i+1}b_{i1}|B_{i1}|\right) \\
&\qquad + \left(\sum_{k=1,\ k\neq i}^{n}(-1)^{k+1}a_{k1}|C_{k1}| + (-1)^{i+1}c_{i1}|C_{i1}|\right).
\end{aligned}$$

右辺の前半は B の行列式であり，後半は C の行列式だから，

$$|A| = |B| + |C|$$

が示されたことになる．

(D2) $\boldsymbol{a}_i = c\boldsymbol{b}_i$ とする．これに対応して，$\boldsymbol{a}_i{}' = c\boldsymbol{b}_i{}'$ と書く．A の第 i 行を $\boldsymbol{b}_i$ で置き換えた行列を B する．

$$|A| = c|B|$$

を示そう．

$k \neq i$ なら，帰納法の仮定から

$$(-1)^{k+1}a_{k1}|A_{k1}| = (-1)^{k+1}a_{k1}\begin{vmatrix} \vdots \\ \cancel{\boldsymbol{a}_k{}'} \\ \vdots \\ c\boldsymbol{b}_i{}' \\ \vdots \end{vmatrix} = c(-1)^{k+1}a_{k1}\begin{vmatrix} \vdots \\ \cancel{\boldsymbol{a}_k{}'} \\ \vdots \\ \boldsymbol{b}_i{}' \\ \vdots \end{vmatrix}$$

$$= c(-1)^{k+1}a_{k1}|B_{k1}|.$$

一方，$k = i$ なら，$a_{i1} = cb_{i1}$ で

$$(-1)^{i+1}a_{i1}|A_{i1}| = c(-1)^{i+1}b_{i1}\begin{vmatrix} \vdots \\ \cancel{c\boldsymbol{b}_i{}'} \\ \vdots \end{vmatrix} = c(-1)^{i+1}b_{i1}|B_{i1}|.$$

これらをあわせて，

$$|A| = c\sum_{k=1}^{n}(-1)^{k+1}b_{k1}|B_{k1}| = c|B|.$$

(D3) A の行ベクトル分割において，$\boldsymbol{a}_i = \boldsymbol{a}_j$ $(i<j)$ とする．このとき，$\boldsymbol{a}_i{}' = \boldsymbol{a}_j{}'$．$k \neq i$ かつ $k \neq j$ のとき，

$$|A_{k1}| = \begin{vmatrix} \vdots \\ \boldsymbol{a}_i{}' \\ \vdots \\ \cancel{\boldsymbol{a}_k{}'} \\ \vdots \\ \boldsymbol{a}_i{}' \\ \vdots \end{vmatrix}$$

には成分の同じ行が 2 つあるから，帰納法の仮定より 0 である．

したがって $|A|$ の定義式で残るのは $k=i,j$ のときで，

$$|A| = (-1)^{i+1}a_{i1}\begin{vmatrix} \vdots \\ \cancel{\boldsymbol{a}_i{}'} \\ \vdots \\ \boldsymbol{a}_i{}' \\ \vdots \end{vmatrix} \begin{matrix} \\ \\ \\ \leftarrow \text{第 } j-1 \text{ 行} \\ \\ \end{matrix} + (-1)^{j+1}a_{j1}\begin{vmatrix} \vdots \\ \boldsymbol{a}_i{}' \\ \vdots \\ \cancel{\boldsymbol{a}_i{}'} \\ \vdots \end{vmatrix} \begin{matrix} \\ \leftarrow \text{第 } i \text{ 行} \\ \\ \\ \\ \end{matrix}.$$

右辺の最初の行列式は上の行と順に入れ換えていくと，$j-1-i$ 回の行交換で 2 番目の行列式と同じになる．$n-1$ 次の行列式については帰納法の仮定より，(D3) が成り立つから，そこから導かれる命題 10.6(ii) が成立する．したがって行を $j-1-i$ 回入れ換えると，符号が $j-1-i$ 回入れ換って，この第 1 項は

$$(-1)^{i+1}a_{i1}\begin{vmatrix} \vdots \\ \cancel{\boldsymbol{a}_i{}'} \\ \vdots \\ \boldsymbol{a}_i{}' \\ \vdots \end{vmatrix} = (-1)^{j}a_{i1}\begin{vmatrix} \vdots \\ \boldsymbol{a}_i{}' \\ \vdots \\ \cancel{\boldsymbol{a}_i{}'} \\ \vdots \end{vmatrix}$$

となる．ここで $a_{i1} = a_{j1}$ であるから，結局 $|A| = 0$ となる．

(D4) 定義式 (10.1) と帰納法の仮定から，

$$|E_n| = 1\,|E_{n-1}| = 1. \qquad \square$$

11 行列式の性質

行列式の性質をさらに詳しく調べるために，次の補題を用意しておく．これは本質的に命題 10.6 の基本行列を使ったいいかえである．

補題 11.1 A を n 次正方行列とする．また P を正則行列とする．このとき

$$|PA| = |P|\,|A|$$

が成り立つ．

［証明］まず基本行列の行列式を求める．基本行列は，単位行列に行基本変形を一度だけ適用したものだったから，命題 10.6 から

$$|P_i(c)| = c\ (\neq 0), \quad |P_{ij}| = -1, \quad |P_{ij}(c)| = 1$$

がわかる．基本行列を左からかけることは行基本変形に対応していたことを思い出すと，これから任意の n 次正方行列 B に対して，再び命題 10.6 から

- $|P_i(c)B| = c|B| = |P_i(c)|\,|B|$
- $|P_{ij}B| = -|B| = |P_{ij}|\,|B|$
- $|P_{ij}(c)B| = |B| = |P_{ij}(c)|\,|B|$

が成立する．すなわち，Q を任意の基本行列とするとき

$$|QB| = |Q|\,|B| \tag{11.1}$$

が成り立つ．さて，P は正則行列だから，定理 9.1 により，いくつかの基本行列 $P_1, \ldots, P_r$ の積になっている．$P = P_1 \cdots P_r$ としよう．この両辺の行列式をとって，(11.1) を繰り返し使うと，

$$|P| = |P_1| \cdots |P_r|.$$

一方，$PA = P_1 \cdots P_r A$ の両辺の行列式をとって，(11.1) を繰り返し使うと，

$$|PA| = |P_1| \cdots |P_r|\,|A|.$$

以上をあわせて，$|PA| = |P|\,|A|$ を得る． □

次の定理は正則行列の行列式による特徴づけを与える．

定理 11.2 A を正方行列とする．

$$A \text{ が正則} \iff |A| \neq 0.$$

［証明］A に行基本変形を行って，簡約行列 B が得られたとする．正則行列 P があって，$B = PA$. 補題 11.1 から

$$|B| = |P|\,|A|.$$

A が正則ならば $B = E$ だから，$|E| = 1 \neq 0$ から $|A| \neq 0$ を得る．逆に A が正則でなければ，B は零ベクトルである行を含むから行列式は $|B| = 0$, したがって $|A| = 0$ である． □

●**問 11.1**　次の行列が正則になるための a のみたすべき条件を求めよ．

(i) $\begin{bmatrix} 1 & a \\ a+1 & 2 \end{bmatrix}$　　(ii) $\begin{bmatrix} -a & a & 0 \\ 1 & a & -1 \\ -6 & 0 & a \end{bmatrix}$

定理 11.3　A, B を n 次正方行列とするとき

$$|AB| = |A|\,|B|.$$

［証明］まず A が正則ならば，定理は補題 11.1 に他ならない．

次に A が正則でないとする．このとき定理 11.2 から $|A| = 0$. よって $|AB| = 0$ であること，すなわち AB が正則でないことを示せばよい．もし AB が正則であるとすると，逆行列 C があって $(AB)C = E$. 結合法則から $A(BC) = E$ となるので，A が正則であることになる．これは矛盾．したがって AB は正則ではない． □

●**問 11.2**　A, B を正方行列とするとき，$|AB| = |BA|$ を示せ．

系 11.4　A が正則行列のとき

$$|A^{-1}| = \frac{1}{|A|}.$$

［証明］A が正則ならば逆行列 A^{-1} があって $AA^{-1} = E$. 両辺の行列式をとると，定理 11.3 より $|A|\,|A^{-1}| = 1$. 定理 11.2 を使えば主張が得られる． □

系 11.5　A を n 次正方行列とするとき

$$|{}^{t}A| = |A|.$$

[証明] まず基本行列 P について示す.

$$ {}^{\mathrm{t}}P_i(c) = P_i(c), \quad {}^{\mathrm{t}}P_{ij} = P_{ij}, \quad {}^{\mathrm{t}}P_{ij}(c) = P_{ji}(c) $$

だから, いずれの場合も $|{}^{\mathrm{t}}P| = |P|$ が成り立つ.

一般の場合を考える. まず A が正則のとき, 基本行列の積 $A = P_1 \cdots P_r$ として表し, 定理 11.3 を繰り返し使うと,

$$ \begin{aligned} |{}^{\mathrm{t}}A| &= |{}^{\mathrm{t}}P_r \cdots {}^{\mathrm{t}}P_1| = |{}^{\mathrm{t}}P_r| \cdots |{}^{\mathrm{t}}P_1| \\ &= |P_r| \cdots |P_1| = |P_1| \cdots |P_r| = |P_1 \cdots P_r| = |A| \end{aligned} $$

となり成立する.

A が正則でないなら $|A| = 0$ である. もし, このとき ${}^{\mathrm{t}}A$ が正則なら, 命題 4.5 から ${}^{\mathrm{t}}({}^{\mathrm{t}}A) = A$ が正則になって矛盾. よって ${}^{\mathrm{t}}A$ は正則でない. 定理 11.2 から $|{}^{\mathrm{t}}A| = 0$ となるから, やはり $|A| = |{}^{\mathrm{t}}A|$ が成り立つ. □

●問 11.3 $|A| = -2$ のとき, 次の行列式の値を求めよ.

(i) $|A^2|$ (ii) $|A^{-3}|$ (iii) $|A^{-1}({}^{\mathrm{t}}A)^2|$

転置をとると行列式の値は変わらないが, 列は行に, 行は列に変わるから, 行列式の行に関する性質は列に対しても成り立つことがわかる.

定理 11.6 $A = \begin{bmatrix} \boldsymbol{a}_1 & \cdots & \boldsymbol{a}_n \end{bmatrix}$ を n 次正方行列の列ベクトル分割とする. このとき次が成立する.

(i) $\boldsymbol{a}_i = \boldsymbol{b}_i + \boldsymbol{c}_i$ ならば

$$ |A| = \begin{vmatrix} \cdots & \boldsymbol{b}_i + \boldsymbol{c}_i & \cdots \end{vmatrix} = \begin{vmatrix} \cdots & \boldsymbol{b}_i & \cdots \end{vmatrix} + \begin{vmatrix} \cdots & \boldsymbol{c}_i & \cdots \end{vmatrix}. $$

(ii) $\boldsymbol{a}_i = c\boldsymbol{b}_i$ ならば

$$ |A| = \begin{vmatrix} \cdots & c\boldsymbol{b}_i & \cdots \end{vmatrix} = c \begin{vmatrix} \cdots & \boldsymbol{b}_i & \cdots \end{vmatrix}. $$

(iii) 2 つの等しい列があれば行列式は 0.

(iv) ある列が零ベクトルならば行列式は 0.

(v) 下三角行列の行列式はその対角成分の積に等しい.

この定理の (i), (ii) を列ベクトルに関する行列式の**多重線形性**といい, (iii) を列ベクトルに関する**交代性**という.

この定理から，行列式を計算するときに，次に述べる列基本変形も行基本変形とあわせて使ってよい．

定義 11.7. 行列に対する以下の 3 つの操作を**列基本変形**という．

(C1) ある列を何倍かする (ただし 0 倍はしない)

(C2) 2 つの列を入れ換える

(C3) ある列を何倍かして別の列にたす

補注 11.8　単位行列に列基本変形を一度だけ適用したものを列に関する基本行列とよぶことにすると，1 つの列基本変形は，同じ列基本変形を単位行列にほどこして得られるた列に関する基本行列を，もとの行列の右からかけることに相当する．

転置をして，命題 10.6 を使うことによって次の命題が得られる．

命題 11.9　$A = \begin{bmatrix} \boldsymbol{a}_1 & \cdots & \boldsymbol{a}_n \end{bmatrix}$ を n 次正方行列とする．

(i) 2 つの列ベクトル $\boldsymbol{a}_i$ と $\boldsymbol{a}_j$ を入れ換えると，もとの行列式は -1 倍される．

$$|A| = \begin{vmatrix} \cdots & \boldsymbol{a}_i & \cdots & \boldsymbol{a}_j & \cdots \end{vmatrix} = -\begin{vmatrix} \cdots & \boldsymbol{a}_j & \cdots & \boldsymbol{a}_i & \cdots \end{vmatrix}.$$

(ii) $\boldsymbol{a}_j$ に $\boldsymbol{a}_i$ を c 倍してたしても行列式は変わらない．

$$|A| = \begin{vmatrix} \cdots & \boldsymbol{a}_i & \cdots & \boldsymbol{a}_j & \cdots \end{vmatrix} = \begin{vmatrix} \cdots & \boldsymbol{a}_i & \cdots & \boldsymbol{a}_j + c\boldsymbol{a}_i & \cdots \end{vmatrix}.$$

行列式の具体的な形

定理 10.3 の (D1), (D2), (D3), (D4) をみたす関数は行列の成分の関数として具体的に与えることもできる．

$A = \begin{bmatrix} \boldsymbol{a}_1 \\ \vdots \\ \boldsymbol{a}_n \end{bmatrix}$ を n 次正方行列 A の行ベクトル分割とする．各行ベクトルを行の基本ベクトル†の 1 次結合で表す．

---

† ここでは単位行列を行ベクトル分割して得られる行ベクトルのこと．

$$\boldsymbol{a}_i = a_{i1}\boldsymbol{e}_1 + a_{i2}\boldsymbol{e}_2 + \cdots + a_{in}\boldsymbol{e}_n = \sum_{j=1}^{n} a_{ij}\boldsymbol{e}_j.$$

このとき多重線形性を使うと，

$$|A| = \begin{vmatrix} \sum_{j=1}^{n} a_{1j}\boldsymbol{e}_j \\ \boldsymbol{a}_2 \\ \vdots \\ \boldsymbol{a}_n \end{vmatrix} = \begin{vmatrix} a_{11}\boldsymbol{e}_1 + a_{12}\boldsymbol{e}_2 + \cdots + a_{1n}\boldsymbol{e}_n \\ \boldsymbol{a}_2 \\ \vdots \\ \boldsymbol{a}_n \end{vmatrix}$$

$$= a_{11}\begin{vmatrix} \boldsymbol{e}_1 \\ \boldsymbol{a}_2 \\ \vdots \\ \boldsymbol{a}_n \end{vmatrix} + a_{12}\begin{vmatrix} \boldsymbol{e}_2 \\ \boldsymbol{a}_2 \\ \vdots \\ \boldsymbol{a}_n \end{vmatrix} + \cdots + a_{1n}\begin{vmatrix} \boldsymbol{e}_n \\ \boldsymbol{a}_2 \\ \vdots \\ \boldsymbol{a}_n \end{vmatrix}$$

$$= \sum_{j=1}^{n} a_{1j}\begin{vmatrix} \boldsymbol{e}_j \\ \boldsymbol{a}_2 \\ \vdots \\ \boldsymbol{a}_n \end{vmatrix}.$$

これを $\boldsymbol{a}_2, \ldots, \boldsymbol{a}_n$ について繰り返すと，次の形の和になる．

$$|A| = \sum_{j_1=1}^{n} \cdots \sum_{j_n=1}^{n} a_{1j_1} \cdots a_{nj_n} \begin{vmatrix} \boldsymbol{e}_{j_1} \\ \boldsymbol{e}_{j_2} \\ \vdots \\ \boldsymbol{e}_{j_n} \end{vmatrix}.$$

交代性から $\boldsymbol{e}_{j_1}, \ldots, \boldsymbol{e}_{j_n}$ の中に一組でも同じものが含まれていれば行列式は 0 だから，$j_1, \ldots, j_n$ がすべて異なっている場合にたしあわせればよい．つまり $j_1, \ldots, j_n$ が $1, 2, \ldots, n$ の並び替えになっている場合だけを考えればよい．$1, 2, \ldots, n$ を並べ替えたものを**順列**といい，$(j_1, \ldots, j_n)$ で表す．$j_1, \ldots, j_n$ には 1 から n が一度ずつ現れる．このような順列は $n!$ 個ある．

$$|A| = \sum_{(j_1,\ldots,j_n)} a_{1j_1} \cdots a_{nj_n} \begin{vmatrix} \boldsymbol{e}_{j_1} \\ \boldsymbol{e}_{j_2} \\ \vdots \\ \boldsymbol{e}_{j_n} \end{vmatrix}.$$

和は $1, 2, \ldots, n$ の順列をすべてわたる．ここで $\boldsymbol{e}_{j_1}, \ldots, \boldsymbol{e}_{j_n}$ を 2 つずつ入れ換えて，$\boldsymbol{e}_1, \ldots, \boldsymbol{e}_n$ の順に並べ替える．その並べ替えに必要な回数は順列

$j=(j_1,\ldots,j_n)$ に依存する (例 11.10 を参照). 並べ替えに必要な回数を $t(j)$ で表すと, 命題 10.6 から行を 1 回交換するごとに符号が変わるので,

$$\begin{vmatrix} \boldsymbol{e}_{j_1} \\ \boldsymbol{e}_{j_2} \\ \vdots \\ \boldsymbol{e}_{j_n} \end{vmatrix} = (-1)^{t(j)} \begin{vmatrix} \boldsymbol{e}_1 \\ \boldsymbol{e}_2 \\ \vdots \\ \boldsymbol{e}_n \end{vmatrix}.$$

$(-1)^{t(j)}$ を順列 $j=(j_1,\ldots,j_n)$ の**符号**といい $\mathrm{sgn}(j)$ で表す. (D4) より右辺の単位行列の行列式は 1 だから, 以上をまとめると,

$$|A| = \sum_{j=(j_1,\ldots,j_n)} \mathrm{sgn}(j) a_{1j_1} \cdots a_{nj_n}. \tag{11.2}$$

これが行列式の具体的な形である. 行列式は各行から列の重なりが起こらないように 1 つずつ成分を選んでかけあわせて, それらを符号をつけてたしあわせたものになる. これを行列式の定義とすることもある.

◆**例 11.10** $n=2,3$ の場合に, 上で得られた (11.2) から, 行列式の具体的な式を計算してみる.

$n=2$ のとき. 1, 2 の順列は (1, 2) と (2, 1) だけ. (2, 1) を (1, 2) に並び替えるには, 1 番目と 2 番目を入れ換えすればよいから, $\mathrm{sgn}(2,1)=(-1)^1=-1$. 一方 $\mathrm{sgn}(1,2)=(-1)^0=1$ である. したがって

$$\begin{vmatrix} a_{11} & a_{12} \\ a_{21} & a_{22} \end{vmatrix} = \mathrm{sgn}(1,2)a_{11}a_{22} + \mathrm{sgn}(2,1)a_{12}a_{21} = a_{11}a_{22} - a_{12}a_{21}.$$

$n=3$ のとき. 1, 2, 3 の順列は $3!=6$ 個ある. すべてを書きだすと,

順列	(1, 2, 3)	(1, 3, 2)	(2, 1, 3)	(2, 3, 1)	(3, 1, 2)	(3, 2, 1)
符号	1	−1	−1	1	1	−1

この表の順に項を書くと,

$$\begin{vmatrix} a_{11} & a_{12} & a_{13} \\ a_{21} & a_{22} & a_{23} \\ a_{31} & a_{32} & a_{33} \end{vmatrix} = a_{11}a_{22}a_{33} - a_{11}a_{23}a_{32} - a_{12}a_{21}a_{33} \\ + a_{12}a_{23}a_{31} + a_{13}a_{21}a_{32} - a_{13}a_{22}a_{31}.$$

ここで得られた式は例 10.2 で計算したものともちろん一致する.

12 余因子展開とその応用

余因子展開

$A=[a_{ij}]$ を n 次正方行列とする．A の第 i 行と第 j 列を取り除いて得られる行列を

$$A_{ij}=\begin{bmatrix} a_{11} & \cdots & a_{1j} & \cdots & a_{1n} \\ \vdots & & & & \vdots \\ a_{i1} & \cdots & a_{ij} & \cdots & a_{in} \\ \vdots & & & & \vdots \\ a_{n1} & \cdots & a_{nj} & \cdots & a_{nn} \end{bmatrix}$$

と書き，その行列式 $|A_{ij}|$ を a_{ij} に関する**小行列式**とよぶ．このとき，行列式の定義は

$$|A|=(-1)^{1+1}a_{11}|A_{11}|+(-1)^{2+1}a_{21}|A_{21}|+\cdots+(-1)^{n+1}a_{n1}|A_{n1}|$$

で与えられるのであった (定義 10.1).

ここで A の第 j 列と左隣の列と順々に入れ換えて第 1 列に第 j 列がある行列 A' を作る．A' の行列式は命題 11.9 から $(-1)^{j-1}|A|$ である．

一方で行列式の定義から

$$\begin{aligned}(-1)^{j-1}|A| &= \begin{vmatrix} a_{1j} & a_{11} & \cdots & a_{1n} \\ a_{2j} & a_{21} & \cdots & a_{2n} \\ \vdots & & & \vdots \\ a_{nj} & a_{n1} & \cdots & a_{nn} \end{vmatrix} \\ &= (-1)^{1+1}a_{1j}|A_{1j}|+(-1)^{2+1}a_{2j}|A_{2j}|+ \\ &\qquad \cdots+(-1)^{n+1}a_{nj}|A_{nj}|.\end{aligned}$$

したがって

$$|A|=(-1)^{1+j}a_{1j}|A_{1j}|+(-1)^{2+j}a_{2j}|A_{2j}|+\cdots+(-1)^{n+j}a_{nj}|A_{nj}|.$$

これを A の第 j 列に関する**余因子展開**という．転置行列をとれば行に関する展開もできることもわかる．

定理 12.1 n 次正方行列 $A=[a_{ij}]$ に対して，次の式が成り立つ．

(i) 第 j 列に関する余因子展開

$$|A|=(-1)^{1+j}a_{1j}|A_{1j}|+(-1)^{2+j}a_{2j}|A_{2j}|+\cdots+(-1)^{n+j}a_{nj}|A_{nj}|$$

(ii) 第 i 行に関する余因子展開

$$|A|=(-1)^{i+1}a_{i1}|A_{i1}|+(-1)^{i+2}a_{i2}|A_{i2}|+\cdots+(-1)^{i+n}a_{in}|A_{in}|$$

この定理にでてくる $(-1)^{i+j}|A_{ij}|$ を A の (i,j) **余因子**という．また $a_{ij}|A_{ij}|$ につく符号は，$(-1)^{i+j}$ だから

$$\begin{bmatrix} +1 & -1 & +1 & \cdots \\ -1 & +1 & -1 & \cdots \\ +1 & -1 & +1 & \cdots \\ \vdots & \vdots & & \end{bmatrix}$$

となり，チェス盤のような配置であると考えればよい．

例題 12.2 行列式 $\begin{vmatrix} 3 & 5 & 6 \\ 3 & 1 & 0 \\ 4 & -9 & -9 \end{vmatrix}$ を

(i) 第 1 列に関する余因子展開

(ii) 第 2 行に関する余因子展開

することにより求めよ．

【解】 (i) 第 1 列について余因子展開すると

$$\begin{vmatrix} 3 & 5 & 6 \\ 3 & 1 & 0 \\ 4 & -9 & -9 \end{vmatrix} = 3\begin{vmatrix} 1 & 0 \\ -9 & -9 \end{vmatrix} - 3\begin{vmatrix} 5 & 6 \\ -9 & -9 \end{vmatrix} + 4\begin{vmatrix} 5 & 6 \\ 1 & 0 \end{vmatrix}$$
$$= 3(-9)-3(-45+54)+4(-6)=-78.$$

(ii) 第 2 行について余因子展開すると

$$\begin{vmatrix} 3 & 5 & 6 \\ 3 & 1 & 0 \\ 4 & -9 & -9 \end{vmatrix} = -3\begin{vmatrix} 5 & 6 \\ -9 & -9 \end{vmatrix} + 1\begin{vmatrix} 3 & 6 \\ 4 & -9 \end{vmatrix} - 0\begin{vmatrix} 3 & 5 \\ 4 & -9 \end{vmatrix}$$
$$= -3(-45+54)+(-27-24)=-78.$$

この例題でわかるように，成分に 0 が多くある行や列について余因子展開すると計算が少なくてすむ．また一般には，基本変形で 0 を増やしたあとに余因子展開するなどの工夫をするとさらに計算が楽になることが多い．

●問 12.1　基本変形で 0 を増やしたあとに余因子展開するという方針で次の行列式を計算せよ．

(i) $\begin{vmatrix} -9 & 4 & 11 \\ 0 & 6 & 1 \\ 1 & -9 & 3 \end{vmatrix}$　(ii) $\begin{vmatrix} 2 & 2 & 0 & 2 \\ 1 & 1 & 0 & -1 \\ 3 & 0 & -2 & 1 \\ 6 & 14 & 2 & 6 \end{vmatrix}$　(iii) $\begin{vmatrix} 1 & 1 & a & 0 \\ 0 & a & 0 & 1 \\ a & 1 & 1 & 0 \\ 0 & 1 & 1 & a \end{vmatrix}$

次の特別な形をした行列式は，いろいろな場面にしばしば現れる．

例題 12.3 (ヴァンデルモンドの行列式)

$$\begin{vmatrix} 1 & 1 & \cdots & 1 \\ x_1 & x_2 & \cdots & x_n \\ {x_1}^2 & {x_2}^2 & \cdots & {x_n}^2 \\ \vdots & \vdots & & \vdots \\ {x_1}^{n-1} & {x_2}^{n-1} & \cdots & {x_n}^{n-1} \end{vmatrix} = \prod_{1 \le i < j \le n} (x_j - x_i).$$

補注 12.4　一般に，$a_1, \ldots, a_n$ を数または式とするとき，それらの積 $a_1 \cdots a_n$ を

$$\prod_{i=1}^{n} a_i$$

で表す．上の例題の右辺は $1 \le i < j \le n$ をみたす組 (i, j) にわたる積を表す．例えば，$n = 3$ ならこのような組は $(i, j) = (1, 2), (1, 3), (2, 3)$ の 3 組だから

$$\prod_{1 \le i < j \le 3} (x_j - x_i) = (x_2 - x_1)(x_3 - x_1)(x_3 - x_2)$$

となる．なお，$\prod$ はギリシャ文字 π の大文字である．

【解】　帰納法による．$n = 2$ のとき，

$$\begin{vmatrix} 1 & 1 \\ x_1 & x_2 \end{vmatrix} = x_2 - x_1$$

により成り立つ．$n - 1$ のときに成り立つことを仮定する．与えられた行列式で，$k = n, n-1, \ldots, 2$ の順で，第 k 行に第 $k - 1$ 行を $-x_1$ 倍したものをたすと，

$$\begin{vmatrix} 1 & 1 & \cdots & 1 \\ 0 & x_2 - x_1 & \cdots & x_n - x_1 \\ 0 & x_2(x_2 - x_1) & \cdots & x_n(x_n - x_1) \\ \vdots & \vdots & & \vdots \\ 0 & {x_2}^{n-2}(x_2 - x_1) & \cdots & {x_n}^{n-2}(x_n - x_1) \end{vmatrix}$$

第1列に関して余因子展開すると,

$$= \begin{vmatrix} x_2 - x_1 & x_3 - x_1 & \cdots & x_n - x_1 \\ x_2(x_2 - x_1) & x_3(x_3 - x_1) & \cdots & x_n(x_n - x_1) \\ \vdots & \vdots & & \vdots \\ {x_2}^{n-2}(x_2 - x_1) & {x_3}^{n-2}(x_3 - x_1) & \cdots & {x_n}^{n-2}(x_n - x_1) \end{vmatrix}$$

$$= (x_2 - x_1)(x_3 - x_1)\cdots(x_n - x_1) \begin{vmatrix} 1 & 1 & \cdots & 1 \\ x_2 & x_3 & \cdots & x_n \\ \vdots & \vdots & & \vdots \\ {x_2}^{n-2} & {x_3}^{n-2} & \cdots & {x_n}^{n-2} \end{vmatrix}.$$

帰納法の仮定より，この最後の式は

$$(x_2 - x_1)(x_3 - x_1)\cdots(x_n - x_1) \prod_{2 \leq i < j \leq n} (x_j - x_i) = \prod_{1 \leq i < j \leq n} (x_j - x_i)$$

に等しい.

余因子行列と逆行列

n 次正方行列 $A = [a_{ij}]$ に対して，(i, j) 成分が (j, i) 余因子であるような行列を A の**余因子行列**といい $\widetilde{A}$ で表す．したがって $\widetilde{A}$ の (i, j) 成分は $(-1)^{j+i}|A_{ji}|$ である.

◆**例 12.5**　3 次正方行列 $A = [a_{ij}]$ の余因子行列は次のようになる.

$$A = \begin{bmatrix} a_{11} & a_{12} & a_{13} \\ a_{21} & a_{22} & a_{23} \\ a_{31} & a_{32} & a_{33} \end{bmatrix} \qquad \widetilde{A} = \begin{bmatrix} |A_{11}| & -|A_{21}| & |A_{31}| \\ -|A_{12}| & |A_{22}| & -|A_{32}| \\ |A_{13}| & -|A_{23}| & |A_{33}| \end{bmatrix}$$

定理 12.6　正方行列 A の余因子行列を $\widetilde{A}$ とすると

$$A\widetilde{A} = \widetilde{A}A = |A|E.$$

［証明］ A を n 次正方行列とする．$A\widetilde{A}$ の (i,j) 成分は，行列の積の定義によって，

$$a_{i1}(-1)^{j+1}|A_{j1}| + a_{i2}(-1)^{j+2}|A_{j2}| + \cdots + a_{in}(-1)^{j+n}|A_{jn}|. \qquad (12.1)$$

$i=j$ のとき，(12.1) は

$$(-1)^{i+1}a_{i1}|A_{i1}| + (-1)^{i+2}a_{i2}|A_{i2}| + \cdots + (-1)^{i+n}a_{in}|A_{in}|$$

となり，$|A|$ の第 i 行に関する余因子展開と等しくなる．よって $A\widetilde{A}$ の対角成分は $|A|$ に等しい．

$i \neq j$ のとき，A の第 j 行を第 i 行で置き換えた行列を B とする．B の行列式は行列式の交代性から 0 である．一方 $|B|$ の第 j 行に関する余因子展開を考えると，それは (12.1) に等しい．したがって， $A\widetilde{A}$ の対角成分以外の成分は 0．$\widetilde{A}A$ についても同様に示される． □

これから逆行列の具体的な式が与えられる．

系 12.7 A が正則ならば

$$A^{-1} = \frac{1}{|A|}\widetilde{A}.$$

［証明］ 定理 12.6 から

$$A\left(\frac{1}{|A|}\widetilde{A}\right) = \frac{1}{|A|}A\widetilde{A} = E.$$

系 9.2 から結論が得られる． □

逆行列を計算するときには，この式を使うより，第 9 節で説明した基本変形を使った方法のほうが一般に計算は速い．行列が文字を含んでいたりして，消去がやりにくい場合はこの式も有用である．また，逆行列の理論的な性質を導くためにもこの式は使われる．

●問 12.2 $A = \begin{bmatrix} 1 & 0 & -7 \\ 3 & 1 & 9 \\ 0 & 0 & -1 \end{bmatrix}$ の余因子行列を計算せよ．また A の逆行列を求めよ．

さらに係数行列が正則行列であるような連立 1 次方程式の解を具体的に表示する公式も与えることができる．

定理 12.8 (クラメールの公式) A を n 次の正則行列とする．A を係数行列にもち，$\boldsymbol{x} = \begin{bmatrix} x_1 \\ \vdots \\ x_n \end{bmatrix}$ を変数とする連立 1 次方程式 $A\boldsymbol{x} = \boldsymbol{b}$ の解は

$$x_i = \frac{|A_i|}{|A|} \qquad (i = 1, \ldots, n)$$

で与えられる．ここで A_i は A の第 i 列を $\boldsymbol{b}$ で置き換えて得られる行列である．

［証明］$A = \begin{bmatrix} \boldsymbol{a}_1 & \cdots & \boldsymbol{a}_n \end{bmatrix}$ を A の列ベクトル分割とする．定理 9.1 により，A が正則なとき，$A\boldsymbol{x} = \boldsymbol{b}$ はただ 1 つの解をもつ．このとき

$$\boldsymbol{b} = A\boldsymbol{x} = x_1\boldsymbol{a}_1 + \cdots + x_n\boldsymbol{a}_n$$

となるから，行列式の性質より

$$\begin{aligned} |A_i| &= \begin{vmatrix} \boldsymbol{a}_1 & \cdots & \boldsymbol{b} & \cdots & \boldsymbol{a}_n \end{vmatrix} \\ &= \begin{vmatrix} \boldsymbol{a}_1 & \cdots & (x_1\boldsymbol{a}_1 + \cdots + x_n\boldsymbol{a}_n) & \cdots & \boldsymbol{a}_n \end{vmatrix} \\ &= x_1 \begin{vmatrix} \boldsymbol{a}_1 & \cdots & \boldsymbol{a}_1 & \cdots & \boldsymbol{a}_n \end{vmatrix} + \cdots + x_n \begin{vmatrix} \boldsymbol{a}_1 & \cdots & \boldsymbol{a}_n & \cdots & \boldsymbol{a}_n \end{vmatrix}. \end{aligned}$$

右辺の行列式のうち，第 i 列に $\boldsymbol{a}_i$ があるもの以外は，同じ列を 2 つ含むことになるから，交代性により 0 になる．よって

$$|A_i| = x_i \begin{vmatrix} \boldsymbol{a}_1 & \cdots & \boldsymbol{a}_i & \cdots & \boldsymbol{a}_n \end{vmatrix} = x_i|A|.$$

0 でない $|A|$ で両辺をわれば，定理の式が得られる． □

●問 12.3 連立 1 次方程式 $\begin{cases} 3x & -5y & = 6 \\ 4x & -7y & = -5 \end{cases}$ をクラメールの公式を使って解け．

一般に，連立 1 次方程式の解を具体的に求める際にクラメールの公式を使うと，計算量が多くなって大変である．しかし，このような表示があることは理論的には非常に重要である．

行列式の幾何学的な意味

$\boldsymbol{a} = \begin{bmatrix} a_1 \\ a_2 \end{bmatrix}$ と $\boldsymbol{b} = \begin{bmatrix} b_2 \\ b_2 \end{bmatrix}$ を xy 平面内のベクトルとする．このとき行列式

$\begin{vmatrix}\boldsymbol{a} & \boldsymbol{b}\end{vmatrix}$ の絶対値は $\boldsymbol{a}$ と $\boldsymbol{b}$ が作る平行四辺形の面積に等しく，その符号はこの 2 つのベクトルの正の向きにはかった角によって決まるのであった．(例題 1.3，命題 1.4)．

空間のベクトル

$$\boldsymbol{a} = \begin{bmatrix} a_1 \\ a_2 \\ a_3 \end{bmatrix}, \quad \boldsymbol{b} = \begin{bmatrix} b_1 \\ b_2 \\ b_3 \end{bmatrix}, \quad \boldsymbol{c} = \begin{bmatrix} c_1 \\ c_2 \\ c_3 \end{bmatrix}$$

から作った行列式 $\begin{vmatrix}\boldsymbol{a} & \boldsymbol{b} & \boldsymbol{c}\end{vmatrix}$ にも同様な関係があることを示そう．この行列式を第 3 列に関して余因子展開する．

$$\begin{aligned}\begin{vmatrix}\boldsymbol{a} & \boldsymbol{b} & \boldsymbol{c}\end{vmatrix} &= \begin{vmatrix} a_1 & b_1 & c_1 \\ a_2 & b_2 & c_2 \\ a_3 & b_3 & c_3 \end{vmatrix} \\ &= c_1 \begin{vmatrix} a_2 & b_2 \\ a_3 & b_3 \end{vmatrix} - c_2 \begin{vmatrix} a_1 & b_1 \\ a_3 & b_3 \end{vmatrix} + c_3 \begin{vmatrix} a_1 & b_1 \\ a_2 & b_2 \end{vmatrix}.\end{aligned}$$

空間ベクトルの外積の定義 (p.8) から，

$$\begin{vmatrix}\boldsymbol{a} & \boldsymbol{b} & \boldsymbol{c}\end{vmatrix} = (\boldsymbol{a} \times \boldsymbol{b}) \cdot \boldsymbol{c}. \tag{12.2}$$

さらに例題 1.6 から，この量の絶対値は $\boldsymbol{a}, \boldsymbol{b}, \boldsymbol{c}$ の作る平行六面体の体積に等しい．符号が正になるのは，内積の性質から $\boldsymbol{a} \times \boldsymbol{b}$ と $\boldsymbol{c}$ のなす角が鋭角のとき．以上をあわせて次の命題を得る．

命題 12.9　空間のベクトル $\boldsymbol{a}, \boldsymbol{b}, \boldsymbol{c}$ に対して行列式 $\begin{vmatrix}\boldsymbol{a} & \boldsymbol{b} & \boldsymbol{c}\end{vmatrix}$ の絶対値は $\boldsymbol{a}, \boldsymbol{b}, \boldsymbol{c}$ の作る平行六面体の体積に等しい．$\boldsymbol{a}$ と $\boldsymbol{b}$ の決める平面に関して，$\boldsymbol{a} \times \boldsymbol{b}$ と $\boldsymbol{c}$ が同じ側にあるとき，またそのときに限って符号は正である．

4 次以上の行列式に対しても，高次元の平行体とその体積を適当に定義することによって，同様の命題が成り立つことが知られている．このように行列式は符号のついた体積とみることができる．

●問 12.4　$\boldsymbol{a}, \boldsymbol{b}, \boldsymbol{c}$ を空間のベクトルとするとき，

$$\boldsymbol{a} \cdot (\boldsymbol{b} \times \boldsymbol{c}) = \boldsymbol{b} \cdot (\boldsymbol{c} \times \boldsymbol{a}) = \boldsymbol{c} \cdot (\boldsymbol{a} \times \boldsymbol{b})$$

を証明せよ．

13 行列の固有値と対角化

行列の相似

n 次正方行列 A, B に対して，正則行列 P があって

$$B = P^{-1}AP$$

が成り立つとき，A は B に**相似**であるという．$B = P^{-1}AP$ が成り立つとき，$A = (P^{-1})^{-1}BP^{-1}$ が成り立つから，B は A に相似になる．応用上，与えられた行列 A に対して，簡単な形をした相似な行列 $P^{-1}AP$ を求める必要がある場合がよくある．この節では，A に相似な行列として対角行列がとれるための条件を求める．

行列の固有値と固有ベクトル

定義 13.1. A を n 次正方行列とする．

$$A\boldsymbol{x} = \lambda\boldsymbol{x}$$

をみたす $\mathbf{0}$ でない n 次列ベクトル $\boldsymbol{x}$ と数 λ があるとき，λ を A の**固有値**，$\boldsymbol{x}$ を λ に対応する A の**固有ベクトル**という．

補注 13.2 $n = 3$ として，3 次列ベクトル $\boldsymbol{x}$ が空間の直線の方向ベクトルであるとすると，$A\boldsymbol{x}$ を作ることによって新しい方向ベクトルができると考えることができる．このとき $A\boldsymbol{x} = \lambda\boldsymbol{x}$ という式は，$\boldsymbol{x}$ がこの方向ベクトルの変換によって向きが変わらない (あるいは逆向きになる) ベクトルであることを示している．したがって，λ は符号のついた拡大率であると考えることができる．これが固有ベクトル，固有値の幾何学的な意味である．

A が与えられたとき，A の固有値と固有ベクトルを求める方法を考える．上の定義式を書き直すと，E を n 次単位行列として，

$$(\lambda E - A)\boldsymbol{x} = \mathbf{0} \tag{13.1}$$

となる．(13.1) をみたす $\mathbf{0}$ でない $\boldsymbol{x}$ が存在するための必要十分条件は，定理 9.1 から

$$\det(\lambda E - A) = \begin{vmatrix} \lambda - a_{11} & -a_{12} & \cdots & -a_{1n} \\ -a_{21} & \lambda - a_{22} & \cdots & -a_{2n} \\ \vdots & & \ddots & \vdots \\ -a_{n1} & -a_{n2} & \cdots & \lambda - a_{nn} \end{vmatrix} = 0 \tag{13.2}$$

である．逆に (13.2) をみたす λ が求まれば，(13.1) の非自明解 $\boldsymbol{x} \neq \mathbf{0}$ として固有ベクトルが求まる．$\det(\lambda E - A) = 0$ を A の**固有方程式**という．この方程式の左辺 $F_A(\lambda) = \det(\lambda E - A)$ は λ の n 次多項式になる．これを A の**固有多項式**という．

◆**例 13.3** $A = \begin{bmatrix} 0 & -2 & 2 \\ -2 & 3 & 5 \\ 0 & 0 & 8 \end{bmatrix}$ とする．A の固有多項式は

$$F_A(\lambda) = \det(\lambda E - A) = \begin{vmatrix} \lambda & 2 & -2 \\ 2 & \lambda - 3 & -5 \\ 0 & 0 & \lambda - 8 \end{vmatrix} = (\lambda - 8)\begin{vmatrix} \lambda & 2 \\ 2 & \lambda - 3 \end{vmatrix}$$

$$= (\lambda - 8)(\lambda^2 - 3\lambda - 4) = (\lambda - 8)(\lambda - 4)(\lambda + 1).$$

A の固有値は $F_A(\lambda) = 0$ の解だから $\lambda = 8, 4, -1$ となる．

次に，それぞれに対応する固有ベクトルを求める．$\lambda = 8$ のとき，係数行列を簡約化すると，

$$8E - A = \begin{bmatrix} 8 & 2 & -2 \\ 2 & 5 & -5 \\ 0 & 0 & 0 \end{bmatrix} \to \begin{bmatrix} 1 & 0 & 0 \\ 0 & 1 & -1 \\ 0 & 0 & 0 \end{bmatrix}.$$

よって解は t をパラメータとして $\begin{bmatrix} 0 \\ t \\ t \end{bmatrix}$ となる．このうち非自明な解が $\lambda = 8$ に対する固有ベクトルになる (固有値に対しては必ず非自明な解が求まることに注意せよ)．例えば，$t = 1$ ととって，$\begin{bmatrix} 0 \\ 1 \\ 1 \end{bmatrix}$ が $\lambda = 8$ に対する固有ベクトルの一つである．

同様に $\lambda = 4$ のとき，

$$4E - A = \begin{bmatrix} 4 & 2 & -2 \\ 2 & 1 & -5 \\ 0 & 0 & -4 \end{bmatrix} \to \begin{bmatrix} 1 & \frac{1}{2} & 0 \\ 0 & 0 & 1 \\ 0 & 0 & 0 \end{bmatrix}.$$

よって $\begin{bmatrix} -\frac{t}{2} \\ t \\ 0 \end{bmatrix}$ が解．したがって $\begin{bmatrix} -1 \\ 2 \\ 0 \end{bmatrix}$ が固有ベクトルの一つである．

$\lambda = -1$ のときは

$$-E - A = \begin{bmatrix} -1 & 2 & -2 \\ 2 & -4 & -5 \\ 0 & 0 & -9 \end{bmatrix} \to \begin{bmatrix} 1 & -2 & 0 \\ 0 & 0 & 1 \\ 0 & 0 & 0 \end{bmatrix}$$

だから，$\begin{bmatrix} 2t \\ t \\ 0 \end{bmatrix}$ が解で，$\lambda = -1$ に対する固有ベクトルとして $\begin{bmatrix} 2 \\ 1 \\ 0 \end{bmatrix}$ がとれる．

$A = \begin{bmatrix} 1 & -1 \\ 1 & 1 \end{bmatrix}$ を考えると固有多項式は $\begin{vmatrix} \lambda - 1 & 1 \\ -1 & \lambda - 1 \end{vmatrix} = \lambda^2 - 2\lambda + 2$ となるが，2 次方程式 $\lambda^2 - 2\lambda + 2 = 0$ の判別式は -4 だから実数解をもたない．このように実数の行列だけを考えていても，実数の固有値をもつとは限らない．したがって行列の固有値，固有ベクトルを考えるときは，数の範囲を拡げて複素数の固有値，複素数を成分とする固有ベクトルも許すことにする．そうした場合には初めから行列も複素数を成分とするものと考えればよい．

◆**例 13.4** 上にあげた $A = \begin{bmatrix} 1 & -1 \\ 1 & 1 \end{bmatrix}$ の場合，$\lambda^2 - 2\lambda + 2 = 0$ を解いて，$\lambda = 1 \pm i$ が得られる．$\lambda = 1 + i$ のとき，

$$(1+i)E - A = \begin{bmatrix} i & 1 \\ -1 & i \end{bmatrix} \to \begin{bmatrix} 1 & -i \\ 0 & 0 \end{bmatrix}$$

より，対応する固有ベクトルは $\begin{bmatrix} i \\ 1 \end{bmatrix}$ となる．また $\lambda = 1 - i$ のときも，同様にして固有ベクトル $\begin{bmatrix} -i \\ 1 \end{bmatrix}$ が求まる．

●**問 13.1** 次の行列の固有値および対応する固有ベクトルを求めよ．

$$A = \begin{bmatrix} 2 & 1 \\ 0 & -1 \end{bmatrix} \quad B = \begin{bmatrix} 5 & -1 \\ 1 & 3 \end{bmatrix} \quad C = \begin{bmatrix} 2 & 1 \\ -3 & -1 \end{bmatrix} \quad D = \begin{bmatrix} 11 & 0 & -12 \\ 0 & 1 & 0 \\ 9 & 0 & -10 \end{bmatrix}$$

●**問 13.2** n 次正方行列 A が正則でないことと，A が固有値 0 をもつことは同値であることを証明せよ．

命題 13.5 A と B が相似な n 次正方行列ならば，A と B は同じ固有多項式をもつ．したがって同じ固有値をもつ．

［証明］ P を正則行列として，$B = P^{-1}AP$ とする．このとき定理 11.3 より

$$\begin{aligned} F_B(\lambda) &= \det(\lambda E - B) = \det(P^{-1}(\lambda E - A)P) \\ &= \det(P^{-1}) \det(\lambda E - A) \det P \\ &= \frac{1}{\det P} F_A(\lambda) \det P = F_A(\lambda). \end{aligned}$$

したがって A と B は同じ固有多項式をもつ． □

n 次正方行列 A の固有値 λ に対して，固有値 λ をもつ固有ベクトルは，同次連立 1 次方程式

$$(\lambda E - A)\boldsymbol{x} = \boldsymbol{0}$$

の非自明解として得られる．命題 8.14 から，この解には，$n - \mathrm{rank}(\lambda E - A)$ 個の 1 次独立な解，基本解が含まれている．

命題 13.6 n 次正方行列 A の相異なる固有値を $\lambda_1, \ldots, \lambda_r$ とする．

(i) A の相異なる固有値に対する固有ベクトルは 1 次独立である．

(ii) 各固有値 λ_i に対し $(\lambda_i E - A)\boldsymbol{x} = \boldsymbol{0}$ の基本解を $\boldsymbol{p}_{i1}, \ldots, \boldsymbol{p}_{in_i}$ とする．このとき $n_1 + \cdots + n_r$ 個のベクトル $\boldsymbol{p}_{11}, \ldots, \boldsymbol{p}_{1n_1}, \ldots, \boldsymbol{p}_{r1}, \ldots, \boldsymbol{p}_{rn_r}$ は 1 次独立である．

［証明］(i) $\boldsymbol{p}_1, \ldots, \boldsymbol{p}_r$ を相異なる固有値 $\lambda_1, \ldots, \lambda_r$ に対する固有ベクトルとする．これが 1 次独立であることを r に関する帰納法で証明する．$r = 1$ のときは $\boldsymbol{p}_1 \neq \boldsymbol{0}$ だから 1 次独立になる．$r \geq 2$ として $r - 1$ 個の $\boldsymbol{p}_1, \ldots, \boldsymbol{p}_{r-1}$ が 1 次独立であると仮定する．このとき $\boldsymbol{p}_1, \ldots, \boldsymbol{p}_r$ が 1 次独立であることを示すために，

$$c_1\boldsymbol{p}_1 + \cdots + c_r\boldsymbol{p}_r = \boldsymbol{0} \tag{13.3}$$

とする．左から A をかけると

$$c_1 A\boldsymbol{p}_1 + \cdots + c_r A\boldsymbol{p}_r = \boldsymbol{0}.$$

$\boldsymbol{p}_i$ たちが固有ベクトルであることから，$A\boldsymbol{p}_i = \lambda_i \boldsymbol{p}_i$ だから，

$$c_1\lambda_1\boldsymbol{p}_1 + \cdots + c_r\lambda_r\boldsymbol{p}_r = \boldsymbol{0}. \tag{13.4}$$

(13.3) に λ_r をかけて (13.4) をひくと，$\boldsymbol{p}_r$ が消去されて，

$$c_1(\lambda_r - \lambda_1)\boldsymbol{p}_1 + \cdots + c_{r-1}(\lambda_r - \lambda_{r-1})\boldsymbol{p}_{r-1} = \boldsymbol{0}.$$

帰納法の仮定から $\boldsymbol{p}_1, \ldots, \boldsymbol{p}_{r-1}$ は 1 次独立だから

$$c_1(\lambda_r - \lambda_1) = \cdots = c_{r-1}(\lambda_r - \lambda_{r-1}) = 0$$

であるが，λ_i たちは相異なるという仮定から，

$$c_1 = \cdots = c_{r-1} = 0.$$

(13.3) にこれを代入すると $c_r = 0$ もわかる．以上から $\boldsymbol{p}_1, \ldots, \boldsymbol{p}_r$ は 1 次独立．

(ii) 次に

$$c_{11}\boldsymbol{p}_{11} + \cdots + c_{1n_1}\boldsymbol{p}_{1n_1} + \cdots + c_{r1}\boldsymbol{p}_{r1} + \cdots + c_{rn_r}\boldsymbol{p}_{rn_r} = \boldsymbol{0} \tag{13.5}$$

とする．固有値 λ_i に対応する部分 $c_{i1}\boldsymbol{p}_{i1}+\cdots+c_{in_i}\boldsymbol{p}_{in_i}$ を $\boldsymbol{a}_i$ とおくと，

$$\begin{aligned} A\boldsymbol{a}_i &= c_{i1}A\boldsymbol{p}_{i1}+\cdots+c_{in_i}A\boldsymbol{p}_{in_i} \\ &= \lambda_i(c_{i1}\boldsymbol{p}_{i1}+\cdots+c_{in_i}\boldsymbol{p}_{in_i}) = \lambda_i\boldsymbol{a}_i \end{aligned}$$

により，もし $\boldsymbol{a}_i \neq \boldsymbol{0}$ ならば $\boldsymbol{a}_i$ も固有値 λ_i の固有ベクトルである．$\boldsymbol{a}_1,\ldots,\boldsymbol{a}_r$ のうち $\boldsymbol{0}$ でないものを，必要ならば番号をつけ直して，$\boldsymbol{a}_1,\ldots,\boldsymbol{a}_s$ $(s \leq r)$ とすると，それらは (i) より 1 次独立．ところが (13.5) により非自明な 1 次関係式

$$\boldsymbol{a}_1+\boldsymbol{a}_2+\cdots+\boldsymbol{a}_s=\boldsymbol{0}$$

が得られるので矛盾．したがって

$$\boldsymbol{a_i} = c_{i1}\boldsymbol{p}_{i1}+\cdots+c_{in_i}\boldsymbol{p}_{in_i} = \boldsymbol{0} \quad (i=1,\ldots,r).$$

$\boldsymbol{p}_{i1},\ldots,\boldsymbol{p}_{in_i}$ は仮定から 1 次独立だから $c_{i1}=\cdots=c_{in_i}=0$．これが示したいことであった．

□

対角化可能な行列

n 次正方行列 A が対角行列に相似になるとき，A は**対角化可能**であるという．つまり正則行列 P があって

$$P^{-1}AP = \begin{bmatrix} \mu_1 & 0 & \cdots & 0 \\ 0 & \mu_2 & \cdots & 0 \\ \vdots & & \ddots & \vdots \\ 0 & \cdots & 0 & \mu_n \end{bmatrix} \tag{13.6}$$

となるときである．

> **定理 13.7**　A を n 次正方行列とする．A が対角化可能であるための必要十分条件は n 個の 1 次独立な固有ベクトルが存在することである．

［証明］ A が対角化可能であるとする．すなわち n 次の正則行列 P があって

$$P^{-1}AP = \begin{bmatrix} \mu_1 & & O \\ & \ddots & \\ O & & \mu_n \end{bmatrix}$$

とする．右辺の対角行列を D とおく．P を列ベクトル分割して $P=\begin{bmatrix}\boldsymbol{p}_1 & \cdots & \boldsymbol{p}_n\end{bmatrix}$ とすると，$AP=PD$ から

$$A\begin{bmatrix}\boldsymbol{p}_1 & \cdots & \boldsymbol{p}_n\end{bmatrix} = \begin{bmatrix}\boldsymbol{p}_1 & \cdots & \boldsymbol{p}_n\end{bmatrix}D.$$

すなわち

$$\begin{bmatrix} A\boldsymbol{p}_1 & \cdots & A\boldsymbol{p}_n \end{bmatrix} = \begin{bmatrix} \mu_1\boldsymbol{p}_1 & \cdots & \mu_n\boldsymbol{p}_n \end{bmatrix}.$$

両辺の各列を比較すると，$A\boldsymbol{p}_j = \mu_j\boldsymbol{p}_j$ $(j = 1, \ldots, n)$. 行列 P は正則だから，どの j についても $\boldsymbol{p}_j \neq \boldsymbol{0}$ である．したがって $\boldsymbol{p}_j$ は固有値 μ_j に対する固有ベクトルである．また P は正則だったから，定理 9.1 により $\boldsymbol{p}_1, \ldots, \boldsymbol{p}_n$ は 1 次独立である．

逆を示そう．n 個の 1 次独立な固有ベクトル $\boldsymbol{p}_1, \ldots, \boldsymbol{p}_n$ があるとする．$P = \begin{bmatrix} \boldsymbol{p}_1 & \cdots & \boldsymbol{p}_n \end{bmatrix}$ とおくと，P は正則である．$\boldsymbol{p}_j$ の固有値を μ_j とすると，

$$A\boldsymbol{p}_j = \mu_j\boldsymbol{p}_j \quad (j = 1, \ldots, n).$$

まとめて行列で書くと

$$A\begin{bmatrix} \boldsymbol{p}_1 & \cdots & \boldsymbol{p}_n \end{bmatrix} = \begin{bmatrix} \mu_1\boldsymbol{p}_1 & \cdots & \mu_n\boldsymbol{p}_n \end{bmatrix}.$$

両辺を，P を使って行列の積で書き直すと

$$AP = P\begin{bmatrix} \mu_1 & & O \\ & \ddots & \\ O & & \mu_n \end{bmatrix}, \quad \text{すなわち} \quad P^{-1}AP = \begin{bmatrix} \mu_1 & & O \\ & \ddots & \\ O & & \mu_n \end{bmatrix}. \qquad \square$$

$\lambda_1, \ldots, \lambda_r$ を A の相異なる固有値とする．命題 8.14 と命題 13.6 によれば，A の 1 次独立な固有ベクトルの最大の個数は，基本解の個数の和

$$\sum_{i=1}^{r}(n - \mathrm{rank}(\lambda_i E - A))$$

である．したがって対角化可能であるための条件は，この和が n と等しいことである．

系 13.8 A が n 個の相異なる固有値をもてば，対角化可能である．

［証明］A が n 個の相異なる固有値をもてば，それらに対応する n 個の固有ベクトルは命題 13.6(i) より 1 次独立である．よって定理 13.7 から系が導かれる． □

補注 13.9 この系の逆は一般に成り立たないことに注意せよ (例題 13.11).

以上を要約すると，与えられた n 次正方行列 A が対角化可能であるかを調べて，対角化を行うには次のようにすればよいことになる．

行列の対角化

ステップ 1 固有方程式を解いて，相異なる固有値 $\lambda_1, \ldots, \lambda_r$ を求める．もし $r = n$ ならば対角化可能．

ステップ 2 各 λ_i に対して，

$$(\lambda_i E - A)\boldsymbol{x} = \boldsymbol{0}$$

を解いて，基本解 $\boldsymbol{p}_{i1}, \ldots, \boldsymbol{p}_{in_i}$ を求める．対角化可能であるための必要十分条件は $n_1 + \cdots + n_r = n$ である．

ステップ 3 前ステップで求めた n 個の 1 次独立な固有ベクトルを $\boldsymbol{p}_1, \ldots, \boldsymbol{p}_n$ とする．$P = \begin{bmatrix}\boldsymbol{p}_1 & \cdots & \boldsymbol{p}_n\end{bmatrix}$ とおくと，P は正則行列で

$$P^{-1}AP = \begin{bmatrix} \mu_1 & & O \\ & \ddots & \\ O & & \mu_n \end{bmatrix}.$$

対角成分には $\boldsymbol{p}_1, \ldots, \boldsymbol{p}_n$ に対応する固有値 μ_i がこの順番で現れる．(μ_i は $\lambda_1, \ldots, \lambda_r$ のいずれかである)．

◆**例 13.10** 例 13.3 の $A = \begin{bmatrix} 0 & -2 & 2 \\ -2 & 3 & 5 \\ 0 & 0 & 8 \end{bmatrix}$ を考える．この行列は 3 つの相異なる固有値 $\lambda = 8, 4, -1$ をもっていたので，系 13.8 より対角化可能である．それぞれの固有値に対応する固有ベクトルは $\begin{bmatrix} 0 \\ 1 \\ 1 \end{bmatrix}, \begin{bmatrix} -1 \\ 2 \\ 0 \end{bmatrix}, \begin{bmatrix} 2 \\ 1 \\ 0 \end{bmatrix}$ であったから，これを並べて $P = \begin{bmatrix} 0 & -1 & 2 \\ 1 & 2 & 1 \\ 1 & 0 & 0 \end{bmatrix}$ を作ると，

$$P^{-1}AP = \begin{bmatrix} 8 & 0 & 0 \\ 0 & 4 & 0 \\ 0 & 0 & -1 \end{bmatrix}$$

となる．ここで P^{-1} は計算しなくてもよいことに注意せよ．固有ベクトルを並べる順序を変えると，対角成分に現れる固有値の順序が変わる．

例題 13.11 $A=\begin{bmatrix}-2 & 6 & 3\\ 3 & -5 & -3\\ -6 & 12 & 7\end{bmatrix}$ が対角化可能かどうかを判定し，可能な場合は対角化せよ．

【解】 固有多項式は，

$$F_A(\lambda)=|\lambda E-A|$$

$$=\begin{vmatrix}\lambda+2 & -6 & -3\\ -3 & \lambda+5 & 3\\ 6 & -12 & \lambda-7\end{vmatrix} \underset{=}{③+2\times②} \begin{vmatrix}\lambda+2 & -6 & -3\\ -3 & \lambda+5 & 3\\ 0 & 2(\lambda-1) & \lambda-1\end{vmatrix}$$

$$=(\lambda-1)\begin{vmatrix}\lambda+2 & -6 & -3\\ -3 & \lambda+5 & 3\\ 0 & 2 & 1\end{vmatrix} \underset{=}{列②+(-2)\times 列③} (\lambda-1)\begin{vmatrix}\lambda+2 & 0 & -3\\ -3 & \lambda-1 & 3\\ 0 & 0 & 1\end{vmatrix}$$

$$=(\lambda+2)(\lambda-1)^2.$$

したがって $\lambda=-2,1$ が固有値である．

$\lambda=-2$ のとき，

$$-2E-A=\begin{bmatrix}0 & -6 & -3\\ -3 & 3 & 3\\ 6 & -12 & -9\end{bmatrix}\to\begin{bmatrix}1 & 0 & -1/2\\ 0 & 1 & 1/2\\ 0 & 0 & 0\end{bmatrix}.$$

よって $\begin{bmatrix}1/2\\ -1/2\\ 1\end{bmatrix}$ が 1 次独立な固有ベクトル．

$\lambda=1$ のとき，

$$E-A=\begin{bmatrix}3 & -6 & -3\\ -3 & 6 & 3\\ 6 & -12 & -6\end{bmatrix}\to\begin{bmatrix}1 & -2 & -1\\ 0 & 0 & 0\\ 0 & 0 & 0\end{bmatrix}$$

となるから，解は s,t をパラメータとして $\begin{bmatrix}2s+t\\ s\\ t\end{bmatrix}=s\begin{bmatrix}2\\ 1\\ 0\end{bmatrix}+t\begin{bmatrix}1\\ 0\\ 1\end{bmatrix}$．したがって 1 次独立な固有ベクトルは $\begin{bmatrix}2\\ 1\\ 0\end{bmatrix}$, $\begin{bmatrix}1\\ 0\\ 1\end{bmatrix}$ の 2 つである．

これで 3 つの 1 次独立な固有ベクトルがみつかったことから，A は対角化可能で，

$P=\begin{bmatrix}1/2 & 2 & 1\\ -1/2 & 1 & 0\\ 1 & 0 & 1\end{bmatrix}$ とおくと $P^{-1}AP=\begin{bmatrix}-2 & 0 & 0\\ 0 & 1 & 0\\ 0 & 0 & 1\end{bmatrix}$．

◆**例 13.12**　$A = \begin{bmatrix} 1 & 0 \\ 1 & 1 \end{bmatrix}$ を考える．$|\lambda E - A| = \begin{vmatrix} \lambda - 1 & 0 \\ -1 & \lambda - 1 \end{vmatrix} = (\lambda - 1)^2$ だから，固有値は $\lambda = 1$ のみである．

$$\lambda E - A = \begin{bmatrix} 0 & 0 \\ -1 & 0 \end{bmatrix} \to \begin{bmatrix} 1 & 0 \\ 0 & 0 \end{bmatrix}$$

より，1 に対応する固有ベクトルは $\begin{bmatrix} 0 \\ 1 \end{bmatrix}$ のみ．したがって対角化できない．

●**問 13.3**　次の行列が対角化可能かどうかを判定し，可能な場合は対角化せよ．

$$A = \begin{bmatrix} 12 & -7 \\ 15 & -10 \end{bmatrix} \qquad B = \begin{bmatrix} 2 & -1 & -2 \\ 2 & -1 & -4 \\ -1 & 1 & 3 \end{bmatrix} \qquad C = \begin{bmatrix} -1 & -2 & -2 \\ 1 & 2 & 1 \\ 1 & 1 & 2 \end{bmatrix}$$

ケイリー・ハミルトンの定理

正方行列 A と多項式

$$f(x) = a_n x^n + a_{n-1} x^{n-1} + \cdots + a_1 x + a_0$$

に対して，正方行列 $f(A)$ を

$$f(A) = a_n A^n + a_{n-1} A^{n-1} + \cdots + a_1 A + a_0 E$$

と定義する．

> **定理 13.13** (**ケイリー・ハミルトンの定理**)　n 次正方行列 A の固有多項式 $F_A(x)$ に対して，
>
> $$F_A(A) = O.$$
>
> ここで右辺は零行列である．

［証明］行列 $B = {}^t(xE - A)$ を考える．これは各成分が x の多項式の行列で，$\det B = \det {}^tB = F_A(x)$ となっている．B の余因子行列を $\widetilde{B}$ とすると，定理 12.6 から

$$\widetilde{B} B = F_A(x) E_n.$$

B の成分の多項式の変数 x に A を代入したものを $B(A)$ とする．

$$B(A) = \begin{bmatrix} A - a_{11}E & -a_{21}E & \ldots & -a_{n1}E \\ -a_{12}E & A - a_{22}E & \ldots & -a_{n2}E \\ \vdots & & \ddots & \vdots \\ -a_{1n}E & -a_{2n}E & \ldots & A - a_{nn}E \end{bmatrix}.$$

$\widetilde{B}(A)$ も同様に定義する．このとき分割された行列の積を考えると，n^2 次正方行列の等式

$$\widetilde{B}(A)B(A) = \begin{bmatrix} F_A(A) & & O \\ & \ddots & \\ O & & F_A(A) \end{bmatrix}$$

を得る．$\boldsymbol{e}_1, \ldots, \boldsymbol{e}_n$ を $\mathbb{R}^n$ の (すなわち列の) 基本ベクトルとして，両辺の右から $\begin{bmatrix} \boldsymbol{e}_1 \\ \vdots \\ \boldsymbol{e}_n \end{bmatrix}$ をかけると，

$$\widetilde{B}(A)B(A) \begin{bmatrix} \boldsymbol{e}_1 \\ \vdots \\ \boldsymbol{e}_n \end{bmatrix} = \begin{bmatrix} F_A(A)\boldsymbol{e}_1 \\ \vdots \\ F_A(A)\boldsymbol{e}_n \end{bmatrix}. \tag{13.7}$$

一方，

$$B(A) \begin{bmatrix} \boldsymbol{e}_1 \\ \vdots \\ \boldsymbol{e}_n \end{bmatrix} = \begin{bmatrix} A\boldsymbol{e}_1 - a_{11}\boldsymbol{e}_1 - a_{21}\boldsymbol{e}_2 - \cdots - a_{n1}\boldsymbol{e}_n \\ \vdots \\ -a_{1n}\boldsymbol{e}_1 - a_{2n}\boldsymbol{e}_2 - \cdots - a_{nn}\boldsymbol{e}_n + A\boldsymbol{e}_n \end{bmatrix} = \begin{bmatrix} \mathbf{0} \\ \vdots \\ \mathbf{0} \end{bmatrix}$$

であるから，(13.7) の左辺は $\mathbf{0}$ になる．したがって，

$$F_A(A)\boldsymbol{e}_1 = \mathbf{0},\ \ldots,\ F_A(A)\boldsymbol{e}_n = \mathbf{0}.$$

これは $F_A(A) = O$ を示す． □

●問 13.4 $A = \begin{bmatrix} 2 & 3 \\ 0 & -1 \end{bmatrix}$ とする．次の $f(x)$ に対して，ケイリー・ハミルトンの定理を利用して $f(A)$ を計算せよ．

(i) $f(x) = x^4$ (ii) $f(x) = x^7 - 3x^4$

演習問題 IV

[A]

IV.1 以下の行列の行列式を計算せよ．ただし，(xiii) 以降は結果を因数分解した形で求めること．

(i) $\begin{bmatrix} 1 & 5 & -14 \\ 7 & 0 & 4 \\ -9 & 0 & -11 \end{bmatrix}$ (ii) $\begin{bmatrix} -1 & 1 & 1 \\ -5 & 21 & 5 \\ 3 & -1 & -4 \end{bmatrix}$ (iii) $\begin{bmatrix} -2 & 2 & 1 \\ 0 & -1 & -1 \\ 31 & -42 & -31 \end{bmatrix}$

(iv) $\begin{bmatrix} \frac{1}{3} & 2 & \frac{7}{3} \\ \frac{1}{5} & -\frac{9}{5} & \frac{13}{5} \\ -\frac{11}{2} & 2 & \frac{7}{2} \end{bmatrix}$ (v) $\begin{bmatrix} -5 & 11 & 11 \\ -10 & 7 & 13 \\ 10 & -2 & -10 \end{bmatrix}$ (vi) $\begin{bmatrix} 2 & 3 & 1 & 1 \\ 1 & 2 & 1 & 3 \\ 0 & 1 & 0 & 2 \\ 0 & 2 & 0 & 3 \end{bmatrix}$

(vii) $\begin{bmatrix} 1 & 1 & 1 & 1 \\ -1 & -3 & -1 & 0 \\ -1 & -1 & -2 & 2 \\ -1 & 1 & -1 & 0 \end{bmatrix}$ (viii) $\begin{bmatrix} 1 & 2 & 3 & 4 \\ 3 & 4 & 1 & 2 \\ 2 & 4 & 1 & 3 \\ 1 & 3 & 2 & 4 \end{bmatrix}$ (ix) $\begin{bmatrix} 0 & 1 & 1 & 1 \\ 1 & 0 & 1 & 1 \\ 1 & 1 & 0 & 1 \\ 1 & 1 & 1 & 0 \end{bmatrix}$

(x) $\begin{bmatrix} 0 & 2 & 0 & 0 & 2 \\ 2 & 0 & 3 & 1 & 0 \\ 0 & 0 & 5 & 0 & 1 \\ 1 & 1 & 0 & 0 & 0 \\ 0 & 0 & 0 & 2 & 3 \end{bmatrix}$ (xi) $\begin{bmatrix} 1 & -1 & 1 & 1 & -1 \\ -1 & -1 & 1 & 1 & 1 \\ -1 & 1 & -1 & 1 & -1 \\ 1 & 1 & 1 & -1 & 1 \\ 1 & -1 & -1 & 1 & 1 \end{bmatrix}$

(xii) $\begin{bmatrix} 1 & 0 & -1 & 0 & 1 \\ 0 & 1 & 2 & 1 & 0 \\ 2 & 1 & 0 & 0 & 0 \\ 1 & 0 & 1 & 0 & 1 \\ 1 & 0 & 1 & 2 & 1 \end{bmatrix}$

(xiii) $\begin{bmatrix} a & a & b \\ a & b & a \\ a & b & b \end{bmatrix}$ (xiv) $\begin{bmatrix} a & b & c \\ a^2 & b^2 & c^2 \\ a^3 & b^3 & c^3 \end{bmatrix}$ (xv) $\begin{bmatrix} 1 & 1 & -1 \\ a & b & a \\ b & a & b \end{bmatrix}$

IV.2 次の行列が正則になるための a の条件を求めよ.

$$A = \begin{bmatrix} a & 1 & 1 \\ 1 & a & 1 \\ 1 & 1 & a \end{bmatrix} \qquad B = \begin{bmatrix} 0 & 1 & a \\ 1 & a & 1 \\ a & 1 & 0 \end{bmatrix}$$

IV.3 3 次正方行列 A の行列式が 2 であるとき, 次の行列式の値を求めよ.

(i) $|2A|$ (ii) $|(A^{-1})^3|$ (iii) $|\widetilde{A}|$ (A の余因子行列) (iv) $|({}^{t}A)^2 A|$

IV.4 A, D を正方行列とするとき, 次を示せ.

(i) $\begin{vmatrix} E & B \\ O & D \end{vmatrix} = |D|$ (ii) $\begin{vmatrix} A & B \\ O & E \end{vmatrix} = |A|$ (iii) $\begin{vmatrix} A & B \\ O & D \end{vmatrix} = |A|\,|D|$

(iv) $\begin{vmatrix} A & O \\ C & D \end{vmatrix} = |A|\,|D|$

(v) A が正則行列のとき $\begin{vmatrix} A & B \\ C & D \end{vmatrix} = |A|\,|D - CA^{-1}B|$

IV.5 3 平面 $\begin{cases} x + y = -1 \\ 10x + 2y + 5z = 3 \\ x - 7y + 4z = 0 \end{cases}$ の交点の y 座標を求めよ.

IV.6 行列 $\begin{bmatrix} 6 & 1 & 0 & -3 \\ -2 & 0 & 10 & -12 \\ 8 & 1 & 0 & 2 \\ 0 & -1 & 20 & 3 \end{bmatrix}$ の逆行列の (2, 3) 成分を求めよ.

IV.7 n 次正方行列 A の余因子行列 $\widetilde{A}$ の行列式を $|A|$ を使って表せ.

IV.8 次の行列が対角化可能かどうかを判定し，可能な場合は対角化せよ.

(i) $\begin{bmatrix} 7 & 8 \\ 0 & 3 \end{bmatrix}$ (ii) $\begin{bmatrix} -11 & 2 \\ -5 & -4 \end{bmatrix}$ (iii) $\begin{bmatrix} 10 & -9 \\ 4 & -2 \end{bmatrix}$

(iv) $\begin{bmatrix} -1 & 1 \\ 2 & -3 \end{bmatrix}$ (v) $\begin{bmatrix} 1 & 0 & 2 \\ 0 & -2 & 1 \\ 0 & 0 & -1 \end{bmatrix}$ (vi) $\begin{bmatrix} 3 & 0 & 0 \\ 6 & -3 & -21 \\ -2 & 2 & 10 \end{bmatrix}$

(vii) $\begin{bmatrix} 1 & 4 & -202 \\ 0 & 0 & 49 \\ 0 & 0 & 7 \end{bmatrix}$ (viii) $\begin{bmatrix} 1 & 0 & 0 & 0 \\ 0 & 1 & 0 & 1 \\ 1 & 0 & 1 & 0 \\ 0 & 0 & 0 & 1 \end{bmatrix}$ (ix) $\begin{bmatrix} 0 & 0 & 2 & 0 \\ -1 & 2 & -1 & -1 \\ 0 & 1 & -2 & -1 \\ -2 & 2 & -2 & -1 \end{bmatrix}$

IV.9 n を自然数とするとき，次の行列の n 乗を求めよ.

$$A = \begin{bmatrix} 9 & -4 \\ 20 & -9 \end{bmatrix} \qquad B = \begin{bmatrix} 2 & -1 & 0 \\ 0 & 1 & 0 \\ -3 & 1 & -1 \end{bmatrix}$$

IV.10 A, B, C を正方行列とする．A が B に相似で，かつ B が C に相似ならば，A は C に相似であることを示せ.

IV.11 奇数次の交代行列 (演習問題 II.11) の行列式は 0 になることを示せ.

IV.12 xy 平面上の 2 点 $(x_1, y_1), (x_2, y_2)$ を通る直線の方程式は

$$\begin{vmatrix} x & y & 1 \\ x_1 & y_1 & 1 \\ x_2 & y_2 & 1 \end{vmatrix} = 0$$

で与えられることを示せ.

[B]

IV.13 以下の等式を証明せよ.

(i)
$$\begin{vmatrix} a_0 & -1 & 0 & \cdots & 0 \\ a_1 & x & -1 & \cdots & 0 \\ a_2 & 0 & x & \cdots & 0 \\ \vdots & \vdots & & \ddots & \vdots \\ a_n & 0 & \cdots & \cdots & x \end{vmatrix} = a_0x^n + a_1x^{n-1} + \cdots + a_n$$

(ii)
$$\begin{vmatrix} x & a_1 & a_2 & \cdots & a_{n-1} & 1 \\ a_1 & x & a_2 & \cdots & a_{n-1} & 1 \\ a_1 & a_2 & x & \cdots & a_{n-1} & 1 \\ \vdots & \vdots & & & \vdots & \vdots \\ a_1 & a_2 & a_3 & \cdots & x & 1 \\ a_1 & a_2 & a_3 & \cdots & a_n & 1 \end{vmatrix} = (x-a_1)(x-a_2)\cdots(x-a_n)$$

(iii) z を n 乗すると 1 になる複素数で，n より小さいべきでは 1 にならないとする．

$$\begin{vmatrix} a_0 & a_1 & \cdots & a_{n-1} \\ a_{n-1} & a_0 & \cdots & a_{n-2} \\ a_{n-2} & a_{n-1} & \cdots & a_{n-3} \\ \vdots & \vdots & & \vdots \\ a_1 & a_2 & \cdots & a_0 \end{vmatrix} = \prod_{k=0}^{n-1}(a_0 + a_1 z^k + a_2 z^{2k} + \cdots + a_{n-1} z^{(n-1)k})$$

左辺の行列式を**巡回行列式**という．

IV.14 次の n 次正方行列の固有多項式を求めよ．

(i) $\begin{bmatrix} O & & 1 \\ & 1 & \\ \cdot^{\cdot^{\cdot}} & & \\ 1 & & O \end{bmatrix}$ (ii) $\begin{bmatrix} 0 & 1 & 0 & \cdots & 0 \\ \vdots & \ddots & 1 & \ddots & \vdots \\ \vdots & & \ddots & \ddots & 0 \\ 0 & \cdots & \cdots & 0 & 1 \\ -a_1 & -a_2 & \cdots & -a_{n-1} & -a_n \end{bmatrix}$

IV.15 正則な上三角行列の逆行列はまた上三角行列であることを示せ．

IV.16 A を整数を成分とする正方行列とする．このとき A が正則でかつ A^{-1} の成分もすべて整数になるための必要十分条件は $|A| = \pm 1$ であることを示せ．

IV.17 λ を正方行列 A の固有値とする．

(i) 自然数 n に対して λ^n が A^n の固有値になることを証明せよ．

(ii) 実数 a, b と自然数 m, n に対して，$a\lambda^m + b\lambda^n$ が $aA^m + bA^n$ の固有値であることを証明せよ．

(iii) $g(\lambda)$ を λ の多項式とするとき，$g(\lambda)$ は $g(A)$ の固有値になることを証明せよ．

IV.18 零行列でないべき零行列は対角化できないことを示せ．

IV.19 $F_A(x) = x^n + b_{n-1}x^{n-1} + \cdots + b_1 x + b_0$ を n 次正方行列の固有多項式とする．

$$b_{n-1} = -\operatorname{tr} A, \quad b_0 = (-1)^n |A|$$

を示せ．ここで $\operatorname{tr} A$ は A のトレイス (演習問題 II.13) である．

IV.20 A と B が相似ならば，$\operatorname{tr} A = \operatorname{tr} B$ が成り立つことを示せ．

IV.21

$$\ell_1 \ : \ \boldsymbol{x} = \boldsymbol{a}_1 + s\boldsymbol{b}_1, \quad \ell_2 \ : \ \boldsymbol{x} = \boldsymbol{a}_2 + t\boldsymbol{b}_2$$

を空間の 2 直線のベクトル方程式とする．

(i) 2 直線 ℓ_1, ℓ_2 が平行になるための条件を求めよ．

(ii) ℓ_1, ℓ_2 が平行でないとする．このときこの 2 直線にともに垂直な直線 ℓ がただ 1 つだけ存在することを示せ．(ヒント： ℓ_1 上の点 P_1 の位置ベクトルを $\boldsymbol{x}_1 = \boldsymbol{a}_1 + s\boldsymbol{b}_1$，$\ell_2$ 上の点 P_2 の位置ベクトルを $\boldsymbol{x}_2 = \boldsymbol{a}_2 + t\boldsymbol{b}_2$ とする．$\overrightarrow{\mathrm{P}_1\mathrm{P}_2}$ が ℓ_1, ℓ_2 の方向ベクトルと直交する条件を s, t に関する連立 1 次方程式とみて，解が存在することを示せ．)

(iii) ℓ_1 と ℓ_2 の距離を求めよ．(ヒント： ℓ と ℓ_1, ℓ_2 の交点を改めて $\mathrm{P}_1, \mathrm{P}_2$ とし，その位置ベクトルが $\boldsymbol{x}_1, \boldsymbol{x}_2$ だとする．ℓ の方程式は $\boldsymbol{x} = \boldsymbol{x}_1 + u(\boldsymbol{b}_1 \times \boldsymbol{b}_2)$ と書けるので，これが $\boldsymbol{x} = \boldsymbol{x}_2$ となるときの u をクラメールの公式で求めよ．)

(iv) ℓ_1 と ℓ_2 が交わるための条件を求めよ．

(v) ℓ_1 と ℓ_2 がねじれの位置にあるための条件を求めよ．

V ベクトル空間

この章ではベクトル空間の基礎理論を学ぶ.

集　合

これまでも集合の考え方は使ってきたが，この章からはより頻繁に使うことになるので，集合に関するいろいろな記法を復習しておく.

集合とは互いに区別のはっきりしたものの集まりのことである．集合を構成するものを**元**(げん)という．a が集合 A の元であることを $a \in A$ または $A \ni a$ という記号で表す．また a が A の元でないときは $a \notin A$ または $A \not\ni a$ と書く．整数 $2, 4, 6, 8$ からなる集合を，それらの元を波括弧 $\{\ \}$ の中に列挙して

$$\{2, 4, 6, 8\}$$

と表す．また変数 x に関する命題 $P(x)$ をみたすもの全体として，集合を定義することもできる.

$$\{x \mid P(x)\}.$$

例えば,

$$\{x \mid x \text{ は正の偶数 }\} = \{2, 4, 6, \ldots\}.$$

1 つも元を含まない集合を**空集合**といい，$\emptyset$ で表す.

集合 A の元がすべて集合 B の元になっているとき，A は B の**部分集合**であるといい，$A \subset B$ で表す．このときに $A = B$ である可能性も排除しな

いことにする．2 つの集合が等しい $A = B$ とは $A \subset B$ かつ $B \subset A$ が成り立つことである．

体

よく使う数の集合には固有の名前がついている．$\mathbb{R}$ で実数全体，$\mathbb{C}$ で複素数全体，$\mathbb{Q}$ で有理数全体の集合を表す．これらの集合には包含関係

$$\mathbb{Q} \subset \mathbb{R} \subset \mathbb{C}$$

がある．例えば，

$$-4 \in \mathbb{Q}, \quad \frac{2}{3} \in \mathbb{Q}, \quad \sqrt{2} \notin \mathbb{Q}, \quad \sqrt{2} \in \mathbb{R}, \quad \sqrt{-1} \notin \mathbb{R}, \quad \sqrt{-3} \in \mathbb{C}$$

となる．$\mathbb{R}, \mathbb{C}, \mathbb{Q}$ ではたし算，ひき算，かけ算，0 でない数によるわり算が自由にできる．このように数の集合で，その集合の中で四則演算ができるようなものを**体**(たい)という．$\mathbb{R}$ が体であることを強調して**実数体**とよぶ．その他にも複素数全体の集合 $\mathbb{C}$ のなす**複素数体**や，有理数全体の集合 $\mathbb{Q}$ のなす**有理数体**，実数係数の多項式の分数の形の式である有理式全体 $\mathbb{R}(x)$ も体になる．その他にも多くの体がある．一方，整数全体の集合は，例えば 1 を 2 でわると，整数でない数 1/2 がでてきてしまうから，体ではない．

以下の議論では，これまでとは異なり，ベクトルや行列の成分にでてくる数を，ある体に含まれているものとして，はっきりと決めて議論する必要がある．以下ではその体が実数体 $\mathbb{R}$ の場合を主に扱うが，ほとんどの議論は $\mathbb{R}$ を他の体に換えても成り立つ．

14 ベクトル空間

ベクトル空間の定義

定義 14.1. V を空でない集合とする．V に

$$\boldsymbol{a}, \boldsymbol{b} \in V \text{ に対して，和 } \boldsymbol{a} + \boldsymbol{b} \in V$$

と

$$\boldsymbol{a} \in V \text{ とスカラー } k \in \mathbb{R} \text{ に対して，スカラー倍 } k\boldsymbol{a} \in V$$

という 2 つの演算が定まっていて，次の演算規則がみたされているとき

V を**ベクトル空間**という.

(i) 任意の $\boldsymbol{a}, \boldsymbol{b}, \boldsymbol{c}$ に対して

$$(\boldsymbol{a}+\boldsymbol{b})+\boldsymbol{c}=\boldsymbol{a}+(\boldsymbol{b}+\boldsymbol{c}) \quad \text{(結合法則)}.$$

(ii) V の元 $\mathbf{0}$ があって, 任意の $\boldsymbol{a} \in V$ に対して,

$$\boldsymbol{a}+\mathbf{0}=\mathbf{0}+\boldsymbol{a}=\boldsymbol{a}.$$

$\mathbf{0}$ を**零ベクトル**あるいは**ゼロベクトル**という.

(iii) V の任意の元 $\boldsymbol{a}$ に対して, $\boldsymbol{a}+\boldsymbol{x}=\boldsymbol{x}+\boldsymbol{a}=\mathbf{0}$ をみたす $\boldsymbol{x} \in V$ がただ 1 つある. $\boldsymbol{x}$ を $\boldsymbol{a}$ の**逆ベクトル**といい $-\boldsymbol{a}$ と書く.

(iv) 任意の $\boldsymbol{a}, \boldsymbol{b}$ に対して

$$\boldsymbol{a}+\boldsymbol{b}=\boldsymbol{b}+\boldsymbol{a} \quad \text{(交換法則)}.$$

(v) 任意の $k \in \mathbb{R}$ と, 任意の $\boldsymbol{a}, \boldsymbol{b} \in V$ に対して

$$k(\boldsymbol{a}+\boldsymbol{b})=k\boldsymbol{a}+k\boldsymbol{b} \quad \text{(分配法則)}.$$

(vi) 任意の $k, m \in \mathbb{R}$ と, 任意の $\boldsymbol{a} \in V$ に対して

$$(km)\boldsymbol{a}=k(m\boldsymbol{a}), \quad (k+m)\boldsymbol{a}=k\boldsymbol{a}+m\boldsymbol{a} \quad \text{(分配法則)}.$$

(vii) V の任意の元 $\boldsymbol{a}$ に対して, $1\boldsymbol{a}=\boldsymbol{a}$.

V がベクトル空間であるとき V の元を**ベクトル**とよぶ. ベクトル空間のことを**線形空間**ともいう.

上の定義に現れる規則のうち, (i) から (iv) は和に関する規則, (v) から (vii) は和とスカラー倍の関係を記述する規則であると分けて考えると理解しやすい.

現時点では, 第 1 章で取り上げた幾何的なベクトルや, 数を並べた列ベクトルや行ベクトルのみたす演算法則を形式的に書いただけであると思って, この定義にそれほどこだわる必要はない.

補注 14.2 定義 14.1 で実数体 $\mathbb{R}$ がでてくる部分を, 一般の体 K $(=\mathbb{C}, \mathbb{Q}$ など$)$ に置き換えることにより, K 上のベクトル空間 (あるいは簡単に K ベクトル空間) の定義ができる. 以後, 主に扱っていく $\mathbb{R}$ ベクトル空間のことを**実ベクトル空間**とよぶ. また $\mathbb{C}$ ベクトル空間は**複素ベクトル空間**とよばれる.

●問 14.1 $\boldsymbol{a} \in V$ に対して次を示せ.

(i) $0\boldsymbol{a} = \boldsymbol{0}$ (ii) $(-1)\boldsymbol{a} = -\boldsymbol{a}$

ベクトル空間の例

ベクトル空間の例をいくつかあげる.

◆例 **14.3** (**数ベクトル空間**) 実数を成分にもつ n 次列ベクトルの全体

$$\mathbb{R}^n = \left\{ \begin{bmatrix} a_1 \\ \vdots \\ a_n \end{bmatrix} \middle| \, a_1, \ldots, a_n \in \mathbb{R} \right\}$$

は行列だと思って和，スカラー倍を考えることによってベクトル空間になる．$\mathbb{R}^n$ を n 次元列**ベクトル空間**とよぶ． 零ベクトルは $\boldsymbol{0} = \begin{bmatrix} 0 \\ \vdots \\ 0 \end{bmatrix}$ であり，$\boldsymbol{a} = \begin{bmatrix} a_1 \\ \vdots \\ a_n \end{bmatrix}$ の逆ベクトルは $-\boldsymbol{a} = \begin{bmatrix} -a_1 \\ \vdots \\ -a_n \end{bmatrix}$ となる．

また n 次行ベクトルの全体

$$\mathbb{R}_n = \left\{ \begin{bmatrix} a_1 & \cdots & a_n \end{bmatrix} \middle| \, a_1, \ldots, a_n \in \mathbb{R} \right\}$$

も同様にベクトル空間になる．$\mathbb{R}_n$ を n 次元**行ベクトル空間**とよぶ．

$\mathbb{R}^n$, $\mathbb{R}_n$ の形のベクトル空間を**数ベクトル空間**という．

◆例 **14.4** $\mathbb{R}$ を定義域とし，実数値をとる関数の全体を V とする．V の元を $f = f(x)$, $g = g(x)$ と書いて，$k \in \mathbb{R}$ とする。和とスカラー倍をそれぞれ

$$(f + g)(x) = f(x) + g(x), \quad (kf)(x) = kf(x)$$

と定義すると $f + g, kf \in V$ となる．V がこの和とスカラー倍でベクトル空間になることを確かめることができる．零ベクトルとしては恒等的に 0 となる関数をとればよい．

◆例 **14.5** $\mathbb{R}[x]_n$ を n 次以下の実数係数多項式の全体の集合とする．したがって $f \in \mathbb{R}[x]_n$ は

$$f = a_0 + a_1 x + \cdots + a_n x^n \quad (a_0, a_1, \ldots, a_n \in \mathbb{R})$$

という形をしている．多項式のたし算と，係数を一斉に k 倍するというスカラー倍で $\mathbb{R}[x]_n$ はベクトル空間になる．零ベクトルはすべての係数が 0 である零多項式である．

この例のように，幾何的なベクトルだけではなく，数学にでてくる関数などのいろいろな対象を「ベクトル」と考えることができる．数学的な対象の「和」と「スカラー倍」に関する性質だけを抽出して，その性質を調べるのがベクトル空間の理論，線形代数学である．定義 14.1 のようにベクトルを抽象的に定義することによって理論の適用可能な対象を広げているのである．

以下では一般のベクトル空間について調べていくが，V が数ベクトル空間だと考えて理解しても多くの場合差し支えない．

15 部分空間

定義 15.1. V をベクトル空間とする．V の空でない部分集合 W が，V の和，スカラー倍に関してベクトル空間になるとき，W を V の**部分空間**であるという．

W が部分空間であることを示すには，定義 14.1 の式をすべて確かめるのではなく，次の 3 条件だけを確かめればよい．

命題 15.2 ベクトル空間 V の部分集合 W が部分空間であるための必要十分条件は次の 3 条件が成り立つことである．

(i) $\mathbf{0} \in W$.

(ii) $\boldsymbol{a}, \boldsymbol{b} \in W$ ならば $\boldsymbol{a} + \boldsymbol{b} \in W$.

(iii) $\boldsymbol{a} \in W$, $k \in \mathbb{R}$ ならば $k\boldsymbol{a} \in W$.

(ii) の条件が成り立つとき，W は**和に関して閉じている**という．また (iii) の条件が成り立つとき，W は**スカラー倍に関して閉じている**という．

(ii), (iii) の下では，(i) は $W \neq \emptyset$ であることと同値である．実際，$\mathbf{0} \in W$ なら $W \neq \emptyset$ は明らか．逆に $\boldsymbol{a} \in W$ とすると，(iii) から $-\boldsymbol{a} \in W$ で，(ii) から $\mathbf{0} = \boldsymbol{a} + (-\boldsymbol{a}) \in W$ となる．

［証明］ 必要であることは明らかであるから，十分であることを証明しよう．上記の 3 条件が成り立つとする．このとき定義 14.1 の (iii) を除いては，V の元に対して成り立っているから，両辺が W に含まれていれば，当然 W の元に対しても成り立つ．$\boldsymbol{a} \in W$ なら，スカラー倍について閉じていることから $(-1)\boldsymbol{a} \in W$．問 14.1 から $-\boldsymbol{a} = (-1)\boldsymbol{a}$ だから (iii) も成り立つ． □

●問 15.1　命題 15.2 の (ii) と (iii) は次の条件に同値であることを示せ．

$$\boldsymbol{a}, \boldsymbol{b} \in W,\ k, \ell \in \mathbb{R} \text{ に対して } k\boldsymbol{a} + \ell\boldsymbol{b} \in W.$$

一般にベクトル空間 V は 2 つの**自明な部分空間**をもつ．それは V 自身と $\{\boldsymbol{0}\}$ である．これらが部分空間であることを確かめるのはやさしい．

例題 15.3　(i) $W_1 = \left\{ \begin{bmatrix} x \\ y \end{bmatrix} \in \mathbb{R}^2 \mid 3x + 2y = 0 \right\}$ は $\mathbb{R}^2$ の部分空間であることを示せ．

(ii) $W_2 = \left\{ \begin{bmatrix} x \\ y \end{bmatrix} \in \mathbb{R}^2 \mid 3x + 2y = 1 \right\}$ は $\mathbb{R}^2$ の部分空間でないことを示せ．

【解】 (i) 命題 15.2 の 3 条件が成り立つことを証明する．$3 \cdot 0 + 2 \cdot 0 = 0$ から $\boldsymbol{0} = \begin{bmatrix} 0 \\ 0 \end{bmatrix} \in W_1$.

次に $\boldsymbol{a} = \begin{bmatrix} x \\ y \end{bmatrix}$, $\boldsymbol{b} = \begin{bmatrix} x' \\ y' \end{bmatrix} \in W_1$ とすると，$3x + 2y = 0$ と $3x' + 2y' = 0$ が成り立つ．この 2 式をたしあわせて，整理すると

$$3(x + x') + 2(y + y') = 0.$$

これは $\boldsymbol{a} + \boldsymbol{b} = \begin{bmatrix} x + x' \\ y + y' \end{bmatrix} \in W_1$ を示す．

最後に $k \in \mathbb{R}$, $\boldsymbol{a} = \begin{bmatrix} x \\ y \end{bmatrix} \in W_1$ とする．$3x + 2y = 0$ が成り立っている．この両辺に k をかけると，

$$3(kx) + 2(ky) = 0.$$

これは $k\boldsymbol{a} = \begin{bmatrix} kx \\ ky \end{bmatrix} \in W_1$ を示している．

(ii) 命題 15.2 の 3 条件のうちの少なくとも 1 つが成り立たないことを反例で示す．実際，$\boldsymbol{0} = \begin{bmatrix} 0 \\ 0 \end{bmatrix}$ は $3x + 2y = 1$ をみたさないから，$\boldsymbol{0} \notin W_2$ となる．よって部分空間ではない．

この例題は次のように一般化できる．

●問 15.2　a, b を実数とする．平面 $\mathbb{R}^2$ の原点を通る直線

$$W = \left\{ \begin{bmatrix} x \\ y \end{bmatrix} \in \mathbb{R}^2 \mid ax + by = 0 \right\}$$

が $\mathbb{R}^2$ の部分空間になることを示せ．

●問 15.3 次の $\mathbb{R}^2$ の部分集合 W_1, W_2 がともに $\mathbb{R}^2$ の部分空間にならないことを示せ.

$$W_1 = \left\{ \begin{bmatrix} x \\ y \end{bmatrix} \in \mathbb{R}^2 \mid x \geq 0 \text{ かつ } y \geq 0 \right\}$$

$$W_2 = \left\{ \begin{bmatrix} x \\ y \end{bmatrix} \in \mathbb{R}^2 \mid x = 0 \text{ または } y = 0 \right\}$$

命題 15.4 A を $m \times n$ 行列とする. 同次連立 1 次方程式

$$A\boldsymbol{x} = \boldsymbol{0} \tag{15.1}$$

の解の全体

$$N(A) = \{\boldsymbol{x} \in \mathbb{R}^n \mid A\boldsymbol{x} = \boldsymbol{0}\}$$

は $\mathbb{R}^n$ の部分空間である. この部分空間を行列 A の**零空間**という. あるいは同次連立 1 次方程式 (15.1) の**解空間**ともいう.

[証明] 命題 15.2 の 3 条件を確かめればよい. $A\boldsymbol{0} = \boldsymbol{0}$ だから $\boldsymbol{0} \in N(A)$.

次に $\boldsymbol{a}, \boldsymbol{b}$ を $A\boldsymbol{x} = \boldsymbol{0}$ の解とする. $A\boldsymbol{a} = \boldsymbol{0}$ と $A\boldsymbol{b} = \boldsymbol{0}$ が成り立つ. このとき $A(\boldsymbol{a} + \boldsymbol{b}) = A\boldsymbol{a} + A\boldsymbol{b} = \boldsymbol{0} + \boldsymbol{0} = \boldsymbol{0}$ であるから $\boldsymbol{a} + \boldsymbol{b}$ も (15.1) の解である. つまり $\boldsymbol{a} + \boldsymbol{b} \in N(A)$ が成り立つ.

最後に, $k \in \mathbb{R}$ とし $\boldsymbol{a} \in N(A)$ とすると, $A\boldsymbol{a} = \boldsymbol{0}$ から $A(k\boldsymbol{a}) = k(A\boldsymbol{a}) = k\boldsymbol{0} = \boldsymbol{0}$ が成り立ち, $k\boldsymbol{a}$ も (15.1) の解になる. すなわち $k\boldsymbol{a} \in N(A)$. □

問 15.2 にあげた原点を通る直線はこの命題の $m = 1, n = 2$ の特別な場合と考えることができる.

◆**例 15.5** $m \geq n$ とすると, $\mathbb{R}[x]_n$ は $\mathbb{R}[x]_m$ の部分空間になっている.

◆**例 15.6** V を例 14.4 で考えた $\mathbb{R}$ で定義された実数値関数のなすベクトル空間とする. このなかで微分可能であって, 微分方程式 $f'(x) + f(x) = 0$ をみたすもの全体を W とする. このとき W は V の部分空間である.

恒等的に 0 である関数の微分はまた同じ関数であるから $f'(x) + f(x) = 0$ をみたす. $f, g \in W$ とすると, $f'(x) + f(x) = 0$, $g'(x) + g(x) = 0$ が成り立つ. 2 式をたしあわせると, $(f'(x) + g'(x)) + (f(x) + g(x)) = 0$. 微分の線形性から $f'(x) + g'(x) = (f(x) + g(x))'$ が成り立つので, $f(x) + g(x) \in W$ となる. また $k \in \mathbb{R}$, $f \in W$ とすると, $k(f'(x)) + k(f(x)) = 0$ が成り立つが, 再び微分の線形性から $k(f'(x)) = (kf(x))'$ だから $kf(x) \in W$ がわかる.

●問 15.4　$V=\mathbb{R}[x]_n$ とする．以下の V の部分集合が V の部分空間かどうか判定せよ．

(i) $W=\{f(x)\in V \mid f(1)=0\}$
(ii) $W=\{f(x)\in V \mid f(1)=1\}$
(iii) $W=\{f(x)\in V \mid f(-x)=f(x)\}$

いくつかのベクトルで生成される部分空間

V をベクトル空間とし，$\boldsymbol{a}_1,\ldots,\boldsymbol{a}_r\in V$ とする．$c_1,\ldots,c_r\in\mathbb{R}$ を使って

$$c_1\boldsymbol{a}_1+\cdots+c_r\boldsymbol{a}_r$$

の形に書けるベクトルを $\boldsymbol{a}_1,\ldots,\boldsymbol{a}_r$ の**1 次結合**とよぶ．$\boldsymbol{a}_1,\ldots,\boldsymbol{a}_r$ の 1 次結合全体の集合を

$$\langle\boldsymbol{a}_1,\ldots,\boldsymbol{a}_r\rangle=\{c_1\boldsymbol{a}_1+\cdots+c_r\boldsymbol{a}_r \mid c_1,\ldots,c_r\in\mathbb{R}\}$$

で表す．

命題 15.7　V をベクトル空間とし，$\boldsymbol{a}_1,\ldots,\boldsymbol{a}_r\in V$ とするとき，

$$W=\langle\boldsymbol{a}_1,\ldots,\boldsymbol{a}_r\rangle$$

は V の部分空間である．さらに W は $\boldsymbol{a}_1,\ldots,\boldsymbol{a}_r$ を含む最小の部分空間である．

［証明］命題 15.2 の 3 条件を確かめる．$\mathbf{0}=0\boldsymbol{a}_1+\cdots+0\boldsymbol{a}_r$ なので $\mathbf{0}\in W$．

次に $\boldsymbol{a},\boldsymbol{b}\in W$ とする．このとき $\boldsymbol{a},\boldsymbol{b}$ は $\boldsymbol{a}_1,\ldots,\boldsymbol{a}_r$ の 1 次結合だから，実数 $c_1,\ldots,c_r,d_1,\ldots,d_r$ を使って

$$\boldsymbol{a}=c_1\boldsymbol{a}_1+\cdots+c_r\boldsymbol{a}_r,\quad \boldsymbol{b}=d_1\boldsymbol{a}_1+\cdots+d_r\boldsymbol{a}_r$$

となる．両辺をたしあわせると，

$$\boldsymbol{a}+\boldsymbol{b}=(c_1+d_1)\boldsymbol{a}_1+\cdots+(c_r+d_r)\boldsymbol{a}_r$$

となり，$\boldsymbol{a}+\boldsymbol{b}$ も $\boldsymbol{a}_1,\ldots,\boldsymbol{a}_r$ の 1 次結合になる．よって和に関して閉じている．

最後に $k\in\mathbb{R}$, $\boldsymbol{a}=c_1\boldsymbol{a}_1+\cdots+c_r\boldsymbol{a}_r\in W$ とすると

$$k\boldsymbol{a}=(kc_1)\boldsymbol{a}_1+\cdots+(kc_r)\boldsymbol{a}_r$$

となり，$k\boldsymbol{a}$ も $\boldsymbol{a}_1,\ldots,\boldsymbol{a}_r$ の 1 次結合になる．よってスカラー倍に関しても閉じている．

W の最小性を証明するために W' を $\boldsymbol{a}_1, \ldots, \boldsymbol{a}_r$ を含む任意のベクトル空間とする．W' はベクトル空間だから，$\boldsymbol{a}_1, \ldots, \boldsymbol{a}_r$ の1次結合もすべて W' に含まれる (問 15.1)．したがって $W = \langle \boldsymbol{a}_1, \ldots, \boldsymbol{a}_r \rangle \subset W'$ がわかる． □

部分空間 $\langle \boldsymbol{a}_1, \ldots, \boldsymbol{a}_r \rangle$ を $\boldsymbol{a}_1, \ldots, \boldsymbol{a}_r$ によって**生成される部分空間**，あるいは $\boldsymbol{a}_1, \ldots, \boldsymbol{a}_r$ によって**張られる部分空間**とよぶ．

例題 15.8

$$W = \left\langle \boldsymbol{a}_1 = \begin{bmatrix} 1 \\ 2 \\ -1 \end{bmatrix},\ \boldsymbol{a}_2 = \begin{bmatrix} 6 \\ 4 \\ 2 \end{bmatrix} \right\rangle$$

とする．このとき，

$$\boldsymbol{a} = \begin{bmatrix} 9 \\ 2 \\ 7 \end{bmatrix} \in W, \quad \text{および} \quad \boldsymbol{b} = \begin{bmatrix} 4 \\ 0 \\ 8 \end{bmatrix} \notin W$$

を示せ．

【解】 $\boldsymbol{a} \in W$ は $\boldsymbol{a} = c_1\boldsymbol{a}_1 + c_2\boldsymbol{a}_2$ をみたす実数 c_1, c_2 があることを意味する．一方，$\boldsymbol{b} \notin W$ は $\boldsymbol{b} = c_1\boldsymbol{a}_1 + c_2\boldsymbol{a}_2$ をみたす実数 c_1, c_2 がないことを意味する．両者を c_1, c_2 に関する連立1次方程式

$$\begin{bmatrix} \boldsymbol{a}_1 & \boldsymbol{a}_2 \end{bmatrix} \begin{bmatrix} c_1 \\ c_2 \end{bmatrix} = \boldsymbol{a}, \qquad \begin{bmatrix} \boldsymbol{a}_1 & \boldsymbol{a}_2 \end{bmatrix} \begin{bmatrix} c_1 \\ c_2 \end{bmatrix} = \boldsymbol{b}$$

とみて解くことによってこれを示す．この2つの連立1次方程式は係数行列が等しいので同時に解ける．拡大係数行列を基本変形すると

$$\begin{bmatrix} 1 & 6 & 9 & 4 \\ 2 & 4 & 2 & 0 \\ -1 & 2 & 7 & 8 \end{bmatrix} \to \begin{bmatrix} 1 & 6 & 9 & 4 \\ 0 & -8 & -16 & -8 \\ 0 & 8 & 16 & 12 \end{bmatrix} \to \begin{bmatrix} 1 & 6 & 9 & 4 \\ 0 & 1 & 2 & 1 \\ 0 & 0 & 0 & 4 \end{bmatrix}$$
$$\to \begin{bmatrix} 1 & 0 & -3 & 0 \\ 0 & 1 & 2 & 0 \\ 0 & 0 & 0 & 1 \end{bmatrix}.$$

第3列から，$\boldsymbol{a} = -3\boldsymbol{a}_1 + 2\boldsymbol{a}_2 \in W$ がわかる．また第3列を無視すると，拡大係数行列の階数と係数行列の階数が異なるので2番目の連立1次方程式に解はない．したがって $\boldsymbol{b} \notin W$．(図形的にみると，W は $\boldsymbol{a}_1, \boldsymbol{a}_2$ を含み原点を通る平面である．$\boldsymbol{a}$ はこの平面に含まれているが，$\boldsymbol{b}$ は含まれていないということがわかったことになる)．

一般に次が成り立つ．

> **命題 15.9** $V = \mathbb{R}^n$ の部分空間 $W = \langle \boldsymbol{a}_1, \ldots, \boldsymbol{a}_r \rangle$ を考える．$n \times r$ 行列 A を $A = \begin{bmatrix} \boldsymbol{a}_1 & \cdots & \boldsymbol{a}_r \end{bmatrix}$ で定義する．このとき $\boldsymbol{a} \in \mathbb{R}^n$ が $\boldsymbol{a} \in W$ をみたすための必要十分条件は，連立 1 次方程式 $A\boldsymbol{x} = \boldsymbol{a}$ が解をもつことである．

［証明］$\boldsymbol{x} = \begin{bmatrix} x_1 \\ \vdots \\ x_r \end{bmatrix}$ として，$A\boldsymbol{x} = \boldsymbol{a}$ を書き換えると

$$\boldsymbol{a} = x_1 \boldsymbol{a}_1 + \cdots + x_r \boldsymbol{a}_r$$

となるので主張が成り立つ． □

●問 15.5

$$\begin{bmatrix} 12 \\ 3 \\ -11 \end{bmatrix} \in \left\langle \begin{bmatrix} 3 \\ -3 \\ 2 \end{bmatrix}, \begin{bmatrix} -8 \\ 3 \\ 1 \end{bmatrix} \right\rangle$$

を示せ．

共通部分・和空間

W_1, W_2 をベクトル空間 V の部分空間とする．W_1, W_2 から新しい部分空間を作り出す操作を考える．

> **命題 15.10** W_1 と W_2 の共通部分
>
> $$W_1 \cap W_2 = \{\boldsymbol{a} \in V \mid \boldsymbol{a} \in W_1 \text{ かつ } \boldsymbol{a} \in W_2\}$$
>
> は V の部分空間である．

［証明］W_1, W_2 がそれぞれベクトル空間であることから，$\boldsymbol{0} \in W_1$ かつ $\boldsymbol{0} \in W_2$．よって $\boldsymbol{0} \in W_1 \cap W_2$ が成り立つ．

$\boldsymbol{a}, \boldsymbol{b} \in W_1 \cap W_2$ なら W_1 が和について閉じていることから $\boldsymbol{a} + \boldsymbol{b} \in W_1$，また W_2 が和について閉じていることから $\boldsymbol{a} + \boldsymbol{b} \in W_2$．したがって $\boldsymbol{a} + \boldsymbol{b} \in W_1 \cap W_2$．

次に $k \in \mathbb{R}$, $\boldsymbol{a} \in W_1 \cap W_2$ とする．W_1 がスカラー倍について閉じていることから $k\boldsymbol{a} \in W_1$，また W_2 がスカラー倍について閉じていることから $k\boldsymbol{a} \in W_2$．よって $k\boldsymbol{a} \in W_1 \cap W_2$． □

補注 15.11　一般に W_1 と W_2 の和集合 $W_1 \cup W_2$ は部分空間でない．例えば $V = \mathbb{R}^2$ とし

$$W_1 = \left\{ \begin{bmatrix} x \\ 0 \end{bmatrix} \in \mathbb{R}^2 \;\middle|\; x \in \mathbb{R} \right\}, \quad W_2 = \left\{ \begin{bmatrix} 0 \\ y \end{bmatrix} \in \mathbb{R}^2 \;\middle|\; y \in \mathbb{R} \right\}$$

とする．W_1, W_2 は $\mathbb{R}^2$ の部分空間であるが，

$$W_1 \cup W_2 = \left\{ \begin{bmatrix} x \\ y \end{bmatrix} \;\middle|\; x = 0 \text{ または } y = 0 \right\}$$

となり，これは問 15.3 でみたように $\mathbb{R}^2$ の部分空間にならない．

命題 15.12　W_1, W_2 を V の部分空間とし，

$$W_1 + W_2 = \{\boldsymbol{a}_1 + \boldsymbol{a}_2 \mid \boldsymbol{a}_1 \in W_1,\ \boldsymbol{a}_2 \in W_2\}$$

と定義すると $W_1 + W_2$ は V の部分空間になる．$W_1 + W_2$ を W_1 と W_2 の**和空間**とよぶ．

［証明］W_1, W_2 は部分空間だから $\mathbf{0} \in W_1$, $\mathbf{0} \in W_2$．よって，$\mathbf{0} = \mathbf{0} + \mathbf{0} \in W_1 + W_2$．

次に $\boldsymbol{a}, \boldsymbol{b} \in W_1 + W_2$ とする．$\boldsymbol{a}_1, \boldsymbol{b}_1 \in W_1$, $\boldsymbol{a}_2, \boldsymbol{b}_2 \in W_2$ を使って $\boldsymbol{a} = \boldsymbol{a}_1 + \boldsymbol{a}_2$, $\boldsymbol{b} = \boldsymbol{b}_1 + \boldsymbol{b}_2$ と書ける．このとき W_1, W_2 が和について閉じていることから

$$\boldsymbol{a} + \boldsymbol{b} = (\boldsymbol{a}_1 + \boldsymbol{b}_1) + (\boldsymbol{a}_2 + \boldsymbol{b}_2) \in W_1 + W_2$$

が成り立つ．

次に $k \in \mathbb{R}$, $\boldsymbol{a} \in W_1 + W_2$ とし，上と同様に $\boldsymbol{a} = \boldsymbol{a}_1 + \boldsymbol{a}_2$ $(\boldsymbol{a}_1 \in W_1, \boldsymbol{a}_2 \in W_2)$ と書く．このとき W_1, W_2 がスカラー倍について閉じていることから $k\boldsymbol{a} = k\boldsymbol{a}_1 + k\boldsymbol{a}_2 \in W_1 + W_2$ となる．　□

和空間 $W_1 + W_2$ は $W_1 \cup W_2$ を含む最小の部分空間になる．

●**問 15.6**

$$W_1 = \left\{ \begin{bmatrix} x \\ 0 \end{bmatrix} \in \mathbb{R}^2 \;\middle|\; x \in \mathbb{R} \right\}, \quad W_2 = \left\{ \begin{bmatrix} 0 \\ y \end{bmatrix} \in \mathbb{R}^2 \;\middle|\; y \in \mathbb{R} \right\}$$

とするとき $W_1 \cap W_2$ と $W_1 + W_2$ はそれぞれどのような集合か．

16　1次独立・1次従属

列ベクトルの1次独立性については第8節で学んだ(定義 8.9)．一般のベクトルに対して，この定義を拡張する．

1 次関係式

V をベクトル空間とし, $\boldsymbol{a}_1, \ldots, \boldsymbol{a}_r$ を V のベクトルとする. $\boldsymbol{0}$ を $\boldsymbol{a}_1, \ldots, \boldsymbol{a}_r$ の 1 次結合で表すことを考える.

$$c_1\boldsymbol{a}_1 + \cdots + c_r\boldsymbol{a}_r = \boldsymbol{0}.$$

このような表し方のうち, $c_1 = \cdots = c_r = 0$ のもの, つまり

$$0\boldsymbol{a}_1 + \cdots + 0\boldsymbol{a}_r = \boldsymbol{0}$$

を $\boldsymbol{a}_1, \ldots, \boldsymbol{a}_r$ の**自明な 1 次関係式**といい, $c_1, \ldots, c_r$ の中に 0 でないものがあるような表し方を, $\boldsymbol{a}_1, \ldots, \boldsymbol{a}_r$ の**非自明な 1 次関係式**という. 自明な 1 次関係式はいつでも存在するが, 非自明なものはあるとは限らない. このことに注意して次の定義をする.

1 次独立・1 次従属の定義

定義 16.1. ベクトルの集合 $\boldsymbol{a}_1, \ldots, \boldsymbol{a}_r$ が **1 次独立**であるとは $\boldsymbol{a}_1, \ldots, \boldsymbol{a}_r$ には自明な 1 次関係式しかないことをいう. つまり

$$c_1\boldsymbol{a}_1 + \cdots + c_r\boldsymbol{a}_r = \boldsymbol{0}$$

ならば $c_1 = \cdots = c_r = 0$ が成り立つときに 1 次独立であるという. $\boldsymbol{a}_1, \ldots, \boldsymbol{a}_r$ が 1 次独立でないとき **1 次従属**であるという.

---

1 つのベクトル $\boldsymbol{a} \in V$ が 1 次独立なのは $\boldsymbol{a} \neq \boldsymbol{0}$ のときであることが定義からわかる.

また 2 つの $\boldsymbol{0}$ でないベクトル $\boldsymbol{a}, \boldsymbol{b}$ が 1 次従属なのは, $\boldsymbol{a} = c\boldsymbol{b}$ をみたす実数 c が存在するときである (例 8.10 をみよ).

数ベクトルの 1 次独立性の判定

第 8 節ですでに述べたように, 数ベクトルの 1 次独立性は同次連立 1 次方程式の非自明解の有無に帰着される. すなわち, 次の命題が成り立つのであった (命題 8.11).

命題 16.2　$\boldsymbol{a}_1, \dots, \boldsymbol{a}_r \in \mathbb{R}^n$ とする．A を $n \times r$ 行列 $A = \begin{bmatrix} \boldsymbol{a}_1 & \cdots & \boldsymbol{a}_r \end{bmatrix}$ とする．このとき

(i) $\boldsymbol{a}_1, \dots, \boldsymbol{a}_r$ が 1 次独立 $\Longleftrightarrow$ $A\boldsymbol{x} = \boldsymbol{0}$ の解は $\boldsymbol{x} = \boldsymbol{0}$ だけ．

(ii) $\boldsymbol{a}_1, \dots, \boldsymbol{a}_r$ が 1 次従属

$\Longleftrightarrow$ $A\boldsymbol{x} = \boldsymbol{0}$ は $\boldsymbol{x} = \boldsymbol{0}$ 以外に非自明な解をもつ．

例題をみて思い出しておこう．

例題 16.3　$\mathbb{R}^4$ のベクトル

$$\boldsymbol{a} = \begin{bmatrix} 1 \\ 0 \\ 3 \\ 2 \end{bmatrix}, \quad \boldsymbol{b} = \begin{bmatrix} 1 \\ 4 \\ 0 \\ -2 \end{bmatrix}, \quad \boldsymbol{c} = \begin{bmatrix} 0 \\ -1 \\ 1 \\ 1 \end{bmatrix}$$

が 1 次独立であることを示せ．

【解】　$c_1\boldsymbol{a} + c_2\boldsymbol{b} + c_3\boldsymbol{c} = \boldsymbol{0}$ とする．このとき $c_1 = c_2 = c_3 = 0$ が示したいことである．この式を行列で書き直すと

$$\begin{bmatrix} \boldsymbol{a} & \boldsymbol{b} & \boldsymbol{c} \end{bmatrix} \begin{bmatrix} c_1 \\ c_2 \\ c_3 \end{bmatrix} = \boldsymbol{0}.$$

係数行列を簡約化すると

$$\begin{bmatrix} 1 & 1 & 0 \\ 0 & 4 & -1 \\ 3 & 0 & 1 \\ 2 & -2 & 1 \end{bmatrix} \to \begin{bmatrix} 1 & 1 & 0 \\ 0 & 4 & -1 \\ 0 & -3 & 1 \\ 0 & -4 & 1 \end{bmatrix} \xrightarrow{③+②,\ ④+②} \begin{bmatrix} 1 & 1 & 0 \\ 0 & 4 & -1 \\ 0 & 1 & 0 \\ 0 & 0 & 0 \end{bmatrix} \to \begin{bmatrix} 1 & 0 & 0 \\ 0 & 1 & 0 \\ 0 & 0 & 1 \\ 0 & 0 & 0 \end{bmatrix}$$

により解は $c_1 = c_2 = c_3 = 0$ だけである．よって $\boldsymbol{a}, \boldsymbol{b}, \boldsymbol{c}$ は 1 次独立である．

例題 16.4　$\mathbb{R}^3$ のベクトル

$$\boldsymbol{a} = \begin{bmatrix} 1 \\ -2 \\ 3 \end{bmatrix}, \quad \boldsymbol{b} = \begin{bmatrix} 5 \\ 6 \\ -1 \end{bmatrix}, \quad \boldsymbol{c} = \begin{bmatrix} 3 \\ 2 \\ 1 \end{bmatrix}$$

が 1 次従属であることを示し，自明でない 1 次関係式を求めよ．

【解】 $c_1\boldsymbol{a}+c_2\boldsymbol{b}+c_3\boldsymbol{c}=\boldsymbol{0}$ として，前の例題と同様にこれを c_1, c_2, c_3 に関する連立1次方程式とみて解く．係数行列は

$$\begin{bmatrix}1 & 5 & 3\\ -2 & 6 & 2\\ 3 & -1 & 1\end{bmatrix} \to \begin{bmatrix}1 & 5 & 3\\ 0 & 16 & 8\\ 0 & -16 & -8\end{bmatrix} \to \begin{bmatrix}1 & 5 & 3\\ 0 & 1 & 1/2\\ 0 & 0 & 0\end{bmatrix} \to \begin{bmatrix}1 & 0 & 1/2\\ 0 & 1 & 1/2\\ 0 & 0 & 0\end{bmatrix}.$$

よって解は t をパラメータとして

$$\begin{bmatrix}c_1\\ c_2\\ c_3\end{bmatrix} = t\begin{bmatrix}-1/2\\ -1/2\\ 1\end{bmatrix}$$

となる．このうち $t \neq 0$ に対応する非自明解が自明でない1次関係式を与える．例えば $t=2$ とすれば

$$-\boldsymbol{a}-\boldsymbol{b}+2\boldsymbol{c}=\boldsymbol{0}$$

が得られる．

●問 16.1 次のベクトルの集合が1次独立かどうか調べよ．1次従属であるときは自明でない1次関係式を求めよ．

(i) $\begin{bmatrix}2\\ 0\\ 3\end{bmatrix}, \begin{bmatrix}1\\ 1\\ 7\end{bmatrix}, \begin{bmatrix}5\\ -1\\ 2\end{bmatrix} \in \mathbb{R}^3$ (ii) $\begin{bmatrix}-1\\ 0\\ 1\\ 3\end{bmatrix}, \begin{bmatrix}0\\ 2\\ 5\\ 3\end{bmatrix}, \begin{bmatrix}3\\ -5\\ 1\\ 4\end{bmatrix} \in \mathbb{R}^4$

一般のベクトルの場合は数ベクトルの場合に帰着する方法を後で学ぶが，簡単な場合は次のようにできる．

◆例 16.5 $V=\mathbb{R}[x]_n$ とする．$1, x, \ldots, x^n \in V$ は1次独立である．これを示すために，$a_0+a_1x+\cdots+a_nx^n=0$ とする．右辺は V の零ベクトル，すなわち零多項式である．x に0を代入すると，$a_0=0$ がわかる．両辺を微分して $a_1+\cdots+na_nx^{n-1}=0$. この式で $x=0$ とすれば $a_1=0$. 以下これを繰り返すことにより，$a_0=a_1=\cdots=a_n=0$ がわかる．

17 ベクトル空間の基底

ベクトルの組

V をベクトル空間とする．$\boldsymbol{a}_1, \ldots, \boldsymbol{a}_r$ を V の元とするとき，順序のついた集合

$$(\boldsymbol{a}_1, \ldots, \boldsymbol{a}_r)$$

を $\boldsymbol{a}_1, \ldots, \boldsymbol{a}_r$ の組という．例えば $\boldsymbol{a}_1$ と $\boldsymbol{a}_2$ が異なるとき，2つの組 $(\boldsymbol{a}_1, \boldsymbol{a}_2)$ と $(\boldsymbol{a}_2, \boldsymbol{a}_1)$ は異なると考える．

1 次結合の記法

$(\boldsymbol{a}_1, \ldots, \boldsymbol{a}_r)$ を V のベクトルの組とする．$\boldsymbol{b}$ が $\boldsymbol{a}_1, \ldots, \boldsymbol{a}_r$ の 1 次結合で表せるとする．つまり

$$\boldsymbol{b} = c_1\boldsymbol{a}_1 + \cdots + c_r\boldsymbol{a}_r.$$

このとき数ベクトル $\begin{bmatrix} c_1 \\ \vdots \\ c_r \end{bmatrix} \in \mathbb{R}^r$ を使って

$$\boldsymbol{b} = (\boldsymbol{a}_1, \ldots, \boldsymbol{a}_r) \begin{bmatrix} c_1 \\ \vdots \\ c_r \end{bmatrix}$$

と書くことにする．右辺の $(\boldsymbol{a}_1, \ldots, \boldsymbol{a}_r)$ は行列ではないので，これは行列の積ではないが，あたかも行列の積のように扱うことができて便利な記法なのでここで採用する．さらにベクトルの組 $(\boldsymbol{b}_1, \ldots, \boldsymbol{b}_s)$ において各 $\boldsymbol{b}_i$ が $\boldsymbol{a}_1, \ldots, \boldsymbol{a}_r$ の 1 次結合であるとき，その式をまとめて $r \times s$ 行列 B を使って

$$(\boldsymbol{b}_1, \ldots, \boldsymbol{b}_s) = (\boldsymbol{a}_1, \ldots, \boldsymbol{a}_r)B$$

と書く．例えば

$$(\boldsymbol{b}_1, \boldsymbol{b}_2) = (\boldsymbol{a}_1, \boldsymbol{a}_2, \boldsymbol{a}_3) \begin{bmatrix} 1 & 4 \\ 2 & 5 \\ 3 & 6 \end{bmatrix}$$

は 2 つの式

$$\boldsymbol{b}_1 = \boldsymbol{a}_1 + 2\boldsymbol{a}_2 + 3\boldsymbol{a}_3, \quad \boldsymbol{b}_2 = 4\boldsymbol{a}_1 + 5\boldsymbol{a}_2 + 6\boldsymbol{a}_3$$

をまとめて書いたものである．

$$(\boldsymbol{b}_1, \ldots, \boldsymbol{b}_s) = (\boldsymbol{a}_1, \ldots, \boldsymbol{a}_r)B$$
$$(\boldsymbol{c}_1, \ldots, \boldsymbol{c}_s) = (\boldsymbol{a}_1, \ldots, \boldsymbol{a}_r)C$$

が成り立つとき，

$$(\boldsymbol{b}_1 + \boldsymbol{c}_1, \ldots, \boldsymbol{b}_s + \boldsymbol{c}_s) = (\boldsymbol{a}_1, \ldots, \boldsymbol{a}_r)(B + C)$$
$$(\boldsymbol{b}_1 - \boldsymbol{c}_1, \ldots, \boldsymbol{b}_s - \boldsymbol{c}_s) = (\boldsymbol{a}_1, \ldots, \boldsymbol{a}_r)(B - C)$$

が成り立つ．また A が $s \times r$ 行列，B が $t \times s$ 行列で，

$$(\boldsymbol{a}_1, \ldots, \boldsymbol{a}_r) = (\boldsymbol{b}_1, \ldots, \boldsymbol{b}_s)A$$
$$(\boldsymbol{b}_1, \ldots, \boldsymbol{b}_s) = (\boldsymbol{c}_1, \ldots, \boldsymbol{c}_t)B$$

が成り立つとき，

$$(\boldsymbol{a}_1, \ldots, \boldsymbol{a}_r) = (\boldsymbol{c}_1, \ldots, \boldsymbol{c}_t)BA$$

が成り立つ．

●問 17.1 $\left(\boldsymbol{e}_1 = \begin{bmatrix}1\\0\end{bmatrix}, \boldsymbol{e}_2 = \begin{bmatrix}0\\1\end{bmatrix}\right)$, $\left(\boldsymbol{a}_1 = \begin{bmatrix}8\\6\end{bmatrix}, \boldsymbol{a}_2 = \begin{bmatrix}-7\\-5\end{bmatrix}\right)$ とする．

(i) $\boldsymbol{e}_1, \boldsymbol{e}_2$ を $\boldsymbol{a}_1, \boldsymbol{a}_2$ の 1 次結合で表すことによって，$(\boldsymbol{e}_1, \boldsymbol{e}_2) = (\boldsymbol{a}_1, \boldsymbol{a}_2)A$ をみたす行列 A を求めよ．

(ii) $(\boldsymbol{a}_1, \boldsymbol{a}_2) = (\boldsymbol{e}_1, \boldsymbol{e}_2)B$ をみたす行列 B を求めよ．

(iii) AB を求めよ．

●問 17.2 $\boldsymbol{b}_1, \ldots, \boldsymbol{b}_m \in V$ が 1 次独立であるとする．m 次列ベクトル $\boldsymbol{x}$ に対して

$$(\boldsymbol{b}_1, \ldots, \boldsymbol{b}_m)\boldsymbol{x} = \boldsymbol{0}$$

ならば $\boldsymbol{x} = \boldsymbol{0}$ を示せ．

命題 17.1 $\boldsymbol{b}_1, \ldots, \boldsymbol{b}_n$ を V の 1 次独立なベクトルとする．

(i) n 次正方行列 C に対して

$$(\boldsymbol{b}_1, \ldots, \boldsymbol{b}_n) = (\boldsymbol{b}_1, \ldots, \boldsymbol{b}_n)C$$

ならば $C = E$.

(ii) $\boldsymbol{c}_1, \ldots, \boldsymbol{c}_m$ を V のベクトルとし，$n \times m$ 行列 A を使って

$$(\boldsymbol{c}_1, \ldots, \boldsymbol{c}_m) = (\boldsymbol{b}_1, \ldots, \boldsymbol{b}_n)A \qquad (17.1)$$

となっているとする．このとき，

$$\boldsymbol{c}_1, \ldots, \boldsymbol{c}_m \text{ が 1 次独立} \iff A \text{ の列ベクトルは 1 次独立.}$$

［証明］(i) $(\boldsymbol{b}_1, \ldots, \boldsymbol{b}_m)E = (\boldsymbol{b}_1, \ldots, \boldsymbol{b}_m) = (\boldsymbol{b}_1, \ldots, \boldsymbol{b}_m)C$ より

$$(\boldsymbol{b}_1, \ldots, \boldsymbol{b}_m)(C - E) = (\boldsymbol{0}, \ldots, \boldsymbol{0}).$$

問 17.2 より $C - E$ の各列は $\boldsymbol{0}$. よって $C - E = O$. すなわち $C = E$.

(ii) A の列ベクトル分割を $A = \begin{bmatrix} \boldsymbol{a}_1 & \cdots & \boldsymbol{a}_m \end{bmatrix}$ とする．

まず，$\boldsymbol{c}_1, \ldots, \boldsymbol{c}_m$ が 1 次独立であると仮定する．このとき $\boldsymbol{a}_1, \ldots, \boldsymbol{a}_m$ が 1 次独立であることを示すために，$A\boldsymbol{x} = \boldsymbol{0}$ とする．このとき，

$$(\boldsymbol{c}_1, \ldots, \boldsymbol{c}_m)\boldsymbol{x} = (\boldsymbol{b}_1, \ldots, \boldsymbol{b}_n)A\boldsymbol{x} = \boldsymbol{0}.$$

$\boldsymbol{c}_1, \ldots, \boldsymbol{c}_m$ は 1 次独立だから，$\boldsymbol{x} = \boldsymbol{0}$ (問 17.2)．

逆に $\boldsymbol{a}_1, \ldots, \boldsymbol{a}_m$ が 1 次独立であるとする．$\boldsymbol{c}_1, \ldots, \boldsymbol{c}_m$ が 1 次独立であることをみるために，

$$(\boldsymbol{c}_1, \ldots, \boldsymbol{c}_m)\boldsymbol{x} = \boldsymbol{0}$$

とする．このとき，

$$(\boldsymbol{b}_1, \ldots, \boldsymbol{b}_n)A\boldsymbol{x} = (\boldsymbol{c}_1, \ldots, \boldsymbol{c}_m)\boldsymbol{x} = \boldsymbol{0}.$$

$\boldsymbol{b}_1, \ldots, \boldsymbol{b}_n$ は 1 次独立だから，$A\boldsymbol{x} = \boldsymbol{0}$．$A$ の列ベクトル $\boldsymbol{a}_1, \ldots, \boldsymbol{a}_m$ が 1 次独立だから $\boldsymbol{x} = \boldsymbol{0}$．　□

●**問 17.3**　2 つのベクトルの組 $(\boldsymbol{b}_1, \boldsymbol{b}_2, \boldsymbol{b}_3), (\boldsymbol{c}_1, \boldsymbol{c}_2, \boldsymbol{c}_3)$ が

$$(\boldsymbol{c}_1, \boldsymbol{c}_2, \boldsymbol{c}_3) = (\boldsymbol{b}_1, \boldsymbol{b}_2, \boldsymbol{b}_3)\begin{bmatrix} 1 & 1 & -1 \\ -1 & 1 & 1 \\ 1 & -1 & 1 \end{bmatrix}$$

をみたすとき，$\boldsymbol{c}_1, \boldsymbol{c}_2, \boldsymbol{c}_3$ が 1 次独立ならば $\boldsymbol{b}_1, \boldsymbol{b}_2, \boldsymbol{b}_3$ も 1 次独立であることを示せ．

基底の定義

定義 17.2. V のベクトルの組 $(\boldsymbol{b}_1, \ldots, \boldsymbol{b}_n)$ が V の**基底**であるとは

(i) $\boldsymbol{b}_1, \ldots, \boldsymbol{b}_n$ は V を生成する．記号で書くと $V = \langle \boldsymbol{b}_1, \ldots, \boldsymbol{b}_n \rangle$

(ii) $\boldsymbol{b}_1, \ldots, \boldsymbol{b}_n$ は 1 次独立である

の 2 条件をみたすことをいう．

この定義は $\boldsymbol{b}_1, \ldots, \boldsymbol{b}_n$ の順序によらないから，$(\boldsymbol{b}_1, \ldots, \boldsymbol{b}_n)$ が V の基底ならば，それを並べ替えたものも V の基底である．(ただし，それらは異なる基底であると考える)．

◆**例 17.3**　$\boldsymbol{e}_i \in \mathbb{R}^n$ を i 番目の成分は 1 でその他の成分は 0 であるようなベクトルとする．

$$\left(\boldsymbol{e}_1 = \begin{bmatrix} 1 \\ 0 \\ 0 \\ \vdots \\ 0 \end{bmatrix},\ \boldsymbol{e}_2 = \begin{bmatrix} 0 \\ 1 \\ 0 \\ \vdots \\ 0 \end{bmatrix}, \dots,\ \boldsymbol{e}_n = \begin{bmatrix} 0 \\ 0 \\ \vdots \\ 0 \\ 1 \end{bmatrix}\right).$$

$\boldsymbol{e}_i$ を $\mathbb{R}^n$ の**基本ベクトル**とよぶのであった (p.31). $(\boldsymbol{e}_1, \dots, \boldsymbol{e}_n)$ は $\mathbb{R}^n$ の基底になる. 実際, 任意の $\boldsymbol{a} = \begin{bmatrix} a_1 \\ \vdots \\ a_n \end{bmatrix}$ は $\boldsymbol{a} = a_1\boldsymbol{e}_1 + \cdots + a_n\boldsymbol{e}_n$ と書けるから $\mathbb{R}^n = \langle \boldsymbol{e}_1, \dots, \boldsymbol{e}_n \rangle$ であり, また $\det[\boldsymbol{e}_1 \ \cdots \ \boldsymbol{e}_n] = \det E = 1 \neq 0$ だから, 定理 9.1 により 1 次独立であることもわかる. $(\boldsymbol{e}_1, \dots, \boldsymbol{e}_n)$ を $\mathbb{R}^n$ の**標準基底**とよぶ.

一般に次が成り立つ.

命題 17.4 $\boldsymbol{b}_1, \dots, \boldsymbol{b}_n \in \mathbb{R}^n$ とする. $B = \begin{bmatrix} \boldsymbol{b}_1 & \cdots & \boldsymbol{b}_n \end{bmatrix}$ とおくとき,

$$(\boldsymbol{b}_1, \dots, \boldsymbol{b}_n) \text{ が } \mathbb{R}^n \text{ の基底} \iff B \text{ が正則行列.}$$

[証明] $(\boldsymbol{b}_1, \dots, \boldsymbol{b}_n)$ が基底ならば, $\boldsymbol{b}_1, \dots, \boldsymbol{b}_n$ は 1 次独立. したがって定理 9.1 より B は正則である. 逆に B が正則であるとすると, 定理 9.1 より $\boldsymbol{b}_1, \dots, \boldsymbol{b}_n$ は 1 次独立になる. あとはこれらが $\mathbb{R}^n$ を生成することをいえばよい. そのため $\boldsymbol{a} \in \mathbb{R}^n$ を任意のベクトルとすると, 定理 9.1 により, 連立 1 次方程式 $B\boldsymbol{x} = \boldsymbol{a}$ には解がある. これは, $\boldsymbol{a}$ が $\boldsymbol{b}_1, \dots, \boldsymbol{b}_n$ の 1 次結合になることを示す. □

●**問 17.4** $\left(\begin{bmatrix} 1 \\ 1 \\ 2 \end{bmatrix}, \begin{bmatrix} 1 \\ 0 \\ 1 \end{bmatrix}, \begin{bmatrix} 2 \\ 1 \\ 1 \end{bmatrix}\right)$ が $\mathbb{R}^3$ の基底であることを示せ.

一般のベクトル空間の場合には定義に従って確かめることになる.

例題 17.5 $\left(\boldsymbol{b}_1 = \begin{bmatrix} 2 \\ -7 \\ -7 \end{bmatrix}, \boldsymbol{b}_2 = \begin{bmatrix} 1 \\ -2 \\ -3 \end{bmatrix}\right)$ は $\mathbb{R}^3$ の部分空間

$$W = \left\langle \boldsymbol{a}_1 = \begin{bmatrix} 0 \\ 3 \\ 1 \end{bmatrix}, \boldsymbol{a}_2 = \begin{bmatrix} 2 \\ 5 \\ -3 \end{bmatrix}, \boldsymbol{a}_3 = \begin{bmatrix} 1 \\ 1 \\ -2 \end{bmatrix} \right\rangle \subset \mathbb{R}^3$$

の基底であることを示せ.

【解】 $\boldsymbol{b}_1, \boldsymbol{b}_2$ が W の元であることを確かめることは読者にゆだねる．以下では $(\boldsymbol{b}_1, \boldsymbol{b}_2)$ が基底であることを確かめる．

$$\begin{bmatrix} \boldsymbol{b}_1 & \boldsymbol{b}_2 \end{bmatrix} \to \begin{bmatrix} 1 & 0 \\ 0 & 1 \\ 0 & 0 \end{bmatrix}$$

だから，命題 16.2 により $\boldsymbol{b}_1, \boldsymbol{b}_2$ は 1 次独立．$\boldsymbol{b}_1, \boldsymbol{b}_2$ が W を生成することをいうには，$\boldsymbol{a}_1, \boldsymbol{a}_2, \boldsymbol{a}_3$ が $\boldsymbol{b}_1, \boldsymbol{b}_2$ の 1 次結合になることをみればよい．簡約化することによって

$$\begin{bmatrix} \boldsymbol{b}_1 & \boldsymbol{b}_2 & \boldsymbol{a}_1 & \boldsymbol{a}_2 & \boldsymbol{a}_3 \end{bmatrix} \to \begin{bmatrix} 1 & 0 & -1 & -3 & -1 \\ 0 & 1 & 2 & 8 & 3 \\ 0 & 0 & 0 & 0 & 0 \end{bmatrix}$$

となる．これは

$$\boldsymbol{a}_1 = -\boldsymbol{b}_1 + 2\boldsymbol{b}_2, \quad \boldsymbol{a}_2 = -3\boldsymbol{b}_1 + 8\boldsymbol{b}_2, \quad \boldsymbol{a}_3 = -\boldsymbol{b}_1 + 3\boldsymbol{b}_2$$

を意味するから，$\boldsymbol{b}_1, \boldsymbol{b}_2$ は W を生成する．

◆**例 17.6** $(1, x, \ldots, x^n)$ は $\mathbb{R}[x]_n$ の基底である．これらが 1 次独立であることはすでに例 16.5 でみた．n 次以下の多項式は $1, x, \ldots, x^n$ の 1 次結合として $a_0 + a_1 x + \cdots + a_n x^n$ と書けるので，$1, x, \ldots, x^n$ は $\mathbb{R}[x]_n$ を生成する．

座　標

定理 17.7 $\mathscr{B} = (\boldsymbol{b}_1, \ldots, \boldsymbol{b}_n)$ を V の基底とする．このとき各 $\boldsymbol{v} \in V$ に対して

$$\boldsymbol{v} = (\boldsymbol{b}_1, \ldots, \boldsymbol{b}_n) \begin{bmatrix} c_1 \\ \vdots \\ c_n \end{bmatrix}$$

をみたす $\boldsymbol{c} = \begin{bmatrix} c_1 \\ \vdots \\ c_n \end{bmatrix} \in \mathbb{R}^n$ がただ 1 つ決まる．

［証明］ $\mathscr{B}$ が V の基底だから，V は $\boldsymbol{b}_1, \ldots, \boldsymbol{b}_n$ で生成される．すなわち，すべての $\boldsymbol{v} \in V$ は $\boldsymbol{b}_1, \ldots, \boldsymbol{b}_n$ の 1 次結合に表される．したがって定理の式をみたす $\boldsymbol{c} \in \mathbb{R}^n$ が存在する．$\boldsymbol{v} = (\boldsymbol{b}_1, \ldots, \boldsymbol{b}_n)\boldsymbol{c}$，$\boldsymbol{v} = (\boldsymbol{b}_1, \ldots, \boldsymbol{b}_n)\boldsymbol{d}$ と 2 通りに書けたとする．移項して，$\boldsymbol{0} = (\boldsymbol{b}_1, \ldots, \boldsymbol{b}_n)(\boldsymbol{c} - \boldsymbol{d})$．ここで $\boldsymbol{b}_1, \ldots, \boldsymbol{b}_n$ は 1 次独立だから $\boldsymbol{c} - \boldsymbol{d} = \boldsymbol{0}$ になる．よって $\boldsymbol{c} = \boldsymbol{d}$ がわかる． □

この定理で $\boldsymbol{v} \in V$ に対して，ただ1つ決まる $\boldsymbol{c} \in \mathbb{R}^n$ を基底 $\mathscr{B}$ に関する $\boldsymbol{v}$ の**座標**といい，

$$\boldsymbol{c} = [\boldsymbol{v}]_{\mathscr{B}}$$

で表す．すなわち

$$\boldsymbol{v} = (\boldsymbol{b}_1, \ldots, \boldsymbol{b}_n)[\boldsymbol{v}]_{\mathscr{B}}$$

が成り立つ．基底を1つとると，各ベクトルに対して座標という固有の名前(あるいは背番号)が決まると考えるとよい．

V の零ベクトルの座標はどんな基底に関しても $\mathbb{R}^n$ の零ベクトルであることに注意しておく．

例題 17.8 $\mathbb{R}^2$ の基底 $\mathscr{B} = \left(\boldsymbol{b}_1 = \begin{bmatrix} 1 \\ 1 \end{bmatrix}, \boldsymbol{b}_2 = \begin{bmatrix} 1 \\ -1 \end{bmatrix}\right)$ に関する $\boldsymbol{a} = \begin{bmatrix} 5 \\ 7 \end{bmatrix}$ の座標 $[\boldsymbol{a}]_{\mathscr{B}}$ を求めよ．

【解】 座標を求めるには $\boldsymbol{a}$ を $\boldsymbol{b}_1, \boldsymbol{b}_2$ の1次結合で書けばよい．

$$[\boldsymbol{b}_1 \quad \boldsymbol{b}_2 \quad \boldsymbol{a}] \to \begin{bmatrix} 1 & 0 & 6 \\ 0 & 1 & -1 \end{bmatrix}.$$

よって $\boldsymbol{a} = 6\boldsymbol{b}_1 - \boldsymbol{b}_2$．したがって座標は $[\boldsymbol{a}]_{\mathscr{B}} = \begin{bmatrix} 6 \\ -1 \end{bmatrix}$．

●問 17.5 $\mathbb{R}^3$ の基底を $\left(\boldsymbol{b}_1 = \begin{bmatrix} 1 \\ 1 \\ 0 \end{bmatrix}, \boldsymbol{b}_2 = \begin{bmatrix} 0 \\ 1 \\ 1 \end{bmatrix}, \boldsymbol{b}_3 = \begin{bmatrix} 1 \\ 0 \\ 1 \end{bmatrix}\right)$ とし，$\mathbb{R}^3$ の部分空間 $W = \langle \boldsymbol{b}_1, \boldsymbol{b}_2 \rangle$ を考える．

(i) $\boldsymbol{a} = \begin{bmatrix} 3 \\ -2 \\ -5 \end{bmatrix}$ が W に含まれることを示し，$(\boldsymbol{b}_1, \boldsymbol{b}_2)$ に関する座標を求めよ．

(ii) $\boldsymbol{a}$ の $(\boldsymbol{b}_1, \boldsymbol{b}_2, \boldsymbol{b}_3)$ に関する座標を求めよ．

$\boldsymbol{a}_1, \ldots, \boldsymbol{a}_m \in V$ とし，V の部分空間 $W = \langle \boldsymbol{a}_1, \ldots, \boldsymbol{a}_m \rangle$ を考える．V の基底 $\mathscr{B} = (\boldsymbol{b}_1, \ldots, \boldsymbol{b}_n)$ に関する $\boldsymbol{a}_1, \ldots, \boldsymbol{a}_m$ の座標をそれぞれ $\boldsymbol{c}_1, \ldots, \boldsymbol{c}_m \in \mathbb{R}^n$ とする．すなわち，

$$\boldsymbol{a}_i = (\boldsymbol{b}_1, \ldots, \boldsymbol{b}_n)\boldsymbol{c}_i \quad (i = 1, \ldots, m).$$

$C = \begin{bmatrix} \boldsymbol{c}_1 & \cdots & \boldsymbol{c}_m \end{bmatrix}$ とおけば，まとめて

$$(\boldsymbol{a}_1, \ldots, \boldsymbol{a}_m) = (\boldsymbol{b}_1, \ldots, \boldsymbol{b}_n)C. \tag{17.2}$$

このとき次の命題が成り立つ．

命題 17.9　(i) $\boldsymbol{a} \in V$ に対して，

$$\boldsymbol{a} \in W = \langle \boldsymbol{a}_1, \ldots, \boldsymbol{a}_m \rangle \iff [\boldsymbol{a}]_{\mathscr{B}} \in \langle \boldsymbol{c}_1, \ldots, \boldsymbol{c}_m \rangle.$$

(ii) $\boldsymbol{a}_1, \ldots, \boldsymbol{a}_m$ が 1 次独立 $\iff$ $\boldsymbol{c}_1, \ldots, \boldsymbol{c}_m$ が 1 次独立.

［証明］(i) $\boldsymbol{c} = [\boldsymbol{a}]_{\mathscr{B}}$ とする．$\boldsymbol{c}$ の定義から $\boldsymbol{a} = (\boldsymbol{b}_1, \ldots, \boldsymbol{b}_n)\boldsymbol{c}$. 一方，$\boldsymbol{a} \in W$ は $\boldsymbol{a} = (\boldsymbol{a}_1, \ldots, \boldsymbol{a}_m)\boldsymbol{x}$ をみたす $\boldsymbol{x} \in \mathbb{R}^m$ が存在することと同値．(17.2) から $\boldsymbol{a} = (\boldsymbol{b}_1, \ldots, \boldsymbol{b}_n)C\boldsymbol{x}$. 以上，あわせて，

$$(\boldsymbol{b}_1, \ldots, \boldsymbol{b}_n)\boldsymbol{c} = (\boldsymbol{b}_1, \ldots, \boldsymbol{b}_n)C\boldsymbol{x}.$$

$(\boldsymbol{b}_1, \ldots, \boldsymbol{b}_n)$ は基底だったから，定理 17.7 より $\boldsymbol{c} = C\boldsymbol{x}$ となる．まとめると，$\boldsymbol{a} \in W$ は $\boldsymbol{c} = C\boldsymbol{x}$ をみたす $\boldsymbol{x}$ が存在することと同値．これは $\boldsymbol{c}$ が C の列ベクトル $\boldsymbol{c}_1, \ldots, \boldsymbol{c}_m$ の 1 次結合になることと同値である．

(ii) (17.2) において，$\boldsymbol{b}_1, \ldots, \boldsymbol{b}_n$ は 1 次独立であるから，これは命題 17.1(ii) に他ならない．

□

補注 17.10　$\boldsymbol{a}_i = (\boldsymbol{b}_1, \ldots, \boldsymbol{b}_n)\boldsymbol{c}_i$ の両辺を k_i ($\in \mathbb{R}$) 倍して，$i = 1, \ldots, m$ についてたしあわせると，

$$k_1\boldsymbol{a}_1 + \cdots + k_m\boldsymbol{a}_m = (\boldsymbol{b}_1, \ldots, \boldsymbol{b}_n)(k_1\boldsymbol{c}_1 + \cdots + k_m\boldsymbol{c}_m).$$

この関係式によって，V の部分空間 $\langle \boldsymbol{a}_1, \ldots, \boldsymbol{a}_m \rangle$ と $\mathbb{R}^n$ の部分空間 $\langle \boldsymbol{c}_1, \ldots, \boldsymbol{c}_m \rangle$ のベクトル空間としての構造に基底 $\mathscr{B}$ を通じて対応がついていることになる．例 22.4 でこの関係を詳しく調べる．

◈**例 17.11**　$V = \mathbb{R}[x]_2$ とする．V の一つの基底として $\mathscr{B} = (1, x, x^2)$ がとれる (例 17.6)．命題 17.9 を使って，

$$f_1 = 2 + x - x^2, \quad f_2 = 1 + 3x^2, \quad f_3 = x - x^2$$

が V の基底であることを確かめてみよう．それぞれの $\mathscr{B}$ に関する座標は

$$f_1 = (1, x, x^2)\begin{bmatrix} 2 \\ 1 \\ -1 \end{bmatrix}, \quad f_2 = (1, x, x^2)\begin{bmatrix} 1 \\ 0 \\ 3 \end{bmatrix}, \quad f_1 = (1, x, x^2)\begin{bmatrix} 0 \\ 1 \\ -1 \end{bmatrix}.$$

またこれら 3 個の座標を並べて $A = \begin{bmatrix} 2 & 1 & 0 \\ 1 & 0 & 1 \\ -1 & 3 & -1 \end{bmatrix}$ とおくと,

$$|A| \overset{③+②}{=} \begin{vmatrix} 2 & 1 & 0 \\ 1 & 0 & 1 \\ 0 & 3 & 0 \end{vmatrix} = -3 \begin{vmatrix} 2 & 0 \\ 1 & 1 \end{vmatrix} = -6 \neq 0$$

であるから, A は正則. よって A の列ベクトルは 1 次独立である. 上の命題 17.9 によって f_1, f_2, f_3 は 1 次独立である. また任意の $f \in \mathbb{R}[x]_2$ をとって, その $\mathscr{B}$ に関する座標を $\boldsymbol{a}$ とする. A が正則だから, 任意の $\boldsymbol{x}$ に対して $A\boldsymbol{x} = \boldsymbol{a}$ は解 $\boldsymbol{x}$ をもつ. したがって上の命題から f は f_1, f_2, f_3 の 1 次結合になる.

例えば $f = 3 + 5x - 8x^2$ を f_1, f_2, f_3 の 1 次結合で表したいならば, $f = (1, x, x^2) \begin{bmatrix} 3 \\ 5 \\ -8 \end{bmatrix}$ だから, 連立 1 次方程式を解くことにより,

$$\begin{bmatrix} 3 \\ 5 \\ -8 \end{bmatrix} = 2 \begin{bmatrix} 2 \\ 1 \\ -1 \end{bmatrix} - \begin{bmatrix} 1 \\ 0 \\ 3 \end{bmatrix} + 3 \begin{bmatrix} 0 \\ 1 \\ -1 \end{bmatrix}$$

がわかる. したがって $f = 2f_1 - f_2 + 3f_3$ が得られる.

●**問 17.6** (i) $(1, (1-x), (1-x)^2, (1-x)^3)$ が $\mathbb{R}[x]_3$ の基底になることを示せ.

(ii) x^3 を $1, (1-x), (1-x)^2, (1-x)^3$ の 1 次結合で表せ.

(iii) $-1 + 3x - x^3 \in \langle 1, (1-x)^2, (1-x)^3 \rangle$ を示せ.

基底の存在

V を $\{\mathbf{0}\}$ でないベクトル空間とする. V が有限個のベクトルを使って

$$V = \langle \boldsymbol{a}_1, \ldots, \boldsymbol{a}_r \rangle$$

と書けるとき, V には基底が存在することを証明しよう.

定理 17.12 $V = \langle \boldsymbol{a}_1, \ldots, \boldsymbol{a}_r \rangle$ $(\neq \{\mathbf{0}\})$ とする. $\boldsymbol{b}_1, \ldots, \boldsymbol{b}_s$ (s は 0 でもよい) を V の 1 次独立なベクトルとするとき, これを含むような基底 $(\boldsymbol{b}_1, \ldots, \boldsymbol{b}_s, \ldots, \boldsymbol{b}_n)$ がある. 特に V には基底が存在する.

[証明] $s = 0$ であれば, $\mathbf{0}$ でない $\boldsymbol{b}_1$ をとると, $\boldsymbol{b}_1$ は 1 次独立となるから, 以下の議論を $s \geq 1$ として進めることにする. V のすべてのベクトルが $\boldsymbol{b}_1, \ldots, \boldsymbol{b}_s$ の 1 次結合ならば $(\boldsymbol{b}_1, \ldots, \boldsymbol{b}_s)$ が V の基底となり証明終わり. そこで, V には $\boldsymbol{b}_1, \ldots, \boldsymbol{b}_s$

の1次結合にならないベクトルがあるとする．このとき，$\boldsymbol{a}_1, \ldots, \boldsymbol{a}_r$ の中にそのようなものがあることをまず示そう．仮に $\boldsymbol{a}_1, \ldots, \boldsymbol{a}_r$ のすべてが $\boldsymbol{b}_1, \ldots, \boldsymbol{b}_s$ の1次結合だとしよう．

$$\boldsymbol{a}_1, \ldots, \boldsymbol{a}_r \in \langle \boldsymbol{b}_1, \ldots, \boldsymbol{b}_s \rangle.$$

このとき，$\langle \boldsymbol{b}_1, \ldots, \boldsymbol{b}_s \rangle$ はベクトル空間だから，$\boldsymbol{a}_1, \ldots, \boldsymbol{a}_r$ の1次結合もすべて $\langle \boldsymbol{b}_1, \ldots, \boldsymbol{b}_s \rangle$ に含まれる．

$$\langle \boldsymbol{a}_1, \ldots, \boldsymbol{a}_r \rangle \subset \langle \boldsymbol{b}_1, \ldots, \boldsymbol{b}_s \rangle.$$

仮定より $V = \langle \boldsymbol{a}_1, \ldots, \boldsymbol{a}_r \rangle$ だから $V = \langle \boldsymbol{b}_1, \ldots, \boldsymbol{b}_s \rangle$ となり仮定に反する．

そこで $\boldsymbol{a}_i$ が $\boldsymbol{b}_1, \ldots, \boldsymbol{b}_s$ の1次結合にならないとする．$\boldsymbol{a}_i \notin \langle \boldsymbol{b}_1, \ldots, \boldsymbol{b}_s \rangle$．このとき $\boldsymbol{b}_{s+1} = \boldsymbol{a}_i$ とおくと，$\boldsymbol{b}_1, \ldots, \boldsymbol{b}_{s+1}$ は1次独立である．実際

$$c_1 \boldsymbol{b}_1 + \cdots + c_s \boldsymbol{b}_s + c_{s+1} \boldsymbol{b}_{s+1} = \boldsymbol{0}$$

とすると，まず $c_{s+1} \neq 0$ ならば

$$\boldsymbol{b}_{s+1} = -\frac{c_1}{c_{s+1}} \boldsymbol{b}_1 - \cdots - \frac{c_s}{c_{s+1}} \boldsymbol{b}_s \in \langle \boldsymbol{b}_1, \ldots, \boldsymbol{b}_s \rangle$$

となり $\boldsymbol{b}_{s+1} = \boldsymbol{a}_i$ のとり方に矛盾．したがって $c_{s+1} = 0$．このとき $c_1 \boldsymbol{b}_1 + \cdots + c_s \boldsymbol{b}_s = \boldsymbol{0}$ となるが $\boldsymbol{b}_1, \ldots, \boldsymbol{b}_s$ は1次独立だから $c_1 = \cdots = c_s = 0$．以上より，$\boldsymbol{b}_1, \ldots, \boldsymbol{b}_{s+1}$ は1次独立である．V のすべての元が $\boldsymbol{b}_1, \ldots, \boldsymbol{b}_{s+1}$ の1次結合なら証明終わり．そうでなければ，同様にして $\boldsymbol{a}_1, \ldots, \boldsymbol{a}_r$ のなかで $\boldsymbol{b}_1, \ldots, \boldsymbol{b}_{s+1}$ の1次結合に書けないものがあるから，それを新たに加えると1次独立なベクトルの集合ができる．これを繰り返すと高々 r 回で終わり基底ができる．□

補注 17.13 $V = \{\boldsymbol{0}\}$ に1次独立な元は含まれないので基底はない．

例題 17.14 $\mathbb{R}^4$ の部分空間

$$V = \left\langle \boldsymbol{a}_1 = \begin{bmatrix} 1 \\ 0 \\ 3 \\ 1 \end{bmatrix}, \boldsymbol{a}_2 = \begin{bmatrix} 1 \\ -1 \\ 0 \\ 2 \end{bmatrix}, \boldsymbol{a}_3 = \begin{bmatrix} 1 \\ -2 \\ -3 \\ 3 \end{bmatrix}, \boldsymbol{a}_4 = \begin{bmatrix} -1 \\ 2 \\ 1 \\ 4 \end{bmatrix}, \boldsymbol{a}_5 = \begin{bmatrix} -1 \\ 3 \\ 4 \\ 3 \end{bmatrix} \right\rangle$$

の基底を $\boldsymbol{a}_1, \ldots, \boldsymbol{a}_5$ から選べ．

【解】 まず $\boldsymbol{a}_1, \ldots, \boldsymbol{a}_5$ の非自明な1次関係式を求める．そのために $\boldsymbol{a}_1, \ldots, \boldsymbol{a}_5$ を並べてできる行列を A とし，それを行基本変形で簡約行列にする．

$$A = \begin{bmatrix} \boldsymbol{a}_1 & \boldsymbol{a}_2 & \boldsymbol{a}_3 & \boldsymbol{a}_4 & \boldsymbol{a}_5 \end{bmatrix} = \begin{bmatrix} 1 & 1 & 1 & -1 & -1 \\ 0 & -1 & -2 & 2 & 3 \\ 3 & 0 & -3 & 1 & 4 \\ 1 & 2 & 3 & 4 & 3 \end{bmatrix} \to \begin{bmatrix} 1 & 1 & 1 & -1 & -1 \\ 0 & -1 & -2 & 2 & 3 \\ 0 & -3 & -6 & 4 & 7 \\ 0 & 1 & 2 & 5 & 4 \end{bmatrix}$$

$$\to \begin{bmatrix} 1 & 0 & -1 & 1 & 2 \\ 0 & 1 & 2 & -2 & -3 \\ 0 & 0 & 0 & -2 & -2 \\ 0 & 0 & 0 & 7 & 7 \end{bmatrix} \to \begin{bmatrix} 1 & 0 & -1 & 1 & 2 \\ 0 & 1 & 2 & -2 & -3 \\ 0 & 0 & 0 & 1 & 1 \\ 0 & 0 & 0 & 0 & 0 \end{bmatrix} \to \begin{bmatrix} 1 & 0 & -1 & 0 & 1 \\ 0 & 1 & 2 & 0 & -1 \\ 0 & 0 & 0 & 1 & 1 \\ 0 & 0 & 0 & 0 & 0 \end{bmatrix}.$$

よって $A\boldsymbol{x} = \boldsymbol{0}$ の解は s, t をパラメータとして

$$\boldsymbol{x} = \begin{bmatrix} s-t \\ -2s+t \\ s \\ -t \\ t \end{bmatrix} = s \begin{bmatrix} 1 \\ -2 \\ 1 \\ 0 \\ 0 \end{bmatrix} + t \begin{bmatrix} -1 \\ 1 \\ 0 \\ -1 \\ 1 \end{bmatrix}.$$

$A\boldsymbol{x} = \boldsymbol{0}$ の 1 つの解に $\boldsymbol{a}_1, \ldots, \boldsymbol{a}_5$ の 1 つの 1 次関係式が対応している．基本解に対応して，2 つの 1 次関係式

$$\boldsymbol{a}_1 - 2\boldsymbol{a}_2 + \boldsymbol{a}_3 = \boldsymbol{0}, \quad -\boldsymbol{a}_1 + \boldsymbol{a}_2 - \boldsymbol{a}_4 + \boldsymbol{a}_5 = \boldsymbol{0}$$

が得られる．(すべての 1 次関係式はこの 2 つの式の 1 次結合になる)．この結果を使って，次のように定理 17.12 の証明をもとにして基底をとることができる．$\boldsymbol{a}_1$ は $\boldsymbol{0}$ でないから 1 次独立．$\boldsymbol{a}_1$ と $\boldsymbol{a}_2$ だけを含む 1 次関係式はないから $\boldsymbol{a}_1, \boldsymbol{a}_2$ は 1 次独立である．次に 1 番目の式から $\boldsymbol{a}_3$ は $\boldsymbol{a}_1, \boldsymbol{a}_2$ の 1 次結合で表されるから，基底としてはとらない．$\boldsymbol{a}_4$ は $\boldsymbol{a}_1, \boldsymbol{a}_2$ の 1 次結合にならないので，$\boldsymbol{a}_1, \boldsymbol{a}_2, \boldsymbol{a}_4$ は 1 次独立．$\boldsymbol{a}_5$ は 2 番目の式から $\boldsymbol{a}_1, \boldsymbol{a}_2, \boldsymbol{a}_4$ の 1 次結合になるのでとらない．以上から基底 $(\boldsymbol{a}_1, \boldsymbol{a}_2, \boldsymbol{a}_4)$ が得られた．

実は A を簡約行列に変形したときに主成分のある場所に対応するベクトルが V の基底になる．今の場合，1 列目，2 列目，4 列目に主成分があるので，それに対応する $(\boldsymbol{a}_1, \boldsymbol{a}_2, \boldsymbol{a}_4)$ が V の基底になる．このことは次のように示される．上の計算から，行列 $\begin{bmatrix} \boldsymbol{a}_1 & \boldsymbol{a}_2 & \boldsymbol{a}_4 \end{bmatrix}$ の簡約行列は $\begin{bmatrix} 1 & 0 & 0 \\ 0 & 1 & 0 \\ 0 & 0 & 1 \\ 0 & 0 & 0 \end{bmatrix}$ となるので，$\boldsymbol{a}_1, \boldsymbol{a}_2, \boldsymbol{a}_4$ が 1 次独立であることがわかる．パラメータの位置に対応する $\boldsymbol{a}_3, \boldsymbol{a}_5$ はともに上で求めた 1 次関係式の最後の項になるので，$\langle \boldsymbol{a}_1, \boldsymbol{a}_2, \boldsymbol{a}_4 \rangle$ に含まれる．したがって，$\boldsymbol{a}_1, \boldsymbol{a}_2, \boldsymbol{a}_4$ は V を生成する．以上から $(\boldsymbol{a}_1, \boldsymbol{a}_2, \boldsymbol{a}_4)$ が V の基底であることがわかった．

●問 17.7　$\mathbb{R}^3$ の部分空間

$$V = \left\langle \boldsymbol{a}_1 = \begin{bmatrix} 1 \\ 0 \\ 2 \end{bmatrix}, \boldsymbol{a}_2 = \begin{bmatrix} -3 \\ 0 \\ -6 \end{bmatrix}, \boldsymbol{a}_3 = \begin{bmatrix} 1 \\ -1 \\ -3 \end{bmatrix}, \boldsymbol{a}_4 = \begin{bmatrix} 3 \\ -1 \\ 1 \end{bmatrix}, \boldsymbol{a}_5 = \begin{bmatrix} 0 \\ 1 \\ -4 \end{bmatrix} \right\rangle$$

の基底を $\boldsymbol{a}_1, \ldots, \boldsymbol{a}_5$ から選べ．また残りのベクトルを選んだ基底の 1 次結合で書け．

◆**例 17.15** $c_0, c_1, \ldots, c_n$ を相異なる実数とし，$\mathbb{R}[x]_n$ の基底 $u_0(x), \ldots, u_n(x)$ で次の条件をみたすものを求める．

$$u_i(c_j) = \begin{cases} 1 & (i = j \text{ のとき}) \\ 0 & (i \neq j \text{ のとき}). \end{cases}$$

条件から $c_0, \ldots, c_{i-1}, c_{i+1}, \ldots, c_n$ は n 次以下の多項式 $u_i(x)$ の n 個の根であるから，因数定理を使うと, ある定数 a を使って

$$u_i(x) = a(x - c_0) \cdots (x - c_{i-1})(x - c_{i+1}) \cdots (x - c_n)$$

と書ける．ここで x に c_i を代入して，a を求めると，

$$a = \frac{1}{(c_i - c_0) \cdots (c_i - c_{i-1})(c_i - c_{i+1}) \cdots (c_i - c_n)}.$$

したがって

$$u_i(x) = \frac{(x - c_0) \cdots (x - c_{i-1})(x - c_{i+1}) \cdots (x - c_n)}{(c_i - c_0) \cdots (c_i - c_{i-1})(c_i - c_{i+1}) \cdots (c_i - c_n)} = \prod_{\substack{j=0 \\ j \neq i}}^{n} \frac{x - c_j}{c_i - c_j}.$$

$(u_0(x), \ldots, u_n(x))$ が基底であることを示そう．$a_0u_0(x)+a_1u_1(x)+\cdots+a_nu_n(x) = 0$ であるとする．この x に $c_1, \ldots, c_n$ を順に代入することにより，$a_0 = a_1 = \cdots = a_n = 0$ がわかるので, $u_0(x), \ldots, u_n(x)$ は 1 次独立である．また $f(x) \in \mathbb{R}[x]_n$ を任意の元とし，

$$f(c_0) = d_0, \quad f(c_1) = d_1, \quad \ldots, \quad f(c_n) = d_n$$

とすると, n 次式は相異なる $n+1$ 点での値で決まるから，$f(x) = d_0u_0(x)+d_1u_1(x)+\cdots + d_nu_n(x)$. よって $\mathbb{R}[x]_n = \langle u_0(x), \ldots, u_n(x)\rangle$.

この基底を使うと，

$$f(c_0) = d_0, \quad f(c_1) = d_1, \quad \ldots, \quad f(c_n) = d_n$$

のように，与えられた $n + 1$ 個の相異なる点で与えられた値をとる n 次以下の多項式が

$$\begin{aligned} f(x) &= d_0u_0(x) + d_1u_1(x) + \cdots + d_nu_n(x) \\ &= \sum_{i=0}^{n} d_i \frac{(x - c_0) \cdots (x - c_{i-1})(x - c_{i+1}) \cdots (x - c_n)}{(c_i - c_0) \cdots (c_i - c_{i-1})(c_i - c_{i+1}) \cdots (c_i - c_n)} \end{aligned}$$

で与えられることがわかる．これを**ラグランジュの補間公式**という．

●**問 17.8** $n = 2$ のとき，$c_0 = -1, c_1 = 0, c_2 = 1$ に対して，$u_0(x), u_1(x), u_2(x)$ を具体的に書け．また

$$f(-1) = a, \quad f(0) = b, \quad f(1) = c$$

をみたす $f(x) \in \mathbb{R}[x]_2$ を求めよ．

18 ベクトル空間の次元

前節のいくつかの例でみたように，ベクトル空間 V の基底のとり方はいろいろある．しかし，基底をなすベクトルの個数は V によって決まる．このことを証明するのがこの節の目標である．

まず次の命題を示す．

命題 18.1 $(\boldsymbol{b}_1, \ldots, \boldsymbol{b}_n)$ を V の基底とする．このとき $n+1$ 個以上の V のベクトルの集合は 1 次従属になる．

［証明］ $m \geq n+1$ として $\boldsymbol{c}_1, \ldots, \boldsymbol{c}_m$ を V のベクトルとする．これらが 1 次従属であることを示そう．$(\boldsymbol{b}_1, \ldots, \boldsymbol{b}_n)$ が基底だから，$\boldsymbol{c}_1, \ldots, \boldsymbol{c}_m$ はこれらの 1 次結合で書ける．まとめて書くと

$$(\boldsymbol{c}_1, \ldots, \boldsymbol{c}_m) = (\boldsymbol{b}_1, \ldots, \boldsymbol{b}_n)A. \tag{18.1}$$

A は $n \times m$ 行列である．ここで，連立 1 次方程式 $A\boldsymbol{x} = \boldsymbol{0}$ を考えると，A は $n \times m$ 行列で $m \geq n+1$ だったから，系 8.6 によって，非自明解 $\boldsymbol{u}\,(\neq \boldsymbol{0}) \in \mathbb{R}^m$ をもつ．この解を (18.1) の両辺に右からかけると，

$$(\boldsymbol{c}_1, \ldots, \boldsymbol{c}_m)\boldsymbol{u} = (\boldsymbol{b}_1, \ldots, \boldsymbol{b}_n)A\boldsymbol{u} = (\boldsymbol{b}_1, \ldots, \boldsymbol{b}_n)\boldsymbol{0} = \boldsymbol{0}.$$

これは $\boldsymbol{c}_1, \ldots, \boldsymbol{c}_m$ の非自明な 1 次関係式である． □

次元の一意性

目標の定理を述べる．

定理 18.2 ベクトル空間 V が有限個のベクトルからなる基底をもつならば，基底に含まれるベクトルの個数は V によって一意的に決まる．

［証明］ $\mathscr{A} = (\boldsymbol{a}_1, \ldots, \boldsymbol{a}_n)$ と $\mathscr{B} = (\boldsymbol{b}_1, \ldots, \boldsymbol{b}_m)$ がともに V の基底であるとする．このとき $m = n$ が成り立つことを証明する．$m > n$ なら，$\mathscr{A}$ が基底であるから，命題 18.1 により，$\boldsymbol{b}_1, \ldots, \boldsymbol{b}_m$ は 1 次従属になる．これは $\mathscr{B}$ が基底であることに反する．よって $m \leq n$．また $n > m$ なら，$\mathscr{B}$ が基底であることから，$\boldsymbol{a}_1, \ldots, \boldsymbol{a}_n$ が 1 次従属になってしまい同様に矛盾がでる．よって $n \leq m$ がわかる．以上から $m = n$ となる． □

定義 18.3. V の基底をなすベクトルの個数を V の**次元**とよび $\dim V$ と表す．ただし $V = \{\mathbf{0}\}$ の次元は 0 と定義する．

有限個のベクトルからなる基底をもつベクトル空間を**有限次元ベクトル空間**という．

◆**例 18.4**　(i) $\mathbb{R}^n$ には n 個のベクトルからなる標準基底があったから $\dim \mathbb{R}^n = n$ である．

(ii) 例 17.6 より $n+1$ 個の元からなる $(1, x, \ldots, x^n)$ は $\mathbb{R}[x]_n$ の基底だったから，$\dim \mathbb{R}[x]_n = n+1$ である．

命題 18.5　V を有限次元ベクトル空間とし，$\dim V = n$ とする．このとき V に含まれる 1 次独立なベクトルの個数の最大値は n である．また V を生成するために必要なベクトルの個数の最小値は n である．

［証明］V の次元が n のとき，n 個の 1 次独立なベクトルからなる基底がある．一方，命題 18.1 より $n+1$ 個以上のベクトルは 1 次従属になるので前半がわかる．次に，n 個より少ない個数のベクトルで V が生成されるとする．これらの中から 1 次独立なものを選べばそれらは基底になるが，これは次元が n であることに矛盾する．したがって，n 個より少ない個数のベクトルで V は生成されない．□

命題 18.6　V を有限次元ベクトル空間とし W を V の部分空間とする．このとき次が成り立つ．

(i) $\dim V \geq \dim W$

(ii) $\dim V = \dim W$ ならば $V = W$.

［証明］$(\boldsymbol{b}_1, \ldots, \boldsymbol{b}_r)$ を W の基底とする．$\dim W = r$ である．

(i) $\boldsymbol{b}_1, \ldots, \boldsymbol{b}_r$ は基底なので 1 次独立であるが，V のベクトルとみても 1 次独立である．したがって，命題 18.5 より，その個数は $\dim V$ を超えない．

(ii) 仮に V に含まれていて W に含まれないベクトル $\boldsymbol{a}$ があったとすると，定理 17.12 の証明から $\boldsymbol{b}_1, \ldots, \boldsymbol{b}_r, \boldsymbol{a}$ は 1 次独立になる．これは $\dim V > r = \dim W$ を示すから不可能．よって $V = W$.　□

◆**例 18.7**　$V = \mathbb{R}^3$ とする．V の次元は 3 だからその部分空間 W の次元は $0, 1, 2, 3$ のいずれかである．$\dim W = 0$ なら定義から $W = \{\mathbf{0}\}$. $\dim W = 3$ なら上の命題

から $W = V = \mathbb{R}^3$ である．非自明な部分空間は $\dim W = 1, 2$ の場合になる．

$\dim W = 1$ なら $\boldsymbol{a} \neq \boldsymbol{0}$ を使って

$$W = \langle \boldsymbol{a} \rangle.$$

図形としては $\mathbb{R}^3$ 内の $\boldsymbol{a}$ を方向ベクトルにもち，原点を通る直線が W である．

$\dim W = 2$ なら 1 次独立なベクトル $\boldsymbol{a}_1, \boldsymbol{a}_2$ があって，

$$W = \langle \boldsymbol{a}_1, \boldsymbol{a}_2 \rangle.$$

これは $\boldsymbol{a}_1$ と $\boldsymbol{a}_2$ で張られ，原点を通る $\mathbb{R}^3$ 内の平面である．

●問 18.1　$\mathbb{R}^2$ の部分空間を分類せよ．

次の命題は命題 17.4 の一般化である．

命題 18.8　$\dim V = n$ のとき，n 個のベクトル $\boldsymbol{b}_1, \ldots, \boldsymbol{b}_n$ に対する次の 3 条件は同値である．

(i) $(\boldsymbol{b}_1, \ldots, \boldsymbol{b}_n)$ は基底である．

(ii) $\boldsymbol{b}_1, \ldots, \boldsymbol{b}_n$ は 1 次独立である．

(iii) $\boldsymbol{b}_1, \ldots, \boldsymbol{b}_n$ は V を生成する．

［証明］基底の定義から (i) $\Leftrightarrow$ (ii) かつ (iii)．したがって (ii) $\Leftrightarrow$ (iii) がいえれば，(ii) $\Rightarrow$ (i) や (iii) $\Rightarrow$ (i) がいえる．

(ii) $\Rightarrow$ (iii)．$\boldsymbol{a}$ を V の任意のベクトルとすると，$n+1$ 個のベクトル $\boldsymbol{a}, \boldsymbol{b}_1, \ldots, \boldsymbol{b}_n$ は命題 18.5 から 1 次従属である．よって $\boldsymbol{a}$ は $\boldsymbol{b}_1, \ldots, \boldsymbol{b}_n$ の非自明な 1 次結合で書ける．したがって $\boldsymbol{b}_1, \ldots, \boldsymbol{b}_n$ は V を生成する．

(iii) $\Rightarrow$ (ii)．$c_1\boldsymbol{b}_1 + \cdots + c_n\boldsymbol{b}_n = \boldsymbol{0}$ とする．もしこれが非自明な 1 次関係式ならば n 個より少ないベクトルが V を生成することになり，命題 18.5 に反する．　□

19　いろいろな部分空間の基底と次元

この節ではいくつかの重要なベクトル空間の基底を構成し，その次元を求める．

行列の零空間

A を $m \times n$ 行列とするとき，A の零空間は同次連立 1 次方程式 $A\boldsymbol{x} = \boldsymbol{0}$ の解全体

$$N(A) = \{\boldsymbol{x} \in \mathbb{R}^n \mid A\boldsymbol{x} = \boldsymbol{0}\}$$

として定義され，$\mathbb{R}^n$ の部分空間になるのであった (命題 15.4)．この基底を求めることは $A\boldsymbol{x} = \boldsymbol{0}$ の基本解を求めることと同じであるから，例 8.13 ですでに扱ったが，次の例題でもう一度復習しておく．

例題 19.1 $A = \begin{bmatrix} 4 & 5 & 6 & -5 \\ 1 & -1 & 6 & 1 \\ 5 & 4 & 12 & -4 \end{bmatrix}$ とする．

(i) A の零空間 $N(A)$ の基底と次元を求めよ．

(ii) $\boldsymbol{a} = \begin{bmatrix} 8 \\ -2 \\ -2 \\ 2 \end{bmatrix} \in N(A)$ を示し，上で求めた零空間の基底の 1 次結合で表せ．

【解】 (i) 同次連立 1 次方程式 $A\boldsymbol{x} = \boldsymbol{0}$ の解を求める．

$$A \to \begin{bmatrix} 1 & -1 & 6 & 1 \\ 4 & 5 & 6 & -5 \\ 5 & 4 & 12 & -4 \end{bmatrix} \to \begin{bmatrix} 1 & -1 & 6 & 1 \\ 0 & 9 & -18 & -9 \\ 0 & 9 & -18 & -9 \end{bmatrix}$$

$$\to \begin{bmatrix} 1 & -1 & 6 & 1 \\ 0 & 1 & -2 & -1 \\ 0 & 0 & 0 & 0 \end{bmatrix} \to \begin{bmatrix} 1 & 0 & 4 & 0 \\ 0 & 1 & -2 & -1 \\ 0 & 0 & 0 & 0 \end{bmatrix}$$

だから，s, t をパラメータとして，それらについて整理すると，

$$\boldsymbol{x} = \begin{bmatrix} -4s \\ 2s + t \\ \boxed{s} \\ \boxed{t} \end{bmatrix} = s \begin{bmatrix} -4 \\ 2 \\ \boxed{1} \\ 0 \end{bmatrix} + t \begin{bmatrix} 0 \\ 1 \\ 0 \\ \boxed{1} \end{bmatrix}.$$

ここにでてきた 2 つのベクトル

$$\boldsymbol{v}_1 = \begin{bmatrix} -4 \\ 2 \\ \boxed{1} \\ 0 \end{bmatrix}, \quad \boldsymbol{v}_2 = \begin{bmatrix} 0 \\ 1 \\ 0 \\ \boxed{1} \end{bmatrix}$$

は $N(A)$ の基底をなす．まず，すべての解がこの 2 つのベクトルの 1 次結合で書けるから，$N(A) = \langle \boldsymbol{v}_1, \boldsymbol{v}_2 \rangle$ である．1 次独立であることは今の場合ほとんど明らかだが，次のようにみるとよい．$s\boldsymbol{v}_1 + t\boldsymbol{v}_2 = \boldsymbol{0}$ とすると，パラメータ s のでてきた $\boldsymbol{v}_1$ の第 3 成分に注目すると，他方の $\boldsymbol{v}_2$ の第 3 成分は 0 だから $s = 0$ がただちに従う．また，

t のでてきた $\boldsymbol{v}_2$ の第 4 成分に注目すると，$\boldsymbol{v}_1$ の第 4 成分は 0 だから $t=0$ がでる．よって $\boldsymbol{v}_1, \boldsymbol{v}_2$ は 1 次独立である．したがって $(\boldsymbol{v}_1, \boldsymbol{v}_2)$ は基底になる．

(ii) $A\boldsymbol{a}=\boldsymbol{0}$ が確かめられるので，$\boldsymbol{a} \in N(A)$．$\boldsymbol{a}$ を $\boldsymbol{v}_1, \boldsymbol{v}_2$ の 1 次結合で書くには，$\boldsymbol{a}=c_1\boldsymbol{v}_1+c_2\boldsymbol{v}_2$ を連立 1 次方程式とみて解いてもよいが，実は解はすぐにみつかる．それにはパラメータの由来する成分のある行に注目すればよい．

$$\begin{bmatrix} 8 \\ -2 \\ -2 \\ 2 \end{bmatrix} = c_1 \begin{bmatrix} -4 \\ 2 \\ 1 \\ 0 \end{bmatrix} + c_2 \begin{bmatrix} 0 \\ 1 \\ 0 \\ 1 \end{bmatrix}$$

の第 3 成分，第 4 成分を比較すると $c_1=-2,\ c_2=2$ がただちに得られる．

$N(A)$ の基底を求めるこの例題の議論は一般にも通用する．$N(A)$ の基底は $A\boldsymbol{x}=\boldsymbol{0}$ の解だと考えるとき，基本解に他ならない．したがって $\dim N(A)$ は基本解の個数である解の自由度に等しい．これをもう一度命題として述べておく (例 8.13，命題 8.14)．

命題 19.2 A を $m \times n$ 行列とする．

$$\dim N(A) = n - \operatorname{rank} A.$$

●問 19.1 $A=\begin{bmatrix} 2 & 1 & 5 & -1 \\ 3 & -1 & 5 & 1 \end{bmatrix}$ の零空間 $N(A)$ の基底と次元を求めよ．

行列の行空間

定義 19.3. A を $m \times n$ 行列とし，$A=\begin{bmatrix} \boldsymbol{r}_1 \\ \vdots \\ \boldsymbol{r}_m \end{bmatrix}$ をその行ベクトル分割とする．このとき行ベクトル $\boldsymbol{r}_1, \ldots, \boldsymbol{r}_m$ で 生成される $\mathbb{R}_n$ の部分空間

$$R(A) = \langle \boldsymbol{r}_1, \ldots, \boldsymbol{r}_m \rangle$$

を A の行空間という．

補題 19.4 A の行空間は行基本変形によって変わらない．

［証明］A が 1 つの基本変形で A' になったとしよう．基本変形は A の左から基本行列 P をかけることと同値であるから，$A' = PA$ となる．A' の行ベクトルを $\boldsymbol{r}'_1, \ldots, \boldsymbol{r}'_m$ とする．このとき $P = [p_{ij}]$ と書けば，$\boldsymbol{r}'_i = \sum_{k=1}^{m} p_{ik}\boldsymbol{r}_k$ がわかる．よって $\boldsymbol{r}'_i$ は $\boldsymbol{r}_1, \ldots, \boldsymbol{r}_m$ の 1 次結合となる．$\boldsymbol{r}'_i \in \langle \boldsymbol{r}_1, \ldots, \boldsymbol{r}_m \rangle = R(A)$. 基本行列 P は正則だから $A = P^{-1}A'$. これから同様にして $\boldsymbol{r}_i$ が $\boldsymbol{r}'_1, \ldots, \boldsymbol{r}'_m$ の 1 次結合になることとがわかり，$\boldsymbol{r}_i \in R(A')$. 以上により $R(A) = R(A')$. □

A の簡約行列を B とすると，この補題によって $R(A) = R(B)$. よって $R(A)$ の基底，次元を求めるには $R(B)$ の基底，次元を求めればよい．

例題 19.5 $A = \begin{bmatrix} 1 & 2 & 4 \\ 1 & 1 & 1 \\ -5 & 2 & 16 \end{bmatrix}$ の行空間 $R(A)$ の基底と次元を求めよ．

【解】 行基本変形で簡約行列に直すと

$$A \to \begin{bmatrix} 1 & 2 & 4 \\ 0 & -1 & -3 \\ 0 & 12 & 36 \end{bmatrix} \to \begin{bmatrix} 1 & 2 & 4 \\ 0 & 1 & 3 \\ 0 & 0 & 0 \end{bmatrix} \to \begin{bmatrix} 1 & 0 & -2 \\ 0 & 1 & 3 \\ 0 & 0 & 0 \end{bmatrix}.$$

このとき，簡約行列の主成分を含む行ベクトルが $R(A)$ の基底になる．すなわち，

$$\left(\begin{bmatrix} 1 & 0 & -2 \end{bmatrix}, \begin{bmatrix} 0 & 1 & 3 \end{bmatrix}\right)$$

が 1 つの基底になる．これを証明しておく．この簡約行列を B とする．B の $\mathbf{0}$ でない行ベクトルは主成分を含むので，$R(B)$ は主成分を含む行で生成される．2 つのベクトルが 1 次独立であることをみるために，

$$c_1 \begin{bmatrix} 1 & 0 & -2 \end{bmatrix} + c_2 \begin{bmatrix} 0 & 1 & 3 \end{bmatrix} = \begin{bmatrix} 0 & 0 & 0 \end{bmatrix}$$

とすると，主成分を含む成分 (今の場合は第 1 成分と第 2 成分) を両辺比較することで $c_1 = c_2 = 0$ がただちに得られる．

基底は 2 つのベクトルからなるので $\dim R(A) = 2$.

この議論を一般化することによって，次の命題が得られる．

命題 19.6 A の簡約行列を B とすると，B の主成分を含む行は行空間 $R(A)$ の基底になる．したがって $\dim R(A) = \operatorname{rank} A$ が成り立つ．

行列の列空間

行空間の定義で行を列にかえると次の列空間の定義が得られる．

定義 19.7. A を $m \times n$ 行列とし，$A = \begin{bmatrix} \boldsymbol{c}_1 & \cdots & \boldsymbol{c}_n \end{bmatrix}$ をその列ベクトル分割とする．このとき列ベクトル $\boldsymbol{c}_1, \ldots, \boldsymbol{c}_n$ で生成される $\mathbb{R}^m$ の部分空間

$$C(A) = \langle \boldsymbol{c}_1, \ldots, \boldsymbol{c}_n \rangle$$

を A の**列空間**という．

与えられた列ベクトルの集合 $\{\boldsymbol{c}_1, \ldots, \boldsymbol{c}_n\}$ の中から基底を選ぶ方法についてはすでに例題 17.14 で述べた．ここでは ${}^{t}A$ の行基本変形による方法を与える．

A を転置して転置行列 ${}^{t}A$ を作ると，A の列は ${}^{t}A$ の行に移る．よって $C(A)$ の基底を求めるには ${}^{t}A$ の行空間の基底を求め，結果を転置すればよい．したがって，A を列基本変形して (列に関する) 簡約行列の主成分を含む列ベクトルをとることによっても基底が得られる．

◆**例 19.8** 前の例題の $A = \begin{bmatrix} 1 & 2 & 4 \\ 1 & 1 & 1 \\ -5 & 2 & 16 \end{bmatrix}$ の列空間 $C(A)$ を 2 通りの方法で求める．

まず ${}^{t}A$ を行基本変形する．

$${}^{t}A = \begin{bmatrix} 1 & 1 & -5 \\ 2 & 1 & 2 \\ 4 & 1 & 16 \end{bmatrix} \to \begin{bmatrix} 1 & 1 & -5 \\ 0 & -1 & 12 \\ 0 & -3 & 36 \end{bmatrix} \to \begin{bmatrix} 1 & 1 & -5 \\ 0 & 1 & -12 \\ 0 & 0 & 0 \end{bmatrix} \to \begin{bmatrix} 1 & 0 & 7 \\ 0 & 1 & -12 \\ 0 & 0 & 0 \end{bmatrix}.$$

したがって $\left(\begin{bmatrix} 1 & 0 & 7 \end{bmatrix}, \begin{bmatrix} 0 & 1 & -12 \end{bmatrix}\right)$ が ${}^{t}A$ の行空間 $R({}^{t}A)$ の基底である．したがって A の列空間 $C(A)$ の基底は，これを転置して $\left(\boldsymbol{a}_1 = \begin{bmatrix} 1 \\ 0 \\ 7 \end{bmatrix}, \boldsymbol{a}_2 = \begin{bmatrix} 0 \\ 1 \\ -12 \end{bmatrix}\right)$ となる†．

次に例題 17.14 の方法でも求めておく．A の列ベクトル分割を $A = \begin{bmatrix} \boldsymbol{c}_1 & \boldsymbol{c}_2 & \boldsymbol{c}_3 \end{bmatrix}$ とする．A を行基本変形すると，例題 19.5 より $\begin{bmatrix} 1 & 0 & -2 \\ 0 & 1 & 3 \\ 0 & 0 & 0 \end{bmatrix}$ が簡約行列である．主

---

† A を列基本変形して求めてもよい．

成分は第1列と第2列にあるから，$\left(\boldsymbol{c}_1 = \begin{bmatrix} 1 \\ 1 \\ -5 \end{bmatrix},\ \boldsymbol{c}_2 = \begin{bmatrix} 2 \\ 1 \\ 2 \end{bmatrix}\right)$ が $C(A)$ の基底としてとれる．

こうして $C(A)$ の二組の基底が得られたわけであるが，$\boldsymbol{a}_1, \boldsymbol{a}_2$ を $\boldsymbol{c}_1, \boldsymbol{c}_2$ の1次結合で表すのは簡単である．それには $\boldsymbol{a}_1$ と $\boldsymbol{a}_2$ の主成分に由来する成分を観察すればよくて，

$$\boldsymbol{c}_1 = \boldsymbol{a}_1 + \boldsymbol{a}_2, \quad \boldsymbol{c}_2 = 2\boldsymbol{a}_1 + \boldsymbol{a}_2$$

が得られる．どちらの基底が優れているというわけではなくて，状況に応じて，都合のよいほうをとる必要がある．

命題19.6から

$$\dim C(A) = \operatorname{rank} {}^t\!A$$

である．一方 $C(A)$ の基底が例題17.14の方法で求められること，特にその個数が A の主成分の個数に等しいことを考えると次の命題が得られる．

命題 19.9 行列 A の行空間と列空間の次元はともに A の階数に等しい．すなわち

$$\dim C(A) = \dim R(A) = \operatorname{rank} A = \operatorname{rank} {}^t\!A.$$

この命題からも行列の階数が基本変形のやり方によらずに決まることがわかる．

●問 19.2 行列 $A = \begin{bmatrix} 1 & 1 & 2 & 2 \\ 1 & 0 & 1 & 2 \\ 1 & 1 & 2 & 1 \end{bmatrix}$ の行空間 $R(A)$ および列空間 $C(A)$ の基底と次元を求めよ．

●問 19.3

$$W_1 = \left\langle \begin{bmatrix} 1 \\ 1 \\ -3 \\ 3 \end{bmatrix}, \begin{bmatrix} -1 \\ 2 \\ -6 \\ -3 \end{bmatrix}, \begin{bmatrix} 2 \\ -1 \\ 3 \\ 6 \end{bmatrix} \right\rangle, \qquad W_2 = \left\langle \begin{bmatrix} -1 \\ 1 \\ 0 \\ -6 \end{bmatrix}, \begin{bmatrix} 1 \\ -1 \\ 1 \\ 5 \end{bmatrix} \right\rangle$$

とするとき，$W_1 + W_2$ の基底を求めよ．

和空間の次元

W_1, W_2 をベクトル空間 V の部分空間とする．このとき W_1 と W_2 の和空間が

$$W_1 + W_2 = \{\boldsymbol{v}_1 + \boldsymbol{v}_2 \mid \boldsymbol{v}_1 \in W_1,\ \boldsymbol{v}_2 \in W_2\}$$

と定義され V の部分空間になるのであった (命題 15.12)．和空間の次元は次の命題によって求められる．

命題 19.10

$$\dim(W_1 + W_2) = \dim W_1 + \dim W_2 - \dim(W_1 \cap W_2)$$

［証明］$\dim(W_1 \cap W_2) = r$ として $(\boldsymbol{a}_1, \ldots, \boldsymbol{a}_r)$ をその基底とする．W_1, W_2 は $W_1 \cap W_2$ を部分空間として含むので $(\boldsymbol{a}_1, \ldots, \boldsymbol{a}_r)$ を拡張して W_1 と W_2 の基底を作ることができる．$(\boldsymbol{a}_1, \ldots, \boldsymbol{a}_r, \boldsymbol{b}_1, \ldots, \boldsymbol{b}_s)$ を W_1 の基底，$(\boldsymbol{a}_1, \ldots, \boldsymbol{a}_r, \boldsymbol{c}_1, \ldots, \boldsymbol{c}_t)$ を W_2 の基底とする．このとき，$r + s + t$ 個のベクトルからなる

$$\mathscr{A} = (\boldsymbol{a}_1, \ldots, \boldsymbol{a}_r, \boldsymbol{b}_1, \ldots, \boldsymbol{b}_s, \boldsymbol{c}_1, \ldots, \boldsymbol{c}_t)$$

が $W_1 + W_2$ の基底になることを示せば，命題が従う．

$\boldsymbol{v} \in W_1 + W_2$ とすると，$\boldsymbol{v} = \boldsymbol{v}_1 + \boldsymbol{v}_2$ $(\boldsymbol{v}_1 \in W_1, \boldsymbol{v}_2 \in W_2)$ と書ける．ここで $\boldsymbol{v}_1$ は $\boldsymbol{a}_1, \ldots, \boldsymbol{a}_r, \boldsymbol{b}_1, \ldots, \boldsymbol{b}_s$ の 1 次結合，$\boldsymbol{v}_2$ は $\boldsymbol{a}_1, \ldots, \boldsymbol{a}_r, \boldsymbol{c}_1, \ldots, \boldsymbol{c}_t$ の 1 次結合になる．したがって $\boldsymbol{v}$ は $\mathscr{A}$ の元の 1 次結合になる．これで $\mathscr{A}$ が $W_1 + W_2$ を生成することがわかった．

$\mathscr{A}$ の元が 1 次独立であることを示すために

$$x_1\boldsymbol{a}_1 + \cdots + x_r\boldsymbol{a}_r + y_1\boldsymbol{b}_1 + \cdots + y_s\boldsymbol{b}_s + z_1\boldsymbol{c}_1 + \cdots + z_t\boldsymbol{c}_t = \boldsymbol{0}$$

とする．このとき

$$x_1\boldsymbol{a}_1 + \cdots + x_r\boldsymbol{a}_r + y_1\boldsymbol{b}_1 + \cdots + y_s\boldsymbol{b}_s = -(z_1\boldsymbol{c}_1 + \cdots + z_t\boldsymbol{c}_t) \qquad (19.1)$$

の左辺は W_1 の元であり，右辺は W_2 の元である．したがって両辺は $W_1 \cap W_2 = \langle \boldsymbol{a}_1, \ldots, \boldsymbol{a}_r \rangle$ の元である．よって

$$-(z_1\boldsymbol{c}_1 + \cdots + z_t\boldsymbol{c}_t) = w_1\boldsymbol{a}_1 + \cdots + w_r\boldsymbol{a}_r$$

と書けるが，$\boldsymbol{a}_1, \ldots, \boldsymbol{a}_r, \boldsymbol{c}_1, \ldots, \boldsymbol{c}_t$ が 1 次独立だから $z_1 = \cdots = z_t = w_1 = \cdots = w_r = 0$. (19.1) にもどして，

$$x_1\boldsymbol{a}_1 + \cdots + x_r\boldsymbol{a}_r + y_1\boldsymbol{b}_1 + \cdots + y_s\boldsymbol{b}_s = \boldsymbol{0}.$$

$\boldsymbol{a}_1, \ldots, \boldsymbol{a}_r, \boldsymbol{b}_1, \ldots, \boldsymbol{b}_s$ は 1 次独立であるから，$x_1 = \cdots = x_r = y_1 = \cdots = y_s = 0$. 以上により，$\mathscr{A}$ の元が 1 次独立であることがわかった． □

●問 19.4

$$A = \begin{bmatrix} 1 & 1 & 1 & 0 \\ -1 & 1 & -1 & 0 \end{bmatrix}, \qquad B = \begin{bmatrix} 0 & -1 & 0 & 1 \\ 1 & -2 & 1 & 1 \end{bmatrix}$$

とする．このとき

$$\dim(N(A) + N(B))$$

を求めよ．

直　和

定義 19.11. W_1, W_2 を V の部分空間とし，$V = W_1 + W_2$ が成り立っているとする．V の元が W_1 と W_2 の元の和として一意的に表されるとき，V は W_1 と W_2 の**直和**であるといい，

$$V = W_1 \oplus W_2$$

と表す．

命題 19.12　次の 3 条件は同値である．

(i) $V = W_1 \oplus W_2$

(ii) $W_1 \cap W_2 = \{\mathbf{0}\}$

(iii) $\dim V = \dim W_1 + \dim W_2$

［証明］(ii) と (iii) は命題 19.10 により同値である．

(i) ⇒ (ii). 対偶を示す．$\boldsymbol{a}\,(\neq \mathbf{0}) \in W_1 \cap W_2$ とする．このとき $\mathbf{0}+\mathbf{0} = \boldsymbol{a} + (-\boldsymbol{a})$ は $\mathbf{0}$ は $\mathbf{0}$ の 2 通りの表し方となる．

(ii) ⇒ (i). $V \ni \boldsymbol{x}$ が $\boldsymbol{x} = \boldsymbol{a}_1 + \boldsymbol{a}_2 = \boldsymbol{b}_1 + \boldsymbol{b}_2$ $(\boldsymbol{a}_1, \boldsymbol{b}_1 \in W_1,\ \boldsymbol{a}_2, \boldsymbol{b}_2 \in W_2)$ と表せたとする．このとき $\boldsymbol{a}_1 - \boldsymbol{b}_1 = \boldsymbol{b}_2 - \boldsymbol{a}_2$ であるが，左辺は W_1 の元，右辺は W_2 の元であるから，両辺は $W_1 \cap W_2$ の元となる．よって $W_1 \cap W_2 = \{\mathbf{0}\}$ ならば $\boldsymbol{a}_1 = \boldsymbol{b}_1, \boldsymbol{a}_2 = \boldsymbol{b}_2$ となり表示が一意的であることがわかる．□

●問 19.5　$V = \mathbb{R}^3$ とするとき，V の部分空間 W_1, W_2 であって次をみたすものの例をあげよ．

(i) $V = W_1 \oplus W_2$

(ii) $V = W_1 + W_2$ であるが，$V = W_1 \oplus W_2$ ではない．

演習問題 V

[A]

V.1 次にあげる $\mathbb{R}^3$ の部分集合 W が $\mathbb{R}^3$ の部分空間であるかどうか理由をつけて判定せよ．

(i) $W = \left\{ \begin{bmatrix} x \\ y \\ z \end{bmatrix} \in \mathbb{R}^3 \;\middle|\; x = z \right\}$ (ii) $W = \left\{ \begin{bmatrix} x \\ y \\ z \end{bmatrix} \in \mathbb{R}^3 \;\middle|\; x - y \leq 0 \right\}$

(iii) $W = \left\{ \begin{bmatrix} x \\ y \\ z \end{bmatrix} \in \mathbb{R}^3 \;\middle|\; y^2 - x^2 = 1 \right\}$

(iv) $W = \left\{ \begin{bmatrix} x \\ y \\ z \end{bmatrix} \in \mathbb{R}^3 \;\middle|\; x + 2y = -y + z = 3z - x \right\}$

(v) $W = \left\{ \begin{bmatrix} x \\ 0 \\ z \end{bmatrix} \in \mathbb{R}^3 \;\middle|\; x, z \in \mathbb{R} \right\}$ (vi) $W = \left\{ \begin{bmatrix} x \\ 1 \\ 0 \end{bmatrix} \in \mathbb{R}^3 \;\middle|\; x \in \mathbb{R} \right\}$

V.2

$$W = \left\langle \boldsymbol{a}_1 = \begin{bmatrix} 0 \\ 4 \\ 3 \\ 9 \end{bmatrix}, \boldsymbol{a}_2 = \begin{bmatrix} 1 \\ -1 \\ -5 \\ 4 \end{bmatrix}, \boldsymbol{a}_3 = \begin{bmatrix} 4 \\ 1 \\ 4 \\ -2 \end{bmatrix} \right\rangle \subset \mathbb{R}^4$$

とする．次の $\boldsymbol{v}_1, \boldsymbol{v}_2, \boldsymbol{v}_3$ のうち W に含まれるベクトルを選び，それらを $\boldsymbol{a}_1, \boldsymbol{a}_2, \boldsymbol{a}_3$ の 1 次結合で表せ．

$$\boldsymbol{v}_1 = \begin{bmatrix} 0 \\ -5 \\ -24 \\ 18 \end{bmatrix} \quad \boldsymbol{v}_2 = \begin{bmatrix} 2 \\ 1 \\ 0 \\ -6 \end{bmatrix} \quad \boldsymbol{v}_3 = \begin{bmatrix} -5 \\ 8 \\ 7 \\ 16 \end{bmatrix}$$

V.3 $\begin{bmatrix} -1 \\ a \\ b \end{bmatrix} \in \left\langle \begin{bmatrix} 1 \\ 2 \\ 2 \end{bmatrix}, \begin{bmatrix} -3 \\ 7 \\ 3 \end{bmatrix} \right\rangle$ となるために a, b がみたすべき条件を求めよ．

V.4 ベクトル空間 V の 3 つのベクトルの組 $(\boldsymbol{a}_1, \boldsymbol{a}_2, \boldsymbol{a}_3), (\boldsymbol{b}_1, \boldsymbol{b}_2, \boldsymbol{b}_3), (\boldsymbol{c}_1, \boldsymbol{c}_2, \boldsymbol{c}_3)$ が

$$\boldsymbol{a}_1 = \boldsymbol{b}_1 + \boldsymbol{b}_2, \quad \boldsymbol{a}_2 = \boldsymbol{b}_2 + \boldsymbol{b}_3, \quad \boldsymbol{a}_3 = \boldsymbol{b}_1 + \boldsymbol{b}_2 + \boldsymbol{b}_3$$

および

$$\boldsymbol{b}_1 = \boldsymbol{c}_1 + \boldsymbol{c}_2 - \boldsymbol{c}_3, \quad \boldsymbol{b}_2 = \boldsymbol{c}_2 - \boldsymbol{c}_3, \quad \boldsymbol{b}_3 = -\boldsymbol{c}_3$$

をみたすとき，次をみたす行列 A, B, C, D を求めよ．

(i) $(\boldsymbol{a}_1, \boldsymbol{a}_2, \boldsymbol{a}_3) = (\boldsymbol{b}_1, \boldsymbol{b}_2, \boldsymbol{b}_3)A$

(ii) $(\boldsymbol{a}_1, \boldsymbol{a}_2, \boldsymbol{a}_3) = (\boldsymbol{c}_1, \boldsymbol{c}_2, \boldsymbol{c}_3)B$

(iii) $(\boldsymbol{c}_1, \boldsymbol{c}_2, \boldsymbol{c}_3) = (\boldsymbol{b}_1, \boldsymbol{b}_2, \boldsymbol{b}_3)C$

(iv) $(2\boldsymbol{a}_1 - \boldsymbol{c}_1, 2\boldsymbol{a}_2 - \boldsymbol{c}_2, 2\boldsymbol{a}_3 - \boldsymbol{c}_3) = (\boldsymbol{b}_1, \boldsymbol{b}_2, \boldsymbol{b}_3)D$

V.5 次のベクトルの集合が 1 次独立かどうか調べよ．1 次従属であるときは自明でない 1 次関係式を求めよ．

(i) $\boldsymbol{a}_1 = \begin{bmatrix} 3 \\ 3 \\ 4 \end{bmatrix}, \quad \boldsymbol{a}_2 = \begin{bmatrix} 3 \\ -9 \\ 2 \end{bmatrix}, \quad \boldsymbol{a}_3 = \begin{bmatrix} 2 \\ 4 \\ 3 \end{bmatrix} \in \mathbb{R}^3$

(ii) $\boldsymbol{a}_1 = \begin{bmatrix} 1 \\ 1 \\ 0 \end{bmatrix}, \quad \boldsymbol{a}_2 = \begin{bmatrix} 0 \\ 1 \\ 1 \end{bmatrix}, \quad \boldsymbol{a}_3 = \begin{bmatrix} 1 \\ 0 \\ 1 \end{bmatrix} \in \mathbb{R}^3$

(iii) $\boldsymbol{a}_1 = \begin{bmatrix} 7 \\ 2 \\ 2 \end{bmatrix}, \quad \boldsymbol{a}_2 = \begin{bmatrix} 2 \\ 3 \\ 1 \end{bmatrix}, \quad \boldsymbol{a}_3 = \begin{bmatrix} 5 \\ -1 \\ 1 \end{bmatrix} \in \mathbb{R}^3$

(iv) $\boldsymbol{a}_1 = \begin{bmatrix} 5 \\ -1 \\ -1 \\ 1 \end{bmatrix}, \quad \boldsymbol{a}_2 = \begin{bmatrix} -3 \\ 4 \\ 3 \\ 3 \end{bmatrix}, \quad \boldsymbol{a}_3 = \begin{bmatrix} 1 \\ 2 \\ 0 \\ 6 \end{bmatrix} \in \mathbb{R}^4$

V.6

$$\boldsymbol{a}_1 = \begin{bmatrix} a \\ -1 \\ -1 \end{bmatrix}, \quad \boldsymbol{a}_2 = \begin{bmatrix} -1 \\ a \\ -1 \end{bmatrix}, \quad \boldsymbol{a}_3 = \begin{bmatrix} -1 \\ -1 \\ a \end{bmatrix} \in \mathbb{R}^3$$

が 1 次従属になるような a を求めよ．また，そのときの非自明な 1 次関係式を求めよ．

V.7 以下のベクトルの組から $\mathbb{R}^3$ の基底となるものを選べ．

(i) $\left(\begin{bmatrix} 0 \\ 8 \\ 0 \end{bmatrix}, \begin{bmatrix} -1 \\ 0 \\ 5 \end{bmatrix}, \begin{bmatrix} 0 \\ 4 \\ 1 \end{bmatrix} \right)$ (ii) $\left(\begin{bmatrix} 1 \\ -10 \\ -4 \end{bmatrix}, \begin{bmatrix} 9 \\ -11 \\ 11 \end{bmatrix}, \begin{bmatrix} -4 \\ -2 \\ -9 \end{bmatrix} \right)$

(iii) $\left(\begin{bmatrix} -5 \\ 16 \\ -12 \end{bmatrix}, \begin{bmatrix} 9 \\ 0 \\ 6 \end{bmatrix}, \begin{bmatrix} 2 \\ 8 \\ -3 \end{bmatrix} \right)$

V.8 次の同次連立 1 次方程式の解空間の基底と次元を求めよ．

(i) $\begin{cases} 2x & & -z & = 0 \\ -4x & +4y & +5z & = 0 \\ 2x & +4y & +2z & = 0 \end{cases}$

(ii) $\begin{cases} 2x & +y & +z & +w & = 0 \\ 3x & -y & +z & -w & = 0 \end{cases}$

V.9 次の行列について，それぞれの零空間，行空間および列空間の基底を求めよ．

$$A = \begin{bmatrix} 1 & 3 & 1 \\ 2 & 6 & 1 \\ 0 & 0 & 3 \end{bmatrix} \qquad B = \begin{bmatrix} 2 & 1 & 3 & 4 \\ 3 & 2 & 4 & 6 \\ 1 & 1 & 2 & 1 \end{bmatrix} \qquad C = \begin{bmatrix} -1 & 3 & 3 & 1 \\ 0 & 5 & 5 & 3 \\ 1 & 2 & 2 & 2 \\ 2 & -1 & -1 & 1 \end{bmatrix}$$

V.10

$$W_1 = \left\langle \boldsymbol{a}_1 = \begin{bmatrix} -1 \\ 1 \\ 1 \end{bmatrix},\ \ \boldsymbol{a}_2 = \begin{bmatrix} 1 \\ 1 \\ -1 \end{bmatrix} \right\rangle,$$

$$W_2 = \left\langle \boldsymbol{b}_1 = \begin{bmatrix} -3 \\ 1 \\ 3 \end{bmatrix},\ \ \boldsymbol{b}_2 = \begin{bmatrix} 2 \\ 1 \\ -2 \end{bmatrix},\ \ \boldsymbol{b}_3 = \begin{bmatrix} 1 \\ 3 \\ -1 \end{bmatrix} \right\rangle$$

とするとき，$W_1 = W_2$ を示せ．

V.11 $W_1 = \langle \boldsymbol{a}_1, \ldots, \boldsymbol{a}_s \rangle$, $W_2 = \langle \boldsymbol{b}_1, \ldots, \boldsymbol{b}_t \rangle$ をともにベクトル空間 V の部分空間とするとき，

$$W_1 + W_2 = \langle \boldsymbol{a}_1, \ldots, \boldsymbol{a}_s, \boldsymbol{b}_1, \ldots, \boldsymbol{b}_t \rangle$$

を示せ．

[B]

V.12 次にあげる $\mathbb{R}[x]_3$ の部分集合 W が $\mathbb{R}[x]_3$ の部分空間であるかどうか理由をつけて判定せよ．

(i) $W = \{f(x) \in \mathbb{R}[x]_3 \mid f(0) = 0, f(2) = 2\}$

(ii) $W = \{f(x) \in \mathbb{R}[x]_3 \mid f(x)$ の x^2 の係数は $0\}$

(iii) $W = \{f(x) \in \mathbb{R}[x]_3 \mid f(x) + 2f'(x) = 0\}$

(iv) $W = \{f(x) \in \mathbb{R}[x]_3 \mid f(0) \geq 0\}$

(v) $W = \{xf(x) \in \mathbb{R}[x]_3 \mid f(x) \in \mathbb{R}[x]_2\}$

V.13

$$f_1(x) = 1 - x,\ f_2(x) = 1 + x,\ f_3(x) = 1 + x + x^2,\ f_4(x) = 1 + x^2 \in \mathbb{R}[x]_2$$

とする．

(i) f_1, f_2, f_3, f_4 のみたす非自明な 1 次関係式を求めよ．

(ii) $\mathbb{R}[x]_2$ の基底をこの中から選べ．

(iii) (ii) で選んだ基底の 1 次結合で $g(x) = 1 - x + x^2$ を表せ．

V.14 $A\,(\neq O)$ をべき零行列とする (演習問題 II.15)．n を $A^n = O,\ A^{n-1} \neq O$ をみたす自然数とする．$A^{n-1}\boldsymbol{a} \neq \boldsymbol{0}$ となるベクトル $\boldsymbol{a}$ に対して，

$$\boldsymbol{a},\ \ A\boldsymbol{a},\ \ \ldots,\ \ A^{n-1}\boldsymbol{a}$$

は 1 次独立であることを示せ．

V.15 $\boldsymbol{a}_1, \ldots, \boldsymbol{a}_r$ が 1 次独立であるとき，次のベクトルが 1 次独立かどうか判定せよ．

(i) $\boldsymbol{a}_1, \boldsymbol{a}_1 + \boldsymbol{a}_2, \ldots, \boldsymbol{a}_1 + \cdots + \boldsymbol{a}_r$

(ii) $\boldsymbol{a}_1 + \boldsymbol{a}_2, \boldsymbol{a}_2 + \boldsymbol{a}_3, \ldots, \boldsymbol{a}_r + \boldsymbol{a}_1$

V.16 A を $m \times n$ 行列，B を $\ell \times n$ 行列とする．$N(A) \cap N(B) = N\left(\begin{bmatrix} A \\ B \end{bmatrix}\right)$ を証明せよ．

V.17 2 次正方行列の全体を

$$M_2(\mathbb{R}) = \left\{ \begin{bmatrix} a & b \\ c & d \end{bmatrix} \mid a, b, c, d \in \mathbb{R} \right\}$$

で表す．

(i) $M_2(\mathbb{R})$ が行列のたし算とスカラー倍によってベクトル空間になることを示せ．

(ii) $M_2(\mathbb{R})$ のなかの対角行列のなす部分集合

$$W = \left\{ \begin{bmatrix} a & 0 \\ 0 & d \end{bmatrix} \mid a, d \in \mathbb{R} \right\}$$

は $M_2(\mathbb{R})$ の部分空間になることを示せ．

(iii) $M_2(\mathbb{R})$ および W の基底と次元を求めよ．

V.18 A, B を行列とする．

(i) $\operatorname{rank}(AB) \leq \operatorname{rank} A$ を証明せよ．また B が正則であるときには，等号が成立することを証明せよ．

(ii) $\operatorname{rank}(AB) \leq \operatorname{rank} B$ を証明せよ．また A が正則であるときには，等号が成立することを証明せよ．

V.19 $W_1, \ldots, W_r$ をベクトル空間 V の部分空間とするとき，$W_1, \ldots, W_r$ の和空間を

$$W_1 + \cdots + W_r = \{\boldsymbol{v}_1 + \cdots + \boldsymbol{v}_r \mid \boldsymbol{v}_i \in W_i \ (1 \leq i \leq r)\}$$

で定義する．

$V = W_1 + \cdots + W_r$ が成り立っているとき，V の元が $W_1, \ldots, W_r$ の元の和として一意的に表されるならば，V は $W_1, \ldots, W_r$ の**直和**であるといい，

$$V = W_1 \oplus \cdots \oplus W_r$$

と表す．このとき次が同値であることを示せ．

(i) $V = W_1 \oplus \cdots \oplus W_r$

(ii) 任意の i に対して $W_i \cap (W_1 + \cdots + W_{i-1} + W_{i+1} + \cdots + W_r) = \{\boldsymbol{0}\}$

(iii) $\dim V = \dim W_1 + \cdots + \dim W_r$

VI 線形写像

この章ではベクトル空間の演算である和とスカラー倍と両立する写像である線形写像について学ぶ．まず最初の節では写像に関する基本事項を確認する．

20 写像に関する基本事項

A, B を集合とする．A の元 a に対して，B の元がただ 1 つ定まるような対応を A から B への**写像**という．これを $f : A \longrightarrow B$ のように表す．$a \in A$ に写像 f で対応する元を $f(a)$ と書く．$f(a)$ を a の f による**像**という．このとき始点に縦棒のついた矢印を使って $a \mapsto f(a)$ のような書き方をする．

A の部分集合 A' に対して A' に含まれる元の像全体を

$$f(A') = \{f(a) \mid a \in A'\}$$

で表し，A' の f による**像**という．$b \in B$ に対して，A の元で b に写されるようなもの全体を

$$f^{-1}(b) = \{a \in A \mid f(a) = b\}$$

で表し，b の**逆像**という．また B の部分集合 B' に対して

$$f^{-1}(B') = \{a \in A \mid f(a) \in B'\}$$

を B' の逆像という．

●**問 20.1** 以下のそれぞれの写像 $f:\mathbb{R}\longrightarrow\mathbb{R}$ について，閉区間 $[0,1]$ の像 $f([0,1])$ と，0 の逆像 $f^{-1}(0)$ を求めよ．

(i) $f(x)=x^2$

(ii) $f(x)=x^3-x$

$f:A\longrightarrow B$ を写像とする．

f による A の像が B に一致するとき，つまり

$$f(A)=B$$

が成り立つとき f は**全射**であるという．あるいは上への写像ともいう．全射であることは，すべての $b\in B$ に対して，逆像 $f^{-1}(b)$ が空集合でないことと同値である．

A の任意の元 a,a' に対して，

$$a\neq a' \text{ ならば } f(a)\neq f(a')$$

が成り立つとき，f は**単射**であるという．あるいは 1 対 1 写像ともいう．単射であるための条件は，その対偶

$$f(a)=f(a') \text{ ならば } a=a'$$

のほうが使いやすい場合も多い．

$f:A\longrightarrow B$ が，全射かつ単射であるとき**全単射**であるという．上への 1 対 1 写像ともいう．

●**問 20.2** 次の $\mathbb{R}$ から $\mathbb{R}$ への写像のうち (a) 単射のもの (b) 全射のもの (c) 全単射のものをそれぞれ選べ．

$$f_1(x)=x^2,\quad f_2(x)=x^3,\quad f_3(x)=x^3-x,\quad f_4(x)=e^x,\quad f_5(x)=\sin x$$

$f:A\longrightarrow B$ と $g:B\longrightarrow C$ を写像とする．このとき A の元 a に対して，$g(f(a))$ を対応させる写像は A から C への写像である．これを $g\circ f:A\longrightarrow C$ と書き，f と g の**合成写像**という．

●**問 20.3** $f:A\longrightarrow B$, $g:B\longrightarrow C$ とする．次が成り立つことを示せ．

(i) f,g がともに全射 $\Longrightarrow g\circ f$ は全射

(ii) f,g がともに単射 $\Longrightarrow g\circ f$ は単射

(iii) f, g がともに全単射 $\Longrightarrow g \circ f$ は全単射

(iv) $g \circ f$ が全射 $\Longrightarrow g$ は全射

(v) $g \circ f$ が単射 $\Longrightarrow f$ は単射

(vi) $g \circ f$ が全射で g が単射 $\Longrightarrow f$ は全射

(vii) $g \circ f$ が単射で f が全射 $\Longrightarrow g$ は全射

A を集合とする．$a \in A$ を a 自身に対応させる写像を A の**恒等写像**といい $\mathrm{id}_A : A \longrightarrow A$ で表す．つまり，すべての $a \in A$ に対して

$$\mathrm{id}_A(a) = a$$

である．

写像 $f : A \longrightarrow B$ に対して，

$$g \circ f = \mathrm{id}_A \ \text{かつ}\ f \circ g = \mathrm{id}_B$$

をみたす写像 $g : B \longrightarrow A$ があるとき，f は**可逆**であるといい，g を f の**逆写像**という．

命題 20.1　$f : A \longrightarrow B$ が可逆であるための必要十分条件は f が全単射であることである．

［証明］ f が可逆であるとし g をその逆写像とする．$g \circ f = \mathrm{id}_A$ および $f \circ g = \mathrm{id}_B$ が成り立っている．まず f が全射であることをいうために，b を B の任意の元とする．$a = g(b)$ で $a \in A$ を決めると，

$$f(a) = f(g(b)) = \mathrm{id}_B(b) = b$$

となり f が全射になることがわかった．次に単射をいうために a, a' を A の元とし $f(a) = f(a')$ であると仮定する．両辺を g で写すと $g(f(a)) = g(f(a'))$ で，$g \circ f = \mathrm{id}_A$ だから $a = a'$ が得られる．よって f は単射である．

次に f が全単射であるとする．f が全射であることから，すべての $b \in B$ に対して $f(a) = b$ をみたす A の元 a がある．この a は一意的に決まる．なぜなら，$a' \in A$ も $f(a') = b$ をみたすとすると $f(a) = b = f(a')$ で，f が単射であることから $a = a'$ となるからである．よって写像 $g : B \longrightarrow A$ を $b \mapsto a$ (ただし $f(a) = b$) で決めることができる．このとき

$$g \circ f(a) = g(b) = a, \quad f \circ g(b) = f(a) = b$$

となり，g は f の逆写像であることがわかる．よって f は可逆である．　□

f が全単射であるとき f の逆写像 g が一意的に決まることが次のようにしてわかる．g_1, g_2 がともに f の逆写像ならば，$f \circ g_1 = \mathrm{id}_B = f \circ g_2$ により，任意の $b \in B$ に対して，

$$f(g_1(b)) = b = f(g_2(b)).$$

f は特に単射だから $g_1(b) = g_2(b)$ が成り立つ．これは $g_1 = g_2$ を示す．f の逆写像を $f^{-1} : B \longrightarrow A$ で表す．

補注 20.2 B の元 b の逆像も $f^{-1}(b)$ で表したが，f が全単射の場合，この集合は $f(a) = b$ をみたす a ただ一つの元からなることから $f^{-1}(b) = \{a\}$ である．これを写像と考えて $f^{-1}(b) = a$ と書くのである．

21 線形写像

V, W をベクトル空間とする．この間の写像 $f : V \longrightarrow W$ を考えるのであるが，それらのうちでベクトル空間を定義する 2 つの演算，和とスカラー倍を保存するものが重要である．それが線形写像である．

線形写像の定義と例

定義 21.1. ベクトル空間 V からベクトル空間 W への写像 $f : V \longrightarrow W$ が線形写像であるとは，

(i) $f(\boldsymbol{a} + \boldsymbol{b}) = f(\boldsymbol{a}) + f(\boldsymbol{b})$ がすべての $\boldsymbol{a}, \boldsymbol{b} \in V$ について成り立つ

(ii) $f(k\boldsymbol{a}) = kf(\boldsymbol{a})$ がすべての $\boldsymbol{a} \in V$ と $k \in \mathbb{R}$ について成り立つ

の 2 条件が成立することをいう．

$W = V$ のとき，線形写像 $f : V \longrightarrow V$ を線形変換とよぶ．

補注 21.2 条件 (i) の左辺の $+$ はベクトル空間 V での和である．一方，右辺の $+$ は W での和を表す．同様に (ii) でも左辺には V のスカラー倍が，右辺には W のスカラー倍が現れている．つまり線形写像は V の和，スカラー倍をそれぞれ W の和，スカラー倍に写す写像である．

例題 21.3 $f:\mathbb{R}^3 \longrightarrow \mathbb{R}^2$ を

$$f\left(\begin{bmatrix} x \\ y \\ z \end{bmatrix}\right) = \begin{bmatrix} x - z \\ y + 2z \end{bmatrix}$$

で定義する．これが線形写像であることを示せ．

【解】 (i) と (ii) を確かめる．$\boldsymbol{a} = \begin{bmatrix} x_1 \\ y_1 \\ z_1 \end{bmatrix}$, $\boldsymbol{b} = \begin{bmatrix} x_2 \\ y_2 \\ z_2 \end{bmatrix}$ とすると，

$$f(\boldsymbol{a}+\boldsymbol{b}) = f\left(\begin{bmatrix} x_1 \\ y_1 \\ z_1 \end{bmatrix} + \begin{bmatrix} x_2 \\ y_2 \\ z_2 \end{bmatrix}\right) = f\left(\begin{bmatrix} x_1 + x_2 \\ y_1 + y_2 \\ z_1 + z_2 \end{bmatrix}\right) = \begin{bmatrix} (x_1 + x_2) - (z_1 + z_2) \\ (y_1 + y_2) + 2(z_1 + z_2) \end{bmatrix}$$

$$= \begin{bmatrix} x_1 - z_1 \\ y_1 + 2z_1 \end{bmatrix} + \begin{bmatrix} x_2 - z_2 \\ y_2 + 2z_2 \end{bmatrix} = f(\boldsymbol{a}) + f(\boldsymbol{b}).$$

また

$$f(k\boldsymbol{a}) = f\left(\begin{bmatrix} kx_1 \\ ky_1 \\ kz_1 \end{bmatrix}\right) = \begin{bmatrix} kx_1 - kz_1 \\ ky_1 + 2kz_1 \end{bmatrix} = k\begin{bmatrix} x_1 - z_1 \\ y_1 + 2z_1 \end{bmatrix} = kf(\boldsymbol{a})$$

となって両式が確かめられる．

●**問 21.1** $f\left(\begin{bmatrix} x \\ y \end{bmatrix}\right) = \begin{bmatrix} -y \\ 2x + y \\ 3x \end{bmatrix}$ で定義される $f:\mathbb{R}^2 \longrightarrow \mathbb{R}^3$ が線形写像であることを示せ．

◆**例 21.4** V, W を任意のベクトル空間とする．

$f:V \longrightarrow W$ を，任意の $\boldsymbol{a} \in V$ を W の零ベクトル $\mathbf{0}_W \in W$ に写すものとして定義すると，これは線形写像になる．これを**零写像**とよぶ．

また $V = W$ のとき，すべての $\boldsymbol{v}$ に対して $\mathrm{id}_V(\boldsymbol{v}) = \boldsymbol{v}$ と定義される V の恒等写像 $\mathrm{id}_V : V \longrightarrow V$ は線形写像である．これを V の**恒等変換**という．

◆**例 21.5** $f\left(\begin{bmatrix} x \\ y \end{bmatrix}\right) = \begin{bmatrix} x + 1 \\ y \end{bmatrix}$ で定義される $f:\mathbb{R}^2 \longrightarrow \mathbb{R}^2$ は線形写像ではない．

なぜなら，$\boldsymbol{a} = \begin{bmatrix} 1 \\ 0 \end{bmatrix}$ とすると，

$$f((-1)\boldsymbol{a}) = f\left(\begin{bmatrix} -1 \\ 0 \end{bmatrix}\right) = \begin{bmatrix} 0 \\ 0 \end{bmatrix} \text{ であるが } (-1)f(\boldsymbol{a}) = -\begin{bmatrix} 2 \\ 0 \end{bmatrix} = \begin{bmatrix} -2 \\ 0 \end{bmatrix}$$

となり (ii) が成立しない．

●問 21.2 例 21.5 の f に対して，$f(\boldsymbol{a}+\boldsymbol{b})=f(\boldsymbol{a})+f(\boldsymbol{b})$ が成り立たないような $\boldsymbol{a},\boldsymbol{b}$ を一組みつけよ．

数ベクトル空間ではない例を 1 つあげる．

◆**例 21.6** $D:\mathbb{R}[x]_n \longrightarrow \mathbb{R}[x]_{n-1}$ を $g(x)$ にその導関数 $g'(x)$ を対応させる写像とする．$g(x)\in\mathbb{R}[x]_n$ ならば $g(x)$ は n 次以下だから $g'(x)$ は $n-1$ 次以下になるので D の値域は $\mathbb{R}[x]_{n-1}$ でよい．微分の線形性

$$(g(x)+h(x))' = g'(x)+h'(x),$$
$$(kg(x))' = kg'(x)$$

により D が線形写像であることがわかる．このように線形写像は数学のいろいろな分野に現れる重要な写像である．

A を $m\times n$ 行列とする．$f_A:\mathbb{R}^n \longrightarrow \mathbb{R}^m$ を $f_A(\boldsymbol{x})=A\boldsymbol{x}$ で定義すると，f_A は線形写像であることが行列の計算規則を使って次のように示される．

$$f_A(\boldsymbol{a}+\boldsymbol{b}) = A(\boldsymbol{a}+\boldsymbol{b}) = A\boldsymbol{a}+A\boldsymbol{b} = f_A(\boldsymbol{a})+f_A(\boldsymbol{b}),$$
$$f_A(k\boldsymbol{a}) = A(k\boldsymbol{a}) = k(A\boldsymbol{a}) = kf_A(\boldsymbol{a}).$$

この f_A を**行列 A の定める線形写像**という．

◆**例 21.7** 例題 21.3 の f も

$$f\left(\begin{bmatrix} x \\ y \\ z \end{bmatrix}\right) = \begin{bmatrix} x-z \\ y+2z \end{bmatrix} = \begin{bmatrix} 1 & 0 & -1 \\ 0 & 1 & 2 \end{bmatrix}\begin{bmatrix} x \\ y \\ z \end{bmatrix}$$

であるから行列の定める線形写像になっている．

●問 21.3 問 21.1 の線形写像 $f\left(\begin{bmatrix} x \\ y \end{bmatrix}\right) = \begin{bmatrix} -y \\ 2x+y \\ 3x \end{bmatrix}$ を行列の定める線形写像として表せ．

線形写像の基本的な性質

$f:V \longrightarrow W$ を線形写像とする．V,W の零ベクトルを区別するために $\mathbf{0}_V,\ \mathbf{0}_W$ と書く．定義 21.1 の (ii) で $k=0$ とおくと，

$$f(\mathbf{0}_V) = f(0\cdot\mathbf{0}_V) = 0\cdot f(\mathbf{0}_V) = \mathbf{0}_W.$$

つまり，線形写像は V の零ベクトルを W の零ベクトルに写す．

補注 21.8 例 21.5 の写像 $f\left(\begin{bmatrix} x \\ y \end{bmatrix}\right) = \begin{bmatrix} x+1 \\ y \end{bmatrix}$ については $f\left(\begin{bmatrix} 0 \\ 0 \end{bmatrix}\right) = \begin{bmatrix} 1 \\ 0 \end{bmatrix}$ なので，この性質をみたさない．このことからも，この f が線形写像でないことがわかる．

また k_1, k_2 を実数とするとき

$$f(k_1\boldsymbol{a} + k_2\boldsymbol{b}) = f(k_1\boldsymbol{a}) + f(k_2\boldsymbol{b}) = k_1 f(\boldsymbol{a}) + k_2 f(\boldsymbol{b})$$

が成り立つ．特に $k_1 = 1,\ k_2 = -1$ とすれば，

$$f(\boldsymbol{a} - \boldsymbol{b}) = f(\boldsymbol{a}) - f(\boldsymbol{b})$$

がわかる．一般に $k_1, \ldots, k_n \in \mathbb{R}$ と $\boldsymbol{a}_1, \ldots, \boldsymbol{a}_n \in V$ に対して

$$f(k_1\boldsymbol{a}_1 + \cdots + k_n\boldsymbol{a}_n) = k_1 f(\boldsymbol{a}_1) + \cdots + k_n f(\boldsymbol{a}_n)$$

が成り立つことも同様に示すことができる．これは 1 次結合の記法で書くと

$$\boldsymbol{b} = (\boldsymbol{a}_1, \ldots, \boldsymbol{a}_n)\begin{bmatrix} k_1 \\ \vdots \\ k_n \end{bmatrix} \quad \text{ならば} \quad f(\boldsymbol{b}) = (f(\boldsymbol{a}_1), \ldots, f(\boldsymbol{a}_n))\begin{bmatrix} k_1 \\ \vdots \\ k_n \end{bmatrix}$$

が成り立つということである．

命題 21.9 V, W をベクトル空間とする．$(\boldsymbol{a}_1, \ldots, \boldsymbol{a}_n)$ を V の基底とする．$\boldsymbol{b}_1, \ldots, \boldsymbol{b}_n$ を W の任意の元とする．このとき

$$f(\boldsymbol{a}_1) = \boldsymbol{b}_1,\ \ldots,\ f(\boldsymbol{a}_n) = \boldsymbol{b}_n \tag{21.1}$$

をみたす線形写像 $f : V \longrightarrow W$ がただ 1 つ存在する．

すなわち，線形写像は基底での値を決めれば，一意的に決まる．

［証明］$\boldsymbol{x}$ を V の任意のベクトルとする．$(\boldsymbol{a}_1, \ldots, \boldsymbol{a}_n)$ は V の基底だから，$\boldsymbol{x}$ は

$$\boldsymbol{x} = k_1\boldsymbol{a}_1 + \cdots + k_n\boldsymbol{a}_n$$

と 1 次結合で一意的に表される．f が線形写像で (21.1) をみたすならば，

$$\begin{aligned} f(\boldsymbol{x}) &= f(k_1\boldsymbol{a}_1 + \cdots + k_n\boldsymbol{a}_n) \\ &= k_1 f(\boldsymbol{a}_1) + \cdots + k_n f(\boldsymbol{a}_n) = k_1\boldsymbol{b}_1 + \cdots + k_n\boldsymbol{b}_n \end{aligned}$$

が成立しなければならない．したがって f は一意的に決まる．

このように決めた f が線形写像になることを確かめる．$\boldsymbol{y} = \ell_1\boldsymbol{a}_1 + \cdots + \ell_n\boldsymbol{a}_n$ とすると

$$\begin{aligned} f(\boldsymbol{x}+\boldsymbol{y}) &= f((k_1+\ell_1)\boldsymbol{a}_1 + \cdots + (k_n+\ell_n)\boldsymbol{a}_n) \\ &= (k_1+\ell_1)\boldsymbol{b}_1 + \cdots + (k_n+\ell_n)\boldsymbol{b}_n \\ &= (k_1\boldsymbol{b}_1 + \cdots + k_n\boldsymbol{b}_n) + (\ell_1\boldsymbol{b}_1 + \cdots + \ell_n\boldsymbol{b}_n) \\ &= f(\boldsymbol{x}) + f(\boldsymbol{y}). \end{aligned}$$

また $k \in \mathbb{R}$ とすると

$$\begin{aligned} f(k\boldsymbol{x}) &= f(kk_1\boldsymbol{a}_1 + \cdots + kk_n\boldsymbol{a}_n) \\ &= kk_1\boldsymbol{b}_1 + \cdots + kk_n\boldsymbol{b}_n \\ &= k(k_1\boldsymbol{b}_1 + \cdots + k_n\boldsymbol{b}_n) \\ &= kf(\boldsymbol{x}) \end{aligned}$$

により，f は線形写像である． □

●問 21.4 $\left(\begin{bmatrix}1\\1\end{bmatrix}, \begin{bmatrix}1\\2\end{bmatrix}\right)$ は $\mathbb{R}^2$ の 1 つの基底である．$\mathbb{R}^2$ の線形変換 f を

$$f\left(\begin{bmatrix}1\\1\end{bmatrix}\right) = \begin{bmatrix}3\\-2\end{bmatrix}, \quad f\left(\begin{bmatrix}1\\2\end{bmatrix}\right) = \begin{bmatrix}-7\\5\end{bmatrix}$$

で決めるとき，次を求めよ．

(i) $f\left(\begin{bmatrix}-4\\5\end{bmatrix}\right)$ (ii) $f\left(\begin{bmatrix}x\\y\end{bmatrix}\right)$

ここで，列ベクトル空間の間の任意の線形写像 $f : \mathbb{R}^n \longrightarrow \mathbb{R}^m$ は $m \times n$ 行列 A を使って $f = f_A$ と書けることに注意しておく．実際，$\mathbb{R}^n$ の基本ベクトルを $\boldsymbol{e}_1, \ldots, \boldsymbol{e}_n$ として，$A = \begin{bmatrix} f(\boldsymbol{e}_1) & \cdots & f(\boldsymbol{e}_n) \end{bmatrix}$ とおくと，任意のベクトル $\boldsymbol{x} = k_1\boldsymbol{e}_1 + \cdots + k_n\boldsymbol{e}_n \in \mathbb{R}^n$ に対して，

$$\begin{aligned} f_A(\boldsymbol{x}) &= A\boldsymbol{x} = k_1A\boldsymbol{e}_1 + \cdots + k_nA\boldsymbol{e}_n \\ &= k_1f(\boldsymbol{e}_1) + \cdots + k_nf(\boldsymbol{e}_n) = f(k_1\boldsymbol{e}_1 + \cdots + k_n\boldsymbol{e}_n) = f(\boldsymbol{x}). \end{aligned}$$

●問 21.5 行列 $A = \begin{bmatrix} 2 & -1 \\ -2 & 1 \end{bmatrix}$ の定める $\mathbb{R}^2$ の線形変換について，次の集合を求めよ．

(i) $\begin{bmatrix}3\\5\end{bmatrix}$ の像 (ii) 直線 $\boldsymbol{x} = \begin{bmatrix}2\\2\end{bmatrix} + t\begin{bmatrix}1\\-2\end{bmatrix}$ の像 (iii) 直線 $\boldsymbol{x} = \begin{bmatrix}4\\1\end{bmatrix} + t\begin{bmatrix}1\\2\end{bmatrix}$ の像

(iv) $\begin{bmatrix}1\\3\end{bmatrix}$ の逆像 (v) $\begin{bmatrix}-1\\1\end{bmatrix}$ の逆像 (vi) 直線 $\boldsymbol{x} = t\begin{bmatrix}5\\-5\end{bmatrix}$ の逆像

●問 21.6 行列 $\begin{bmatrix} -28 & 45 \\ -18 & 29 \end{bmatrix}$ の定める $\mathbb{R}^2$ の線形変換 f_A を考える．$\mathbb{R}^2$ の部分空間 W で，$f_A(W) \subset W$ をみたすものをすべて求めよ．

命題 21.10 U, V, W をベクトル空間とし，$f : U \longrightarrow V$ と $g : V \longrightarrow W$ を線形写像とする．このとき合成写像 $g \circ f : U \longrightarrow W$ も線形写像である．

［証明］$\boldsymbol{a}, \boldsymbol{b} \in U$ とする．f, g が線形写像であることを使うと，

$$\begin{aligned} g \circ f(\boldsymbol{a}+\boldsymbol{b}) &= g(f(\boldsymbol{a}+\boldsymbol{b})) = g(f(\boldsymbol{a}) + f(\boldsymbol{b})) \\ &= g(f(\boldsymbol{a})) + g(f(\boldsymbol{b})) = g \circ f(\boldsymbol{a}) + g \circ f(\boldsymbol{b}). \end{aligned}$$

また $k \in \mathbb{R}$, $\boldsymbol{a} \in U$ とすると，

$$g \circ f(k\boldsymbol{a}) = g(f(k\boldsymbol{a})) = g(kf(\boldsymbol{a})) = kg(f(\boldsymbol{a})) = k(g \circ f)(\boldsymbol{a}).$$ □

命題 21.11 線形写像 $f : V \longrightarrow W$ が可逆のとき，逆写像 $f^{-1} : W \longrightarrow V$ も線形写像である．

［証明］$\boldsymbol{u}, \boldsymbol{v} \in W$, $k \in \mathbb{R}$ とし，$\boldsymbol{a} = f^{-1}(\boldsymbol{u})$, $\boldsymbol{b} = f^{-1}(\boldsymbol{v})$ とする．このとき f が線形写像であることから，$f(\boldsymbol{a}+\boldsymbol{b}) = f(\boldsymbol{a}) + f(\boldsymbol{b}) = \boldsymbol{u} + \boldsymbol{v}$. したがって

$$f^{-1}(\boldsymbol{u}+\boldsymbol{v}) = \boldsymbol{a} + \boldsymbol{b} = f^{-1}(\boldsymbol{u}) + f^{-1}(\boldsymbol{v}).$$

また $f(k\boldsymbol{a}) = k\boldsymbol{u}$ から

$$f^{-1}(k\boldsymbol{u}) = k\boldsymbol{a} = kf^{-1}(\boldsymbol{u})$$

となる． □

●問 21.7 A を $m \times n$ 行列，B を $\ell \times m$ 行列とし，$f_A : \mathbb{R}^n \longrightarrow \mathbb{R}^m$, $f_B : \mathbb{R}^m \longrightarrow \mathbb{R}^\ell$ をそれぞれ A, B の定める線形写像とする．

(i) $f_B \circ f_A = f_{BA}$ を示せ． (ii) A が正則行列のとき，${f_A}^{-1} = f_{A^{-1}}$ を示せ．

22 核と像

一般に，与えられた写像が単射であるか，あるいは全射であるかを決定するのはやさしくないことが多い．線形写像に関しては，この写像の性質をある部分空間の性質としてとらえることができる．

線形写像の核と像

定義 22.1. V, W をベクトル空間とし，$f : V \longrightarrow W$ を線形写像とする．f によって W の零ベクトル $\mathbf{0}_W$ に写される V の元の集合

$$\operatorname{Ker} f = \{\boldsymbol{a} \in V \mid f(\boldsymbol{a}) = \mathbf{0}_W\}$$

を f の核という．また V を f で写したもの全体のなす W の部分集合

$$\operatorname{Im} f = f(V) = \{f(\boldsymbol{a}) \mid \boldsymbol{a} \in V\}$$

を f の像という．

命題 22.2 $f : V \longrightarrow W$ を線形写像とする．

(i) $\operatorname{Ker} f$ は V の部分空間である．

(ii) $\operatorname{Im} f$ は W の部分空間である．

［証明］$f(\mathbf{0}_V) = \mathbf{0}_W$ であるから $\mathbf{0}_V \in \operatorname{Ker} f$ と $\mathbf{0}_W \in \operatorname{Im} f$ がわかる．したがって，それぞれの集合が和とスカラー倍について閉じていることを示せばよい．

(i) $\boldsymbol{a}, \boldsymbol{b} \in \operatorname{Ker} f$ とする．このとき $f(\boldsymbol{a}) = f(\boldsymbol{b}) = \mathbf{0}_W$ だから，

$$f(\boldsymbol{a} + \boldsymbol{b}) = f(\boldsymbol{a}) + f(\boldsymbol{b}) = \mathbf{0}_W + \mathbf{0}_W = \mathbf{0}_W$$

が成り立ち，$\boldsymbol{a} + \boldsymbol{b} \in \operatorname{Ker} f$ がわかる．よって，$\operatorname{Ker} f$ は和について閉じている．また $k \in \mathbb{R}$, $\boldsymbol{a} \in \operatorname{Ker} f$ とすると，

$$f(k\boldsymbol{a}) = kf(\boldsymbol{a}) = k\mathbf{0}_W = \mathbf{0}_W$$

だから，$k\boldsymbol{a} \in \operatorname{Ker} f$. よってスカラー倍についても閉じている．

(ii) $\boldsymbol{u}, \boldsymbol{v} \in \operatorname{Im} f$ とする．$\operatorname{Im} f$ の定義から，$f(\boldsymbol{a}) = \boldsymbol{u}$, $f(\boldsymbol{b}) = \boldsymbol{v}$ となる V の元 $\boldsymbol{a}, \boldsymbol{b}$ がある．このとき，

$$\boldsymbol{u} + \boldsymbol{v} = f(\boldsymbol{a}) + f(\boldsymbol{b}) = f(\boldsymbol{a} + \boldsymbol{b})$$

が成り立ち，$\boldsymbol{a} + \boldsymbol{b} \in V$ だから，$\boldsymbol{u} + \boldsymbol{v} \in \operatorname{Im} f$ がわかる．よって和について閉じている．また $k \in \mathbb{R}$, $\boldsymbol{u} = f(\boldsymbol{a}) \in \operatorname{Im} f$ とすると，

$$k\boldsymbol{u} = kf(\boldsymbol{a}) = f(k\boldsymbol{a})$$

となり，$k\boldsymbol{a} \in V$ だから $k\boldsymbol{u} \in \operatorname{Im} f$ となってスカラー倍について閉じている． □

線形写像が単射であるための条件，全射であるための条件

線形写像が単射であるための条件，全射であるための条件は核と像を使って次のように与えることができる．

定理 22.3 線形写像 $f : V \longrightarrow W$ について次が成り立つ．

(i) f が単射 $\Longleftrightarrow \mathrm{Ker}\, f = \{\mathbf{0}_V\}$

(ii) f が全射 $\Longleftrightarrow \mathrm{Im}\, f = W$

［証明］全射であるための条件は像の定義，全射の定義から明らかだから，単射であるための条件だけを証明する．

まず f が単射であるとする．このとき $\boldsymbol{a} \in \mathrm{Ker}\, f$ ならば，$f(\boldsymbol{a}) = \mathbf{0}_W$ である．一方 $f(\mathbf{0}_V) = \mathbf{0}_W$ であるから $f(\boldsymbol{a}) = f(\mathbf{0}_V)$．$f$ が単射だから $\boldsymbol{a} = \mathbf{0}_V$ がでる．よって $\mathrm{Ker}\, f = \{\mathbf{0}_V\}$ となる．

逆に $\mathrm{Ker}\, f = \{\mathbf{0}_V\}$ であるとする．このとき $f(\boldsymbol{a}) = f(\boldsymbol{b})$ が成り立てば，

$$f(\boldsymbol{a} - \boldsymbol{b}) = f(\boldsymbol{a}) - f(\boldsymbol{b}) = \mathbf{0}_W.$$

すなわち，$\boldsymbol{a} - \boldsymbol{b} \in \mathrm{Ker}\, f$ である．$\mathrm{Ker}\, f = \{\mathbf{0}_V\}$ だったから，$\boldsymbol{a} - \boldsymbol{b} = \mathbf{0}_V$，すなわち $\boldsymbol{a} = \boldsymbol{b}$．これは f が単射であることを示す． □

線形写像 $f : V \longrightarrow W$ が全単射であるとき，**同型写像**であるという．2つのベクトル空間 V と W の間に同型写像があるとき，V と W は**同型**であるといい $V \cong W$ と表す．このとき V と W は同型写像を通してベクトル空間としては同じものと考えることができる．

次の例は重要な同型写像の例である．

◆**例 22.4** V を n 次元ベクトル空間として $\mathscr{A} = (\boldsymbol{a}_1, \ldots, \boldsymbol{a}_n)$ を V の n 個のベクトルの組とする．$f : \mathbb{R}^n \longrightarrow V$ を

$$f\left(\begin{bmatrix} x_1 \\ \vdots \\ x_n \end{bmatrix}\right) = x_1\boldsymbol{a}_1 + \cdots + x_n\boldsymbol{a}_n$$

で定義する．このとき

(i) f は線形写像である．

$$f\left(\begin{bmatrix} x_1 \\ \vdots \\ x_n \end{bmatrix} + \begin{bmatrix} y_1 \\ \vdots \\ y_n \end{bmatrix}\right) = f\left(\begin{bmatrix} x_1 + y_1 \\ \vdots \\ x_n + y_n \end{bmatrix}\right)$$

$$
\begin{aligned}
&= (x_1+y_1)\boldsymbol{a}_1+\cdots+(x_n+y_n)\boldsymbol{a}_n \\
&= (x_1\boldsymbol{a}_1+\cdots+x_n\boldsymbol{a}_n)+(y_1\boldsymbol{a}_1+\cdots+y_n\boldsymbol{a}_n) \\
&= f\left(\begin{bmatrix} x_1 \\ \vdots \\ x_n \end{bmatrix}\right)+f\left(\begin{bmatrix} y_1 \\ \vdots \\ y_n \end{bmatrix}\right),
\end{aligned}
$$

$$
\begin{aligned}
f\left(k\begin{bmatrix} x_1 \\ \vdots \\ x_n \end{bmatrix}\right) &= f\left(\begin{bmatrix} kx_1 \\ \vdots \\ kx_n \end{bmatrix}\right) \\
&= (kx_1)\boldsymbol{a}_1+\cdots+(kx_n)\boldsymbol{a}_n = k(x_1\boldsymbol{a}_1+\cdots+x_n\boldsymbol{a}_n) \\
&= kf\left(\begin{bmatrix} x_1 \\ \vdots \\ x_n \end{bmatrix}\right).
\end{aligned}
$$

(ii) f が全射 $\iff$ $\mathscr{A}$ の元は V を生成する.

f が全射ならば V の元はすべて $x_1\boldsymbol{a}_1+\cdots+x_n\boldsymbol{a}_n$ の形，つまり $\mathscr{A}$ の元の1次結合で書ける．これは $\mathscr{A}$ の元が V を生成するということである．逆に $\mathscr{A}$ の元が V を生成するならば，V の任意の元 $\boldsymbol{a}$ は $\boldsymbol{a}=x_1\boldsymbol{a}_1+\cdots+x_n\boldsymbol{a}_n$ の形に書ける．このとき $f\left(\begin{bmatrix} x_1 \\ \vdots \\ x_n \end{bmatrix}\right)=\boldsymbol{a}$ となるので f は全射.

(iii) f が単射 $\iff$ $\mathscr{A}$ の元は1次独立.

f が単射とする．このとき $x_1\boldsymbol{a}_1+\cdots+x_n\boldsymbol{a}_n=\boldsymbol{0}$ であれば，核の定義から $\begin{bmatrix} x_1 \\ \vdots \\ x_n \end{bmatrix}\in \operatorname{Ker} f$. 今 $\operatorname{Ker} f=\{\boldsymbol{0}\}$ だから $x_1=\cdots=x_n=0$. 逆に $\mathscr{A}$ の元が1次独立とする. $\begin{bmatrix} x_1 \\ \vdots \\ x_n \end{bmatrix}\in \operatorname{Ker} f$ ならば, $f\left(\begin{bmatrix} x_1 \\ \vdots \\ x_n \end{bmatrix}\right)=x_1\boldsymbol{a}_1+\cdots+x_n\boldsymbol{a}_n=\boldsymbol{0}.$

仮定より，$x_1=\cdots=x_n=0$ となり，$\operatorname{Ker} f=\{\boldsymbol{0}\}$ がわかる.

(iv) f が全単射 $\iff$ $\mathscr{A}$ は V の基底.

これは上の2つの主張から導かれる.

以上から，V に基底を与えることは同型写像 $f:\mathbb{R}^n\to V$ を与えることと同値である．すなわち，基底を与えることにより n 次元ベクトル空間 V と数ベクトル空間 $\mathbb{R}^n$ がベクトル空間として同一視できる．これがベクトル空間で基底をとることの意味であり意義である.

なお f の逆写像は $\boldsymbol{v}\in V$ に対して，基底 $\mathscr{A}$ に関する座標 $[\boldsymbol{v}]_{\mathscr{A}}$ を対応させる写像である.

●問 22.1　$U\cong V$ かつ $V\cong W$ ならば $U\cong W$ であることを示せ.

核と像の基底と次元

定理 22.5 (線形写像に対する次元定理)　V, W をベクトル空間とし，$f : V \longrightarrow W$ を線形写像とする．このとき

$$\dim V = \dim \operatorname{Ker} f + \dim \operatorname{Im} f$$

が成り立つ．

［証明］$\dim \operatorname{Ker} f = r$ とし，$(\boldsymbol{a}_1, \ldots, \boldsymbol{a}_r)$ を $\operatorname{Ker} f$ の基底とする．これを拡張して V の基底 $(\boldsymbol{a}_1, \ldots, \boldsymbol{a}_r, \boldsymbol{a}_{r+1}, \ldots, \boldsymbol{a}_{r+s})$ を作る．したがって $\dim V = r + s$ である．このとき $(\boldsymbol{b}_1 = f(\boldsymbol{a}_{r+1}), \ldots, \boldsymbol{b}_s = f(\boldsymbol{a}_{r+s}))$ が $\operatorname{Im} f$ の基底になることを示そう．そうすれば，$\dim \operatorname{Im} f = s$ となり，証明が終わる．

まず $\boldsymbol{b}_1, \ldots, \boldsymbol{b}_s$ が $\operatorname{Im} f$ を生成することをみる．$\boldsymbol{b}$ を $\operatorname{Im} f$ の任意の元とする．$\boldsymbol{b} = f(\boldsymbol{a})$ をみたす $\boldsymbol{a} \in V$ がある．これを V の基底 $\boldsymbol{a}_1, \ldots, \boldsymbol{a}_{r+s}$ の1次結合で書く．

$$\boldsymbol{a} = k_1 \boldsymbol{a}_1 + \cdots + k_{r+s} \boldsymbol{a}_{r+s}.$$

このとき $f(\boldsymbol{a}_1) = \cdots = f(\boldsymbol{a}_r) = \boldsymbol{0}_W$ だから

$$\begin{aligned}
\boldsymbol{b} &= f(\boldsymbol{a}) \\
&= f(k_1 \boldsymbol{a}_1 + \cdots + k_{r+s} \boldsymbol{a}_{r+s}) \\
&= k_1 f(\boldsymbol{a}_1) + \cdots + k_r f(\boldsymbol{a}_r) + k_{r+1} f(\boldsymbol{a}_{r+1}) + \cdots + k_{r+s} f(\boldsymbol{a}_{r+s}) \\
&= k_{r+1} f(\boldsymbol{a}_{r+1}) + \cdots + k_{r+s} f(\boldsymbol{a}_{r+s}) \\
&= k_{r+1} \boldsymbol{b}_1 + \cdots + k_{r+s} \boldsymbol{b}_s
\end{aligned}$$

となり $\boldsymbol{b}_1, \ldots, \boldsymbol{b}_s$ が $\operatorname{Im} f$ を生成することがわかる．

次に $\boldsymbol{b}_1, \ldots, \boldsymbol{b}_s$ が1次独立であることを示そう．

$$k_{r+1} \boldsymbol{b}_1 + \cdots + k_{r+s} \boldsymbol{b}_s = \boldsymbol{0}_W$$

とすると

$$\begin{aligned}
\boldsymbol{0}_W &= k_{r+1} \boldsymbol{b}_1 + \cdots + k_{r+s} \boldsymbol{b}_s \\
&= k_{r+1} f(\boldsymbol{a}_{r+1}) + \cdots + k_{r+s} f(\boldsymbol{a}_{r+s}) \\
&= f(k_{r+1} \boldsymbol{a}_{r+1} + \cdots + k_{r+s} \boldsymbol{a}_{r+s}).
\end{aligned}$$

これから $k_{r+1} \boldsymbol{a}_{r+1} + \cdots + k_{r+s} \boldsymbol{a}_{r+s} \in \operatorname{Ker} f$ がわかる．よってこの元は $\operatorname{Ker} f$ の基底 $\boldsymbol{a}_1, \ldots, \boldsymbol{a}_r$ の1次結合で書ける．

$$k_{r+1} \boldsymbol{a}_{r+1} + \cdots + k_{r+s} \boldsymbol{a}_{r+s} = k_1 \boldsymbol{a}_1 + \cdots + k_r \boldsymbol{a}_r.$$

移項して

$$k_1 \boldsymbol{a}_1 + \cdots + k_r \boldsymbol{a}_r - k_{r+1} \boldsymbol{a}_{r+1} - \cdots - k_{r+s} \boldsymbol{a}_{r+s} = \boldsymbol{0}.$$

$\boldsymbol{a}_1, \ldots, \boldsymbol{a}_{r+s}$ は 1 次独立だから，$k_1 = \cdots = k_r = k_{r+1} = \cdots = k_{r+s} = 0$ がでる．よって $\boldsymbol{b}_1, \ldots, \boldsymbol{b}_s$ は 1 次独立である． □

補注 22.6 証明の記号で $\boldsymbol{a}_{r+1}, \ldots, \boldsymbol{a}_{r+s}$ で生成される V の部分空間を U とする．すなわち $U = \langle \boldsymbol{a}_{r+1}, \ldots, \boldsymbol{a}_{r+s} \rangle$．$f$ を U に制限した写像を $g : U \longrightarrow \operatorname{Im} f$ とすると，証明中に示したように $\operatorname{Im} g = g(U) = \operatorname{Im} f$ だから全射であって，$\operatorname{Ker} g = \operatorname{Ker} f \cap U = \{\mathbf{0}_V\}$ となるので単射である．したがって g は U と $\operatorname{Im} f$ の同型を与えている．つまり線形写像 $f : V \longrightarrow W$ があれば，V は $\operatorname{Im} f$ と同型な部分空間をもつことがわかる．

系 22.7 $f : V \longrightarrow W$ が線形写像で $\dim V = \dim W$ ならば，f が全射であることと，単射であることは同値である．

［証明］ f が全射であるとする．$\dim \operatorname{Im} f = \dim W = \dim V$．このとき定理 22.5 から $\dim \operatorname{Ker} f = 0$．これから $\operatorname{Ker} f = \{\mathbf{0}_V\}$ となり定理 22.3 から単射であることがわかる．

次に f が単射であるとする．このとき $\dim \operatorname{Ker} f = \dim\{\mathbf{0}_V\} = 0$．定理 22.5 から $\dim W = \dim V = \dim \operatorname{Im} f$．$\operatorname{Im} f$ は W の部分空間で次元が等しいので，命題 18.6 から $W = \operatorname{Im} f$．これは f が全射であることを示す． □

系 22.8 2 つのベクトル空間 V, W について，

$$V \cong W \Longleftrightarrow \dim V = \dim W.$$

［証明］ まず $V \cong W$ とし $f : V \longrightarrow W$ を同型写像とする．f は単射だから $\dim \operatorname{Ker} f = 0$．また全射だから $\dim \operatorname{Im} f = \dim W$．定理 22.5 から，$\dim V = \dim \operatorname{Im} f = \dim W$．

逆に $\dim V = \dim W = n$ とする．$(\boldsymbol{a}_1, \ldots, \boldsymbol{a}_n)$ を V の基底，$(\boldsymbol{b}_1, \ldots, \boldsymbol{b}_n)$ を W の基底とする．このとき，命題 21.9 から $f(\boldsymbol{a}_i) = \boldsymbol{b}_i$ $(i = 1, \ldots, n)$ をみたす線形写像 f が一意的に決まる．この f は定義から全射である．系 22.7 から f は単射である． □

行列の定める線形写像の核と像

A を $m \times n$ 行列とし $f_A : \mathbb{R}^n \longrightarrow \mathbb{R}^m$ を $f_A(\boldsymbol{a}) = A\boldsymbol{a}$ で定まる線形写像とする．このときの f_A の核と像の基底と次元を求めよう．

命題 22.9 f_A の核は A の零空間 $N(A)$ に一致する．したがって

$$\dim \operatorname{Ker} f_A = n - \operatorname{rank} A.$$

［証明］核の定義より

$$\operatorname{Ker} f_A = \{\boldsymbol{a} \in \mathbb{R}^n \mid f_A(\boldsymbol{a}) = \boldsymbol{0}\} = \{\boldsymbol{a} \in \mathbb{R}^n \mid A\boldsymbol{a} = \boldsymbol{0}\}.$$

これは A の零空間に他ならない．次元は命題 19.2 により与えられる． □

命題 22.10 f_A の像は A の列空間 $C(A)$ に一致する．したがって

$$\dim \operatorname{Im} f_A = \operatorname{rank} A.$$

［証明］像の定義により $\operatorname{Im} f_A$ は $A\boldsymbol{a}$ と表される $\mathbb{R}^m$ のベクトル全体に一致する．これは A の列ベクトルの 1 次結合の全体に他ならない．次元は命題 19.9 からわかる． □

系 22.11 $f_A : \mathbb{R}^n \longrightarrow \mathbb{R}^m$ について次が成り立つ．

(i) f_A が単射 $\Longleftrightarrow \operatorname{rank} A = n$

(ii) f_A が全射 $\Longleftrightarrow \operatorname{rank} A = m$

(iii) A が正方行列 $(m = n)$ のとき，

$$f_A \text{ が単射} \Longleftrightarrow f_A \text{ が全射} \Longleftrightarrow f_A \text{ が同型} \Longleftrightarrow A \text{ が正則}.$$

［証明］はじめの 2 つの主張は上の 2 つの命題と定理 22.3 からただちに得られる．最後の主張は (i), (ii) から得られる． □

●**問 22.2** 行列 $\begin{bmatrix} a & 0 & 1-a \\ 1 & -a & -1 \\ -1 & a+1 & 3-a \end{bmatrix}$ の定める $\mathbb{R}^3$ の線形変換が全単射になるような定数 a の値を求めよ．

◆**例 22.12** $A = \begin{bmatrix} 1 & -1 & 3 & 0 \\ -2 & 1 & -4 & 1 \\ 5 & -2 & 9 & -3 \end{bmatrix}$ とする．この行列の定める線形写像

$$f_A : \mathbb{R}^4 \longrightarrow \mathbb{R}^3$$

の核と像の基底を求める．

まず核の基底は A の零空間の基底を求めればよいから，

$$A \to \begin{bmatrix} 1 & -1 & 3 & 0 \\ 0 & -1 & 2 & 1 \\ 0 & 3 & -6 & -3 \end{bmatrix} \to \begin{bmatrix} 1 & -1 & 3 & 0 \\ 0 & 1 & -2 & -1 \\ 0 & 0 & 0 & 0 \end{bmatrix} \to \begin{bmatrix} 1 & 0 & 1 & -1 \\ 0 & 1 & -2 & -1 \\ 0 & 0 & 0 & 0 \end{bmatrix}$$

により，$A\boldsymbol{x} = \boldsymbol{0}$ の解はパラメータ s, t を使って

$$\begin{bmatrix} -s+t \\ 2s+t \\ s \\ t \end{bmatrix} = s \begin{bmatrix} -1 \\ 2 \\ 1 \\ 0 \end{bmatrix} + t \begin{bmatrix} 1 \\ 1 \\ 0 \\ 1 \end{bmatrix}.$$

よって $\mathrm{Ker}\, f_A$ の基底は $\left(\begin{bmatrix} -1 \\ 2 \\ 1 \\ 0 \end{bmatrix}, \begin{bmatrix} 1 \\ 1 \\ 0 \\ 1 \end{bmatrix} \right)$ である．したがって $\dim \mathrm{Ker}\, f_A = 2$ となる．

$\mathrm{Im}\, f_A$ の基底を求めるために，A の列空間を計算する．${}^{\mathrm{t}}A$ を行基本変形して求めてみる．

$${}^{\mathrm{t}}A = \begin{bmatrix} 1 & -2 & 5 \\ -1 & 1 & -2 \\ 3 & -4 & 9 \\ 0 & 1 & -3 \end{bmatrix} \to \begin{bmatrix} 1 & -2 & 5 \\ 0 & -1 & 3 \\ 0 & 2 & -6 \\ 0 & 1 & -3 \end{bmatrix} \to \begin{bmatrix} 1 & -2 & 5 \\ 0 & 1 & -3 \\ 0 & 0 & 0 \\ 0 & 0 & 0 \end{bmatrix} \to \begin{bmatrix} 1 & 0 & -1 \\ 0 & 1 & -3 \\ 0 & 0 & 0 \\ 0 & 0 & 0 \end{bmatrix}.$$

これから $\left(\begin{bmatrix} 1 \\ 0 \\ -1 \end{bmatrix}, \begin{bmatrix} 0 \\ 1 \\ -3 \end{bmatrix} \right)$ が $\mathrm{Im}\, f_A$ の基底で，$\dim \mathrm{Im}\, f_A = 2$. この写像 f_A は単射でも全射でもない．

●**問 22.3** 以下のそれぞれの行列が定める線形写像の核と像の基底と次元を求めよ．

$$A = \begin{bmatrix} 2 & -1 \\ -2 & 1 \end{bmatrix} \qquad B = \begin{bmatrix} -3 & -4 & 3 \\ 2 & 2 & -1 \\ 2 & 2 & -2 \end{bmatrix} \qquad C = \begin{bmatrix} 3 & 1 & 2 \\ 1 & -3 & 4 \\ 9 & 13 & -4 \end{bmatrix}$$

23 線形写像の表現行列

この節では，すべての線形写像が，ベクトル空間の基底を固定することによって，行列の定める線形写像と同一視できることをみる．

表現行列の定義

V, W をベクトル空間とし，$f : V \longrightarrow W$ を線形写像とする．V の基底 $\mathscr{A} = (\boldsymbol{a}_1, \ldots, \boldsymbol{a}_n)$ と W の基底 $\mathscr{B} = (\boldsymbol{b}_1, \ldots, \boldsymbol{b}_m)$ が与えられているとす

る．$\boldsymbol{a}_i$ $(i=1,\ldots,n)$ の像 $f(\boldsymbol{a}_i)$ を $\boldsymbol{b}_1,\ldots,\boldsymbol{b}_m$ の 1 次結合で表す．

$$f(\boldsymbol{a}_i)=a_{1i}\boldsymbol{b}_1+\cdots+a_{mi}\boldsymbol{b}_m=(\boldsymbol{b}_1,\ldots,\boldsymbol{b}_m)\begin{bmatrix}a_{1i}\\ \vdots \\ a_{mi}\end{bmatrix}\quad(i=1,\ldots,n).$$

最後の式は 1 次結合の記法で書いた．この n 個の式をまとめて書くと

$$(f(\boldsymbol{a}_1),\ldots,f(\boldsymbol{a}_n))=(\boldsymbol{b}_1,\ldots,\boldsymbol{b}_m)\begin{bmatrix}a_{11} & a_{12} & \ldots & a_{1n}\\ a_{21} & a_{22} & \ldots & a_{2n}\\ \vdots & & & \vdots \\ a_{m1} & a_{m2} & \ldots & a_{mn}\end{bmatrix}.$$

この式にでてくる $m\times n$ 行列 $\begin{bmatrix}a_{11} & a_{12} & \ldots & a_{1n}\\ a_{21} & a_{22} & \ldots & a_{2n}\\ \vdots & & & \vdots \\ a_{m1} & a_{m2} & \ldots & a_{mn}\end{bmatrix}$ を線形写像 f の基底 $\mathscr{A},\mathscr{B}$ に関する**表現行列**という．

◆**例 23.1** $f:\mathbb{R}^3\longrightarrow\mathbb{R}^2$ を

$$f\left(\begin{bmatrix}x_1\\x_2\\x_3\end{bmatrix}\right)=\begin{bmatrix}2x_1-x_2\\x_1+3x_3\end{bmatrix}$$

によって決まる線形写像とする．

$\mathbb{R}^3$ と $\mathbb{R}^2$ の標準基底に関する f の表現行列を求める．基底を区別するために $\mathbb{R}^3$ の標準基底を $(\boldsymbol{e}_1,\boldsymbol{e}_2,\boldsymbol{e}_3)$，$\mathbb{R}^2$ の標準基底を $(\boldsymbol{e}_1{}',\boldsymbol{e}_2{}')$ と書く．

$$f(\boldsymbol{e}_1)=\begin{bmatrix}2\\1\end{bmatrix}=(\boldsymbol{e}_1{}',\boldsymbol{e}_2{}')\begin{bmatrix}2\\1\end{bmatrix},\qquad f(\boldsymbol{e}_2)=\begin{bmatrix}-1\\0\end{bmatrix}=(\boldsymbol{e}_1{}',\boldsymbol{e}_2{}')\begin{bmatrix}-1\\0\end{bmatrix},$$
$$f(\boldsymbol{e}_3)=\begin{bmatrix}0\\3\end{bmatrix}=(\boldsymbol{e}_1{}',\boldsymbol{e}_2{}')\begin{bmatrix}0\\3\end{bmatrix}$$

であるから，これをまとめて書くと

$$(f(\boldsymbol{e}_1),f(\boldsymbol{e}_2),f(\boldsymbol{e}_3))=(\boldsymbol{e}_1{}',\boldsymbol{e}_2{}')\begin{bmatrix}2 & -1 & 0\\ 1 & 0 & 3\end{bmatrix}.$$

よって $\begin{bmatrix}2 & -1 & 0\\ 1 & 0 & 3\end{bmatrix}$ が求める表現行列である．今の場合 f の定義式を行列の積で

$$f\left(\begin{bmatrix}x_1\\x_2\\x_3\end{bmatrix}\right)=\begin{bmatrix}2 & -1 & 0\\ 1 & 0 & 3\end{bmatrix}\begin{bmatrix}x_1\\x_2\\x_3\end{bmatrix}$$

と書いたときに現れる行列に一致する．その理由は以下の命題 23.4 で明らかになる．

次に $\mathbb{R}^3$ と $\mathbb{R}^2$ の基底として，それぞれ

$$\left(\boldsymbol{a}_1 = \begin{bmatrix}1\\1\\1\end{bmatrix},\ \boldsymbol{a}_2 = \begin{bmatrix}1\\1\\0\end{bmatrix},\ \boldsymbol{a}_3 = \begin{bmatrix}0\\1\\1\end{bmatrix}\right), \quad \left(\boldsymbol{b}_1 = \begin{bmatrix}2\\1\end{bmatrix},\ \boldsymbol{b}_2 = \begin{bmatrix}3\\1\end{bmatrix}\right)$$

をとったときの f の表現行列を求める．

$$f(\boldsymbol{a}_1) = \begin{bmatrix}1\\4\end{bmatrix}, \quad f(\boldsymbol{a}_2) = \begin{bmatrix}1\\1\end{bmatrix}, \quad f(\boldsymbol{a}_3) = \begin{bmatrix}-1\\3\end{bmatrix}.$$

これらのベクトルを $\boldsymbol{b}_1, \boldsymbol{b}_2$ の1次結合で表すために連立1次方程式を解く．

$$\begin{aligned}&\begin{bmatrix}\boldsymbol{b}_1 & \boldsymbol{b}_2 & f(\boldsymbol{a}_1) & f(\boldsymbol{a}_2) & f(\boldsymbol{a}_3)\end{bmatrix}\\ &= \begin{bmatrix}2 & 3 & 1 & 1 & -1\\ 1 & 1 & 4 & 1 & 3\end{bmatrix} \to \begin{bmatrix}1 & 1 & 4 & 1 & 3\\ 2 & 3 & 1 & 1 & -1\end{bmatrix}\\ &\to \begin{bmatrix}1 & 1 & 4 & 1 & 3\\ 0 & 1 & -7 & -1 & -7\end{bmatrix} \to \begin{bmatrix}1 & 0 & 11 & 2 & 10\\ 0 & 1 & -7 & -1 & -7\end{bmatrix}.\end{aligned}$$

これから

$$f(\boldsymbol{a}_1) = 11\boldsymbol{b}_1 - 7\boldsymbol{b}_2, \quad f(\boldsymbol{a}_2) = 2\boldsymbol{b}_1 - \boldsymbol{b}_2, \quad f(\boldsymbol{a}_3) = 10\boldsymbol{b}_1 - 7\boldsymbol{b}_2$$

を得る．まとめて書くと，

$$(f(\boldsymbol{a}_1), f(\boldsymbol{a}_2), f(\boldsymbol{a}_3)) = (\boldsymbol{b}_1, \boldsymbol{b}_2)\begin{bmatrix}11 & 2 & 10\\ -7 & -1 & -7\end{bmatrix}$$

となるから，求める表現行列は $\begin{bmatrix}11 & 2 & 10\\ -7 & -1 & -7\end{bmatrix}$ となる．

この例の最初の表現行列のように，数ベクトルの空間から数ベクトルの空間への線形写像の標準基底に関する表現行列を**標準行列**とよぶ．

補注 23.2 $f : V \longrightarrow V$ を線形変換とする．f の表現行列を考えるときには，定義域，値域の両方に現れる V の基底を共通にとるほうが自然である．$\mathscr{A}$ を V の基底とするときに，この約束の下で，f の $\mathscr{A}$ に関する表現行列という．

特に f が V の恒等変換 id_V のときは，任意の基底に関する表現行列は単位行列 E になる．

●問 23.1 $\mathbb{R}^2$ における次の線形変換の標準行列を求めよ．

(i) 相似比 5 の相似変換

(ii) x 軸に関する折り返し

(iii) 直線 $y = x$ に関する折り返し

(iv) 直線 $y = -x$ への正射影 (p.7)

(v) 原点を中心に正の方向に θ 回転する変換

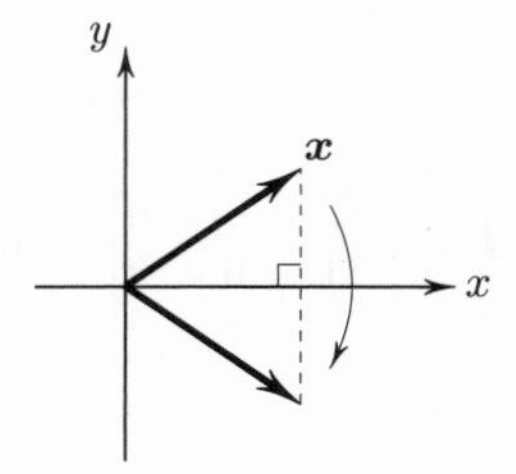

x 軸に関する折り返し

●問 23.2　標準行列が $\begin{bmatrix} 2 & 0 & 1 \\ 0 & 5 & 3 \\ 1 & -5 & 5 \end{bmatrix}$ で与えられる $\mathbb{R}^2$ の線形変換の，基底

$$\mathscr{A} = \left(\boldsymbol{a}_1 = \begin{bmatrix} -1 \\ 1 \\ 0 \end{bmatrix},\ \boldsymbol{a}_2 = \begin{bmatrix} 0 \\ -1 \\ 1 \end{bmatrix},\ \boldsymbol{a}_3 = \begin{bmatrix} -2 \\ 2 \\ -1 \end{bmatrix} \right)$$

に関する表現行列を求めよ．

◆例 **23.3**　行列 $A = \begin{bmatrix} -5 & 5 & -3 & 7 \\ 1 & -1 & -1 & 1 \\ -5 & 7 & -1 & 5 \end{bmatrix}$ で決まる線形写像 $f : \mathbb{R}^4 \to \mathbb{R}^3$ を考える．$\mathbb{R}^4$ の 3 次元部分空間 V と $\mathbb{R}^3$ の 2 次元部分空間 W をそれぞれ

$$V = \left\langle \boldsymbol{a}_1 = \begin{bmatrix} 1 \\ 0 \\ 1 \\ 0 \end{bmatrix}, \boldsymbol{a}_2 = \begin{bmatrix} 0 \\ 1 \\ 0 \\ 1 \end{bmatrix}, \boldsymbol{a}_3 = \begin{bmatrix} 1 \\ 1 \\ 0 \\ 0 \end{bmatrix} \right\rangle, \quad W = \left\langle \boldsymbol{b}_1 = \begin{bmatrix} 1 \\ 0 \\ 0 \end{bmatrix}, \boldsymbol{b}_2 = \begin{bmatrix} 1 \\ 0 \\ 1 \end{bmatrix} \right\rangle$$

とする．$(\boldsymbol{a}_1, \boldsymbol{a}_2, \boldsymbol{a}_3)$, $(\boldsymbol{b}_1, \boldsymbol{b}_2)$ はそれぞれ V, W の基底である．このとき f による V の像は W に含まれる．これをみるためには，

$$f(\boldsymbol{a}_1) = A\boldsymbol{a}_1 = \begin{bmatrix} -8 \\ 0 \\ -6 \end{bmatrix},\quad f(\boldsymbol{a}_2) = A\boldsymbol{a}_2 = \begin{bmatrix} 12 \\ 0 \\ 12 \end{bmatrix},\quad f(\boldsymbol{a}_3) = A\boldsymbol{a}_3 = \begin{bmatrix} 0 \\ 0 \\ 2 \end{bmatrix}$$

が W に含まれていることをいえばよい．つまり，$\boldsymbol{b}_1, \boldsymbol{b}_2$ の 1 次結合で書けることをみればよい．

$$\begin{aligned} &\begin{bmatrix} \boldsymbol{b}_1 & \boldsymbol{b}_2 & f(\boldsymbol{a}_1) & f(\boldsymbol{a}_2) & f(\boldsymbol{a}_3) \end{bmatrix} \\ &\qquad = \begin{bmatrix} 1 & 1 & -8 & 12 & 0 \\ 0 & 0 & 0 & 0 & 0 \\ 0 & 1 & -6 & 12 & 2 \end{bmatrix} \to \begin{bmatrix} 1 & 0 & -2 & 0 & -2 \\ 0 & 1 & -6 & 12 & 2 \\ 0 & 0 & 0 & 0 & 0 \end{bmatrix} \end{aligned}$$

により，

$$f(\boldsymbol{a}_1) = -2\boldsymbol{b}_1 - 6\boldsymbol{b}_2,\quad f(\boldsymbol{a}_2) = 12\boldsymbol{b}_2,\quad f(\boldsymbol{a}_3) = -2\boldsymbol{b}_1 + 2\boldsymbol{b}_2.$$

したがって $f(V) \subset W$ である．

f によって写像 $V \longrightarrow W$ が定まる．これも f で表す．$f : V \longrightarrow W$ の $(\boldsymbol{a}_1, \boldsymbol{a}_2, \boldsymbol{a}_3)$ と $(\boldsymbol{b}_1, \boldsymbol{b}_2)$ に関する表現行列 B を求める．上で求めた式から

$$(f(\boldsymbol{a}_1), f(\boldsymbol{a}_2), f(\boldsymbol{a}_3)) = (\boldsymbol{b}_1, \boldsymbol{b}_2) \begin{bmatrix} -2 & 0 & -2 \\ -6 & 12 & 2 \end{bmatrix}$$

がわかるから，表現行列は $B = \begin{bmatrix} -2 & 0 & -2 \\ -6 & 12 & 2 \end{bmatrix}$ である．

●問 23.3　ベクトル空間 V とベクトル空間 W の基底をそれぞれ

$$\mathscr{A} = (\boldsymbol{a}_1, \boldsymbol{a}_2, \boldsymbol{a}_3), \quad \mathscr{B} = (\boldsymbol{b}_1, \boldsymbol{b}_2, \boldsymbol{b}_3)$$

とする．このとき

$$f(\boldsymbol{a}_1) = -\boldsymbol{b}_1 + \boldsymbol{b}_3, \quad f(\boldsymbol{a}_2) = 2\boldsymbol{b}_2 - \boldsymbol{b}_3, \quad f(\boldsymbol{a}_3) = 3\boldsymbol{b}_1 + \boldsymbol{b}_2$$

で決まる線形写像 $f : V \to W$ の $\mathscr{A}, \mathscr{B}$ に関する表現行列を求めよ．

表現行列と座標

$f : V \longrightarrow W$ を線形写像とし，V の基底 $\mathscr{A} = (\boldsymbol{a}_1, \ldots, \boldsymbol{a}_n)$ と W の基底 $\mathscr{B} = (\boldsymbol{b}_1, \ldots, \boldsymbol{b}_m)$ に関する f の表現行列を A とする．

$$(f(\boldsymbol{a}_1), \ldots, f(\boldsymbol{a}_n)) = (\boldsymbol{b}_1, \ldots, \boldsymbol{b}_m)A.$$

このとき次が成立する．

命題 23.4　$\boldsymbol{a} \in V$ の $\mathscr{A}$ に関する座標を $[\boldsymbol{a}]_{\mathscr{A}}$，またその像 $f(\boldsymbol{a}) \in V$ の $\mathscr{B}$ に関する座標を $[f(\boldsymbol{a})]_{\mathscr{B}}$ とすると，

$$[f(\boldsymbol{a})]_{\mathscr{B}} = A[\boldsymbol{a}]_{\mathscr{A}}$$

が成り立つ．

このように表現行列は座標の空間 $\mathbb{R}^n$ と $\mathbb{R}^m$ の間の線形写像を定めている．

［証明］座標の定義から

$$\boldsymbol{a} = (\boldsymbol{a}_1, \ldots, \boldsymbol{a}_n)[\boldsymbol{a}]_{\mathscr{A}}.$$

f で写すと，

$$f(\boldsymbol{a}) = (f(\boldsymbol{a}_1), \ldots, f(\boldsymbol{a}_n))[\boldsymbol{a}]_{\mathscr{A}}.$$

この式に表現行列の定義式 $(f(\boldsymbol{a}_1), \ldots, f(\boldsymbol{a}_n)) = (\boldsymbol{b}_1, \ldots, \boldsymbol{b}_m)A$ を代入すると，

$$f(\boldsymbol{a}) = (\boldsymbol{b}_1, \ldots, \boldsymbol{b}_m)A[\boldsymbol{a}]_{\mathscr{A}}.$$

一方，

$$f(\boldsymbol{a}) = (\boldsymbol{b}_1, \ldots, \boldsymbol{b}_m)[f(\boldsymbol{a})]_{\mathscr{B}}$$

が成り立つので，

$$(\boldsymbol{b}_1, \ldots, \boldsymbol{b}_m)A[\boldsymbol{a}]_{\mathscr{A}} = (\boldsymbol{b}_1, \ldots, \boldsymbol{b}_m)[f(\boldsymbol{a})]_{\mathscr{B}}.$$

$(\boldsymbol{b}_1, \ldots, \boldsymbol{b}_m)$ は基底なので，座標は一意的に決まるから (定理 17.7)，

$$A[\boldsymbol{a}]_{\mathscr{A}} = [f(\boldsymbol{a})]_{\mathscr{B}}.$$

□

●問 23.4　例 23.3 の線形写像 $f: V \longrightarrow W$ を考える．

(i) $\boldsymbol{a} = \begin{bmatrix} -5 \\ 2 \\ -2 \\ 5 \end{bmatrix}$ の $(\boldsymbol{a}_1, \boldsymbol{a}_2, \boldsymbol{a}_3)$ に関する座標を求めよ．

(ii) $f(\boldsymbol{a})$ を A および B を使って計算することにより，命題 23.4 を確かめよ．

◆例 **23.5**　例 21.6 で考えた多項式の微分の $n = 3$ の場合を考える．すなわち，

$$D : \mathbb{R}[x]_3 \longrightarrow \mathbb{R}[x]_2,\ D(g(x)) = g'(x).$$

$\mathbb{R}[x]_3$ の基底として $(1, x, x^2, x^3)$ を，$\mathbb{R}[x]_2$ の基底として $(1, x, x^2)$ をとって，この基底に関する表現行列を求める．

$$D(1) = 0 = (1, x, x^2) \begin{bmatrix} 0 \\ 0 \\ 0 \end{bmatrix}, \qquad D(x) = 1 = (1, x, x^2) \begin{bmatrix} 1 \\ 0 \\ 0 \end{bmatrix},$$

$$D(x^2) = 2x = (1, x, x^2) \begin{bmatrix} 0 \\ 2 \\ 0 \end{bmatrix}, \qquad D(x^3) = 3x^2 = (1, x, x^2) \begin{bmatrix} 0 \\ 0 \\ 3 \end{bmatrix}.$$

これから，表現行列は

$$A = \begin{bmatrix} 0 & 1 & 0 & 0 \\ 0 & 0 & 2 & 0 \\ 0 & 0 & 0 & 3 \end{bmatrix}$$

となる．例えば $g(x) = 1 + 2x - x^3 = (1, x, x^2, x^3) \begin{bmatrix} 1 \\ 2 \\ 0 \\ -1 \end{bmatrix}$ に対して

$$(1, x, x^2) \left(A \begin{bmatrix} 1 \\ 2 \\ 0 \\ -1 \end{bmatrix} \right) = (1, x, x^2) \begin{bmatrix} 2 \\ 0 \\ -3 \end{bmatrix} = 2 - 3x^2 = g'(x)$$

となり命題 23.4 の結果とあう．

また簡約化すると，

$${}^{\mathrm{t}}A \to \begin{bmatrix} 1 & 0 & 0 \\ 0 & 1 & 0 \\ 0 & 0 & 1 \\ 0 & 0 & 0 \end{bmatrix}, \quad A \to \begin{bmatrix} 0 & 1 & 0 & 0 \\ 0 & 0 & 1 & 0 \\ 0 & 0 & 0 & 1 \end{bmatrix}$$

だから，

$$R(A) = \left\langle \begin{bmatrix} 1 \\ 0 \\ 0 \end{bmatrix}, \begin{bmatrix} 0 \\ 1 \\ 0 \end{bmatrix}, \begin{bmatrix} 0 \\ 0 \\ 1 \end{bmatrix} \right\rangle, \quad N(A) = \left\langle \begin{bmatrix} 1 \\ 0 \\ 0 \\ 0 \end{bmatrix} \right\rangle.$$

したがって，A の定める線形写像の像の次元は 3 となり，これは D の像の座標の生成する $\mathbb{R}^3$ の部分空間だから，$\dim \mathrm{Im}\, D = 3$ がわかり，D は全射である．また D の核は $(1, x, x^2, x^3)\begin{bmatrix}1\\0\\0\\0\end{bmatrix} = 1$ で生成されるから，定数多項式全体である．

この例でわかるとおり，表現行列をとることで，一般の線形写像の像や核も調べることができる．特に次の命題が成り立つ．

命題 23.6 線形写像 $f : V \longrightarrow W$ の基底 $\mathscr{A}, \mathscr{B}$ に関する表現行列を A とする．A によって決まる線形写像を $f_A : \mathbb{R}^n \longrightarrow \mathbb{R}^m$ とする．このとき

$$f \text{ が単射} \iff f_A \text{が単射}$$

$$f \text{ が全射} \iff f_A \text{が全射}$$

が成り立つ．

命題の証明は省略する．

●問 23.5 線形変換 $f : \mathbb{R}[x]_2 \longrightarrow \mathbb{R}[x]_2$，$g(x) \mapsto 2g(x) - g'(x)$ の基底 $(1, x, x^2)$ に関する表現行列を求めよ．また f が単射か，全射か調べよ．

線形写像の合成写像と表現行列

U, V, W をベクトル空間とする．$f : U \longrightarrow V$，$g : V \longrightarrow W$ を線形写像とすると，合成写像 $g \circ f : U \longrightarrow W$ は線形写像である (命題 21.10)．$g \circ f$ の表現行列を求めよう．

命題 23.7 $f : U \longrightarrow V$，$g : V \longrightarrow W$ を線形写像とする．$\mathscr{A} = (\boldsymbol{a}_1, \ldots, \boldsymbol{a}_n)$，$\mathscr{B} = (\boldsymbol{b}_1, \ldots, \boldsymbol{b}_m)$，$\mathscr{C} = (\boldsymbol{c}_1, \ldots, \boldsymbol{c}_\ell)$ を U, V, W のそれぞれの基底とする．$\mathscr{A}, \mathscr{B}$ に関する f の表現行列を A とし，$\mathscr{B}, \mathscr{C}$ に関する g の表現行列を B とするとき，$g \circ f$ の $\mathscr{A}, \mathscr{C}$ に関する表現行列は，行列の積 BA になる．

［証明］表現行列 A の定義から

$$(f(\boldsymbol{a}_1), \ldots, f(\boldsymbol{a}_n)) = (\boldsymbol{b}_1, \ldots, \boldsymbol{b}_m)A.$$

両辺を g で写すと，

$$(g \circ f(\boldsymbol{a}_1), \ldots, g \circ f(\boldsymbol{a}_n)) = (g(\boldsymbol{b}_1), \ldots, g(\boldsymbol{b}_m))A.$$

一方，表現行列 B の定義から，

$$(g(\boldsymbol{b}_1), \ldots, g(\boldsymbol{b}_m)) = (\boldsymbol{c}_1, \ldots, \boldsymbol{c}_\ell)B.$$

これを前の式に代入すると，

$$(g \circ f(\boldsymbol{a}_1), \ldots, g \circ f(\boldsymbol{a}_n)) = (\boldsymbol{c}_1, \ldots, \boldsymbol{c}_\ell)BA.$$

これは $\mathscr{A}, \mathscr{C}$ に関する $g \circ f$ の表現行列が BA であることを示す． □

特に次が成り立つ．

系 23.8 $f : V \longrightarrow W$ を線形写像とし，$\mathscr{A}, \mathscr{B}$ を V および W の基底とし，この基底に関する f の表現行列を A とする．f が可逆ならば，A は正則行列で，逆写像 $f^{-1} : W \longrightarrow V$ の $\mathscr{B}, \mathscr{A}$ に関する表現行列は A^{-1} になる．

［証明］f が可逆ならば全単射，すなわち同型写像である．したがって系 22.8 から $\dim V = \dim W$ であることに注意する．

f^{-1} の表現行列を B とする．$f^{-1} \circ f = \mathrm{id}_V$，$f \circ f^{-1} = \mathrm{id}_W$ だから，命題 23.7 から $BA = E$ かつ $AB = E$ がわかる．これから A が正則であること，$B = A^{-1}$ がわかる． □

●問 23.6 原点を中心に正の方向に $\theta + \varphi$ 回転する変換の標準行列を 2 通りに計算することにより，三角関数の加法定理を導け．

基底の変換と座標の変換

線形写像 $f : V \longrightarrow W$ の表現行列は V と W の基底を与えると決まる．ところが V, W の基底のとり方はいろいろある．そこで，基底を取り換えると表現行列がどのように変わるかを知りたい．そのためにベクトル空間 V の 2 つの基底の関係を調べよう．

V をベクトル空間とし，$\dim V = n$ とする．$\mathscr{A} = (\boldsymbol{a}_1, \ldots, \boldsymbol{a}_n)$ と $\mathscr{B} = (\boldsymbol{b}_1, \ldots, \boldsymbol{b}_n)$ を V の二組の基底とする．各 $\boldsymbol{b}_1, \ldots, \boldsymbol{b}_n$ を $\boldsymbol{a}_1, \ldots, \boldsymbol{a}_n$ の 1 次結合で表し，$n \times n$ 行列 P を使って

$$(\boldsymbol{b}_1, \ldots, \boldsymbol{b}_n) = (\boldsymbol{a}_1, \ldots, \boldsymbol{a}_n)P \tag{23.1}$$

と書く．逆に，各 $\boldsymbol{a}_1, \ldots, \boldsymbol{a}_n$ を $\boldsymbol{b}_1, \ldots, \boldsymbol{b}_n$ の 1 次結合で書いて，

$$(\boldsymbol{a}_1, \ldots, \boldsymbol{a}_n) = (\boldsymbol{b}_1, \ldots, \boldsymbol{b}_n)Q \tag{23.2}$$

とする．Q も $n \times n$ 行列である．(23.1) と (23.2) をあわせると，

$$(\boldsymbol{b}_1, \ldots, \boldsymbol{b}_n) = (\boldsymbol{a}_1, \ldots, \boldsymbol{a}_n)P = (\boldsymbol{b}_1, \ldots, \boldsymbol{b}_n)QP,$$
$$(\boldsymbol{a}_1, \ldots, \boldsymbol{a}_n) = (\boldsymbol{b}_1, \ldots, \boldsymbol{b}_n)Q = (\boldsymbol{a}_1, \ldots, \boldsymbol{a}_n)PQ.$$

$\mathscr{A}, \mathscr{B}$ は基底だから $QP = E, PQ = E$ が得られる．すなわち P, Q は正則行列で互いに逆行列になっている．

定義 23.9. $(\boldsymbol{a}_1, \ldots, \boldsymbol{a}_n)$ と $(\boldsymbol{b}_1, \ldots, \boldsymbol{b}_n)$ を V の二組の基底とする．

$$(\boldsymbol{b}_1, \ldots, \boldsymbol{b}_n) = (\boldsymbol{a}_1, \ldots, \boldsymbol{a}_n)P$$

をみたす正則行列 P を $(\boldsymbol{a}_1, \ldots, \boldsymbol{a}_n)$ から $(\boldsymbol{b}_1, \ldots, \boldsymbol{b}_n)$ への**基底変換行列**という．

逆方向の $(\boldsymbol{b}_1, \ldots, \boldsymbol{b}_n)$ から $(\boldsymbol{a}_1, \ldots, \boldsymbol{a}_n)$ への基底変換行列 Q は P^{-1} で与えられる．

例題 23.10

$$\mathscr{A} = \left(\boldsymbol{a}_1 = \begin{bmatrix} 0 \\ 4 \\ -1 \end{bmatrix},\ \boldsymbol{a}_2 = \begin{bmatrix} 2 \\ 1 \\ 1 \end{bmatrix} \right),$$

$$\mathscr{B} = \left(\boldsymbol{b}_1 = \begin{bmatrix} 4 \\ -2 \\ 3 \end{bmatrix},\ \boldsymbol{b}_2 = \begin{bmatrix} 6 \\ -1 \\ 4 \end{bmatrix} \right)$$

は同じ $\mathbb{R}^3$ の部分空間の二組の基底である．このとき $\mathscr{A}$ から $\mathscr{B}$ への基底変換行列 P および $\mathscr{B}$ から $\mathscr{A}$ への基底変換行列 Q を求めよ．

【解】 P を求めるには，$\boldsymbol{b}_1, \boldsymbol{b}_2$ を $\boldsymbol{a}_1$ と $\boldsymbol{a}_2$ の 1 次結合で表せばよい．

$$\begin{bmatrix} \boldsymbol{a}_1 & \boldsymbol{a}_2 & \boldsymbol{b}_1 & \boldsymbol{b}_2 \end{bmatrix} = \begin{bmatrix} 0 & 2 & 4 & 6 \\ 4 & 1 & -2 & -1 \\ -1 & 1 & 3 & 4 \end{bmatrix} \to \begin{bmatrix} -1 & 1 & 3 & 4 \\ 4 & 1 & -2 & -1 \\ 0 & 2 & 4 & 6 \end{bmatrix}$$

$$\to \begin{bmatrix} 1 & -1 & -3 & -4 \\ 0 & 5 & 10 & 15 \\ 0 & 2 & 4 & 6 \end{bmatrix} \to \begin{bmatrix} 1 & -1 & -3 & -4 \\ 0 & 1 & 2 & 3 \\ 0 & 0 & 0 & 0 \end{bmatrix} \to \begin{bmatrix} 1 & 0 & -1 & -1 \\ 0 & 1 & 2 & 3 \\ 0 & 0 & 0 & 0 \end{bmatrix}.$$

これは $\boldsymbol{b}_1 = -\boldsymbol{a}_1 + 2\boldsymbol{a}_2$, $\boldsymbol{b}_2 = -\boldsymbol{a}_1 + 3\boldsymbol{a}_2$ を意味するから，まとめて書いて

$$(\boldsymbol{b}_1, \boldsymbol{b}_2) = (\boldsymbol{a}_1, \boldsymbol{a}_2)\begin{bmatrix} -1 & -1 \\ 2 & 3 \end{bmatrix}.$$

したがって $P = \begin{bmatrix} -1 & -1 \\ 2 & 3 \end{bmatrix}$. Q は P の逆行列だから，$Q = \begin{bmatrix} -3 & -1 \\ 2 & 1 \end{bmatrix}$ となる.

●問 23.7　$\mathbb{R}^2$ の二組の基底

$$\mathscr{A} = \left(\boldsymbol{a}_1 = \begin{bmatrix} -1 \\ 1 \end{bmatrix}, \boldsymbol{a}_2 = \begin{bmatrix} 2 \\ -1 \end{bmatrix}\right), \quad \mathscr{B} = \left(\boldsymbol{b}_1 = \begin{bmatrix} 1 \\ 1 \end{bmatrix}, \boldsymbol{b}_2 = \begin{bmatrix} 2 \\ 1 \end{bmatrix}\right)$$

に対して，$\mathscr{A}$ から $\mathscr{B}$ への基底変換行列 P および $\mathscr{B}$ から $\mathscr{A}$ への基底変換行列 Q を求めよ.

再び $\mathscr{A} = (\boldsymbol{a}_1, \ldots, \boldsymbol{a}_n)$ と $\mathscr{B} = (\boldsymbol{b}_1, \ldots, \boldsymbol{b}_n)$ を V の二組の基底とする. $\boldsymbol{u}$ の $\mathscr{A}$ に関する座標を $[\boldsymbol{u}]_{\mathscr{A}}$ とし，$\boldsymbol{u}$ の $\mathscr{B}$ に関する座標を $[\boldsymbol{u}]_{\mathscr{B}}$ とする. 座標の定義から

$$\boldsymbol{u} = (\boldsymbol{a}_1, \ldots, \boldsymbol{a}_n)[\boldsymbol{u}]_{\mathscr{A}}, \quad \boldsymbol{u} = (\boldsymbol{b}_1, \ldots, \boldsymbol{b}_n)[\boldsymbol{u}]_{\mathscr{B}}$$

が成り立つ. 今 $\mathscr{A}$ から $\mathscr{B}$ への基底変換行列を P とすると，

$$(\boldsymbol{b}_1, \ldots, \boldsymbol{b}_n) = (\boldsymbol{a}_1, \ldots, \boldsymbol{a}_n)P$$

が成り立つから，

$$(\boldsymbol{a}_1, \ldots, \boldsymbol{a}_n)[\boldsymbol{u}]_{\mathscr{A}} = \boldsymbol{u} = (\boldsymbol{a}_1, \ldots, \boldsymbol{a}_n)P[\boldsymbol{u}]_{\mathscr{B}}.$$

$\boldsymbol{u}$ の $\mathscr{A}$ に関する座標は一意的に決まるから，次の命題を得る.

命題 23.11　$\mathscr{A}, \mathscr{B}$ をベクトル空間 V の二組の基底とし，$\boldsymbol{u}$ の $\mathscr{A}$ に関する座標を $[\boldsymbol{u}]_{\mathscr{A}}$，$\mathscr{B}$ に関する座標を $[\boldsymbol{u}]_{\mathscr{B}}$ とする. $\mathscr{A}$ から $\mathscr{B}$ への基底変換行列を P とするとき

$$[\boldsymbol{u}]_{\mathscr{A}} = P[\boldsymbol{u}]_{\mathscr{B}}$$

が成り立つ.

基底の変換と座標の変換で向きが反対になることに注意せよ.

●問 23.8　$\boldsymbol{a}_1 = \begin{bmatrix} 0 \\ 4 \\ -1 \end{bmatrix}$，$\boldsymbol{a}_2 = \begin{bmatrix} 2 \\ 1 \\ 1 \end{bmatrix}$，$\boldsymbol{b}_1 = \begin{bmatrix} 4 \\ -2 \\ 3 \end{bmatrix}$，$\boldsymbol{b}_2 = \begin{bmatrix} 6 \\ -1 \\ 4 \end{bmatrix}$ は例題 23.10 と

同じものとする．$W = \langle \boldsymbol{a}_1, \boldsymbol{a}_2 \rangle = \langle \boldsymbol{b}_1, \boldsymbol{b}_2 \rangle$ である．$\boldsymbol{u} = \begin{bmatrix} 10 \\ 21 \\ 1 \end{bmatrix} \in W$ を示し，$\boldsymbol{u}$ の $\mathscr{A}$ および $\mathscr{B}$ に関する座標を求めよ．また求めた座標に対し命題 23.11 を確かめよ．

基底の変換と表現行列

基底変換行列を使うと，線形写像 $f : V \longrightarrow W$ の表現行列が V, W の基底のとり方によってどのように変わるかを知ることができる．

命題 23.12 $f : V \longrightarrow W$ を線形写像とする．$\mathscr{A} = (\boldsymbol{a}_1, \ldots, \boldsymbol{a}_n)$ と $\mathscr{A}' = (\boldsymbol{a}'_1, \ldots, \boldsymbol{a}'_n)$ を V の基底とし，$\mathscr{A}$ から $\mathscr{A}'$ への基底変換行列を P とする．また $\mathscr{B} = (\boldsymbol{b}_1, \ldots, \boldsymbol{b}_m)$ と $\mathscr{B}' = (\boldsymbol{b}'_1, \ldots, \boldsymbol{b}'_m)$ を W の基底とし，$\mathscr{B}$ から $\mathscr{B}'$ への基底変換行列を Q とする．f の $\mathscr{A}, \mathscr{B}$ に関する表現行列を A とし，$\mathscr{A}', \mathscr{B}'$ に関する表現行列を A' とするとき

$$A' = Q^{-1} A P$$

が成り立つ．

［証明］基底変換行列の定義から

$$(\boldsymbol{a}'_1, \ldots, \boldsymbol{a}'_n) = (\boldsymbol{a}_1, \ldots, \boldsymbol{a}_n) P, \quad (\boldsymbol{b}'_1, \ldots, \boldsymbol{b}'_m) = (\boldsymbol{b}_1, \ldots, \boldsymbol{b}_m) Q.$$

最初の式から

$$(f(\boldsymbol{a}'_1), \ldots, f(\boldsymbol{a}'_n)) = (f(\boldsymbol{a}_1), \ldots, f(\boldsymbol{a}_n)) P.$$

Q は正則だから，

$$(\boldsymbol{b}_1, \ldots, \boldsymbol{b}_m) = (\boldsymbol{b}'_1, \ldots, \boldsymbol{b}'_m) Q^{-1}.$$

一方，表現行列の定義から

$$(f(\boldsymbol{a}_1), \ldots, f(\boldsymbol{a}_n)) = (\boldsymbol{b}_1, \ldots, \boldsymbol{b}_m) A, \quad (f(\boldsymbol{a}'_1), \ldots, f(\boldsymbol{a}'_n)) = (\boldsymbol{b}'_1, \ldots, \boldsymbol{b}'_m) A'.$$

以上をあわせると，

$$\begin{aligned} (f(\boldsymbol{a}'_1), \ldots, f(\boldsymbol{a}'_n)) &= (f(\boldsymbol{a}_1), \ldots, f(\boldsymbol{a}_n)) P \\ &= (\boldsymbol{b}_1, \ldots, \boldsymbol{b}_m) A P \\ &= (\boldsymbol{b}'_1, \ldots, \boldsymbol{b}'_m) Q^{-1} A P. \end{aligned}$$

これと $(f(\boldsymbol{a}'_1), \ldots, f(\boldsymbol{a}'_n)) = (\boldsymbol{b}'_1, \ldots, \boldsymbol{b}'_m) A'$ を比べて，$A' = Q^{-1} A P$ を得る． □

補注 23.13　基底変換行列 P の定義において

$$(\boldsymbol{a}'_1, \ldots, \boldsymbol{a}'_n) = (\mathrm{id}_V(\boldsymbol{a}'_1), \ldots, \mathrm{id}_V(\boldsymbol{a}'_n)) = (\boldsymbol{a}_1, \ldots, \boldsymbol{a}_n)P$$

と考えると，P は恒等変換 id_V の $\mathscr{A}', \mathscr{A}$ に関する表現行列ともみることができる．したがって，線形写像 $f: V \to W$ に対して成立する自明な等式

$$\mathrm{id}_W \circ f = f = f \circ \mathrm{id}_V$$

に合成写像の表現行列に関する命題 23.7 を使うと，$QA' = AP$ が得られ，Q が正則なことから，再び上の命題 23.12 が得られる．

◈**例 23.14**　線形写像 $f: \mathbb{R}^3 \longrightarrow \mathbb{R}^2$ の標準行列が

$$A = \begin{bmatrix} -2 & 1 & 0 \\ 1 & 3 & -1 \end{bmatrix}$$

であるとき，$\mathbb{R}^3$ の基底

$$\mathscr{A} = \left(\boldsymbol{a}_1 = \begin{bmatrix} 1 \\ 0 \\ 1 \end{bmatrix}, \boldsymbol{a}_2 = \begin{bmatrix} 1 \\ 0 \\ -1 \end{bmatrix}, \boldsymbol{a}_3 = \begin{bmatrix} 0 \\ 1 \\ 1 \end{bmatrix} \right)$$

と $\mathbb{R}^2$ の基底

$$\mathscr{B} = \left(\boldsymbol{b}_1 = \begin{bmatrix} 1 \\ 1 \end{bmatrix}, \boldsymbol{b}_2 = \begin{bmatrix} 1 \\ -1 \end{bmatrix} \right)$$

に関する f の表現行列 B を 2 通りのやり方で求める．

まず表現行列の定義を使って求める．以前やった方法なので計算の細部は省略する．

$$\begin{aligned}(f(\boldsymbol{a}_1), f(\boldsymbol{a}_2), f(\boldsymbol{a}_3)) &= \left(\begin{bmatrix} -2 \\ 0 \end{bmatrix}, \begin{bmatrix} -2 \\ 2 \end{bmatrix}, \begin{bmatrix} 1 \\ 2 \end{bmatrix} \right) \\ &= (\boldsymbol{b}_1, \boldsymbol{b}_2) \begin{bmatrix} -1 & 0 & \frac{3}{2} \\ -1 & -2 & -\frac{1}{2} \end{bmatrix}.\end{aligned}$$

よって

$$B = \begin{bmatrix} -1 & 0 & \frac{3}{2} \\ -1 & -2 & -\frac{1}{2} \end{bmatrix}$$

が $\mathscr{A}, \mathscr{B}$ に関する表現行列である．

次に基底の変換行列を使って求めてみる．$\mathbb{R}^3$ の標準基底から $\mathscr{A}$ への基底変換行列 P は，簡単にわかるように

$$(\boldsymbol{a}_1, \boldsymbol{a}_2, \boldsymbol{a}_3) = (\boldsymbol{e}_1, \boldsymbol{e}_2, \boldsymbol{e}_3) \begin{bmatrix} 1 & 1 & 0 \\ 0 & 0 & 1 \\ 1 & -1 & 1 \end{bmatrix}$$

から

$$P = \begin{bmatrix} 1 & 1 & 0 \\ 0 & 0 & 1 \\ 1 & -1 & 1 \end{bmatrix}.$$

$\mathbb{R}^2$ の標準基底から $\mathscr{B}$ への基底変換行列 Q も同様にして

$$Q = \begin{bmatrix} 1 & 1 \\ 1 & -1 \end{bmatrix}$$

と求まる．よって $\mathscr{A}, \mathscr{B}$ に関する表現行列は

$$B = Q^{-1}AP = \frac{1}{2}\begin{bmatrix} 1 & 1 \\ 1 & -1 \end{bmatrix}\begin{bmatrix} -2 & 1 & 0 \\ 1 & 3 & -1 \end{bmatrix}\begin{bmatrix} 1 & 1 & 0 \\ 0 & 0 & 1 \\ 1 & -1 & 1 \end{bmatrix} = \begin{bmatrix} -1 & 0 & \frac{3}{2} \\ -1 & -2 & -\frac{1}{2} \end{bmatrix}$$

となり，先に計算したものと一致する．

●問 23.9　標準行列が $A = \begin{bmatrix} 0 & 1 & 3 \\ 2 & 1 & 1 \end{bmatrix}$ で与えられる線形写像について，例 23.14 の基底 $\mathscr{A}, \mathscr{B}$ に関する表現行列を求めよ．

24　線形変換の固有値と表現行列の対角化

この節ではベクトル空間 V から V 自身への線形写像 $f : V \longrightarrow V$ だけを考える．このとき f を V の**線形変換**とよぶのであった．

この章では線形変換の表現行列を求める立場から，行列の対角化をもう一度議論する．

線形変換の固有値

定義 24.1. f を V の線形変換とする．

$$f(\boldsymbol{x}) = \lambda \boldsymbol{x}$$

をみたす $\mathbf{0}$ でないベクトル $\boldsymbol{x} \in V$ とスカラー λ があるとき，λ を f の**固有値**という．また，このとき $\boldsymbol{x}$ を λ に対応する f の**固有ベクトル**という．

線形変換 f の固有値と固有ベクトルを求める方法を考えよう．

V の基底 $\mathscr{A} = (\boldsymbol{a}_1, \ldots, \boldsymbol{a}_n)$ をとると，$\mathscr{A}$ に関する f の表現行列 A が決まる．両方の V について，同じ基底をとる (補注 23.2)．

$$(f(\boldsymbol{a}_1), \ldots, f(\boldsymbol{a}_n)) = (\boldsymbol{a}_1, \ldots, \boldsymbol{a}_n)A.$$

λ が f の固有値で $\boldsymbol{x}$ が λ に対応する固有ベクトルとする．$\boldsymbol{x}$ を基底 $\mathscr{A}$ の元の 1 次結合で表す．

$$\boldsymbol{x} = (\boldsymbol{a}_1, \ldots, \boldsymbol{a}_n)\boldsymbol{c}.$$

$\boldsymbol{c}$ は $\mathscr{A}$ に関する $\boldsymbol{x}$ の座標である．$\boldsymbol{x} \neq \boldsymbol{0}$ なので，$\boldsymbol{c}$ も零ベクトルでない．この式の両辺を f で写すと，

$$f(\boldsymbol{x}) = (f(\boldsymbol{a}_1), \ldots, f(\boldsymbol{a}_n))\boldsymbol{c}.$$

この式に表現行列 A の定義式を代入して，$\boldsymbol{x}$ が λ に対する f の固有ベクトルであることを使うと，

$$\lambda\boldsymbol{x} = (\boldsymbol{a}_1, \ldots, \boldsymbol{a}_n)(A\boldsymbol{c}).$$

一方 $\lambda\boldsymbol{x} = (\boldsymbol{a}_1, \ldots, \boldsymbol{a}_n)(\lambda\boldsymbol{c})$ だから，$\mathscr{A}$ が基底であることを考えれば，

$$A\boldsymbol{c} = \lambda\boldsymbol{c}.$$

これは，λ が行列 A の固有値で，$\boldsymbol{c}$ が λ に対応する A の固有ベクトルであることを示す．

以上で次の命題が得られた．

命題 24.2　線形変換 f の固有値は，f の表現行列 A の固有値として得られる．

V の別の基底 $\mathscr{B}$ をとって，この基底に関する表現行列を B とする．$\mathscr{A}$ から $\mathscr{B}$ への基底変換行列を P とすると，

$$B = P^{-1}AP$$

が成り立つ (命題 23.12)．B は A と相似だから，A と B の固有多項式は同じである (命題 13.5)．よって f の固有値は表現行列のとり方によらない．

命題 24.3　f を V の線形変換とし，λ をその固有値の一つとする．

$$V_\lambda = \{\boldsymbol{x} \in V \mid f(\boldsymbol{x}) = \lambda\boldsymbol{x}\}$$

とおく．このとき V_λ は V の部分空間になる．V_λ を λ に対する f の**固有空間**という．

［証明］ 部分空間になるための条件を確かめる．$f(\mathbf{0}) = \mathbf{0} = \lambda\mathbf{0}$ より $\mathbf{0} \in V_\lambda$．$\boldsymbol{x}, \boldsymbol{y} \in V_\lambda$ とする．f は線形変換だから，

$$f(\boldsymbol{x}+\boldsymbol{y}) = f(\boldsymbol{x}) + f(\boldsymbol{y}) = \lambda\boldsymbol{x} + \lambda\boldsymbol{y} = \lambda(\boldsymbol{x}+\boldsymbol{y})$$

が成り立つので，$\boldsymbol{x}+\boldsymbol{y} \in V_\lambda$．またスカラー k に対して，$f(k\boldsymbol{x}) = kf(\boldsymbol{x}) = k(\lambda\boldsymbol{x}) = \lambda(k\boldsymbol{x})$ により $k\boldsymbol{x} \in V_\lambda$ も成立する． □

V_λ は f の λ に対する固有ベクトル全体と $\mathbf{0}$ からなる．また $f(V_\lambda) \subset V_\lambda$ が成り立つ (問 21.6)．

補注 24.4 V が実ベクトル空間のとき，V の線形変換 f の固有値としては実数のみを考える．このとき固有空間も実ベクトル空間になる．例 13.4 より f の表現行列 A は実数の固有値をもつとは限らない．そのときには f には固有値がないと考える．

一方，V が複素ベクトル空間のとき，A の固有値 $\lambda \in \mathbb{C}$ と固有ベクトル $\boldsymbol{c} \in \mathbb{C}^n$ があれば，$\boldsymbol{c}$ に対応する f の固有ベクトル $\boldsymbol{x} \in V$ がとれて，

$$f(\boldsymbol{x}) = (f(\boldsymbol{a}_1), \ldots, f(\boldsymbol{a}_n))\boldsymbol{c} = (\boldsymbol{a}_1, \ldots, \boldsymbol{a}_n)A\boldsymbol{c} = (\boldsymbol{a}_1, \ldots, \boldsymbol{a}_n)\lambda\boldsymbol{c} = \lambda\boldsymbol{x}$$

となり，行列の固有値はすべて f の固有値になる．

V の基底 $\mathscr{A}$ をとって f の $\mathscr{A}$ に関する表現行列を A とすると，

$$(\lambda E - A)\boldsymbol{c} = \mathbf{0}$$

の解空間のベクトルは，命題 24.2 の証明から，V_λ のベクトルの $\mathscr{A}$ に関する座標を与える．

特に解空間の次元の公式 (命題 19.2) から，次の命題が成り立つ．

命題 24.5 $\quad \dim V_\lambda = \dim V - \operatorname{rank}(\lambda E - A)$

行列が対角化可能である条件 (定理 13.7) を線形変換の言葉で述べれば次のようになる．

定理 24.6 V の線形変換 f の表現行列として対角行列がとれるための必要十分条件は f の相異なる固有値を $\lambda_1, \ldots, \lambda_r$ とするとき，

$$\sum_{i=1}^{r} \dim V_{\lambda_i} = n.$$

V の基底 $\mathscr{A}$ をうまく選んで f の $\mathscr{A}$ に関する表現行列を対角行列にできるとき，f は**対角化可能**であるという．

◆**例 24.7**　標準行列が $A = \begin{bmatrix} 1 & -1 \\ -2 & 0 \end{bmatrix}$ で与えられる $\mathbb{R}^2$ の線形変換 f を考える．固有多項式は

$$|\lambda E - A| = \begin{vmatrix} \lambda - 1 & 1 \\ 2 & \lambda \end{vmatrix} = \lambda^2 - \lambda - 2 = (\lambda - 2)(\lambda + 1).$$

よって 2 つの相異なる固有値 $\lambda = 2, -1$ をもつので対角化可能である．

固有ベクトルは，$\lambda = 2$ のときは

$$\begin{bmatrix} 1 & 1 \\ 2 & 2 \end{bmatrix} \to \begin{bmatrix} 1 & 1 \\ 0 & 0 \end{bmatrix}$$

より，$\boldsymbol{p}_1 = \begin{bmatrix} -1 \\ 1 \end{bmatrix}$ がその 1 つである．また $\lambda = -1$ のときは

$$\begin{bmatrix} -2 & 1 \\ 2 & -1 \end{bmatrix} \to \begin{bmatrix} 1 & -\frac{1}{2} \\ 0 & 0 \end{bmatrix}$$

より，$\boldsymbol{p}_2 = \begin{bmatrix} 1 \\ 2 \end{bmatrix}$ がその 1 つである．$\dim V_2 + \dim V_{-1} = 2$ が成り立つから対角化可能である．$P = [\boldsymbol{p}_1 \quad \boldsymbol{p}_2] = \begin{bmatrix} -1 & 1 \\ 1 & 2 \end{bmatrix}$ とおくと，

$$P^{-1}AP = \begin{bmatrix} 2 & 0 \\ 0 & -1 \end{bmatrix}$$

と対角化される．

これは $\mathbb{R}^2$ の新しい基底として

$$(\boldsymbol{p}_1, \boldsymbol{p}_2) = (\boldsymbol{e}_1, \boldsymbol{e}_2)P$$

をとったとき，f のこの基底に関する表現行列が上の対角行列になるということに他ならない．(P は基底変換行列である)．

$$(f(\boldsymbol{p}_1), f(\boldsymbol{p}_2)) = (\boldsymbol{p}_1, \boldsymbol{p}_2) \begin{bmatrix} 2 & 0 \\ 0 & -1 \end{bmatrix}.$$

この線形変換 f は $\boldsymbol{p}_1$ の方向に 2 倍，$\boldsymbol{p}_2$ の方向を逆向きにするということで特徴づけられることになる．これが線形変換の立場からみた固有ベクトル，固有値の意味である．

●**問 24.1**　$V = \mathbb{R}[x]_2$ とし，V の線形変換 $g(x) \mapsto g(1-x)$ を考える．この線形変換が対角化可能かどうかを判定し，対角化可能ならば，対角化された表現行列と新しい基底を求めよ．

●問 24.2 $\mathscr{A} = (\boldsymbol{a}_1, \boldsymbol{a}_2, \boldsymbol{a}_3)$ を 3 次元実ベクトル空間 V の基底とする．V の線形変換 f を

$$f(\boldsymbol{a}_1) = 3\boldsymbol{a}_1 - 6\boldsymbol{a}_3,\ f(\boldsymbol{a}_2) = -4\boldsymbol{a}_1 - 2\boldsymbol{a}_2 + 6\boldsymbol{a}_3,\ f(\boldsymbol{a}_3) = -\boldsymbol{a}_2 - \boldsymbol{a}_3$$

により定義する．f が対角化可能かどうかを判定し，対角化可能であれば対角化せよ．

最後に，章末問題 V.19 で述べた直和を使って，定理 24.6 をいいかえておこう．

定理 24.8 V の線形変換 f が対角化可能であるための必要十分条件は f の相異なる固有値を $\lambda_1, \ldots, \lambda_r$ とするとき，

$$V = V_{\lambda_1} \oplus \cdots \oplus V_{\lambda_r}$$

が成り立つことである．

25 線形変換の対角化の応用

この章の終わりに，線形変換の対角化の応用例を 2 つ扱う．

線形漸化式をみたす数列

実数列を $\boldsymbol{a} = (a_n) = (a_1, a_2, \ldots)$，$\boldsymbol{b} = (b_n) = (b_1, b_2, \ldots)$ などと表すことにする．実数列全体を V とすると，

和 $\quad \boldsymbol{a} + \boldsymbol{b} = (a_n + b_n) = (a_1 + b_1, a_2 + b_2, \ldots)$

スカラー倍 $\quad c\boldsymbol{a} = (ca_n) = (ca_1, ca_2, \ldots)$

によってベクトル空間になる．零ベクトル $\mathbf{0}$ はすべての項が 0 であるような数列である．

命題 25.1 p, q を実数とする．V の数列 $\boldsymbol{a} = (a_1, a_2, \ldots)$ のうち線形漸化式

$$a_{n+2} = pa_{n+1} + qa_n \quad (n \geq 1) \tag{25.1}$$

をみたすものを W とする．このとき W は V の部分空間である．

［証明］ $\mathbf{0}$ が (25.1) をみたすことは明らか．

$\boldsymbol{a}=(a_n)$, $\boldsymbol{b}=(b_n)\in W$ とする．$\boldsymbol{a},\boldsymbol{b}$ は $n\geq 1$ に対して，

$$a_{n+2}=pa_{n+1}+qa_n,\quad b_{n+2}=pb_{n+1}+qb_n$$

をみたしている．辺々をたしあわせると，

$$(a_{n+2}+b_{n+2})=p(a_{n+1}+b_{n+1})+q(a_n+b_n).$$

これは数列 $\boldsymbol{a}+\boldsymbol{b}$ が漸化式 (25.1) をみたすことを示す．

また $c\in\mathbb{R}$ とし $a_{n+2}=pa_{n+1}+qa_n$ の両辺を c 倍すると

$$(ca_{n+2})=p(ca_{n+1})+q(ca_n).$$

これは $c\boldsymbol{a}$ も漸化式をみたしていることを示す． □

(25.1) から数列の一般項を求めるために，部分空間

$$W=\{\boldsymbol{a}=(a_1,a_2,\ldots)\mid a_{n+2}=pa_{n+1}+qa_n=0\ (n\geq 1)\}$$

の性質の良い基底を求める．まず，暫定的に 1 つの基底を選んでおく．数列 $\boldsymbol{e}_1,\boldsymbol{e}_2\in W$ を次のように決める．

$$\boldsymbol{e}_1=(1,0,q,\ldots),$$
$$\boldsymbol{e}_2=(0,1,p,\ldots).$$

つまり初項と次の項を $(0,1)$ または $(1,0)$ とし，あとの項は漸化式 (25.1) で決める．

補題 25.2　$(\boldsymbol{e}_1,\boldsymbol{e}_2)$ は W の基底である．

［証明］ $c_1\boldsymbol{e}_1+c_2\boldsymbol{e}_2=\mathbf{0}$ とする．両辺の第 1 項と第 2 項をそれぞれ比べると $c_1=c_2=0$ が得られるので，$\boldsymbol{e}_1$ と $\boldsymbol{e}_2$ が 1 次独立であることがわかる．

$\boldsymbol{a}=(a_1,a_2,\ldots)$ を W に含まれる任意の数列とする．$\boldsymbol{b}=a_1\boldsymbol{e}_1+a_2\boldsymbol{e}_2$ とおく．W は部分空間なので $\boldsymbol{b}\in W$ である．$\boldsymbol{b}$ の第 1 項と第 2 項はそれぞれ $\boldsymbol{a}$ の第 1 項，第 2 項と一致し，それ以降の項は同じ漸化式によって決まるので，それらも一致する．よって $\boldsymbol{a}=\boldsymbol{b}=a_1\boldsymbol{e}_1+a_2\boldsymbol{e}_2$. これは $\boldsymbol{e}_1,\boldsymbol{e}_2$ が W を生成することを示している． □

W の性質の良い基底を選ぶために次の線形変換を考える．

$$f:W\longrightarrow W,\quad (a_1,a_2,a_3,\ldots)\mapsto(a_2,a_3,a_4,\ldots).$$

すなわち，f は数列を 1 つずらす写像である．これが線形写像であることは，数列の和とスカラー倍の定義から容易にわかる．1 つずらした数列も漸化式 (25.1) をみたしているのは明らかであるから，これは W の線形変換である．

f の $(\boldsymbol{e}_1, \boldsymbol{e}_2)$ に関する表現行列を計算する．

$$f(\boldsymbol{e}_1) = (0, q, \ldots) = q\boldsymbol{e}_2$$
$$f(\boldsymbol{e}_2) = (1, p, \ldots) = \boldsymbol{e}_1 + p\boldsymbol{e}_2$$

により，

$$(f(\boldsymbol{e}_1), f(\boldsymbol{e}_2)) = (\boldsymbol{e}_1, \boldsymbol{e}_2)\begin{bmatrix} 0 & 1 \\ q & p \end{bmatrix}.$$

ここで行列 $A = \begin{bmatrix} 0 & 1 \\ q & p \end{bmatrix}$ の固有多項式

$$F_A(\lambda) = \begin{vmatrix} \lambda & -1 \\ -q & \lambda - p \end{vmatrix} = \lambda^2 - p\lambda - q$$

は 2 つの異なる 0 でない実数根 α, β をもつと仮定する．$\lambda = \alpha$ に対して，

$$\alpha E - A = \begin{bmatrix} \alpha & -1 \\ -q & \alpha - p \end{bmatrix} \longrightarrow \begin{bmatrix} \alpha & -1 \\ -q\alpha & \alpha^2 - p\alpha \end{bmatrix} \longrightarrow \begin{bmatrix} \alpha & -1 \\ 0 & 0 \end{bmatrix}$$

より，固有ベクトル $\begin{bmatrix} 1 \\ \alpha \end{bmatrix}$ がみつかる．同様に β に対応する固有ベクトルは $\begin{bmatrix} 1 \\ \beta \end{bmatrix}$ になる．したがって新しい基底

$$(\boldsymbol{e}_1 + \alpha\boldsymbol{e}_2, \boldsymbol{e}_1 + \beta\boldsymbol{e}_2) = (\boldsymbol{e}_1, \boldsymbol{e}_2)\begin{bmatrix} 1 & 1 \\ \alpha & \beta \end{bmatrix}$$

をとると，f の表現行列は $\begin{bmatrix} \alpha & 0 \\ 0 & \beta \end{bmatrix}$ となる．すなわち，

$$(f(\boldsymbol{e}_1 + \alpha\boldsymbol{e}_2), f(\boldsymbol{e}_1 + \beta\boldsymbol{e}_2)) = (\boldsymbol{e}_1 + \alpha\boldsymbol{e}_2, \boldsymbol{e}_1 + \beta\boldsymbol{e}_2)\begin{bmatrix} \alpha & 0 \\ 0 & \beta \end{bmatrix}.$$

f は数列を 1 つずらす写像だったから，$\boldsymbol{e}_1 + \alpha\boldsymbol{e}_2$ の第 n 項 $(\boldsymbol{e}_1 + \alpha\boldsymbol{e}_2)_n$ は

$$(\boldsymbol{e}_1 + \alpha\boldsymbol{e}_2)_n = \alpha^{n-1}(\boldsymbol{e}_1 + \alpha\boldsymbol{e}_2)_1 = \alpha^{n-1}.$$

同様に

$$(\boldsymbol{e}_1 + \beta\boldsymbol{e}_2)_n = \beta^{n-1}(\boldsymbol{e}_1 + \beta\boldsymbol{e}_2)_1 = \beta^{n-1}.$$

W の一般の数列 $\boldsymbol{a}=(a_1,a_2,\dots)$ は

$$\begin{aligned}\boldsymbol{a}&=a_1\boldsymbol{e}_1+a_2\boldsymbol{e}_2=(\boldsymbol{e}_1,\boldsymbol{e}_2)\begin{bmatrix}a_1\\a_2\end{bmatrix}\\&=(\boldsymbol{e}_1+\alpha\boldsymbol{e}_2,\boldsymbol{e}_1+\beta\boldsymbol{e}_2)\begin{bmatrix}1&1\\\alpha&\beta\end{bmatrix}^{-1}\begin{bmatrix}a_1\\a_2\end{bmatrix}\\&=(\boldsymbol{e}_1+\alpha\boldsymbol{e}_2,\boldsymbol{e}_1+\beta\boldsymbol{e}_2)\frac{1}{\alpha-\beta}\begin{bmatrix}a_2-\beta a_1\\-a_2+\alpha a_1\end{bmatrix}.\end{aligned}$$

両辺の第 n 項を計算すると,

$$a_n=\frac{1}{\alpha-\beta}\left\{(a_2-\beta a_1)\alpha^{n-1}+(\alpha a_1-a_2)\beta^{n-1}\right\}.$$

これで一般項が求まった.

◆例 **25.3** フィボナッチ数列は

$$a_1=1,\quad a_2=1,\quad a_{n+2}=a_{n+1}+a_n\quad(n\geq 1)$$

で定義される数列である. フィボナッチ数列の一般項を求めてみる. $p=q=1$ だから $A=\begin{bmatrix}0&1\\1&1\end{bmatrix}$ で, その固有値は,

$$|\lambda E-A|=\begin{vmatrix}\lambda&-1\\-1&\lambda-1\end{vmatrix}=\lambda^2-\lambda-1$$

より,

$$\alpha=\frac{1+\sqrt{5}}{2},\qquad\beta=\frac{1-\sqrt{5}}{2}.$$

したがって, 一般項 a_n は, 解と係数の関係 $\alpha+\beta=1$ を使うと,

$$a_n=\frac{1}{\sqrt{5}}\left\{(1-\beta)\alpha^{n-1}+(\alpha-1)\beta^{n-1}\right\}=\frac{1}{\sqrt{5}}(\alpha^n-\beta^n).$$

これがフィボナッチ数列の一般項である.

●問 25.1

$$a_1=1,\quad a_2=1,\quad a_{n+2}=a_{n+1}+2a_n\quad(n\geq 1)$$

をみたす数列 (a_n) の一般項を求めよ.

線形微分方程式

関数 $y=f(x)$ とその導関数 $y'=\dfrac{dy}{dx},\ y''=\dfrac{d^2y}{dx^2},\dots$ を含む式を微分方程式という. 与えられた微分方程式をみたす関数 $y=f(x)$ を求めることを微分方程式を解くという.

◈例 **25.4** 微分方程式の簡単な例として

$$\frac{dy}{dx} = ay$$

を考える．ここで a は実数の定数である．この微分方程式は変数分離形とよばれるもので，両辺を y でわって

$$\frac{1}{y}\frac{dy}{dx} = a.$$

この両辺を x で積分して

$$\log y = ax + c \quad (c \text{ は定数})$$

となるから，$C = e^c$ とおけば，微分方程式の解

$$y = Ce^{ax}$$

が得られる．

ここでは p, q を定数として，次のような形の微分方程式を考える．

$$\frac{d^2y}{dx^2} = p\frac{dy}{dx} + qy. \tag{25.2}$$

このような形の微分方程式を定数係数の 2 階斉次線形微分方程式とよぶ．

V を $\mathbb{R}$ 全体で定義されていて何度でも微分できる関数全体のなす集合とする．V は例 14.4 と同じ和，スカラー倍でベクトル空間となる．

命題 25.5 微分方程式 (25.2) をみたす関数は V の部分空間をなす．

［証明］ y_1, y_2 が (25.2) の解であるとすると，微分の線形性から

$$\begin{aligned}\frac{d^2}{dx^2}(y_1 + y_2) &= \frac{d^2y_1}{dx^2} + \frac{d^2y_2}{dx^2} = \left(p\frac{dy_1}{dx} + qy_1\right) + \left(p\frac{dy_2}{dx} + qy_2\right) \\ &= p\frac{d}{dx}(y_1 + y_2) + q(y_1 + y_2).\end{aligned}$$

スカラー倍についての証明は省略する． □

以下

$$W = \left\{ y = f(x) \in V \;\middle|\; \frac{d^2y}{dx^2} = p\frac{dy}{dx} + qy \right\}$$

とおく．したがって，(25.2) を解くには，この空間の基底を求めればよい．そのために，まず簡単にみつかる基底をとって，その後で計算で具体的に求めることのできる基底に取り換える．関数 $y = f_1(x)$，$y = f_2(x)$ を微分方

程式 (25.2) をみたし，かつ初期条件

$$f_1(0)=1,\quad {f_1}'(0)=0,$$
$$f_2(0)=0,\quad {f_2}'(0)=1$$

をみたすものとする．このような $f_1(x), f_2(x)$ はそれぞれ 1 つに決まることが知られている．

補題 25.6　$(f_1(x), f_2(x))$ は W の基底である．

［証明］ まず 1 次独立であることを示すために $c_1f_1(x)+c_2f_2(x)=0$ とする．$x=0$ を代入すると $c_1=0$ がわかる．また微分してから $x=0$ を代入すると $c_2=0$ がでる．

次に f_1, f_2 が W を生成することをみる．f を W の任意の元とし，$f(0)=a_1, f'(0)=a_2$ とする．$g(x)=a_1f_1(x)+a_2f_2(x)$ とおくと，W が部分空間であることから $g(x)$ も (25.2) の解である．また $g(0)=a_1$, $g'(0)=a_2$ である．このような初期条件をみたす解は一意的に決まるので $f(x)=g(x)$ でなくてはならない．□

次に W の基底をとり直すために，$f(x)$ をその導関数 $f'(x)$ に対応させる W の線形変換を考える．

$$D\ :\ W\longrightarrow W,\ f(x)\mapsto f'(x).$$

$y=f(x)$ が (25.2) の解であれば，

$$\frac{d^2y}{dx^2}=p\frac{dy}{dx}+qy.$$

これを両辺微分すると

$$\frac{d^2(y')}{dx^2}=p\frac{d(y')}{dx}+qy'$$

となるから y' も解になることがわかるので $D(f(x))\in W$ である．

D の基底 $(f_1(x), f_2(x))$ に関する表現行列を求める．${f_1}''(x)=p{f_1}'(x)+qf_1(x)$ より，${f_1}''(0)=q$. したがって

$$D(f_1(x))={f_1}'(x)=qf_2(x).$$

同様に ${f_2}''(0)=p$ より

$$D(f_2(x))={f_2}'(x)=f_1(x)+pf_2(x).$$

あわせて

$$(D(f_1(x)), D(f_2(x))) = (f_1(x), f_2(x)) \begin{bmatrix} 0 & 1 \\ q & p \end{bmatrix}.$$

ここで上の表現行列 $A = \begin{bmatrix} 0 & 1 \\ q & p \end{bmatrix}$ の固有多項式 $|\lambda E - A| = \lambda^2 - p\lambda - q$ が 2 つの相異なる実数根 α, β をもつと仮定すると，W には固有ベクトルからなる基底が存在する．それはすなわち

$$\frac{dy}{dx} = \alpha y, \quad \frac{dy}{dx} = \beta y$$

の解であるから，例 25.4 により，C_1, C_2 を定数として

$$g_1(x) = C_1 e^{\alpha x}, \quad g_2(x) = C_2 e^{\beta x}$$

が解としてとれる．したがって，(25.2) の一般解はこの 2 つの関数の 1 次結合

$$C_1 e^{\alpha x} + C_2 e^{\beta x}$$

になる．

●**問 25.2** 微分方程式 $\dfrac{d^2y}{dx^2} = -5\dfrac{dy}{dx} + 6y$ を解け．

演習問題 VI

[A]

VI.1 次の写像のうち線形写像であるものを選べ．

(i) $f : \mathbb{R} \to \mathbb{R}, \quad [x] \mapsto [3x]$

(ii) $f : \mathbb{R} \to \mathbb{R}, \quad [x] \mapsto [-2x+1]$

(iii) $f : \mathbb{R}^2 \to \mathbb{R}, \quad \begin{bmatrix} x \\ y \end{bmatrix} \mapsto [x+2y]$

(iv) $f : \mathbb{R}^2 \to \mathbb{R}, \quad \begin{bmatrix} x \\ y \end{bmatrix} \mapsto [-xy]$

(v) $f : \mathbb{R} \to \mathbb{R}^2, \quad [x] \mapsto \begin{bmatrix} 2 \\ x \end{bmatrix}$

(vi) $f : \mathbb{R}^2 \to \mathbb{R}^2, \quad \begin{bmatrix} x \\ y \end{bmatrix} \mapsto \begin{bmatrix} x \\ 3x \end{bmatrix}$

(vii) $f : \mathbb{R}[x]_2 \to \mathbb{R}[x]_2, \quad g(x) \mapsto 2g'(x) - g(x)$

(viii) $f : \mathbb{R}[x]_2 \to \mathbb{R}[x]_4, \quad g(x) \mapsto g(x^2+1)$

(ix) $f:\mathbb{R}[x]_2 \to \mathbb{R}[x]_2,\quad a_0+a_1x+a_2x^2 \mapsto a_0+1+a_1x+a_2x^2$

(x) $f:\mathbb{R}[x]_2 \to \mathbb{R}^3,\quad a_0+a_1x+a_2x^2 \mapsto \begin{bmatrix} a_2-a_1 \\ a_0 \\ a_1+a_0 \end{bmatrix}$

(xi) $f:\mathbb{R}[x]_2 \to \mathbb{R},\quad a_0+a_1x+a_2x^2 \mapsto a_1^2-4a_0a_2$

VI.2 問題 VI.1 において線形写像であったものに対し，$\mathbb{R}^n$ には標準基底，$\mathbb{R}[x]_n$ には基底 $(1,x,\dots,x^n)$ をとったときの f の表現行列を求めよ．

VI.3 線形写像 $f:\mathbb{R}^3 \to \mathbb{R}^2$ は

$$f(\boldsymbol{e}_1)=\begin{bmatrix}2\\2\end{bmatrix},\quad f(\boldsymbol{e}_2)=\begin{bmatrix}4\\-3\end{bmatrix},\quad f(\boldsymbol{e}_3)=\begin{bmatrix}0\\3\end{bmatrix}$$

をみたしている．このとき次を求めよ．

(i) $f\left(\begin{bmatrix}3\\7\\-2\end{bmatrix}\right)$ (ii) $f\left(\begin{bmatrix}x\\y\\z\end{bmatrix}\right)$

VI.4 行列 $A=\begin{bmatrix}1&1&1\\-4&-3&-7\\2&1&5\end{bmatrix}$ で定まる $\mathbb{R}^3$ の線形変換 f について以下のものを求めよ．

(i) $\begin{bmatrix}-1\\2\\0\end{bmatrix}$ の像 (ii) 直線 $\boldsymbol{x}=t\begin{bmatrix}2\\2\\1\end{bmatrix}$ の像

(iii) 直線 $\dfrac{x-1}{4}=\dfrac{y-1}{-3}=\dfrac{z-1}{-1}$ の像

(iv) 平面 $\boldsymbol{x}=s\begin{bmatrix}-2\\3\\1\end{bmatrix}+t\begin{bmatrix}-1\\0\\2\end{bmatrix}$ の像 (v) 平面 $x+y+z=0$ の像

(vi) $\begin{bmatrix}1\\1\\2\end{bmatrix}$ の逆像 (vii) $\begin{bmatrix}2\\2\\-6\end{bmatrix}$ の逆像 (viii) 平面 $2x+y+z=0$ の逆像

(ix) $\mathrm{Ker}\, f$ の基底 (x) $\mathrm{Im}\, f$ の基底

VI.5 $A=\begin{bmatrix}1&2\\4&8\\2&3\end{bmatrix}$ が定める線形写像を $f_A:\mathbb{R}^2 \longrightarrow \mathbb{R}^3$ とする．以下のベクトルで $\mathrm{Im}\, f_A$ に属するものを選び，その逆像を求めよ．

$$\boldsymbol{a}=\begin{bmatrix}1\\1\\1\end{bmatrix}\qquad \boldsymbol{b}=\begin{bmatrix}1\\4\\-1\end{bmatrix}\qquad \boldsymbol{c}=\begin{bmatrix}0\\0\\-1\end{bmatrix}\qquad \boldsymbol{d}=\begin{bmatrix}3\\4\\1\end{bmatrix}$$

VI.6 $A = \begin{bmatrix} -7 & -4 & 22 \\ -3 & 0 & 8 \\ -3 & -1 & 9 \end{bmatrix}$ が定める $\mathbb{R}^3$ の線形変換 f を考える．$\mathbb{R}^3$ の部分空間 W を $W = \left\langle \boldsymbol{a}_1 = \begin{bmatrix} 3 \\ 3 \\ 2 \end{bmatrix}, \boldsymbol{a}_2 = \begin{bmatrix} 1 \\ 2 \\ 1 \end{bmatrix} \right\rangle$ とする．

(i) $f(W) \subset W$ を示し，f を W の線形変換と考えたときの $(\boldsymbol{a}_1, \boldsymbol{a}_2)$ に関する表現行列を求めよ．

(ii) $\boldsymbol{a} \in W$ を $(\boldsymbol{a}_1, \boldsymbol{a}_2)$ に関する座標が $\begin{bmatrix} 2 \\ 1 \end{bmatrix}$ となるベクトルとする．$f(\boldsymbol{a})$ の $(\boldsymbol{a}_1, \boldsymbol{a}_2)$ に関する座標と $\mathbb{R}^3$ の標準基底に関する座標を求めよ．

VI.7 以下の行列で定まる線形写像を考える．

$$A = \begin{bmatrix} -4 & -2 \\ 2 & 1 \end{bmatrix} \quad B = \begin{bmatrix} 1 & -3 & 0 \\ 4 & -9 & -1 \\ 1 & -2 & 0 \end{bmatrix} \quad C = \begin{bmatrix} -5 & -5 & -2 \\ -2 & -2 & -1 \\ 13 & 13 & 5 \end{bmatrix}$$

$$D = \begin{bmatrix} 1 & 1 & 0 \\ 2 & 3 & 1 \\ 2 & 2 & 1 \\ 4 & 4 & 2 \end{bmatrix} \quad F = \begin{bmatrix} 1 & 3 & 7 \\ 1 & 4 & 7 \\ -2 & -4 & -14 \\ 0 & -1 & 0 \end{bmatrix} \quad G = \begin{bmatrix} -1 & -3 & -6 & -2 \\ 1 & 2 & 4 & 2 \\ 0 & 1 & 2 & 1 \end{bmatrix}$$

(i) 核と像の基底と次元を求めよ．

(ii) 単射のものを選べ．

(iii) 全射のものを選べ．

VI.8 行列 A, B と $\mathbb{R}^2, \mathbb{R}^3$ の基底の組を次のように与える．

$$A = \begin{bmatrix} 3 & 1 \\ 5 & 2 \end{bmatrix}, \quad \left(\begin{bmatrix} -1 \\ 3 \end{bmatrix}, \begin{bmatrix} 2 \\ -5 \end{bmatrix} \right),$$

$$B = \begin{bmatrix} 1 & -2 & 0 \\ 0 & -1 & 0 \\ 1 & 2 & 1 \end{bmatrix}, \quad \left(\begin{bmatrix} 2 \\ 0 \\ 2 \end{bmatrix}, \begin{bmatrix} 2 \\ 1 \\ 1 \end{bmatrix}, \begin{bmatrix} 2 \\ 0 \\ 1 \end{bmatrix} \right).$$

A, B のそれぞれが定める線形変換について，以下の問に答えよ．

(i) 与えられた行列が標準行列であるとき，与えられた基底に関する表現行列を求めよ．

(ii) 与えられた行列が与えられた基底に関する表現行列であるとき，標準行列を求めよ．

VI.9 $\mathbb{R}^2, \mathbb{R}^3$ の標準基底をそれぞれ $\mathscr{E}_2, \mathscr{E}_3$ とする．

$$\mathscr{A} = \left(\begin{bmatrix} 1 \\ 1 \end{bmatrix}, \begin{bmatrix} 5 \\ 4 \end{bmatrix} \right) \qquad \mathscr{B} = \left(\begin{bmatrix} -1 \\ 0 \\ 4 \end{bmatrix}, \begin{bmatrix} 0 \\ 0 \\ -1 \end{bmatrix}, \begin{bmatrix} -1 \\ -1 \\ -5 \end{bmatrix} \right)$$

は $\mathbb{R}^2, \mathbb{R}^3$ の基底である．

(i) 次の基底変換行列を求めよ．P_1 : $\mathscr{A}$ から $\mathscr{E}_2$，P_2 : $\mathscr{B}$ から $\mathscr{E}_3$，P_3 : $\mathscr{E}_2$ から $\mathscr{A}$，P_4 : $\mathscr{E}_3$ から $\mathscr{B}$.

(ii) $f: \mathbb{R}^2 \longrightarrow \mathbb{R}^3$ の $\mathscr{A}, \mathscr{B}$ に関する表現行列が $A = \begin{bmatrix} 5 & 6 \\ 7 & 9 \\ 3 & 4 \end{bmatrix}$ であるとき，f の標準行列を求めよ．

(iii) $\mathscr{A}, \mathscr{E}_3$ に関する f の表現行列を求めよ．

VI.10 次の行列で定まる $\mathbb{R}^n$ $(n = 2, 3)$ の線形変換が対角化可能ならば対角化せよ．

(i) $A = \begin{bmatrix} 9 & 2 \\ -12 & -1 \end{bmatrix}$ (ii) $B = \begin{bmatrix} -5 & 7 & -7 \\ 7 & -5 & 7 \\ 7 & -7 & 9 \end{bmatrix}$

(iii) $C = \begin{bmatrix} 0 & -3 & 2 \\ 6 & 20 & -12 \\ 10 & 32 & -19 \end{bmatrix}$

VI.11 V, W をベクトル空間とし，$f : V \longrightarrow W$ を単射な線形写像とする．$\boldsymbol{a}_1, \ldots, \boldsymbol{a}_r \in V$ が 1 次独立ならば，$f(\boldsymbol{a}_1), \ldots, f(\boldsymbol{a}_r) \in W$ も 1 次独立であることを示せ．

VI.12 V, W をベクトル空間とし，$f : V \longrightarrow W$ を線形写像とする．次を示せ．

(i) T が V の部分空間 $\Longrightarrow$ $f(T)$ は W の部分空間．

(ii) U が W の部分空間 $\Longrightarrow$ $f^{-1}(U)$ は V の部分空間．

[B]

VI.13 $\mathbb{R}[x]_2$ の 2 つの基底

$$\mathscr{A} = (1, x, x^2) \qquad \mathscr{B} = (1, 1-x, (1-x)^2)$$

を考える．

(i) $\mathscr{A}$ から $\mathscr{B}$ への基底変換行列を求めよ．

(ii) $4 + 3x - 12x^2$ の $\mathscr{B}$ に関する座標を求めよ．

(iii) $g(x) \mapsto 3g'(x) - 2g(x)$ で与えられる $\mathbb{R}[x]_2$ の線形変換を f とする．f の $\mathscr{B}$ に関する表現行列を求めよ．

(iv) 求めた表現行列を利用して $f(a + b(1-x) + c(1-x)^2)$ を計算し，$\mathscr{B}$ の元の 1 次結合で表せ．

VI.14 次の $\mathbb{R}[x]_2$ のそれぞれの線形変換の表現行列が対角行列になるような $\mathbb{R}[x]_2$ の基底をそれぞれについて求めよ．

(i) $g(x) \mapsto 3g'(1-x) + g(1+2x)$

(ii) $a_0 + a_1x + a_2x^2 \mapsto (3a_0 - 8a_1 + 16a_2) + (a_0 - a_1 + 2a_2)x + (a_1 - 2a_2)x^2$

VI.15 V, W をベクトル空間とし，V の基底を $\mathscr{A}=(\boldsymbol{a}_1,\boldsymbol{a}_2,\boldsymbol{a}_3)$，$W$ の基底を $\mathscr{B}=(\boldsymbol{b}_1,\boldsymbol{b}_2,\boldsymbol{b}_3,\boldsymbol{b}_4)$ とする．以下の線形写像 $f_i : V \longrightarrow W$ について，その $\mathscr{A},\mathscr{B}$ に関する表現行列，および $\operatorname{Ker} f_i, \operatorname{Im} f_i$ の基底を求めよ．

(i) $f_1(\boldsymbol{a}_1)=\boldsymbol{b}_1+\boldsymbol{b}_4$，$f_1(\boldsymbol{a}_2)=2\boldsymbol{b}_1+\boldsymbol{b}_2+3\boldsymbol{b}_4$，$f_1(\boldsymbol{a}_3)=-\boldsymbol{b}_1+\boldsymbol{b}_2+\boldsymbol{b}_3$

(ii) $f_2(\boldsymbol{a}_1)=-\boldsymbol{b}_1-\boldsymbol{b}_3+\boldsymbol{b}_4$，$f_2(\boldsymbol{a}_2)=3\boldsymbol{b}_1+3\boldsymbol{b}_3-3\boldsymbol{b}_4$，
$f_2(\boldsymbol{a}_3)=-2\boldsymbol{b}_1+\boldsymbol{b}_2-2\boldsymbol{b}_3+2\boldsymbol{b}_4$

(iii) $f_3(\boldsymbol{a}_1)=2\boldsymbol{b}_2-2\boldsymbol{b}_3$，$f_3(\boldsymbol{a}_2)=7\boldsymbol{b}_1-7\boldsymbol{b}_3$，
$f_3(\boldsymbol{a}_3)=-\boldsymbol{b}_1-3\boldsymbol{b}_2-2\boldsymbol{b}_3-\boldsymbol{b}_4$

VI.16 V の線形変換 f が可逆であるための必要十分条件は f の固有値として 0 が現れないことであることを示せ．

VI.17 V, W をベクトル空間とし，$f, g : V \longrightarrow W$ をその間の 2 つの線形写像とする．このとき，

$$\text{和} \quad (f+g)(\boldsymbol{a}) = f(\boldsymbol{a}) + g(\boldsymbol{a})$$
$$\text{スカラー倍} \quad (kf)(\boldsymbol{a}) = k(f(\boldsymbol{a})) \quad (k \in \mathbb{R})$$

と定める．

(i) $f+g, kf$ がともに線形写像であることを示せ．

(ii) $\mathscr{A}=(\boldsymbol{a}_1,\ldots,\boldsymbol{a}_n)$，$\mathscr{B}=(\boldsymbol{b}_1,\ldots,\boldsymbol{b}_m)$ を V, W それぞれの基底とする．$\mathscr{A}, \mathscr{B}$ に関する f, g の表現行列を A, B とする．$f+g$, kf の $\mathscr{A}, \mathscr{B}$ に関するそれぞれの表現行列を A, B で表せ．

VI.18 W をベクトル空間 V の部分空間とする．$\boldsymbol{w} \in W$ を V のベクトルと考えることによってできる写像を $i : W \longrightarrow V$, $\boldsymbol{w} \mapsto \boldsymbol{w}$ とする．

(i) i は線形写像であることを示せ．

(ii) i は単射であることを示せ．また i が全射になるのは $V=W$ のときに限ることを示せ．

(iii) W の基底 $\mathscr{A}=(\boldsymbol{a}_1,\ldots,\boldsymbol{a}_n)$ を拡張して V の基底 $\mathscr{B}=(\boldsymbol{a}_1,\ldots,\boldsymbol{a}_n,\ldots,\boldsymbol{a}_m)$ を作る．$\mathscr{A},\mathscr{B}$ に関する i の表現行列を求めよ．

VI.19 f はベクトル空間 V の線形変換で $f \circ f = f$ をみたしているとする．このとき $V = \operatorname{Im} f \oplus \operatorname{Ker} f$ が成り立つことを示せ．

VI.20 A を n 次正方行列とし，$\boldsymbol{b} \in \mathbb{R}^n$ とする．

$$F_{A,\boldsymbol{b}} : \mathbb{R}^n \longrightarrow \mathbb{R}^n, \quad \boldsymbol{x} \mapsto A\boldsymbol{x} + \boldsymbol{b}$$

の形の写像を**アフィン変換**という．

(i) $F_{A,\boldsymbol{b}}$ が線形写像 $\Longleftrightarrow \boldsymbol{b} = \boldsymbol{0}$ を示せ．

(ii) $F_{A_2,\boldsymbol{b}_2} \circ F_{A_1,\boldsymbol{b}_1}$ がアフィン変換であることを示せ．

(iii) $F_{A,\boldsymbol{b}}$ が可逆 $\Longleftrightarrow A$ が正則を示せ．またこのとき ${F_{A,\boldsymbol{b}}}^{-1}$ を求めよ．

VII 内積空間

第I章で平面あるいは空間のベクトルに対して内積を定義した．内積を導入することによって，ベクトルの長さや，2つのベクトルのなす角などを定義することができた．この章では，一般の実および複素ベクトル空間の内積を定義し，内積の入った空間の性質，およびその間の線形写像について調べる．

26 実ベクトル空間の内積

一般の内積は平面ベクトルや空間ベクトルの内積のもつ性質のうち，重要なものを取り出して，それらの性質をみたすものとして定義する．

定義 26.1. V を実ベクトル空間とする．任意の2つのベクトル $\boldsymbol{a}, \boldsymbol{b} \in V$ に対して，以下の性質をみたす実数 $(\boldsymbol{a}, \boldsymbol{b})$ を対応させる写像を V の**内積**という．

$\boldsymbol{a}, \boldsymbol{b}, \boldsymbol{c} \in V$, $c \in \mathbb{R}$ に対して，

双線形性 $(\boldsymbol{a}+\boldsymbol{b}, \boldsymbol{c}) = (\boldsymbol{a}, \boldsymbol{c}) + (\boldsymbol{b}, \boldsymbol{c})$

$$(\boldsymbol{a}, \boldsymbol{b}+\boldsymbol{c}) = (\boldsymbol{a}, \boldsymbol{b}) + (\boldsymbol{a}, \boldsymbol{c})$$

$$(k\boldsymbol{a}, \boldsymbol{b}) = k(\boldsymbol{a}, \boldsymbol{b})$$

$$(\boldsymbol{a}, k\boldsymbol{b}) = k(\boldsymbol{a}, \boldsymbol{b})$$

対称性 $(\boldsymbol{a}, \boldsymbol{b}) = (\boldsymbol{b}, \boldsymbol{a})$

正値性 $(\boldsymbol{a}, \boldsymbol{a}) \geq 0$. 等号は $\boldsymbol{a} = \boldsymbol{0}$ のときのみ成り立つ.

内積をもつベクトル空間を**内積空間**という.

双線形性というのは，片方の変数を固定したときに，もう一つの変数に関して線形写像になるということである．対称性から，双線形性の 1 番目の式と 3 番目の式から，2 番目の式と 4 番目の式がそれぞれ得られる．

内積の記号はベクトルの組の記号と同じであるが，混乱することはないであろう．

◆**例 26.2** $\boldsymbol{a} = \begin{bmatrix} a_1 \\ \vdots \\ a_n \end{bmatrix}$, $\boldsymbol{b} = \begin{bmatrix} b_1 \\ \vdots \\ b_n \end{bmatrix} \in \mathbb{R}^n$ に対して

$$\boldsymbol{a} \cdot \boldsymbol{b} = {}^{\mathrm{t}}\boldsymbol{a}\boldsymbol{b} = a_1 b_1 + \cdots + a_n b_n$$

は内積になる．これを $\mathbb{R}^n$ の**標準内積**という．$\mathbb{R}^n$ を標準内積によって内積空間とみるとき，n 次元**ユークリッド空間**とよぶ.

なお，${}^{\mathrm{t}}\boldsymbol{a}$ は $\boldsymbol{a}$ を転置した行ベクトルである．${}^{\mathrm{t}}\boldsymbol{a}\boldsymbol{b}$ は本来は 1×1 行列であるが，内積に関する式においては，スカラーと同一視することにする.

$V = \mathbb{R}^n$ には標準内積以外にもいろいろな内積を定義することができる.

●**問 26.1** c_1, c_2 を正の実数とし，$\boldsymbol{a} = \begin{bmatrix} a_1 \\ a_2 \end{bmatrix}$, $\boldsymbol{b} = \begin{bmatrix} b_1 \\ b_2 \end{bmatrix}$ に対して，

$$(\boldsymbol{a}, \boldsymbol{b}) = c_1 a_1 b_1 + c_2 a_2 b_2$$

と定義すると，$(\boldsymbol{a}, \boldsymbol{b})$ は $\mathbb{R}^2$ の内積になることを証明せよ.

さらに $c_1 = 1$, $c_2 = -1$ のときには内積にならないことを示せ.

内積が定義されていると，長さ (ノルム) や，直交の概念を定義することができる.

定義 26.3. V を内積空間とする.

(i) $\boldsymbol{a} \in V$ に対して

$$\|\boldsymbol{a}\| = \sqrt{(\boldsymbol{a}, \boldsymbol{a})}$$

を $\boldsymbol{a}$ のノルムという.

(ii) $\boldsymbol{a}, \boldsymbol{b} \in V$ が $(\boldsymbol{a}, \boldsymbol{b}) = 0$ をみたすとき, $\boldsymbol{a}$ と $\boldsymbol{b}$ は直交するという.

●問 26.2 (i) $\|\boldsymbol{a}\| = 0 \Longleftrightarrow \boldsymbol{a} = \boldsymbol{0}$ を示せ.

(ii) $c \in \mathbb{R}$ に対して, $\|c\boldsymbol{a}\| = |c| \, \|\boldsymbol{a}\|$ を示せ.

●問 26.3 $\boldsymbol{a} = \begin{bmatrix} 4 \\ 4 \\ 0 \\ 7 \end{bmatrix}$, $\boldsymbol{b} = \begin{bmatrix} 3 \\ -3 \\ 5 \\ -2 \end{bmatrix} \in \mathbb{R}^4$ に対して, 標準内積 $\boldsymbol{a} \cdot \boldsymbol{b}$ および $\|\boldsymbol{a}\|$ を計算せよ.

◆例 **26.4** $f(x), g(x) \in \mathbb{R}[x]_n$ に対して,

$$(f(x), g(x)) = \int_{-1}^{1} f(x)g(x)\,dx$$

とすると, これは $\mathbb{R}[x]_n$ の内積になる. 実際, 双線形性は積分の線形性から従う. 対称性は定義から明らか. $f(x)^2 \geq 0$ であることから, $(f(x), f(x)) = \int_{-1}^{1} f(x)^2\,dx \geq 0$. $f(x)^2$ が連続関数であることから, $(f(x), f(x)) = 0$ と $f(x)$ が零多項式であることは同値である.

●問 26.4 例 26.4 で定義した内積に関して次を計算せよ.

(i) $(1 + x - x^2, 2 - x)$ (ii) $(x, 3x^2 - 1)$ (iii) $\|1 + x\|$

内積の性質として次の 2 つの不等式は重要である.

> **定理 26.5** $\boldsymbol{a}, \boldsymbol{b}$ を内積空間 V の任意の元とするとき,
>
> (i) $|(\boldsymbol{a}, \boldsymbol{b})| \leq \|\boldsymbol{a}\| \, \|\boldsymbol{b}\|$ (コーシー・シュワルツの不等式)
>
> (ii) $\|\boldsymbol{a} + \boldsymbol{b}\| \leq \|\boldsymbol{a}\| + \|\boldsymbol{b}\|$ (三角不等式)

[証明] (i) $\boldsymbol{a} = \boldsymbol{0}$ のときは両辺 0 で不等式が成立する. $\boldsymbol{a} \neq \boldsymbol{0}$ とする. t の関数 $f(t) = \|t\boldsymbol{a} + \boldsymbol{b}\|^2$ を考える. 双線形性から

$$f(t) = (t\boldsymbol{a} + \boldsymbol{b}, t\boldsymbol{a} + \boldsymbol{b}) = \|\boldsymbol{a}\|^2 t^2 + 2(\boldsymbol{a}, \boldsymbol{b})t + \|\boldsymbol{b}\|^2.$$

$\|\boldsymbol{a}\| \neq 0$ だから, $f(t)$ は t に関する 2 次関数であって, 内積の正値性から, すべての t について, $f(t) \geq 0$ だから, その判別式は

$$4(\boldsymbol{a}, \boldsymbol{b})^2 - 4\|\boldsymbol{a}\|^2\|\boldsymbol{b}\|^2 \leq 0.$$

移項して平方根をとれば求める不等式が得られる．

(ii) の証明は命題 1.2 と同様なので省略する． □

27 正規直交基底

定義 27.1. 内積空間 V の基底 $(\boldsymbol{u}_1, \ldots, \boldsymbol{u}_n)$ をなすベクトルが互いに直交するとき，**直交基底**であるという．さらに，すべての $\boldsymbol{u}_i$ のノルムが 1 であるとき**正規直交基底**であるという．

$(\boldsymbol{u}_1, \ldots, \boldsymbol{u}_n)$ が正規直交基底であるための条件を次のように書くことがある．

$$(\boldsymbol{u}_i, \boldsymbol{u}_j) = \delta_{ij}.$$

ここで δ_{ij} は**クロネッカーのデルタ**とよばれ $i = j$ のときは 1，$i \neq j$ のときは 0 を表す．

◆**例 27.2** $\mathbb{R}^n$ の標準基底 $(\boldsymbol{e}_1, \ldots, \boldsymbol{e}_n)$ は標準内積に関して正規直交基底である．

$(\boldsymbol{v}_1, \ldots, \boldsymbol{v}_n)$ が直交基底ならば，$\boldsymbol{u}_i = \dfrac{\boldsymbol{v}_i}{\|\boldsymbol{v}_i\|}$ とおくと，

$$(\boldsymbol{u}_i, \boldsymbol{u}_j) = \frac{(\boldsymbol{v}_i, \boldsymbol{v}_j)}{\|\boldsymbol{v}_i\| \, \|\boldsymbol{v}_j\|} = \begin{cases} \dfrac{(\boldsymbol{v}_i, \boldsymbol{v}_i)}{\|\boldsymbol{v}_i\|^2} = 1 & (i = j \text{ のとき}) \\ 0 & (i \neq j \text{ のとき}) \end{cases}$$

となるから $(\boldsymbol{u}_1, \ldots, \boldsymbol{u}_n)$ は正規直交基底になる．直交基底から正規直交基底を作り出すこの方法を**正規化**という．

●問 27.1 $\left(\begin{bmatrix} 1 \\ 0 \\ 1 \end{bmatrix}, \begin{bmatrix} -1 \\ 2 \\ 1 \end{bmatrix}, \begin{bmatrix} 1 \\ 1 \\ -1 \end{bmatrix} \right)$ は 3 次元ユークリッド空間の直交基底であることを示せ．また正規化することにより，正規直交基底を作れ．

内積空間 V に正規直交基底 $(\boldsymbol{u}_1, \ldots, \boldsymbol{u}_n)$ があると，次のように V の内積を計算できる．

命題 27.3 $(\boldsymbol{u}_1, \ldots, \boldsymbol{u}_n)$ が内積空間 V の直交基底ならば

$$\boldsymbol{a} = a_1\boldsymbol{u}_1 + \cdots + a_n\boldsymbol{u}_n, \quad \boldsymbol{b} = b_1\boldsymbol{u}_1 + \cdots + b_n\boldsymbol{u}_n \in V$$

に対して,

$$(\boldsymbol{a}, \boldsymbol{b}) = a_1b_1\|\boldsymbol{u}_1\|^2 + \cdots + a_nb_n\|\boldsymbol{u}_n\|^2.$$

特に $(\boldsymbol{u}_1, \ldots, \boldsymbol{u}_n)$ が正規直交基底ならば

$$(\boldsymbol{a}, \boldsymbol{b}) = a_1b_1 + \cdots + a_nb_n.$$

[証明] 内積の双線形性から

$$(\boldsymbol{a}, \boldsymbol{b}) = (a_1\boldsymbol{u}_1 + \cdots + a_n\boldsymbol{u}_n, b_1\boldsymbol{u}_1 + \cdots + b_n\boldsymbol{u}_n) = \sum_{i=1}^{n}\sum_{j=1}^{n} a_ib_j(\boldsymbol{u}_i, \boldsymbol{u}_j).$$

ここで $\boldsymbol{u}_1, \boldsymbol{u}_2, \ldots, \boldsymbol{u}_n$ の直交性から $i \neq j$ なら $(\boldsymbol{u}_i, \boldsymbol{u}_j) = 0$. よって上の和は $i = j$ のところだけが残って,

$$(\boldsymbol{a}, \boldsymbol{b}) = \sum_{i=1}^{n} a_ib_i(\boldsymbol{u}_i, \boldsymbol{u}_i) = a_1b_1\|\boldsymbol{u}_1\|^2 + \cdots + a_nb_n\|\boldsymbol{u}_n\|^2.$$

最後の式は, この式から明らかである. □

補注 27.4 例 22.4 でみたように, ベクトル空間 V の基底を $\mathscr{U} = (\boldsymbol{u}_1, \ldots, \boldsymbol{u}_n)$ を与えると,

$$f : \mathbb{R}^n \longrightarrow V, \quad f\left(\begin{bmatrix} x_1 \\ \vdots \\ x_n \end{bmatrix}\right) = x_1\boldsymbol{u}_1 + \cdots + x_n\boldsymbol{u}_n$$

によって, V と $\mathbb{R}^n$ は同型でベクトル空間として同一視できたのであった.

さて V を内積空間とし, $\mathscr{U}$ をその正規直交基底とする. 上の命題によれば $\boldsymbol{a}$ と $\boldsymbol{b}$ の V での内積 $(\boldsymbol{a}, \boldsymbol{b})$ は $\mathscr{U}$ に関するそれぞれの座標 $\begin{bmatrix} a_1 \\ \vdots \\ a_n \end{bmatrix}$, $\begin{bmatrix} b_1 \\ \vdots \\ b_n \end{bmatrix}$ の $\mathbb{R}^n$ の標準内積で計算できる. すなわち

$$(\boldsymbol{a}, \boldsymbol{b}) = \left(f\left(\begin{bmatrix} a_1 \\ \vdots \\ a_n \end{bmatrix}\right), f\left(\begin{bmatrix} b_1 \\ \vdots \\ b_n \end{bmatrix}\right)\right) = [a_1 \quad \cdots \quad a_n]\begin{bmatrix} b_1 \\ \vdots \\ b_n \end{bmatrix}.$$

つまり, ベクトルに正規直交基底に関する座標を対応させることによって内積空間 V は n 次元ユークリッド空間と同一視できることになる.

そこで正規直交基底の存在が問題になるが, それに答えるのが次の定理である.

定理 27.5 1次元以上のすべての内積空間には正規直交基底が存在する．

この定理の証明は与えられた基底から正規直交基底を作り出す具体的な手続きを与える．それを説明するために次の準備をする．

命題 27.6 W を内積空間 V の部分空間とする．W は V の内積で内積空間になる．$(\boldsymbol{u}_1, \ldots, \boldsymbol{u}_r)$ を W の直交基底とする．このとき，$\boldsymbol{a} \in V$ に対して，

$$P_W(\boldsymbol{a}) = \frac{(\boldsymbol{a}, \boldsymbol{u}_1)}{\|\boldsymbol{u}_1\|^2}\boldsymbol{u}_1 + \cdots + \frac{(\boldsymbol{a}, \boldsymbol{u}_r)}{\|\boldsymbol{u}_r\|^2}\boldsymbol{u}_r$$

とおくと，$P_W(\boldsymbol{a}) \in W$ であり，$\boldsymbol{a} - P_W(\boldsymbol{a})$ は W の任意のベクトルと直交する．

［証明］$P_W(\boldsymbol{a})$ は W の基底をなす $\boldsymbol{u}_1, \ldots, \boldsymbol{u}_r$ の1次結合だから $P_W(\boldsymbol{a}) \in W$ である．$\boldsymbol{b}$ を W の任意のベクトルとすると，$\boldsymbol{b} = b_1\boldsymbol{u}_1 + \cdots + b_r\boldsymbol{u}_r$ と書ける．このとき，

$$(\boldsymbol{b}, \boldsymbol{a} - P_W(\boldsymbol{a})) = (\boldsymbol{b}, \boldsymbol{a}) - (\boldsymbol{b}, P_W(\boldsymbol{a})).$$

$\boldsymbol{a}$ の W への正射影

右辺の第1項は双線形性から

$$(\boldsymbol{b}, \boldsymbol{a}) = (b_1\boldsymbol{u}_1 + \cdots + b_r\boldsymbol{u}_r, \boldsymbol{a}) = b_1(\boldsymbol{u}_1, \boldsymbol{a}) + \cdots + b_r(\boldsymbol{u}_r, \boldsymbol{a}).$$

また第2項は命題 27.3 を使うと

$$(\boldsymbol{b}, P_W(\boldsymbol{a})) = \left(b_1\boldsymbol{u}_1 + \cdots + b_r\boldsymbol{u}_r, \frac{(\boldsymbol{a}, \boldsymbol{u}_1)}{\|\boldsymbol{u}_1\|^2}\boldsymbol{u}_1 + \cdots + \frac{(\boldsymbol{a}, \boldsymbol{u}_r)}{\|\boldsymbol{u}_r\|^2}\boldsymbol{u}_r\right)$$
$$= b_1(\boldsymbol{a}, \boldsymbol{u}_1) + \cdots + b_r(\boldsymbol{a}, \boldsymbol{u}_r).$$

以上から $(\boldsymbol{b}, \boldsymbol{a} - P_W(\boldsymbol{a})) = 0$ が得られる． □

この命題の $P_W(\boldsymbol{a})$ を $\boldsymbol{a}$ の W への**正射影**とよぶ．

●**問 27.2** 3次元ユークリッド空間のベクトル $\begin{bmatrix} -6 \\ 8 \\ 8 \end{bmatrix}$ の以下の部分空間 W_1 および W_2 への正射影をそれぞれ求めよ．

(i) $W_1 = \left\langle \begin{bmatrix} 1 \\ 2 \\ 1 \end{bmatrix} \right\rangle$　　(ii) $W_2 = \left\langle \begin{bmatrix} 1 \\ 2 \\ 1 \end{bmatrix}, \begin{bmatrix} 1 \\ 1 \\ -3 \end{bmatrix} \right\rangle$

ここで W_2 の 2 つのベクトルは直交していることに注意せよ．

> **命題 27.7**　$\mathbf{0}$ でないベクトル $\boldsymbol{a}_1, \ldots, \boldsymbol{a}_r \in V$ が互いに直交するならば 1 次独立である．

［証明］$c_1\boldsymbol{a}_1 + \cdots + c_r\boldsymbol{a}_r = \mathbf{0}$ とする．$\boldsymbol{a}_1$ と両辺の内積をとると，

$$\begin{aligned} 0 &= (c_1\boldsymbol{a}_1 + \cdots + c_r\boldsymbol{a}_r, \boldsymbol{a}_1) \\ &= c_1(\boldsymbol{a}_1, \boldsymbol{a}_1) + c_2(\boldsymbol{a}_2, \boldsymbol{a}_1) + \cdots + c_r(\boldsymbol{a}_r, \boldsymbol{a}_1). \end{aligned}$$

仮定から，$j \neq 1$ なら $(\boldsymbol{a}_j, \boldsymbol{a}_1) = 0$ だから，右辺は $c_1(\boldsymbol{a}_1, \boldsymbol{a}_1)$ に等しい．$\boldsymbol{a}_1 \neq \mathbf{0}$ より $c_1 = 0$ が得られる．同様に $\boldsymbol{a}_i$ との内積をとると，$c_i = 0$ がでる．□

［定理 *27.5* の証明］$(\boldsymbol{a}_1, \ldots, \boldsymbol{a}_n)$ を V の任意の基底とする．$\boldsymbol{b}_1 = \boldsymbol{a}_1$ とおく．次に

$$\boldsymbol{b}_2 = \boldsymbol{a}_2 - P_{\langle \boldsymbol{b}_1 \rangle}(\boldsymbol{a}_2) = \boldsymbol{a}_2 - \frac{(\boldsymbol{a}_2, \boldsymbol{b}_1)}{\|\boldsymbol{b}_1\|^2}\boldsymbol{b}_1$$

とする．さらに

$$\boldsymbol{b}_3 = \boldsymbol{a}_3 - P_{\langle \boldsymbol{b}_1, \boldsymbol{b}_2 \rangle}(\boldsymbol{a}_3)$$

を作る．以下同様にして $\boldsymbol{b}_1, \ldots, \boldsymbol{b}_k$ ができたとき

$$\begin{aligned} \boldsymbol{b}_{k+1} &= \boldsymbol{a}_{k+1} - P_{\langle \boldsymbol{b}_1, \ldots, \boldsymbol{b}_k \rangle}(\boldsymbol{a}_{k+1}) \\ &= \boldsymbol{a}_{k+1} - \left(\frac{(\boldsymbol{a}_{k+1}, \boldsymbol{b}_1)}{\|\boldsymbol{b}_1\|^2}\boldsymbol{b}_1 + \cdots + \frac{(\boldsymbol{a}_{k+1}, \boldsymbol{b}_k)}{\|\boldsymbol{b}_k\|^2}\boldsymbol{b}_k \right) \end{aligned}$$

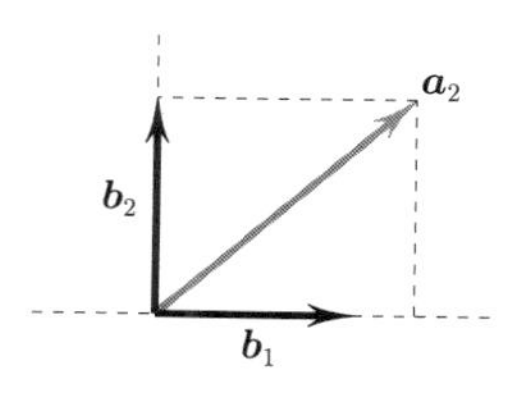

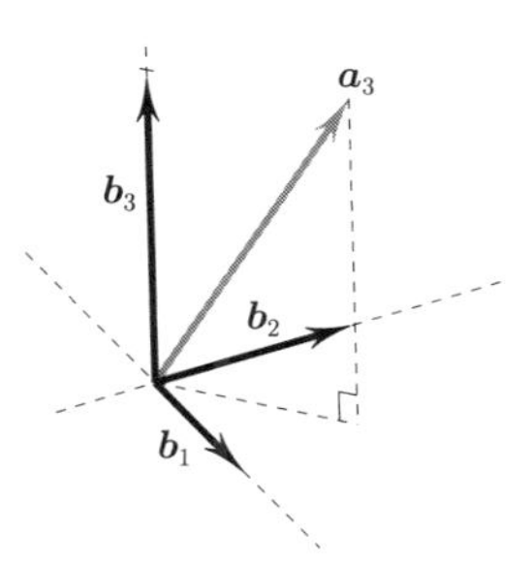

グラム・シュミットの直交化法

と定義することにより，ベクトルの組 $(\boldsymbol{b}_1,\ldots,\boldsymbol{b}_n)$ が得られる．構成から

$$(\boldsymbol{a}_1,\boldsymbol{a}_2,\ldots,\boldsymbol{a}_n)=(\boldsymbol{b}_1,\boldsymbol{b}_2,\ldots,\boldsymbol{b}_n)\begin{bmatrix}1 & \dfrac{(\boldsymbol{a}_2,\boldsymbol{b}_1)}{\|\boldsymbol{b}_1\|^2} & \cdots & \dfrac{(\boldsymbol{a}_n,\boldsymbol{b}_1)}{\|\boldsymbol{b}_1\|^2} \\ 0 & 1 & & \dfrac{(\boldsymbol{a}_n,\boldsymbol{b}_2)}{\|\boldsymbol{b}_2\|^2} \\ 0 & 0 & & \dfrac{(\boldsymbol{a}_n,\boldsymbol{b}_3)}{\|\boldsymbol{b}_3\|^2} \\ \vdots & & \ddots & \vdots \\ 0 & 0 & \cdots & 1\end{bmatrix}.$$

右辺にでてくる上三角行列は行列式が 1 だから正則．したがって $(\boldsymbol{b}_1,\boldsymbol{b}_2,\ldots,\boldsymbol{b}_n)$ は基底になる．さらに命題 27.6 から $\boldsymbol{b}_1,\ldots,\boldsymbol{b}_n$ は互いに直交する．以上より $(\boldsymbol{b}_1,\ldots,\boldsymbol{b}_n)$ は V の直交基底になる．よって正規化して $\boldsymbol{u}_i=\dfrac{\boldsymbol{b}_i}{\|\boldsymbol{b}_i\|}$ とすると，$(\boldsymbol{u}_1,\ldots,\boldsymbol{u}_n)$ は V の正規直交基底になる． □

この証明で与えられた正規直交基底の構成法を**グラム・シュミットの直交化法**という．

補注 27.8　証明にでてきた基底変換行列が上三角行列になることから，$k=1,\ldots,n$ に対して，$\langle\boldsymbol{a}_1,\ldots,\boldsymbol{a}_k\rangle\subset\langle\boldsymbol{b}_1,\ldots,\boldsymbol{b}_k\rangle$ が成り立つ．正則な上三角行列の逆行列はまた上三角行列だから，逆の包含関係も成り立って

$$\langle\boldsymbol{a}_1,\ldots,\boldsymbol{a}_k\rangle=\langle\boldsymbol{b}_1,\ldots,\boldsymbol{b}_k\rangle$$

となる．つまりグラム・シュミットの直交化法は部分空間 $\langle\boldsymbol{a}_1,\ldots,\boldsymbol{a}_k\rangle$ の直交基底も与えている．

例題 27.9　3 次元ユークリッド空間の基底

$$\left(\boldsymbol{a}_1=\begin{bmatrix}1\\1\\-1\end{bmatrix},\boldsymbol{a}_2=\begin{bmatrix}4\\4\\-1\end{bmatrix},\boldsymbol{a}_3=\begin{bmatrix}2\\4\\3\end{bmatrix}\right)$$

をグラム・シュミットの直交化法によって直交化せよ．

【解】　まず $\boldsymbol{b}_1=\boldsymbol{a}_1$．次に

$$\boldsymbol{a}_2\cdot\boldsymbol{b}_1=9,\quad \|\boldsymbol{b}_1\|^2=3.$$

よって，

$$\boldsymbol{b}_2=\boldsymbol{a}_2-\frac{\boldsymbol{a}_2\cdot\boldsymbol{b}_1}{\|\boldsymbol{b}_1\|^2}\boldsymbol{b}_1=\boldsymbol{a}_2-3\boldsymbol{b}_1=\begin{bmatrix}1\\1\\2\end{bmatrix}.$$

また

$$\boldsymbol{a}_3 \cdot \boldsymbol{b}_1 = 3, \quad \boldsymbol{a}_3 \cdot \boldsymbol{b}_2 = 12, \quad \|\boldsymbol{b}_2\|^2 = 6.$$

したがって

$$\boldsymbol{b}_3 = \boldsymbol{a}_3 - \frac{\boldsymbol{a}_3 \cdot \boldsymbol{b}_1}{\|\boldsymbol{b}_1\|^2}\boldsymbol{b}_1 - \frac{\boldsymbol{a}_3 \cdot \boldsymbol{b}_2}{\|\boldsymbol{b}_2\|^2}\boldsymbol{b}_2 = \boldsymbol{a}_3 - \boldsymbol{b}_1 - 2\boldsymbol{b}_2 = \begin{bmatrix} -1 \\ 1 \\ 0 \end{bmatrix}.$$

これで直交基底 $(\boldsymbol{b}_1, \boldsymbol{b}_2, \boldsymbol{b}_3)$ ができた．これを正規化して，

$$\left(\frac{1}{\sqrt{3}} \begin{bmatrix} 1 \\ 1 \\ -1 \end{bmatrix}, \frac{1}{\sqrt{6}} \begin{bmatrix} 1 \\ 1 \\ 2 \end{bmatrix}, \frac{1}{\sqrt{2}} \begin{bmatrix} -1 \\ 1 \\ 0 \end{bmatrix} \right)$$

が正規直交基底になる．

●**問 27.3** ユークリッド空間 $\mathbb{R}^2$ および $\mathbb{R}^3$ の次の基底をグラム・シュミットの直交化法によって直交化せよ．

(i) $\left(\begin{bmatrix} 1 \\ 3 \end{bmatrix}, \begin{bmatrix} 5 \\ 5 \end{bmatrix} \right)$ (ii) $\left(\begin{bmatrix} 1 \\ 1 \\ -1 \end{bmatrix}, \begin{bmatrix} 1 \\ -2 \\ 2 \end{bmatrix}, \begin{bmatrix} 0 \\ 4 \\ -2 \end{bmatrix} \right)$

直交補空間

V を内積空間とし，W をその部分空間とする．W のすべてのベクトルと直交する V の元全体を

$$W^{\perp} = \{\boldsymbol{a} \in V \mid すべての\ \boldsymbol{w} \in W\ に対して\ (\boldsymbol{a}, \boldsymbol{w}) = 0\}$$

と書いて，W の**直交補空間**という．

◆**例 27.10** 3 次元ユークリッド空間内の原点を通る平面を W とする．W は部分空間である．W の法線ベクトルで生成されるベクトル空間は W の直交補空間になる．

命題 27.11 W の直交補空間 $W^{\perp}$ は V の部分空間で

$$V = W \oplus W^{\perp}$$

が成り立つ．すなわち，V の任意の元は W の元と $W^{\perp}$ の元の和に一意的に分解される．これを V の**直交分解**とよぶ．

［証明］ $\mathbf{0} \in W^{\perp}$ は明らか．$\boldsymbol{a}, \boldsymbol{b} \in W^{\perp}$，$c \in \mathbb{R}$ とすると，内積の双線形性から，任意の $\boldsymbol{w} \in W$ に対して，

$$(\boldsymbol{a}+\boldsymbol{b}, \boldsymbol{w}) = (\boldsymbol{a}, \boldsymbol{w}) + (\boldsymbol{b}, \boldsymbol{w}) = 0,$$
$$(c\boldsymbol{a}, \boldsymbol{w}) = c(\boldsymbol{a}, \boldsymbol{w}) = 0.$$

よって $W^{\perp}$ は V の部分空間である．

$\boldsymbol{x} \in V$ とする．$\boldsymbol{x}$ の W への正射影 $P_W(\boldsymbol{x})$ を考えると，命題27.6より，$P_W(\boldsymbol{x}) \in W$ かつ $\boldsymbol{x} - P_W(\boldsymbol{x}) \in W^{\perp}$．したがって $\boldsymbol{x}$ は W の元と $W^{\perp}$ の元の和で書ける．よって $V = W + W^{\perp}$．

$\boldsymbol{x} = \boldsymbol{a} + \boldsymbol{b} = \boldsymbol{a}' + \boldsymbol{b}'$ $(\boldsymbol{a}, \boldsymbol{a}' \in W,\ \boldsymbol{b}, \boldsymbol{b}' \in W^{\perp})$ と書けたとする．このとき，$\boldsymbol{a} - \boldsymbol{a}' = \boldsymbol{b}' - \boldsymbol{b}$ が成り立ち，左辺は W の元，右辺は $W^{\perp}$ の元になる．したがって

$$0 = (\boldsymbol{a} - \boldsymbol{a}', \boldsymbol{b}' - \boldsymbol{b}) = (\boldsymbol{a} - \boldsymbol{a}', \boldsymbol{a} - \boldsymbol{a}') = (\boldsymbol{b}' - \boldsymbol{b}, \boldsymbol{b}' - \boldsymbol{b}).$$

内積の正値性から $\boldsymbol{a} - \boldsymbol{a}' = \boldsymbol{b}' - \boldsymbol{b} = \mathbf{0}$．すなわち $\boldsymbol{a} = \boldsymbol{a}'$，$\boldsymbol{b} = \boldsymbol{b}'$ が成り立つ． □

◆**例 27.12** 4次元ユークリッド空間 $\mathbb{R}^4$ の部分空間

$$W = \left\langle \boldsymbol{a}_1 = \begin{bmatrix} 1 \\ 0 \\ 1 \\ 1 \end{bmatrix},\ \boldsymbol{a}_2 = \begin{bmatrix} 0 \\ 1 \\ 1 \\ -1 \end{bmatrix} \right\rangle$$

の直交補空間の基底を求める．

W の任意の元は $c_1\boldsymbol{a}_1 + c_2\boldsymbol{a}_2$ と書ける．

$$\boldsymbol{x} \cdot (c_1\boldsymbol{a}_1 + c_2\boldsymbol{a}_2) = c_1(\boldsymbol{x} \cdot \boldsymbol{a}_1) + c_2(\boldsymbol{x} \cdot \boldsymbol{a}_2)$$

だから，

$$\boldsymbol{x} \in W^{\perp} \iff \boldsymbol{x} \cdot \boldsymbol{a}_1 = 0 \text{ かつ } \boldsymbol{x} \cdot \boldsymbol{a}_2 = 0.$$

まとめて書くと

$${}^{\mathrm{t}}\boldsymbol{x} \begin{bmatrix} \boldsymbol{a}_1 & \boldsymbol{a}_2 \end{bmatrix} = \begin{bmatrix} 0 & 0 \end{bmatrix}.$$

この式をみたす $\boldsymbol{x}$ を求めればよい．転置をとって，$\boldsymbol{x}$ に関する連立1次方程式

$$\begin{bmatrix} {}^{\mathrm{t}}\boldsymbol{a}_1 \\ {}^{\mathrm{t}}\boldsymbol{a}_2 \end{bmatrix} \boldsymbol{x} = \begin{bmatrix} 0 \\ 0 \end{bmatrix}$$

を得る．係数行列 $\begin{bmatrix} {}^{\mathrm{t}}\boldsymbol{a}_1 \\ {}^{\mathrm{t}}\boldsymbol{a}_2 \end{bmatrix} = \begin{bmatrix} 1 & 0 & 1 & 1 \\ 0 & 1 & 1 & -1 \end{bmatrix}$ はすでに簡約行列だから，s, t をパラメータとして，$\boldsymbol{x}$ は

$$\boldsymbol{x} = \begin{bmatrix} -s-t \\ -s+t \\ s \\ t \end{bmatrix} = s \begin{bmatrix} -1 \\ -1 \\ 1 \\ 0 \end{bmatrix} + t \begin{bmatrix} -1 \\ 1 \\ 0 \\ 1 \end{bmatrix}.$$

これから $W^\perp$ の基底は $\left(\begin{bmatrix}-1\\-1\\1\\0\end{bmatrix}, \begin{bmatrix}-1\\1\\0\\1\end{bmatrix}\right)$.

一般に $\boldsymbol{a}_1,\dots,\boldsymbol{a}_r$ が列ベクトルのとき $\langle \boldsymbol{a}_1,\dots,\boldsymbol{a}_r\rangle^\perp$ は $A=\begin{bmatrix}\boldsymbol{a}_1 & \cdots & \boldsymbol{a}_r\end{bmatrix}$ としたとき，A の転置行列の零空間 $N({}^{t}A)$ に等しい．

●問 27.4　$W, W^\perp$ を例 27.12 で求めたものとする．$\begin{bmatrix}0\\4\\1\\1\end{bmatrix}$ を W の元と $W^\perp$ の元の和で表せ．

●問 27.5　3 次元ユークリッド空間の部分空間を $W=\left\langle \begin{bmatrix}2\\4\\1\end{bmatrix}, \begin{bmatrix}3\\1\\0\end{bmatrix}\right\rangle$ とするとき，$W^\perp$ の基底と次元を求めよ．

28　直交変換と直交行列

内積空間 V の線形変換を考えるときには，その V の内積を保つものを考えるのが自然である．すなわち f を V の線形変換とするとき，

$$(f(\boldsymbol{a}), f(\boldsymbol{b})) = (\boldsymbol{a}, \boldsymbol{b}) \tag{28.1}$$

がすべての $\boldsymbol{a}, \boldsymbol{b} \in V$ について成り立つものを考えるのである．このような線形変換を**直交変換**という．

●問 28.1　f を内積空間 V の直交変換とする．

(i) $\|f(\boldsymbol{a})\| = \|\boldsymbol{a}\|$ がすべての $\boldsymbol{a} \in V$ について成り立つことを示せ．

(ii) $(\boldsymbol{u}_1,\dots,\boldsymbol{u}_n)$ が V の正規直交基底ならば $(f(\boldsymbol{u}_1),\dots,f(\boldsymbol{u}_n))$ も V の正規直交基底になることを示せ．

直交変換のように，内積やノルムを保つ変換を**等長変換**とよぶ．

$\mathscr{U} = (\boldsymbol{u}_1,\dots,\boldsymbol{u}_n)$ を内積空間 V の正規直交基底とする．また V の線形変換 f の $\mathscr{U}$ に関する表現行列を A とする．$\boldsymbol{a}, \boldsymbol{b} \in V$ とし，これらの $\mathscr{U}$ に関する座標を

$$\boldsymbol{x} = [\boldsymbol{a}]_{\mathscr{U}}, \quad \boldsymbol{y} = [\boldsymbol{b}]_{\mathscr{U}}$$

とすれば,

$$\boldsymbol{a} = (\boldsymbol{u}_1, \ldots, \boldsymbol{u}_n)\boldsymbol{x}, \quad \boldsymbol{b} = (\boldsymbol{u}_1, \ldots, \boldsymbol{u}_n)\boldsymbol{y}$$

が成り立つ. $\boldsymbol{a}, \boldsymbol{b}$ を f で写すと,

$$f(\boldsymbol{a}) = (f(\boldsymbol{u}_1), \ldots, f(\boldsymbol{u}_n))\boldsymbol{x}, \quad f(\boldsymbol{b}) = (f(\boldsymbol{u}_1), \ldots, f(\boldsymbol{u}_n))\boldsymbol{y}.$$

表現行列 A の定義から

$$f(\boldsymbol{a}) = (\boldsymbol{u}_1, \ldots, \boldsymbol{u}_n)A\boldsymbol{x}, \quad f(\boldsymbol{b}) = (\boldsymbol{u}_1, \ldots, \boldsymbol{u}_n)A\boldsymbol{y}.$$

したがって, f が直交変換であるための条件 (28.1) は, 命題 27.3 により, 標準内積を使って,

$$A\boldsymbol{x} \cdot A\boldsymbol{y} = \boldsymbol{x} \cdot \boldsymbol{y}$$

と書ける. これは ${}^{\mathrm{t}}(A\boldsymbol{x})A\boldsymbol{y} = {}^{\mathrm{t}}\boldsymbol{x}\boldsymbol{y}$, すなわち

$${}^{\mathrm{t}}\boldsymbol{x}\ {}^{\mathrm{t}}AA\boldsymbol{y} = {}^{\mathrm{t}}\boldsymbol{x}\boldsymbol{y}$$

と同値である. ここで特に $\boldsymbol{x} = \boldsymbol{e}_i$, $\boldsymbol{y} = \boldsymbol{e}_j$ をとると, 左辺は ${}^{\mathrm{t}}AA$ の (i, j) 成分が現れ, 右辺は δ_{ij} となる. まとめると, 次の命題を得る.

命題 28.1 直交変換の正規直交基底に関する表現行列 A は

$${}^{\mathrm{t}}AA = E$$

をみたす. この条件をみたす実数を成分とする行列を**直交行列**という.

◆**例 28.2** 次の行列は 2 次の直交行列の例である.

$$\begin{bmatrix} 1 & 0 \\ 0 & 1 \end{bmatrix}, \quad \begin{bmatrix} \cos\theta & -\sin\theta \\ \sin\theta & \cos\theta \end{bmatrix}, \quad \begin{bmatrix} 0 & 1 \\ -1 & 0 \end{bmatrix}.$$

逆に A を直交行列とし, A によって定まる n 次元ユークリッド空間の線形変換を考えると,

$$A\boldsymbol{x} \cdot A\boldsymbol{y} = {}^{\mathrm{t}}\boldsymbol{x}\ {}^{\mathrm{t}}AA\boldsymbol{y} = {}^{\mathrm{t}}\boldsymbol{x}\boldsymbol{y} = \boldsymbol{x} \cdot \boldsymbol{y}$$

により直交変換になる.

●**問 28.2** 次の行列が直交行列になるように a, b, c を定めよ.

$$\begin{bmatrix} a & b & c \\ 0 & -2b & c \\ a & -b & -c \end{bmatrix}$$

●問 28.3　直交行列 A の行列式は 1 または -1 であることを示せ．

命題 28.3　n 次正方行列 $A = \begin{bmatrix}\boldsymbol{a}_1 & \cdots & \boldsymbol{a}_n\end{bmatrix}$ が直交行列であるための必要十分条件は $(\boldsymbol{a}_1, \ldots, \boldsymbol{a}_n)$ が n 次元ユークリッド空間の正規直交基底となることである．

［証明］直交行列の定義 ${}^{\mathrm{t}}AA = E$ から

$$\begin{bmatrix} {}^{\mathrm{t}}\boldsymbol{a}_1 \\ \vdots \\ {}^{\mathrm{t}}\boldsymbol{a}_n \end{bmatrix} \begin{bmatrix}\boldsymbol{a}_1 & \cdots & \boldsymbol{a}_n\end{bmatrix} = E.$$

左辺の (i,j) 成分は ${}^{\mathrm{t}}\boldsymbol{a}_i\boldsymbol{a}_j$ だから，この等式は $\boldsymbol{a}_i \cdot \boldsymbol{a}_j = \delta_{ij}$ を示す．　□

命題 28.4　$\mathscr{U} = (\boldsymbol{u}_1, \ldots, \boldsymbol{u}_n)$ を内積空間 V の正規直交基底とする．$\mathscr{A} = (\boldsymbol{a}_1, \ldots, \boldsymbol{a}_n)$ を V の基底とし，$\mathscr{U}$ から $\mathscr{A}$ への基底変換行列を P とする．

$$(\boldsymbol{a}_1, \ldots, \boldsymbol{a}_n) = (\boldsymbol{u}_1, \ldots, \boldsymbol{u}_n)P.$$

このとき，

$$\mathscr{A} \text{ が正規直交基底} \iff P \text{ が直交行列}.$$

［証明］P の列ベクトル分割を $P = \begin{bmatrix}\boldsymbol{p}_1 & \cdots & \boldsymbol{p}_n\end{bmatrix}$ とする．$\boldsymbol{p}_i$ は $\mathscr{U}$ に関する $\boldsymbol{a}_i$ の座標 $[\boldsymbol{a}_i]_{\mathscr{U}}$ に一致する．$\mathscr{U}$ が正規直交基底であることから，命題 27.3 が使えて，

$$(\boldsymbol{a}_i, \boldsymbol{a}_j) = [\boldsymbol{a}_i]_{\mathscr{U}} \cdot [\boldsymbol{a}_j]_{\mathscr{U}} = \boldsymbol{p}_i \cdot \boldsymbol{p}_j.$$

よって，命題 28.3 から結論が導かれる．　□

29　直交行列による対角化

内積空間 V の線形写像のある正規直交基底に関する表現行列を対角化するときに，新しい基底としてまた正規直交基底がとれるかどうかは重要な問題である．行列の言葉でいえば，n 次正方行列 A に対して直交行列 P をとって

$$P^{-1}AP$$

を対角行列にできるかどうかという問題である．

A が直交行列 P によって対角化可能とすると，D を対角行列として

$$P^{-1}AP = D.$$

$P^{-1} = {}^{\mathrm{t}}P$, ${}^{\mathrm{t}}D = D$ を使うと，

$${}^{\mathrm{t}}A = {}^{\mathrm{t}}(PDP^{-1}) = {}^{\mathrm{t}}(PD\,{}^{\mathrm{t}}P) = {}^{\mathrm{t}}({}^{\mathrm{t}}P){}^{\mathrm{t}}D\,{}^{\mathrm{t}}P = PD\,{}^{\mathrm{t}}P = PDP^{-1} = A.$$

したがって，直交行列によって対角化可能なのは，${}^{\mathrm{t}}A = A$ をみたす**対称行列**である (演習問題 II.4)．実はこの逆も成り立つ．

> **定理 29.1** 実数を成分とする n 次正方行列 A が直交行列によって対角化できるための必要十分条件は，A が対称行列になることである．

証明のために言葉と記号を用意する．複素数 $z = a + bi$ ($i = \sqrt{-1}$) に対して $\bar{z} = a - bi$ を z の**共役**(きょうやく)**複素数**，または**複素共役**という．$z\bar{z} = a^2 + b^2 = |z|^2$ が成り立つ．また，z が実数になるための必要十分条件は $z = \bar{z}$ である．複素数を成分とする行列 A，およびベクトル $\boldsymbol{x}$ に対して各成分の複素共役を成分とする行列，ベクトルをそれぞれ $\bar{A}, \bar{\boldsymbol{x}}$ と書く．

［証明］ A を対称行列とする．

まず A の固有値はすべて実数であることを証明する．λ を A の固有値とし，$\boldsymbol{p} = \begin{bmatrix} x_1 \\ \vdots \\ x_n \end{bmatrix}$ $(\neq \boldsymbol{0})$ を λ に対応する固有ベクトルとする．

$$A\boldsymbol{p} = \lambda\boldsymbol{p}.$$

$\boldsymbol{p}$ の成分は一般に複素数である．両辺の複素共役をとって $\bar{A} = A$ を使うと

$$A\bar{\boldsymbol{p}} = \bar{\lambda}\bar{\boldsymbol{p}}.$$

両辺の転置をとって ${}^{\mathrm{t}}A = A$ を使うと，

$${}^{\mathrm{t}}\bar{\boldsymbol{p}}A = \bar{\lambda}\,{}^{\mathrm{t}}\bar{\boldsymbol{p}}.$$

$\boldsymbol{p}$ を両辺右からかけると

$${}^{\mathrm{t}}\bar{\boldsymbol{p}}A\boldsymbol{p} = \bar{\lambda}\,{}^{\mathrm{t}}\bar{\boldsymbol{p}}\boldsymbol{p}.$$

この左辺は ${}^{\mathrm{t}}\bar{\boldsymbol{p}}A\boldsymbol{p} = {}^{\mathrm{t}}\bar{\boldsymbol{p}}\lambda\boldsymbol{p} = \lambda\,{}^{\mathrm{t}}\bar{\boldsymbol{p}}\boldsymbol{p}$ であるから，

$$\lambda\,{}^{\mathrm{t}}\bar{\boldsymbol{p}}\boldsymbol{p} = \bar{\lambda}\,{}^{\mathrm{t}}\bar{\boldsymbol{p}}\boldsymbol{p}.$$

${}^{\mathrm{t}}\bar{\boldsymbol{p}}\boldsymbol{p} = \bar{x}_1x_1 + \cdots + \bar{x}_nx_n = |x_1|^2 + \cdots + |x_n|^2 \neq 0$ でわると，$\lambda = \bar{\lambda}$ が得られ，λ が実数であることがわかる．

実数の固有値 λ に対する固有ベクトル $\boldsymbol{p}$ として，実数を成分とするベクトルがとれる．それは実数係数をもつ連立 1 次方程式 $(A-\lambda E)\boldsymbol{x}=\boldsymbol{0}$ の解として，固有ベクトル $\boldsymbol{x}$ が得られるからである．

さて，A に対して直交行列 P があって，$P^{-1}AP$ が対角行列にできることを n に関する帰納法で証明する．$n=1$ のときは明らかだから，$n>1$ とし，$n-1$ 次以下の行列に対して，この主張が成り立つと仮定する．$\boldsymbol{q}_1$ を固有値 λ_1 に対応するノルムが 1 の固有ベクトルとする．$\boldsymbol{q}_1$ を含む正規直交基底 $(\boldsymbol{q}_1,\dots,\boldsymbol{q}_n)$ をとって $Q=\begin{bmatrix}\boldsymbol{q}_1 & \cdots & \boldsymbol{q}_n\end{bmatrix}$ とおくと Q は直交行列で

$$Q^{-1}AQ=\begin{bmatrix}\lambda_1 & * \\ \boldsymbol{0} & B\end{bmatrix}$$

の形になる．左辺の行列は

$${}^{t}(Q^{-1}AQ)={}^{t}({}^{t}QAQ)={}^{t}Q\,{}^{t}AQ=Q^{-1}AQ$$

であるから，やはり対称行列である．したがって右辺も対称行列なので

$$Q^{-1}AQ=\begin{bmatrix}\lambda_1 & \boldsymbol{0} \\ \boldsymbol{0} & B\end{bmatrix}.$$

ここで，B も対称行列である．したがって B の固有値もすべて実数である．帰納法の仮定より $n-1$ 次の直交行列 R があって

$$R^{-1}BR=\begin{bmatrix}\lambda_2 & & O \\ & \ddots & \\ O & & \lambda_n\end{bmatrix}.$$

このとき

$$P=Q\begin{bmatrix}1 & \boldsymbol{0} \\ \boldsymbol{0} & R\end{bmatrix}$$

とおくと

$$\begin{aligned}P^{-1}AP&=\begin{bmatrix}1 & \boldsymbol{0} \\ \boldsymbol{0} & R^{-1}\end{bmatrix}Q^{-1}AQ\begin{bmatrix}1 & \boldsymbol{0} \\ \boldsymbol{0} & R\end{bmatrix}\\ &=\begin{bmatrix}1 & \boldsymbol{0} \\ \boldsymbol{0} & R^{-1}\end{bmatrix}\begin{bmatrix}\lambda_1 & \boldsymbol{0} \\ \boldsymbol{0} & B\end{bmatrix}\begin{bmatrix}1 & \boldsymbol{0} \\ \boldsymbol{0} & R\end{bmatrix}\end{aligned}$$

$$= \begin{bmatrix} \lambda_1 & & & O \\ & \lambda_2 & & \\ & & \ddots & \\ O & & & \lambda_n \end{bmatrix}$$

となって，直交行列 P で A が対角化されることがわかった． □

●**問 29.1** 複素対称行列は対角化できるとは限らない．このことを $\begin{bmatrix} 1 & -i \\ -i & 3 \end{bmatrix}$ の固有値，固有ベクトルを求めることにより示せ．(複素行列の対角化については定理 32.5 をみよ)．

A を実対称行列とする．直交行列 P があって，$P^{-1}AP$ を対角行列にできる．定理 13.7 から，P を列ベクトル分割して $P = \begin{bmatrix} \boldsymbol{p}_1 & \cdots & \boldsymbol{p}_n \end{bmatrix}$ とすると，$\boldsymbol{p}_i$ が A の固有ベクトルであることがわかる．したがって，A を直交行列によって対角化するためには正規直交基底をなすような固有ベクトルを求めなくてはならない．そのために次の命題を使う．

命題 29.2 対称行列の相異なる固有値に対応する固有ベクトルは直交する．

［証明］λ_1, λ_2 を A の相異なる固有値とし，それぞれに対応する固有ベクトルを $\boldsymbol{p}_1, \boldsymbol{p}_2$ とする．

$$A\boldsymbol{p}_1 = \lambda_1 \boldsymbol{p}_1$$

の両辺と $\boldsymbol{p}_2$ の内積をとると，

$$A\boldsymbol{p}_1 \cdot \boldsymbol{p}_2 = \lambda_1 \boldsymbol{p}_1 \cdot \boldsymbol{p}_2.$$

左辺は

$$\boldsymbol{p}_1 \cdot {}^{\mathrm{t}}A\boldsymbol{p}_2 = \boldsymbol{p}_1 \cdot A\boldsymbol{p}_2 = \boldsymbol{p}_1 \cdot \lambda_2 \boldsymbol{p}_2 = \lambda_2(\boldsymbol{p}_1 \cdot \boldsymbol{p}_2)$$

となるから，

$$\lambda_2(\boldsymbol{p}_1 \cdot \boldsymbol{p}_2) = \lambda_1(\boldsymbol{p}_1 \cdot \boldsymbol{p}_2).$$

これから $(\lambda_1 - \lambda_2)(\boldsymbol{p}_1 \cdot \boldsymbol{p}_2) = 0$. 仮定より $\lambda_1 \neq \lambda_2$ だから，$\boldsymbol{p}_1 \cdot \boldsymbol{p}_2 = 0$. □

したがって，対称行列 A を直交行列を使って対角化するには，A のそれぞれの固有空間をグラム・シュミットの直交化法を使って直交化すればよい．

例題 29.3　対称行列 $A = \begin{bmatrix} 1 & 2 & 1 \\ 2 & -2 & -2 \\ 1 & -2 & 1 \end{bmatrix}$ を直交行列によって対角化せよ.

【解】

$$F_A(\lambda) = \begin{vmatrix} \lambda-1 & -2 & -1 \\ -2 & \lambda+2 & 2 \\ -1 & 2 & \lambda-1 \end{vmatrix} = \lambda^3 - 12\lambda + 16 = (\lambda+4)(\lambda-2)^2.$$

各固有空間を求める．$\lambda = -4$ のとき，

$$-4E - A = \begin{bmatrix} -5 & -2 & -1 \\ -2 & -2 & 2 \\ -1 & 2 & -5 \end{bmatrix} \to \begin{bmatrix} 1 & -2 & 5 \\ 0 & -6 & 12 \\ 0 & -12 & 24 \end{bmatrix}$$

$$\to \begin{bmatrix} 1 & -2 & 5 \\ 0 & 1 & -2 \\ 0 & 0 & 0 \end{bmatrix} \to \begin{bmatrix} 1 & 0 & 1 \\ 0 & 1 & -2 \\ 0 & 0 & 0 \end{bmatrix}$$

により，$\left(\begin{bmatrix} -1 \\ 2 \\ 1 \end{bmatrix} \right)$ が V_{-4} の基底．正規化して $\boldsymbol{p}_1 = \dfrac{1}{\sqrt{6}} \begin{bmatrix} -1 \\ 2 \\ 1 \end{bmatrix}$ とおく．

また $\lambda = 2$ のとき，

$$2E - A = \begin{bmatrix} 1 & -2 & -1 \\ -2 & 4 & 2 \\ -1 & 2 & 1 \end{bmatrix} \to \begin{bmatrix} 1 & -2 & -1 \\ 0 & 0 & 0 \\ 0 & 0 & 0 \end{bmatrix}.$$

よって解は s, t をパラメータとして

$$\begin{bmatrix} 2s+t \\ s \\ t \end{bmatrix} = s \begin{bmatrix} 2 \\ 1 \\ 0 \end{bmatrix} + t \begin{bmatrix} 1 \\ 0 \\ 1 \end{bmatrix}.$$

したがって基底として $\left(\boldsymbol{a}_1 = \begin{bmatrix} 2 \\ 1 \\ 0 \end{bmatrix}, \boldsymbol{a}_2 = \begin{bmatrix} 1 \\ 0 \\ 1 \end{bmatrix} \right)$ がとれる．これを直交化する．

$\boldsymbol{b}_1 = \boldsymbol{a}_1$ とし，

$$\boldsymbol{b}_2 = \boldsymbol{a}_2 - \frac{\boldsymbol{a}_2 \cdot \boldsymbol{b}_1}{\|\boldsymbol{b}_1\|^2} \boldsymbol{b}_1 = \begin{bmatrix} 1 \\ 0 \\ 1 \end{bmatrix} - \frac{2}{5} \begin{bmatrix} 2 \\ 1 \\ 0 \end{bmatrix} = \begin{bmatrix} \frac{1}{5} \\ -\frac{2}{5} \\ 1 \end{bmatrix}.$$

よって V_2 の正規直交基底として $\left(\boldsymbol{p}_2 = \dfrac{1}{\sqrt{5}} \begin{bmatrix} 2 \\ 1 \\ 0 \end{bmatrix}, \boldsymbol{p}_3 = \dfrac{1}{\sqrt{30}} \begin{bmatrix} 1 \\ -2 \\ 5 \end{bmatrix} \right)$ がとれる．

$P = \begin{bmatrix} \boldsymbol{p}_1 & \boldsymbol{p}_2 & \boldsymbol{p}_3 \end{bmatrix}$ とすれば P は直交行列で

$$P^{-1}AP = \begin{bmatrix} -4 & 0 & 0 \\ 0 & 2 & 0 \\ 0 & 0 & 2 \end{bmatrix}$$

となる．

●問 29.2　次の対称行列を直交行列によって対角化せよ．

$$A = \begin{bmatrix} 3 & -1 \\ -1 & 3 \end{bmatrix} \qquad B = \begin{bmatrix} 2 & 1 & 1 \\ 1 & 2 & 1 \\ 1 & 1 & 2 \end{bmatrix}$$

2 次形式と 2 次曲線

直交行列による対角化の応用として，2 次曲線の標準化を取り上げる．

x, y を変数として，$f(x,y) = ax^2 + bxy + cy^2$ $(a, b, c \in \mathbb{R})$ の形の式を **2 元 2 次形式**とよぶ．$\boldsymbol{x} = \begin{bmatrix} x \\ y \end{bmatrix}$，$A = \begin{bmatrix} a & \frac{b}{2} \\ \frac{b}{2} & c \end{bmatrix}$ とすると

$$f(x,y) = {}^{\mathrm{t}}\boldsymbol{x}A\boldsymbol{x}$$

と書ける．A は対称行列だから直交行列 P で対角化できる．

$$P^{-1}AP = \begin{bmatrix} \lambda_1 & 0 \\ 0 & \lambda_2 \end{bmatrix}.$$

したがって $\boldsymbol{x} = P\boldsymbol{x}'$，$\boldsymbol{x}' = \begin{bmatrix} x' \\ y' \end{bmatrix}$ とおくと，

$$f(x,y) = {}^{\mathrm{t}}\boldsymbol{x}' \begin{bmatrix} \lambda_1 & 0 \\ 0 & \lambda_2 \end{bmatrix} \boldsymbol{x}' = \lambda_1 {x'}^2 + \lambda_2 {y'}^2 \tag{29.1}$$

となる．P は直交行列であるから，$\det P = \pm 1$ である (問 28.3)．もし $\det P = -1$ であれば，P の 2 つの列を交換することによって，$\det P = 1$ とできる．正の行列式をもつ 2 次の直交行列は次の補題で求めることができる．

補題 29.4　P が 2 次の直交行列でその行列式が 1 ならば，ある実数 θ を使って，

$$P = \begin{bmatrix} \cos\theta & -\sin\theta \\ \sin\theta & \cos\theta \end{bmatrix}$$

と書ける．

［証明］ $P = \begin{bmatrix} a & b \\ c & d \end{bmatrix}$ が直交行列である条件を書くと，

$$a^2 + c^2 = 1, \quad ab + cd = 0, \quad b^2 + d^2 = 1.$$

第 1 式と第 3 式から，実数 θ, φ を使って $a = \cos\theta,\ c = \sin\theta,\ b = \cos\varphi,\ d = \sin\varphi$ とおくことができる．このとき

$$0 = ab + cd = \cos\theta\cos\varphi + \sin\theta\sin\varphi = \cos(\theta - \varphi).$$

一方，$\det A = ad - bc = 1$ より

$$ad - bc = \cos\theta\sin\varphi - \cos\varphi\sin\theta = -\sin(\theta - \varphi) = 1$$

であるから $\theta - \varphi = \frac{3}{2}\pi$ ととれる．このとき，

$$b = \cos\left(\theta - \frac{3}{2}\pi\right) = -\sin\theta, \quad d = \sin\left(\theta - \frac{3}{2}\pi\right) = \cos\theta. \qquad \square$$

P は原点のまわりに正の方向への θ 回転を表す行列なので，2 元 2 次形式は座標軸を回転することによって xy の項を含まない (29.1) の形にできることがわかった．

さて，x, y を変数とする一般の 2 次方程式

$$ax^2 + bxy + cx^2 + dx + ey + f = 0$$

で定まる曲線を **2 次曲線**という．

$$A = \begin{bmatrix} a & \frac{b}{2} \\ \frac{b}{2} & c \end{bmatrix}, \quad \boldsymbol{x} = \begin{bmatrix} x \\ y \end{bmatrix}, \quad B = \begin{bmatrix} d & e \end{bmatrix}$$

とおくと，上の方程式は

$$^{\mathrm{t}}\boldsymbol{x}A\boldsymbol{x} + B\boldsymbol{x} + f = 0.$$

対称行列 A を対角化する直交行列 P で $\det P = 1$ のものをとって，$\boldsymbol{x} = P\boldsymbol{x}'$ とおくと，

$$^{\mathrm{t}}\boldsymbol{x}'\,{}^{\mathrm{t}}PAP\boldsymbol{x}' + (BP)\boldsymbol{x}' + f = 0.$$

${}^{\mathrm{t}}PAP = \begin{bmatrix} \lambda_1 & 0 \\ 0 & \lambda_2 \end{bmatrix}$ とし，$\begin{bmatrix} d' & e' \end{bmatrix} = BP$, $\boldsymbol{x}' = \begin{bmatrix} x' \\ y' \end{bmatrix}$ とすれば，

$$\lambda_1 {x'}^2 + \lambda_2 {y'}^2 + d'x' + e'y' + f = 0$$

になる．$\lambda_1\lambda_2 \neq 0$ のとき，

$$X = x' + \frac{d'}{2\lambda_1}, \quad Y = y' + \frac{e'}{2\lambda_2}, \quad k = f - \frac{{d'}^2}{4\lambda_1} - \frac{{e'}^2}{4\lambda_2}$$

とおくと，

$$\lambda_1 X^2 + \lambda_2 Y^2 + k = 0$$

の形になる．これを **2 次曲線の標準形**とよぶ．この標準形が表す図形は

- $\lambda_1\lambda_2 > 0$ で $\lambda_1 k < 0$ ならば楕円
- $\lambda_1\lambda_2 > 0$ で $\lambda_1 k > 0$ ならば空集合
- $\lambda_1\lambda_2 > 0$ で $k = 0$ ならば 1 点
- $\lambda_1\lambda_2 < 0$ で $k \neq 0$ ならば双曲線
- $\lambda_1\lambda_2 < 0$ で $k = 0$ ならば 2 本の交わる直線
- $\lambda_1 = 0$ または $\lambda_2 = 0$ ならば放物線

になる．

例題 29.5 2 次方程式

$$5x^2 + 5y^2 - 6xy - 26\sqrt{2}x + 22\sqrt{2}y + 66 = 0$$

の定める 2 次曲線を図示せよ．

【解】 $A = \begin{bmatrix} 5 & -3 \\ -3 & 5 \end{bmatrix}$, $\boldsymbol{x} = \begin{bmatrix} x \\ y \end{bmatrix}$ とすると，

$$ {}^{\mathrm{t}}\boldsymbol{x}A\boldsymbol{x} + \begin{bmatrix} -26\sqrt{2} & 22\sqrt{2} \end{bmatrix} \boldsymbol{x} + 66 = 0.$$

ここで

$$|\lambda E - A| = \begin{vmatrix} \lambda - 5 & 3 \\ 3 & \lambda - 5 \end{vmatrix} = \lambda^2 - 10\lambda + 16 = (\lambda - 2)(\lambda - 8)$$

により固有値は $\lambda = 2, 8$ となる．$\lambda = 2$ に対応する固有ベクトルは

$$2E - A = \begin{bmatrix} -3 & 3 \\ 3 & -3 \end{bmatrix} \to \begin{bmatrix} 1 & -1 \\ 0 & 0 \end{bmatrix}$$

より $\begin{bmatrix} 1 \\ 1 \end{bmatrix}$, $\lambda = 8$ のときは

$$8E - A = \begin{bmatrix} 3 & 3 \\ 3 & 3 \end{bmatrix} \to \begin{bmatrix} 1 & 1 \\ 0 & 0 \end{bmatrix}$$

により $\begin{bmatrix} -1 \\ 1 \end{bmatrix}$ がとれる．よって A を対角化する直交行列としては，これらのベクトルを正規化して並べたもの

$$P = \begin{bmatrix} \frac{1}{\sqrt{2}} & -\frac{1}{\sqrt{2}} \\ \frac{1}{\sqrt{2}} & \frac{1}{\sqrt{2}} \end{bmatrix}$$

がとれる．これは $\dfrac{\pi}{4}$ 回転の行列である．このとき $\boldsymbol{x} = P\boldsymbol{x}'$ とおくと，

$$2x'^2 + 8y'^2 + \begin{bmatrix} -26\sqrt{2} & 22\sqrt{2} \end{bmatrix} P\boldsymbol{x}' + 66 = 0.$$

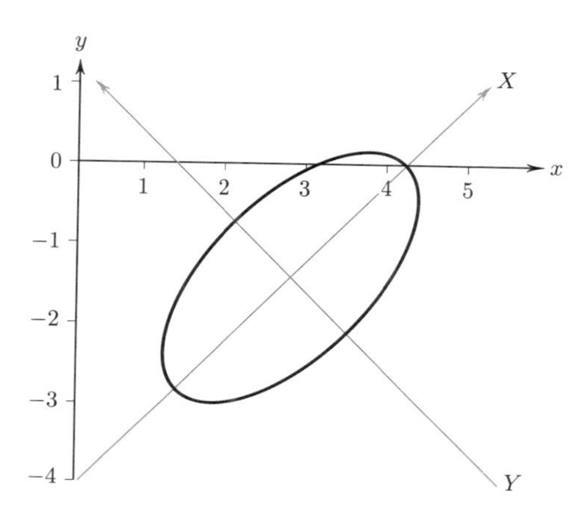

整理して

$$2x'^2 + 8y'^2 - 4x' + 48y' + 66 = 0.$$

$X = x' - 1,\ Y = y' + 3$ とおいて，平方完成すると

$$2X^2 + 8Y^2 = 8.$$

すなわち

$$\frac{X^2}{2^2} + Y^2 = 1.$$

これは楕円を表す．図は上のようになる．

●問 29.3　次の方程式で定まる 2 次曲線の標準形を求めよ．

$$13x^2 + 10\sqrt{3}xy + 3y^2 + (18\sqrt{3} - 2)x + (18 + 2\sqrt{3})y - 2 = 0$$

30　最小 2 乗法

V を内積空間とし，W をその部分空間とする．V の内積を W に制限することによって，W は内積空間となる．この節で考えるのは次の問題である．

与えられた $\boldsymbol{v} \in V$ に最も近い $\boldsymbol{w} \in W$ を求めよ．

この問題は，あとにみるようにいろいろな応用がある．ここでは「近さ」をはかる尺度として，ノルム

$$\|\boldsymbol{v} - \boldsymbol{w}\|$$

を採用し，これを最小にする $\boldsymbol{w} \in W$ を求めることにする．

定理 30.1 V を内積空間とし，W をその有限次元部分空間とする．$\boldsymbol{v} \in V$ に対して，$\boldsymbol{v}$ の W への正射影 $P_W(\boldsymbol{v})$ は $\boldsymbol{v}$ に最も近い W のベクトルである．すなわち，任意の $\boldsymbol{w} \in W$ に対して，

$$\|\boldsymbol{v} - P_W(\boldsymbol{v})\| \leq \|\boldsymbol{v} - \boldsymbol{w}\|$$

が成り立つ．等号は $\boldsymbol{w} = P_W(\boldsymbol{v})$ のときのみ成り立つ．

［証明］正射影の定義より，$P_W(\boldsymbol{v}) \in W$．また命題 27.6 より，$\boldsymbol{v} - P_W(\boldsymbol{v}) \in W^{\perp}$．したがって特に $(\boldsymbol{v} - P_W(\boldsymbol{v}), \boldsymbol{w} - P_W(\boldsymbol{v})) = 0$．このことから，内積の双線形性を使うと，

$$\begin{aligned}
\|\boldsymbol{v} - \boldsymbol{w}\|^2 &= \|(\boldsymbol{v} - P_W(\boldsymbol{v})) + (P_W(\boldsymbol{v}) - \boldsymbol{w})\|^2 \\
&= \big((\boldsymbol{v} - P_W(\boldsymbol{v})) + (P_W(\boldsymbol{v}) - \boldsymbol{w}), (\boldsymbol{v} - P_W(\boldsymbol{v})) + (P_W(\boldsymbol{v}) - \boldsymbol{w})\big) \\
&= \|\boldsymbol{v} - P_W(\boldsymbol{v})\|^2 + \|P_W(\boldsymbol{v}) - \boldsymbol{w}\|^2 \\
&\geq \|\boldsymbol{v} - P_W(\boldsymbol{v})\|^2.
\end{aligned}$$

最後の不等号で等号が成り立つのは $P_W(\boldsymbol{v}) - \boldsymbol{w} = \boldsymbol{0}$，すなわち $\boldsymbol{w} = P_W(\boldsymbol{v})$ のときである． □

連立 1 次方程式の近似解

A を実数を成分にもつ $m \times n$ 行列とし，連立 1 次方程式

$$A\boldsymbol{x} = \boldsymbol{b} \tag{30.1}$$

を考える．以下でみるように，この方程式が解をもたない場合でも $\|A\boldsymbol{x} - \boldsymbol{b}\|$ が最小になるような近似解 $\boldsymbol{x}$ を求めたい場合がある．これを (30.1) の**最小 2 乗解**という．これを求める方法を考えよう．

A を列ベクトル分割して $A = \begin{bmatrix}\boldsymbol{a}_1 & \cdots & \boldsymbol{a}_n\end{bmatrix}$ とするとき，(30.1) が解をもつための必要十分条件は，$\boldsymbol{b}$ が A の列空間 $W = \langle \boldsymbol{a}_1, \ldots, \boldsymbol{a}_n \rangle$ に入っていることである．特に $P_W(\boldsymbol{b}) \in W$ に対して

$$A\boldsymbol{x} = P_W(\boldsymbol{b})$$

は解 $\boldsymbol{x}'$ をもつ．このとき定理 30.1 より

$$\|A\boldsymbol{x}' - \boldsymbol{b}\| = \|P_W(\boldsymbol{b}) - \boldsymbol{b}\| \leq \|\boldsymbol{w} - \boldsymbol{b}\|$$

がすべての $\boldsymbol{w} \in W$ について成り立つ．W の元は $\boldsymbol{a}_1, \ldots, \boldsymbol{a}_n$ の 1 次結合だ

から $A\boldsymbol{x}$ の形に書ける．したがって，

$$\|A\boldsymbol{x}' - \boldsymbol{b}\| \leq \|A\boldsymbol{x} - \boldsymbol{b}\|$$

が任意の $\boldsymbol{x} \in \mathbb{R}^n$ について成り立つから，$A\boldsymbol{x} = P_W(\boldsymbol{b})$ の解 $\boldsymbol{x}'$ が求める最小 2 乗解である．

命題 30.2　$A\boldsymbol{x} = \boldsymbol{b}$ の最小 2 乗解は

$$^{\mathrm{t}}AA\boldsymbol{x} = {}^{\mathrm{t}}A\boldsymbol{b}$$

の解である．この方程式を**正規方程式**とよぶ．

［証明］最小 2 乗解を $\boldsymbol{x}'$ とする．A の列空間を W とすると，$\boldsymbol{x}'$ は $A\boldsymbol{x}' = P_W(\boldsymbol{b})$ をみたす．

$\boldsymbol{b} - P_W(\boldsymbol{b})$ は W の任意の元 $A\boldsymbol{x}$ と直交するので，

$$0 = A\boldsymbol{x} \cdot (\boldsymbol{b} - P_W(\boldsymbol{b})) = A\boldsymbol{x} \cdot (\boldsymbol{b} - A\boldsymbol{x}') = {}^{\mathrm{t}}(A\boldsymbol{x})(\boldsymbol{b} - A\boldsymbol{x}') = {}^{\mathrm{t}}\boldsymbol{x}({}^{\mathrm{t}}A\boldsymbol{b} - {}^{\mathrm{t}}AA\boldsymbol{x}').$$

これがすべての $\boldsymbol{x} \in \mathbb{R}^n$ について成り立つので，${}^{\mathrm{t}}A\boldsymbol{b} - {}^{\mathrm{t}}AA\boldsymbol{x}' = \boldsymbol{0}$．よって ${}^{\mathrm{t}}A\boldsymbol{b} = {}^{\mathrm{t}}AA\boldsymbol{x}'$ がわかる．　□

この命題に現れる n 次正方行列 ${}^{\mathrm{t}}AA$ について次が成り立つ．

補題 30.3　A を $m \times n$ 行列とする．

$$^{\mathrm{t}}AA \text{ が正則} \iff \operatorname{rank} A = n.$$

したがって，$\operatorname{rank} A = n$ ならば最小 2 乗解は

$$\boldsymbol{x}' = ({}^{\mathrm{t}}AA)^{-1}({}^{\mathrm{t}}A\boldsymbol{b})$$

で与えられる．

［補題の証明］$\boldsymbol{y}$ が $A\boldsymbol{y} = \boldsymbol{0}$ の解ならば，両辺に ${}^{\mathrm{t}}A$ をかけて，${}^{\mathrm{t}}AA\boldsymbol{y} = \boldsymbol{0}$．逆に $\boldsymbol{y}$ が ${}^{\mathrm{t}}AA\boldsymbol{y} = \boldsymbol{0}$ の解ならば，

$$\|A\boldsymbol{y}\|^2 = {}^{\mathrm{t}}(A\boldsymbol{y})A\boldsymbol{y} = {}^{\mathrm{t}}\boldsymbol{y}\,{}^{\mathrm{t}}AA\boldsymbol{y} = (\boldsymbol{y}, {}^{\mathrm{t}}AA\boldsymbol{y}) = 0.$$

よって $A\boldsymbol{y} = \boldsymbol{0}$ がわかる．以上から $A\boldsymbol{y} = \boldsymbol{0}$ の解空間と ${}^{\mathrm{t}}AA\boldsymbol{y} = \boldsymbol{0}$ の解空間は等しい．解空間の次元の公式 (命題 19.2) から $n - \operatorname{rank} A = n - \operatorname{rank}({}^{\mathrm{t}}AA)$．したがって $\operatorname{rank} A = \operatorname{rank}({}^{\mathrm{t}}AA)$．ここで ${}^{\mathrm{t}}AA$ が正則であるための必要十分条件は $\operatorname{rank}({}^{\mathrm{t}}AA) = n$ であることから補題の結論が得られる．　□

◆例 **30.4** 実験データ

$$(x_1, y_1),\ (x_2, y_2),\ \ldots,\ (x_n, y_n)$$

を近似する m 次多項式 $y = a_0 + a_1 x + \cdots + a_m x^m$ を求める．すなわち

$$y_i = a_0 + a_1 x_i + \cdots + a_m {x_i}^m \quad (1 \leq i \leq n)$$

となる $a_0, \ldots, a_m$ を期待するのは難しいが，この差のノルムが最小になるように係数を決めたい．行列で書くと

$$\begin{bmatrix} y_1 \\ y_2 \\ \vdots \\ y_n \end{bmatrix} = \begin{bmatrix} 1 & x_1 & \cdots & {x_1}^m \\ 1 & x_2 & \cdots & {x_2}^m \\ \vdots & & & \vdots \\ 1 & x_n & \cdots & {x_n}^m \end{bmatrix} \begin{bmatrix} a_0 \\ a_1 \\ \vdots \\ a_m \end{bmatrix}.$$

この連立1次方程式の最小2乗解を求めることになる．

例として，データ

$$(0, 0.8),\ (1.0, 1.8),\ (2.0, 2.5),\ (3.0, 2.9)$$

を近似する1次多項式 (直線) を求める．

$$A = \begin{bmatrix} 1 & 0 \\ 1 & 1.0 \\ 1 & 2.0 \\ 1 & 3.0 \end{bmatrix}, \quad \boldsymbol{b} = \begin{bmatrix} 0.8 \\ 1.8 \\ 2.5 \\ 2.9 \end{bmatrix}.$$

$\operatorname{rank} A = 2$ なので，${}^{t}AA$ は正則で，最小2乗解は

$$({}^{t}AA)^{-1}({}^{t}A\boldsymbol{b}) = \begin{bmatrix} 0.95 \\ 0.7 \end{bmatrix}.$$

よって $y = 0.95 + 0.7x$ が求める直線である．

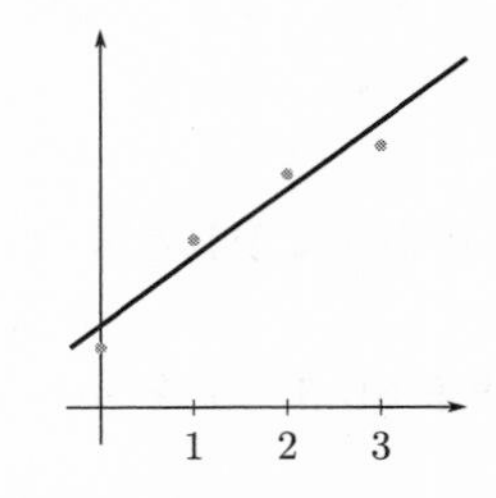

実験データを近似する直線

関数の近似

複雑な関数の性質を調べるために，それを簡単な関数で近似することがしばしば行われる．例えば，関数をテイラー展開することによって，多項式，べき級数で近似するのがその例である．

閉区間 $[-\pi, \pi]$ 上の連続関数全体を V とする．$f(x), g(x) \in V$ に対して

$$(f, g) = \int_{-\pi}^{\pi} f(x) g(x)\, dx$$

と定義すると V の内積になる．n を1より大きい自然数として

$$1,\ \cos x,\ \ldots,\ \cos nx,\ \sin x,\ \ldots,\ \sin nx \tag{30.2}$$

で生成される V の部分空間 W_n として，V の関数をこれらの1次結合で近似することを考える．微積分学で学ぶように，任意の自然数 k,ℓ に対して

$$\int_{-\pi}^{\pi}\sin x\,dx=\int_{-\pi}^{\pi}\cos x\,dx=0$$

$$\int_{-\pi}^{\pi}\sin kx\cos \ell x\,dx=0$$

$$\int_{-\pi}^{\pi}\sin kx\sin \ell x\,dx=\int_{-\pi}^{\pi}\cos kx\cos \ell x\,dx=\begin{cases}\pi & (k=\ell\text{ のとき})\\ 0 & (k\neq\ell\text{ のとき})\end{cases}$$

が成り立つ．これから，(30.2) の元は互いに直交する．したがって1次独立になるから (命題 27.7)，(30.2) は W_n の直交基底である．そして1以外の元のノルムは $\sqrt{\pi}$ となる．$f(x)\in V$ とすると，命題 27.6 を使って

$$P_{W_n}(f(x))=\frac{(f(x),1)}{2\pi}+\sum_{k=1}^{n}\frac{(f(x),\sin kx)}{\pi}\sin kx+\sum_{k=1}^{n}\frac{(f(x),\cos kx)}{\pi}\cos kx$$

が得られる．ここに現れる係数

$$a_k=\frac{(f(x),\sin kx)}{\pi}=\frac{1}{\pi}\int_{-\pi}^{\pi}f(x)\sin kx\,dx,$$

$$b_k=\frac{(f(x),\cos kx)}{\pi}=\frac{1}{\pi}\int_{-\pi}^{\pi}f(x)\cos kx\,dx$$

を f の**フーリエ係数**という．$n\to\infty$ としたものを関数 f の**フーリエ展開**とよぶ．

◈**例 30.5**　$f(x)=x\ (-\pi\leq x\leq\pi)$ のフーリエ係数 $a_k,b_k\ (1\leq k\leq n)$ を求める．

$$(f(x),1)=\int_{-\pi}^{\pi}x\,dx=0,$$

$$a_k=\frac{1}{\pi}\int_{-\pi}^{\pi}x\sin kx\,dx=\frac{2(-1)^{1+k}}{k},$$

$$b_k=\frac{1}{\pi}\int_{-\pi}^{\pi}x\cos kx\,dx=0.$$

したがって

$$\begin{aligned}P_{W_n}(x)&=2\sum_{k=1}^{n}\frac{(-1)^{1+k}}{k}\sin kx\\&=2\left(\sin x-\frac{\sin 2x}{2}+\frac{\sin 3x}{3}-\cdots+(-1)^{n+1}\frac{\sin nx}{n}\right).\end{aligned}$$

●問 30.1　$f(x) = |x|$ $(-\pi \leq x \leq \pi)$ に対して，$P_{W_n}(f(x))$ を求めよ．

31　複素内積空間

この節では，複素数体 $\mathbb{C}$ 上のベクトル空間である複素ベクトル空間 V の内積を考える．実ベクトル空間の場合と類似の理論を構成するためには内積の正値性が欠かせない．そのために実ベクトル空間の内積を拡張したような定義が必要になる．

複素数の性質

複素数の性質は定理 29.1 の証明の前に少し述べたが，もう一度ここでまとめて復習しておく．複素数 $z \in \mathbb{C}$ は実数 s, t を使って，

$$z = s + ti$$

と表されるような数である．ここで $i = \sqrt{-1}$ である．s を z の**実部**，t を z の**虚部**とよぶ．$z = s + ti \in \mathbb{C}$ に対して，z の**共役複素数**を

$$\overline{z} = s - ti$$

で定義する．このとき $z, w \in \mathbb{C}$ に対して，次の性質が成り立つ．

$$\overline{\overline{z}} = z, \qquad \overline{z + w} = \overline{z} + \overline{w},$$
$$\overline{zw} = \overline{z}\,\overline{w}, \qquad \overline{\left(\frac{1}{z}\right)} = \frac{1}{\overline{z}} \ \ (z \neq 0 \text{ のとき}).$$

また $z \in \mathbb{C}$ が実数になる条件は $z = \overline{z}$ である．$z = s + ti \in \mathbb{C}$ の絶対値 $|z|$ は

$$|z| = \sqrt{z\overline{z}} = \sqrt{s^2 + t^2}$$

で定義される．特に，$|z| = |\overline{z}|$ が成り立つ．

以下では複素数を成分とする行列 $A = [a_{ij}]$ に対して，各成分の複素共役をとった行列を $\overline{A} = [\overline{a_{ij}}]$ と書く．

$\mathbb{C}^n$ の標準内積

$$\boldsymbol{a} = \begin{bmatrix} a_1 \\ \vdots \\ a_n \end{bmatrix}, \ \boldsymbol{b} = \begin{bmatrix} b_1 \\ \vdots \\ b_n \end{bmatrix} \in \mathbb{C}^n \text{ に対して}$$

$$\boldsymbol{a} \cdot \boldsymbol{b} = {}^{\mathrm{t}}\boldsymbol{a}\overline{\boldsymbol{b}} = a_1\overline{b_1} + \cdots + a_n\overline{b_n}$$

と定義する．これを $\mathbb{C}^n$ の**エルミート内積**という．内積 $\boldsymbol{a} \cdot \boldsymbol{b}$ の値は一般には複素数になる．エルミート内積は次の性質をみたす．

$\boldsymbol{a}, \boldsymbol{b}, \boldsymbol{c} \in \mathbb{C}^n$，$k \in \mathbb{C}$ に対して，

半双線形性	$(\boldsymbol{a}+\boldsymbol{b}) \cdot \boldsymbol{c} = \boldsymbol{a} \cdot \boldsymbol{c} + \boldsymbol{b} \cdot \boldsymbol{c}$
	$\boldsymbol{a} \cdot (\boldsymbol{b}+\boldsymbol{c}) = \boldsymbol{a} \cdot \boldsymbol{b} + \boldsymbol{a} \cdot \boldsymbol{c}$
	$(k\boldsymbol{a}) \cdot \boldsymbol{b} = k(\boldsymbol{a} \cdot \boldsymbol{b})$
	$\boldsymbol{a} \cdot (k\boldsymbol{b}) = \overline{k}(\boldsymbol{a} \cdot \boldsymbol{b})$
エルミート性	$\boldsymbol{a} \cdot \boldsymbol{b} = \overline{\boldsymbol{b} \cdot \boldsymbol{a}}$
正値性	$\boldsymbol{a} \cdot \boldsymbol{a}$ は非負の実数で，等号は $\boldsymbol{a} = \boldsymbol{0}$ のときのみ成立．

ここで「半双線形性」とは，左の変数については線形であって，右の変数については半線形，すなわちスカラーが複素共役で外にでることを意味する．

$\boldsymbol{a}, \boldsymbol{b}, \boldsymbol{c}$ の成分がすべて実数で，$k \in \mathbb{R}$ であれば，上の性質は $\mathbb{R}^n$ の標準内積の性質と完全に一致することに注意する．

$\mathbb{C}^n$ をこの内積で内積空間とみるとき，n 次元**ユニタリ空間**とよぶ．ユニタリ空間の元 $\boldsymbol{a} \in \mathbb{C}^n$ のノルム $\|\boldsymbol{a}\|$ はこの標準内積を使って，

$$\|\boldsymbol{a}\| = \sqrt{\boldsymbol{a} \cdot \boldsymbol{a}}$$

で定義される．

●問 31.1 $\boldsymbol{a} = \begin{bmatrix} -i \\ -2 \\ i \end{bmatrix}$，$\boldsymbol{b} = \begin{bmatrix} i \\ 1+i \\ 1 \end{bmatrix} \in \mathbb{C}^3$ に対して次を計算せよ．

(i) $\boldsymbol{a} \cdot \boldsymbol{b}$ (ii) $\boldsymbol{b} \cdot \boldsymbol{a}$ (iii) $\|\boldsymbol{a}\|$

エルミート内積のもつ性質を公理化することにより，複素ベクトル空間の一般の内積を定義する．

定義 31.1. V を複素ベクトル空間とする．任意の 2 つのベクトル $\boldsymbol{a}, \boldsymbol{b} \in V$ に対して，複素数 $(\boldsymbol{a}, \boldsymbol{b})$ を対応させる写像で，以下の性質をみたすものを V の**内積**という．

$\boldsymbol{a}, \boldsymbol{b}, \boldsymbol{c} \in V,\ k \in \mathbb{C}$ に対して，

半双線形性 $(\boldsymbol{a}+\boldsymbol{b}, \boldsymbol{c}) = (\boldsymbol{a}, \boldsymbol{c}) + (\boldsymbol{b}, \boldsymbol{c})$

$(\boldsymbol{a}, \boldsymbol{b}+\boldsymbol{c}) = (\boldsymbol{a}, \boldsymbol{b}) + (\boldsymbol{a}, \boldsymbol{c})$

$(k\boldsymbol{a}, \boldsymbol{b}) = k(\boldsymbol{a}, \boldsymbol{b})$

$(\boldsymbol{a}, k\boldsymbol{b}) = \overline{k}(\boldsymbol{a}, \boldsymbol{b})$

エルミート性 $(\boldsymbol{a}, \boldsymbol{b}) = \overline{(\boldsymbol{b}, \boldsymbol{a})}$

正値性 $(\boldsymbol{a}, \boldsymbol{a})$ は非負の実数で，等号は $\boldsymbol{a} = \boldsymbol{0}$ のときのみ成立．

内積をもつ複素ベクトル空間を**複素内積空間**とよぶ．

一方，定義 26.1 で定義した実ベクトル空間に内積の入った空間を区別して**実内積空間**とよぶ．

一般の複素内積空間にも，ベクトルのノルム (長さ) や，2 つのベクトルの直交の概念を定義することができる．

定義 31.2. V を内積空間とする．

(i) $\boldsymbol{a} \in V$ に対して

$$\|\boldsymbol{a}\| = \sqrt{(\boldsymbol{a}, \boldsymbol{a})}$$

を $\boldsymbol{a}$ の**ノルム**という．複素内積空間の場合も，ノルムは実数であることに注意する．

(ii) $\boldsymbol{a}, \boldsymbol{b} \in V$ が $(\boldsymbol{a}, \boldsymbol{b}) = 0$ をみたすとき，$\boldsymbol{a}$ と $\boldsymbol{b}$ は**直交**するという．

実内積空間の場合に定理 26.5 で与えた次の不等式は，複素内積空間でも成立する．

> **定理 31.3** $\boldsymbol{a}, \boldsymbol{b}$ を内積空間 V の任意の元とするとき，
> (i) $|(\boldsymbol{a}, \boldsymbol{b})| \leq \|\boldsymbol{a}\|\,\|\boldsymbol{b}\|$ (コーシー・シュワルツの不等式)
> (ii) $\|\boldsymbol{a}+\boldsymbol{b}\| \leq \|\boldsymbol{a}\| + \|\boldsymbol{b}\|$ (三角不等式)

［証明］ 定理 26.5 の証明は今の場合いくらか修正が必要である．

(i) $\boldsymbol{b} = \boldsymbol{0}$ のときは両辺 0 で不等式が成立する．$\boldsymbol{b} \neq \boldsymbol{0}$ とする．半線形性から，任意の $s, t \in \mathbb{C}$ に対して

$$0 \leq (s\boldsymbol{a}+t\boldsymbol{b}, s\boldsymbol{a}+t\boldsymbol{b}) = \|\boldsymbol{a}\|^2|s|^2 + (\boldsymbol{a}, \boldsymbol{b})s\bar{t} + \overline{(\boldsymbol{a}, \boldsymbol{b})}t\bar{s} + \|\boldsymbol{b}\|^2|t|^2$$

が成り立つ．ここで $s = \|\boldsymbol{b}\|^2$, $t = -(\boldsymbol{a}, \boldsymbol{b})$ とおくと，右辺は

$$\|\boldsymbol{a}\|^2\|\boldsymbol{b}\|^4 - 2|(\boldsymbol{a}, \boldsymbol{b})|^2\|\boldsymbol{b}\|^2 + \|\boldsymbol{b}\|^2|(\boldsymbol{a}, \boldsymbol{b})|^2 = \|\boldsymbol{b}\|^2\left(\|\boldsymbol{a}\|^2\|\boldsymbol{b}\|^2 - |(\boldsymbol{a}, \boldsymbol{b})|^2\right).$$

$\|\boldsymbol{b}\|^2$ でわって，移項して平方根をとれば求める不等式が得られる．

(ii) は

$$\begin{aligned}\|\boldsymbol{a}+\boldsymbol{b}\|^2 &= \|\boldsymbol{a}\|^2 + (\boldsymbol{a}, \boldsymbol{b}) + \overline{(\boldsymbol{a}, \boldsymbol{b})} + \|\boldsymbol{b}\|^2 \\ &\leq \|\boldsymbol{a}\|^2 + 2|(\boldsymbol{a}, \boldsymbol{b})| + \|\boldsymbol{b}\|^2\end{aligned}$$

コーシー・シュワルツの不等式から

$$\begin{aligned}&\leq \|\boldsymbol{a}\|^2 + 2\|\boldsymbol{a}\|\,\|\boldsymbol{b}\| + \|\boldsymbol{b}\|^2 \\ &= (\|\boldsymbol{a}\| + \|\boldsymbol{b}\|)^2.\end{aligned}$$

□

複素内積空間 V の基底 $(\boldsymbol{u}_1, \ldots, \boldsymbol{u}_n)$ が $1 \leq i, j \leq n$ に対して，

$$(\boldsymbol{u}_i, \boldsymbol{u}_j) = \delta_{ij} \qquad \text{(クロネッカーのデルタ)}$$

をみたすとき**正規直交基底**であるという．

複素内積空間 V の正規直交基底 $(\boldsymbol{u}_1, \ldots, \boldsymbol{u}_n)$ をとると，V の元と，この基底に関する座標を対応させることにより，V はユニタリ空間 $\mathbb{C}^n$ と同一視される．

> **命題 31.4** $\mathscr{U} = (\boldsymbol{u}_1, \ldots, \boldsymbol{u}_n)$ が複素内積空間 V の正規直交基底ならば
>
> $$\boldsymbol{a} = a_1\boldsymbol{u}_1 + \cdots + a_n\boldsymbol{u}_n, \quad \boldsymbol{b} = b_1\boldsymbol{u}_1 + \cdots + b_n\boldsymbol{u}_n \in V$$

に対して,

$$(\boldsymbol{a}, \boldsymbol{b}) = a_1\overline{b_1} + \cdots + a_n\overline{b_n}$$

が成り立つ.

命題の主張の右辺は $\boldsymbol{a}$ と $\boldsymbol{b}$ の正規直交基底 $\mathscr{U}$ に関する座標のエルミート内積になっていることに注意する.

［証明］内積の半双線形性から

$$(\boldsymbol{a}, \boldsymbol{b}) = (a_1\boldsymbol{u}_1 + \cdots + a_n\boldsymbol{u}_n, b_1\boldsymbol{u}_1 + \cdots + b_n\boldsymbol{u}_n) = \sum_{i=1}^{n}\sum_{j=1}^{n} a_i\overline{b_j}(\boldsymbol{u}_i, \boldsymbol{u}_j).$$

$(\boldsymbol{u}_i, \boldsymbol{u}_j) = \delta_{ij}$ だから, 上の和は $i = j$ のところだけが残って,

$$(\boldsymbol{a}, \boldsymbol{b}) = \sum_{i=1}^{n} a_i\overline{b_i}. \qquad \square$$

グラム・シュミットの直交化法が複素内積空間でも成り立って, $\{\boldsymbol{0}\}$ でない複素内積空間は正規直交基底をもつことが結論できる. その証明の基礎となる次の 2 つの命題も, 命題 27.6 および命題 27.7 とほぼ同じ証明で示すことができる.

命題 31.5 W を内積空間 V の部分空間とする. W は V の内積で内積空間になる. $(\boldsymbol{u}_1, \ldots, \boldsymbol{u}_r)$ を W の直交基底とする. このとき, $\boldsymbol{a} \in V$ の W への正射影を

$$P_W(\boldsymbol{a}) = \frac{(\boldsymbol{a}, \boldsymbol{u}_1)}{\|\boldsymbol{u}_1\|^2}\boldsymbol{u}_1 + \cdots + \frac{(\boldsymbol{a}, \boldsymbol{u}_r)}{\|\boldsymbol{u}_r\|^2}\boldsymbol{u}_r$$

と定義する. このとき, $P_W(\boldsymbol{a}) \in W$ であり, $\boldsymbol{a} - P_W(\boldsymbol{a})$ は W の任意のベクトルと直交する.

［証明］命題 27.6 の証明は少し変更が必要である. $P_W(\boldsymbol{a}) \in W$ は明らか. W の任意のベクトルを $\boldsymbol{b} = b_1\boldsymbol{u}_1 + \cdots + b_r\boldsymbol{u}_r$ とする. このとき,

$$(\boldsymbol{b}, \boldsymbol{a} - P_W(\boldsymbol{a})) = (\boldsymbol{b}, \boldsymbol{a}) - (\boldsymbol{b}, P_W(\boldsymbol{a})).$$

右辺の第 1 項は

$$(\boldsymbol{b}, \boldsymbol{a}) = (b_1\boldsymbol{u}_1 + \cdots + b_r\boldsymbol{u}_r, \boldsymbol{a}) = b_1(\boldsymbol{u}_1, \boldsymbol{a}) + \cdots + b_r(\boldsymbol{u}_r, \boldsymbol{a}).$$

また第 2 項は命題 31.4 を使うと

$$
\begin{aligned}
(\boldsymbol{b}, P_W(\boldsymbol{a})) &= \left(b_1\boldsymbol{u}_1 + \cdots + b_r\boldsymbol{u}_r,\ \frac{(\boldsymbol{a}, \boldsymbol{u}_1)}{\|\boldsymbol{u}_1\|^2}\boldsymbol{u}_1 + \cdots + \frac{(\boldsymbol{a}, \boldsymbol{u}_r)}{\|\boldsymbol{u}_r\|^2}\boldsymbol{u}_r\right) \\
&= b_1\overline{(\boldsymbol{a}, \boldsymbol{u}_1)} + \cdots + b_r\overline{(\boldsymbol{a}, \boldsymbol{u}_r)} \\
&= b_1(\boldsymbol{u}_1, \boldsymbol{a}) + \cdots + b_r(\boldsymbol{u}_r, \boldsymbol{a}).
\end{aligned}
$$

以上から $(\boldsymbol{b}, \boldsymbol{a} - P_W(\boldsymbol{a})) = 0$ が得られる. □

命題 31.6 $\mathbf{0}$ でないベクトル $\boldsymbol{a}_1, \ldots, \boldsymbol{a}_r \in V$ が互いに直交するならば 1 次独立である.

この命題の証明は命題 27.7 と全く同様である.

これらの命題の下でグラム・シュミットの直交化法は定理 27.5 と同じ証明で成り立ち, 次の定理が得られる.

定理 31.7 1 次元以上のすべての複素内積空間には正規直交基底が存在する.

●**問 31.2** 3 次元ユニタリ空間の基底

$$
\left(\begin{bmatrix} 1 \\ 0 \\ i \end{bmatrix}, \begin{bmatrix} 4i \\ 1 \\ 0 \end{bmatrix}, \begin{bmatrix} 2i \\ -5 \\ 0 \end{bmatrix}\right)
$$

からグラム・シュミットの直交化法により正規直交基底を作れ.

V の部分空間 W の直交補空間も実内積空間の場合 (p.191) と同様に定義され, 命題 27.11 の直交分解 $V = W \oplus W^{\perp}$ が成り立つ.

●**問 31.3** $\left\langle \boldsymbol{a} = \begin{bmatrix} i \\ 0 \\ 1 \end{bmatrix}, \boldsymbol{b} = \begin{bmatrix} 1 \\ i \\ -1 \end{bmatrix} \right\rangle \subset \mathbb{C}^3$ の直交補空間の基底を求めよ.

32 ユニタリ行列と正規行列

ユニタリ変換とユニタリ行列

複素内積空間 V の1次変換を考えるときは，すべての $\boldsymbol{a}, \boldsymbol{b} \in V$ について

$$(f(\boldsymbol{a}), f(\boldsymbol{b})) = (\boldsymbol{a}, \boldsymbol{b}) \tag{32.1}$$

をみたす等長変換を考えるのが自然である．複素内積空間の等長線形変換を**ユニタリ変換**という．

●問 32.1　f を複素内積空間 V のユニタリ変換とする．$(\boldsymbol{u}_1, \ldots, \boldsymbol{u}_n)$ が V の正規直交基底ならば $(f(\boldsymbol{u}_1), \ldots, f(\boldsymbol{u}_n))$ も V の正規直交基底になることを示せ．

$\mathscr{U} = (\boldsymbol{u}_1, \ldots, \boldsymbol{u}_n)$ を複素内積空間 V の正規直交基底とする．V の1次変換 f の $\mathscr{U}$ に関する表現行列を A とする．$\boldsymbol{a}, \boldsymbol{b} \in V$ とし，それらの $\mathscr{U}$ に関する座標を

$$\boldsymbol{x} = [\boldsymbol{a}]_{\mathscr{U}}, \quad \boldsymbol{y} = [\boldsymbol{b}]_{\mathscr{U}}$$

とすれば，

$$\boldsymbol{a} = (\boldsymbol{u}_1, \ldots, \boldsymbol{u}_n)\boldsymbol{x}, \quad \boldsymbol{b} = (\boldsymbol{u}_1, \ldots, \boldsymbol{u}_n)\boldsymbol{y}$$

が成り立つ．$\boldsymbol{a}, \boldsymbol{b}$ を f で写すと，

$$f(\boldsymbol{a}) = (f(\boldsymbol{u}_1), \ldots, f(\boldsymbol{u}_n))\boldsymbol{x}, \quad f(\boldsymbol{b}) = (f(\boldsymbol{u}_1), \ldots, f(\boldsymbol{u}_n))\boldsymbol{y}.$$

表現行列 A の定義から

$$f(\boldsymbol{a}) = (\boldsymbol{u}_1, \ldots, \boldsymbol{u}_n)A\boldsymbol{x}, \quad f(\boldsymbol{b}) = (\boldsymbol{u}_1, \ldots, \boldsymbol{u}_n)A\boldsymbol{y}.$$

したがって，f がユニタリ変換であるための条件 (32.1) は，命題 31.4 により，エルミート内積を使って，

$$A\boldsymbol{x} \cdot A\boldsymbol{y} = \boldsymbol{x} \cdot \boldsymbol{y}$$

と書ける．これは

$${}^{\mathrm{t}}\boldsymbol{x}\,{}^{\mathrm{t}}A\overline{A}\,\overline{\boldsymbol{y}} = {}^{\mathrm{t}}\boldsymbol{x}\overline{\boldsymbol{y}}$$

と同値である．したがって，次の命題を得る．

命題 32.1　ユニタリ変換の正規直交基底に関する表現行列 A は

$${}^{\mathrm{t}}A\overline{A} = E$$

をみたす．この条件をみたす行列を**ユニタリ行列**という．

逆にユニタリ行列がユニタリ空間 $\mathbb{C}^n$ のユニタリ変換を定めることも簡単にわかる．

命題 32.2 複素数を成分にもつ n 次正方行列 $A = \begin{bmatrix} \boldsymbol{a}_1 & \cdots & \boldsymbol{a}_n \end{bmatrix}$ について次は同値である．

(i) A はユニタリ行列．

(ii) $(\boldsymbol{a}_1, \ldots, \boldsymbol{a}_n)$ は n 次元ユニタリ空間の正規直交基底．

(iii) すべての $\boldsymbol{x} \in \mathbb{C}^n$ について，$\|A\boldsymbol{x}\| = \|\boldsymbol{x}\|$ が成り立つ．

［証明］(i) $\Longleftrightarrow$ (ii)．ユニタリ行列の定義 ${}^{\mathrm{t}}A\overline{A} = E$ から

$$\begin{bmatrix} {}^{\mathrm{t}}\boldsymbol{a}_1 \\ \vdots \\ {}^{\mathrm{t}}\boldsymbol{a}_n \end{bmatrix} \begin{bmatrix} \overline{\boldsymbol{a}_1} & \cdots & \overline{\boldsymbol{a}_n} \end{bmatrix} = E.$$

左辺の積の (i, j) 成分は ${}^{\mathrm{t}}\boldsymbol{a}_i\overline{\boldsymbol{a}_j}$ だから，上の等式は $\boldsymbol{a}_i \cdot \boldsymbol{a}_j = \delta_{ij}$ と同値．

(i) $\Longrightarrow$ (iii)．ユニタリ行列ならば，${}^{\mathrm{t}}A\overline{A} = E$ だから，

$$\|A\boldsymbol{x}\|^2 = A\boldsymbol{x} \cdot A\boldsymbol{x} = {}^{\mathrm{t}}\boldsymbol{x}\,{}^{\mathrm{t}}A\overline{A}\,\overline{\boldsymbol{x}} = {}^{\mathrm{t}}\boldsymbol{x}\overline{\boldsymbol{x}} = \|\boldsymbol{x}\|^2.$$

両辺の正の平方根をとると，(iii) が得られる．

(iii) $\Longrightarrow$ (i)．任意の $\boldsymbol{x}, \boldsymbol{y} \in \mathbb{C}^n$ に対して，仮定より，

$$\|A(\boldsymbol{x}+\boldsymbol{y})\|^2 - \|A\boldsymbol{x}\|^2 - \|A\boldsymbol{y}\|^2 = \|\boldsymbol{x}+\boldsymbol{y}\|^2 - \|\boldsymbol{x}\|^2 - \|\boldsymbol{y}\|^2.$$

一方，

$$\begin{aligned} &\|A(\boldsymbol{x}+\boldsymbol{y})\|^2 - \|A\boldsymbol{x}\|^2 - \|A\boldsymbol{y}\|^2 \\ &\quad = (A(\boldsymbol{x}+\boldsymbol{y})) \cdot (A(\boldsymbol{x}+\boldsymbol{y})) - A\boldsymbol{x} \cdot A\boldsymbol{x} - A\boldsymbol{y} \cdot A\boldsymbol{y} \\ &\quad = {}^{\mathrm{t}}\boldsymbol{x}\,{}^{\mathrm{t}}A\overline{A}\,\overline{\boldsymbol{y}} + {}^{\mathrm{t}}\boldsymbol{y}\,{}^{\mathrm{t}}A\overline{A}\,\overline{\boldsymbol{x}}. \end{aligned}$$

まとめると，

$${}^{\mathrm{t}}\boldsymbol{x}\,{}^{\mathrm{t}}A\overline{A}\,\overline{\boldsymbol{y}} + {}^{\mathrm{t}}\boldsymbol{y}\,{}^{\mathrm{t}}A\overline{A}\,\overline{\boldsymbol{x}} = \|\boldsymbol{x}+\boldsymbol{y}\|^2 - \|\boldsymbol{x}\|^2 - \|\boldsymbol{y}\|^2. \tag{32.2}$$

$(\boldsymbol{e}_1, \ldots, \boldsymbol{e}_n)$ を $\mathbb{C}^n$ の標準基底とする．また ${}^{\mathrm{t}}A\overline{A}$ の (s, t) 成分を b_{st} とする．このとき (32.2) で $\boldsymbol{x} = \boldsymbol{e}_s$，$\boldsymbol{y} = \boldsymbol{e}_t$ とおくと，

$$b_{st} + b_{ts} = \|\boldsymbol{e}_s + \boldsymbol{e}_t\|^2 - \|\boldsymbol{e}_t\|^2 - \|\boldsymbol{e}_s\|^2 = 2\delta_{st}$$

が得られる．また $\boldsymbol{x} = \boldsymbol{e}_s$，$\boldsymbol{y} = i\boldsymbol{e}_t$ とおくと，

$$-ib_{st} + ib_{ts} = \|\boldsymbol{e}_s + i\boldsymbol{e}_t\|^2 - \|\boldsymbol{e}_s\|^2 - \|i\boldsymbol{e}_t\|^2 = 0.$$

ここで，${}^{\mathrm{t}}({}^{\mathrm{t}}A\overline{A}) = {}^{\mathrm{t}}\overline{A}A = \overline{{}^{\mathrm{t}}A\overline{A}}$ だから，$b_{ts} = \overline{b_{st}}$．したがって，

$$b_{st} + \overline{b_{st}} = 2\delta_{st}, \qquad -ib_{st} + i\overline{b_{st}} = 0$$

を得る．この 2 式から $b_{st} = \delta_{st}$ がわかるので ${}^{\mathrm{t}}A\overline{A} = E$． □

●問 32.2 複素内積空間の 2 つの正規直交基底の間の基底変換行列はユニタリ行列であることを示せ．

随伴変換と随伴行列

内積空間 V の 1 次変換 f に対して，

$$(f(\boldsymbol{a}), \boldsymbol{b}) = (\boldsymbol{a}, f^*(\boldsymbol{b}))$$

がすべての $\boldsymbol{a}, \boldsymbol{b}$ に対して成り立つような V の 1 次変換 f^* を f の**随伴変換**という．V の基底をとって，その基底に関する f の表現行列を A，また同じ基底に関する f^* の表現行列を B とすると，上と同じ記号の下で，

$$A\boldsymbol{x} \cdot \boldsymbol{y} = \boldsymbol{x} \cdot B\boldsymbol{y}$$

が成り立つ．すなわち，

$${}^{\mathrm{t}}\boldsymbol{x}\,{}^{\mathrm{t}}A\,\overline{\boldsymbol{y}} = {}^{\mathrm{t}}\boldsymbol{x}\overline{B}\,\overline{\boldsymbol{y}}.$$

これが任意の $\boldsymbol{x}, \boldsymbol{y} \in \mathbb{C}^n$ について成り立つから $B = {}^{\mathrm{t}}\overline{A}$ を得る．${}^{\mathrm{t}}\overline{A}$ を A^* と表し，これを A の**随伴行列**という．つまり f の随伴変換の表現行列は，同じ基底に関する f の表現行列の随伴行列になる．

この記号を使うと A がユニタリ行列であるための条件は

$$A^*A = E$$

とも書ける．

●問 32.3 次を示せ．

(i) $(A^*)^* = A$ (ii) $(A+B)^* = A^* + B^*$

(iii) $(\lambda A)^* = \overline{\lambda}A^* \quad (\lambda \in \mathbb{C})$ (iv) $(AB)^* = B^*A^*$

●問 32.4 $\mathscr{A}, \mathscr{B}$ を V の 2 つの正規直交基底とし，その基底変換行列 U を $\mathscr{B} = \mathscr{A}U$ をみたすものとする．V の 1 次変換 f の $\mathscr{A}$ に関する表現行列を C とするとき，f の $\mathscr{B}$ に関する表現行列を求めよ．

ユニタリ行列による対角化

次に複素内積空間の1次変換を対角化する問題を考える．行列の言葉でいえば，ある正規直交基底に関する表現行列 A が与えられたとき，ユニタリ行列 U をとって

$$U^*AU$$

を対角行列にできるかどうかという問題である (問 32.2 および 32.4).

実行列のときより議論は若干複雑になるが，理論的な見通しはよくなって，実対称行列の対角化についてもすっきりとした議論が可能になる．

A がユニタリ行列 U によって対角化できて，$U^*AU = D$ が対角行列であるとすると，$D\overline{D} = D\overline{D}$ だから，

$$\begin{aligned} AA^* &= (UDU^*)(U\overline{D}U^*) = UD\overline{D}U^* \\ &= U\overline{D}DU^* = (U\overline{D}U^*)(UDU^*) = A^*A \qquad (32.3) \end{aligned}$$

が成り立つ．

定義 32.3. $AA^* = A^*A$ をみたす行列 A を**正規行列**という．

定義 32.4. A を複素数を成分とする正方行列とする．$A^* = A$ をみたす行列を**エルミート行列**という．また $A^* = -A$ をみたす行列を**歪**(わい)**エルミート行列**という．

●**問 32.5** エルミート行列，歪エルミート行列，ユニタリ行列はすべて正規行列であることを示せ．

●**問 32.6** A を正規行列とし，α を A の固有値，$\boldsymbol{x}$ を対応する固有ベクトルとするとき，$A^*\boldsymbol{x} = \overline{\alpha}\boldsymbol{x}$ を示せ．

(32.3) により，ユニタリ行列で対角化できる行列は正規行列であることがわかったが，実はこの逆が成り立つ．

> **定理 32.5** 複素数を成分にもつ n 次正方行列 A がユニタリ行列によって対角化できるための必要十分条件は A が正規行列であることである．

［証明］A を n 次正規行列とし，これがユニタリ行列で対角化できることを n に関する帰納法で証明する．

$n=1$ のときは明らかである．$n \geq 2$ として $n-1$ のときまで主張が正しいと仮定する．

α を A の固有値とし，V_α を α に対応する固有空間とする．任意の $\boldsymbol{b} \in V_\alpha$ に対して，$A(A^*\boldsymbol{b}) = A^*(A\boldsymbol{b}) = \alpha A^*\boldsymbol{b}$ だから，$A^*\boldsymbol{b} \in V_\alpha$ となる．これは A が V_α を V_α に写すことを示す．また，$\boldsymbol{a} \in {V_\alpha}^\perp$ とすると，$A\boldsymbol{a} \cdot \boldsymbol{b} = \boldsymbol{a} \cdot A^*\boldsymbol{b} = 0$. これは $A\boldsymbol{a} \in {V_\alpha}^\perp$ を示す．すなわち ${V_\alpha}^\perp$ は A で ${V_\alpha}^\perp$ に写される．そこで $(\boldsymbol{u}_1, \ldots, \boldsymbol{u}_m)$ を V_α の正規直交基底とし，$(\boldsymbol{u}_{m+1}, \ldots, \boldsymbol{u}_n)$ を ${V_\alpha}^\perp$ の正規直交基底とすると，命題 27.11 によって $(\boldsymbol{u}_1, \ldots, \boldsymbol{u}_n)$ は V の正規直交基底になって，

$$(A\boldsymbol{u}_1, \ldots, A\boldsymbol{u}_n) = (\boldsymbol{u}_1, \ldots, \boldsymbol{u}_n) \begin{bmatrix} \alpha E_m & O \\ O & A_1 \end{bmatrix}$$

が成り立つ．$U = \begin{bmatrix} \boldsymbol{u}_1 & \cdots & \boldsymbol{u}_n \end{bmatrix}$ とおくと，U はユニタリ行列で，

$$U^*AU = \begin{bmatrix} \alpha E_m & O \\ O & A_1 \end{bmatrix}.$$

ここで

$$\begin{bmatrix} \alpha\overline{\alpha} E_m & O \\ O & A_1A_1^* \end{bmatrix} = \begin{bmatrix} \alpha E_m & O \\ O & A_1 \end{bmatrix} \begin{bmatrix} \overline{\alpha} E_m & O \\ O & A_1^* \end{bmatrix} = (U^*AU)(U^*A^*U)$$

$$= U^*AA^*U = U^*A^*AU = (U^*A^*U)(U^*AU) = \begin{bmatrix} \alpha\overline{\alpha} E_m & O \\ O & A_1^*A_1 \end{bmatrix}$$

により，$A_1^*A_1 = A_1A_1^*$. よって A_1 は $n-m$ 次の正規行列である．帰納法の仮定により，ユニタリ行列 U_1 があって，$U_1^*A_1U_1 = D_1$ を対角行列にできる．$X = U \begin{bmatrix} E_m & O \\ O & U_1 \end{bmatrix}$ とおくと，

$$X^*AX = \begin{bmatrix} \alpha E_m & O \\ O & D_1 \end{bmatrix}$$

は対角行列になる． □

正規行列 A はユニタリ行列で対角化できることから，その相異なる固有値を $\alpha_1, \ldots, \alpha_k$ とするとき，定理 24.8 から

$$\mathbb{C}^n = V_{\alpha_1} \oplus \cdots \oplus V_{\alpha_k} \tag{32.4}$$

が成り立っている．

このとき正規行列に対する命題 29.2 の一般化が得られる．

命題 32.6　正規行列の相異なる固有値に対応する固有ベクトルは直交する．

［証明］ λ_1, λ_2 を正規行列 A の相異なる固有値とし，$\boldsymbol{p}_1, \boldsymbol{p}_2$ をそれぞれの固有値に対応する固有ベクトルとする．このとき $A\boldsymbol{p}_1 \cdot \boldsymbol{p}_2 = \lambda_1 \boldsymbol{p}_1 \cdot \boldsymbol{p}_2$．この左辺は $\boldsymbol{p}_1 \cdot A^* \boldsymbol{p}_2 = \boldsymbol{p}_1 \cdot \overline{\lambda_2} \boldsymbol{p}_2 = \lambda_2 \boldsymbol{p}_1 \cdot \boldsymbol{p}_2$ に等しい．途中で問 32.6 を使った．$\lambda_1 \neq \lambda_2$ から $\boldsymbol{p}_1 \cdot \boldsymbol{p}_2 = 0$．　□

この命題は直和分解 (32.4) が直交分解であることを示す．この直交分解に対応して次の定理が成り立つ．

定理 32.7 (正規行列のスペクトル分解)　A を n 次の正規行列とする．$\alpha_1, \ldots, \alpha_r$ を A の相異なる固有値とする．このとき行列 $P_1, \ldots, P_r$ で

$$P_i{}^2 = P_i = P_i{}^* \ (1 \leq i \leq r),\ P_i P_j = O \ (i \neq j),\ E = P_1 + \cdots + P_r$$

をみたすものが一意的に決まり，

$$A = \alpha_1 P_1 + \cdots + \alpha_r P_r$$

と分解される．これを A の**スペクトル分解**とよぶ．

［証明］ A は正規行列だから，対角化可能で

$$\mathbb{C}^n = V_{\alpha_1} \oplus \cdots \oplus V_{\alpha_r}$$

と分解される．直和の定義からすべての $\boldsymbol{x} \in \mathbb{C}^n$ は

$$\boldsymbol{x} = \boldsymbol{x}_1 + \cdots + \boldsymbol{x}_r \quad (\boldsymbol{x}_i \in V_{\alpha_i})$$

と一意的に表される．$i = 1, \ldots, r$ に対して，P_i を $\boldsymbol{x} \mapsto \boldsymbol{x}_i$ で定義される $\mathbb{C}^n$ の線形写像とする．その標準行列も同じ記号 P_i で表す．

$$P_i{}^2 \boldsymbol{x} = P_i(P_i \boldsymbol{x}) = P_i \boldsymbol{x}_i = \boldsymbol{x}_i$$

によって，$P_i{}^2 = P_i$ が成り立つ．また $\mathbb{C}^n \ni \boldsymbol{y} = \boldsymbol{y}_1 + \cdots + \boldsymbol{y}_r$ $(\boldsymbol{y}_i \in V_{\alpha_i})$ と書いて，命題 32.6 を使うと，

$$P_i \boldsymbol{x} \cdot \boldsymbol{y} = \boldsymbol{x}_i \cdot (\boldsymbol{y}_1 + \cdots + \boldsymbol{y}_r) = \boldsymbol{x}_i \cdot \boldsymbol{y}_i = \boldsymbol{x} \cdot \boldsymbol{y}_i.$$

随伴行列の定義より $P_i \boldsymbol{x} \cdot \boldsymbol{y} = \boldsymbol{x} \cdot P_i{}^* \boldsymbol{y}$ であるから，任意の $\boldsymbol{x}$ について $\boldsymbol{x} \cdot P_i^* \boldsymbol{y} = \boldsymbol{x} \cdot \boldsymbol{y}_i$

が成り立つので，$P_i{}^*\boldsymbol{y} = \boldsymbol{y}_i = P_i\boldsymbol{y}$. よって $P_i = P_i{}^*$ が成り立つ．さらに，$i \neq j$ ならば，任意の $\boldsymbol{x}, \boldsymbol{y} \in \mathbb{C}^n$ に対して

$$P_iP_j\boldsymbol{x}\cdot\boldsymbol{y} = P_j\boldsymbol{x}\cdot P_i{}^*\boldsymbol{y} = 0.$$

よって $P_iP_j = O$ である．また任意の $\boldsymbol{x} \in \mathbb{C}^n$ に対して $\boldsymbol{x} = P_1\boldsymbol{x} + \cdots + P_r\boldsymbol{x}$ だから，$P_1 + \cdots + P_r = E$. さらに $P_i\boldsymbol{x} \in V_{\alpha_i}$ なので，

$$\begin{aligned}(\alpha_1P_1 + \cdots + \alpha_rP_r)\boldsymbol{x} &= \alpha_1P_1\boldsymbol{x} + \cdots + \alpha_rP_r\boldsymbol{x} \\ &= A(P_1\boldsymbol{x}) + \cdots + A(P_r\boldsymbol{x}) = A(P_1\boldsymbol{x} + \cdots + P_r\boldsymbol{x}) = A\boldsymbol{x}\end{aligned}$$

だから $A = \alpha_1P_1 + \cdots + \alpha_rP_r$ がわかる．

最後に，$A = \alpha_1P_1{}' + \cdots + \alpha_rP_r{}'$ をもう一つのスペクトル分解とする．$W_i = \mathrm{Im}P_i{}'$ とすると，$\boldsymbol{y} = P_i{}'\boldsymbol{x} \in W_i$ ならば，

$$A\boldsymbol{y} = (\alpha_1P_1{}' + \cdots + \alpha_rP_r{}')P_i{}'\boldsymbol{x} = \alpha_iP_i{}'\boldsymbol{x} = \alpha_i\boldsymbol{y}$$

により，$\boldsymbol{y} \in V_{\alpha_i}$. すなわち，$W_i \subset V_{\alpha_i}$. $\mathbb{C}^n = W_1 \oplus \cdots \oplus W_r$ だから，次元の関係より，$W_i = V_{\alpha_i}$. $E = P_1{}' + \cdots + P_r{}'$ の両辺に P_i を左からかけると $P_i = P_iP_1{}' + \cdots + P_iP_r{}' = P_iP_i{}'$. $P_i^2 = P_i$ を考えると，$P_i(P_i - P_i{}') = O$. $\mathrm{Im}(P_i - P_i{}') \subset W_i$ だから $P_i = P_i{}'$ でなくてはならない． □

この定理に現れる線形写像 P_i を V_{α_i} への**射影**とよぶ．また，この定理の名前に現れるスペクトルというのは，固有値の集合という意味である．ここでは直交分解 (32.4) からスペクトル分解を証明したが，逆に射影の組の存在から直交分解を示すこともできる (章末問題 VII.18).

対称行列を直交行列で対角化したときと同様に，与えられた正規行列をユニタリ行列で対角化するためには，各固有空間の基底をグラム・シュミットの直交化法で対角化して，それをあわせて全空間の正規直交基底を求めればよい．

◆**例 32.8** $A = \begin{bmatrix} 0 & i & 1 \\ -i & 0 & -i \\ 1 & i & 0 \end{bmatrix}$ は $A^* = A$ をみたすのでエルミート行列である．よって A は正規行列である．したがって，ユニタリ行列で対角化可能である．

$$\begin{aligned}F_A(\lambda) = \det(\lambda E - A) &= \begin{vmatrix} \lambda & -i & -1 \\ i & \lambda & i \\ -1 & -i & \lambda \end{vmatrix} \\ &= \lambda^3 - 3\lambda - 2 = (\lambda - 2)(\lambda + 1)^2.\end{aligned}$$

$\lambda = 2$ のとき，

$$2E - A = \begin{bmatrix} 2 & -i & -1 \\ i & 2 & i \\ -1 & -i & 2 \end{bmatrix} \to \begin{bmatrix} 1 & 0 & -1 \\ 0 & 1 & i \\ 0 & 0 & 0 \end{bmatrix}.$$

よって解は t をパラメータとして $\begin{bmatrix} t \\ -it \\ t \end{bmatrix}$. したがって $\lambda = 2$ に対応する固有ベクトルとして $\boldsymbol{a}_1 = \begin{bmatrix} 1 \\ -i \\ 1 \end{bmatrix}$ がとれる．

$\lambda = -1$ のとき，

$$-E - A = \begin{bmatrix} -1 & -i & -1 \\ i & -1 & i \\ -1 & -i & -1 \end{bmatrix} \to \begin{bmatrix} 1 & i & 1 \\ 0 & 0 & 0 \\ 0 & 0 & 0 \end{bmatrix}.$$

よって s, t をパラメータとして，解は $\begin{bmatrix} -is - t \\ s \\ t \end{bmatrix} = s\begin{bmatrix} -i \\ 1 \\ 0 \end{bmatrix} + t\begin{bmatrix} -1 \\ 0 \\ 1 \end{bmatrix}$. したがって 1 次独立な固有ベクトルとして $\boldsymbol{a}_2 = \begin{bmatrix} -i \\ 1 \\ 0 \end{bmatrix}$, $\boldsymbol{a}_3 = \begin{bmatrix} -1 \\ 0 \\ 1 \end{bmatrix}$ がとれる．$(\boldsymbol{a}_2, \boldsymbol{a}_3)$ を直交化すると，

$$\boldsymbol{b}_2 = \begin{bmatrix} -i \\ 1 \\ 0 \end{bmatrix}, \quad \boldsymbol{b}_3 = \boldsymbol{a}_3 - \frac{\boldsymbol{a}_3 \cdot \boldsymbol{b}_2}{\|\boldsymbol{b}_2\|}\boldsymbol{b}_2 = \boldsymbol{a}_3 + \frac{i}{2}\boldsymbol{b}_2 = \begin{bmatrix} -1/2 \\ i/2 \\ 1 \end{bmatrix}$$

を得る．$\boldsymbol{a}_1, \boldsymbol{b}_2, \boldsymbol{b}_3$ を正規化すると，正規直交基底

$$\left(\boldsymbol{u}_1 = \frac{1}{\sqrt{3}}\begin{bmatrix} 1 \\ -i \\ 1 \end{bmatrix}, \ \boldsymbol{u}_2 = \frac{1}{\sqrt{2}}\begin{bmatrix} -i \\ 1 \\ 0 \end{bmatrix}, \ \boldsymbol{u}_3 = \frac{1}{\sqrt{6}}\begin{bmatrix} -1 \\ i \\ 2 \end{bmatrix}\right)$$

となる．$U = \begin{bmatrix} \boldsymbol{u}_1 & \boldsymbol{u}_2 & \boldsymbol{u}_3 \end{bmatrix}$ とおくと，これはユニタリ行列で

$$U^*AU = \begin{bmatrix} 2 & 0 & 0 \\ 0 & -1 & 0 \\ 0 & 0 & -1 \end{bmatrix}$$

が得られる．

次に A のスペクトル分解を求める．まず各 P_i を求めるには，定義どおりに各固有空間への射影を計算してもよいが，標準基底 $(\boldsymbol{e}_1, \boldsymbol{e}_2, \boldsymbol{e}_3)$ の各固有空間への射影の像が求まればよいから，まず $(\boldsymbol{e}_1, \boldsymbol{e}_2, \boldsymbol{e}_3) = (\boldsymbol{u}_1, \boldsymbol{u}_2, \boldsymbol{u}_3)P$ をみたす正方行列を $P = [p_{ij}]$ を求める．$U = \begin{bmatrix} \boldsymbol{u}_1 & \boldsymbol{u}_2 & \boldsymbol{u}_3 \end{bmatrix}$ がユニタリ行列であることから，

$$P = U^{-1} = U^* = \begin{bmatrix} {}^{\mathrm{t}}\overline{\boldsymbol{u}_1} \\ {}^{\mathrm{t}}\overline{\boldsymbol{u}_2} \\ {}^{\mathrm{t}}\overline{\boldsymbol{u}_3} \end{bmatrix} = \begin{bmatrix} \frac{1}{\sqrt{3}} & \frac{i}{\sqrt{3}} & \frac{1}{\sqrt{3}} \\ \frac{i}{\sqrt{2}} & \frac{1}{\sqrt{2}} & 0 \\ -\frac{1}{\sqrt{6}} & -\frac{i}{\sqrt{6}} & \frac{2}{\sqrt{6}} \end{bmatrix}$$

が求める行列である．このとき，固有値 2 の固有空間 $V_2 = \langle \boldsymbol{u}_1 \rangle$ への射影 P_1 は各 $\boldsymbol{e}_i$ を $(\boldsymbol{u}_1, \boldsymbol{u}_2, \boldsymbol{u}_3)$ の 1 次結合で書いたとき，その $\boldsymbol{u}_1$ 成分に写すので，

$$\begin{aligned} P_1 &= \begin{bmatrix} p_{11}\boldsymbol{u}_1 & p_{12}\boldsymbol{u}_1 & p_{13}\boldsymbol{u}_1 \end{bmatrix} \\ &= \boldsymbol{u}_1 {}^{\mathrm{t}}\overline{\boldsymbol{u}_1} = \frac{1}{3}\begin{bmatrix} 1 & i & 1 \\ -i & 1 & -i \\ 1 & i & 1 \end{bmatrix}. \end{aligned}$$

同様に V_{-1} への射影 P_2 は

$$\begin{aligned} P_2 &= \begin{bmatrix} p_{21}\boldsymbol{u}_2 + p_{31}\boldsymbol{u}_3 & p_{22}\boldsymbol{u}_2 + p_{32}\boldsymbol{u}_3 & p_{23}\boldsymbol{u}_3 + p_{33}\boldsymbol{u}_3 \end{bmatrix} \\ &= \begin{bmatrix} \boldsymbol{u}_2 & \boldsymbol{u}_3 \end{bmatrix} \begin{bmatrix} {}^{\mathrm{t}}\overline{\boldsymbol{u}_2} & {}^{\mathrm{t}}\overline{\boldsymbol{u}_3} \end{bmatrix} = \frac{1}{3}\begin{bmatrix} 2 & -i & -1 \\ i & 2 & i \\ -1 & -i & 2 \end{bmatrix}. \end{aligned}$$

今の場合は，この行列は $P_1 + P_2 = E$ から求めたほうが簡単である．

以上から A のスペクトル分解

$$A = 2 \cdot \frac{1}{3}\begin{bmatrix} 1 & i & 1 \\ -i & 1 & -i \\ 1 & i & 1 \end{bmatrix} + (-1)\frac{1}{3}\begin{bmatrix} 2 & -i & -1 \\ i & 2 & i \\ -1 & -i & 2 \end{bmatrix}$$

を得る．

●**問 32.7** 行列 $A = \begin{bmatrix} 0 & -\sqrt{2} & -1 \\ \sqrt{2} & 0 & 0 \\ 1 & 0 & 0 \end{bmatrix}$ をユニタリ行列で対角化せよ．またそのスペクトル分解を求めよ．

補注 32.9 与えられた行列の相異なる固有値が α, β の 2 つだけのときは，スペクトル分解は次のようにして簡単に求められる．条件

$$P_1 + P_2 = E, \quad A = \alpha P_1 + \beta P_2$$

より，

$$A - \alpha E = \alpha P_1 + \beta P_2 - \alpha P_1 - \alpha P_2 = (\beta - \alpha)P_2.$$

同様に $A - \beta E = (\alpha - \beta)P_1$．この 2 式から

$$P_1 = \frac{1}{\alpha - \beta}(A - \beta E), \quad P_2 = \frac{1}{\beta - \alpha}(A - \alpha E).$$

●**問 32.8** スペクトル分解に現れる射影の一つを P とする．P の固有値を求めよ．

●問 32.9　正規行列 A のスペクトル分解を $A = \alpha_1 P_1 + \cdots + \alpha_r P_r$ とする．

(i) A^* のスペクトル分解は

$$A^* = \overline{\alpha_1} P_1 + \cdots + \overline{\alpha_r} P_r$$

となることを示せ．

(ii) 問 13.2 より A が逆行列をもつための条件は固有値に 0 が含まれないことである．A が逆行列をもつとき，$\boldsymbol{x}$ に関する連立 1 次方程式 $A\boldsymbol{x} = \boldsymbol{b}$ ($\boldsymbol{b}$ は任意のベクトル) の解 $\boldsymbol{x}$ を A のスペクトル分解を使って表せ．

実対称行列の対角化再論

正規行列の対角化の理論の立場から，実の行列の対角化をもう一度議論する．まずはエルミート行列，ユニタリ行列の固有値による特徴づけから始める．

> **命題 32.10**　正規行列 A に対して次が成立する．
>
> (i) A がエルミート行列 $\iff$ A の固有値はすべて実数．
>
> (ii) A がユニタリ行列 $\iff$ A の固有値はすべて絶対値が 1 の複素数．

［証明］(i)　A は正規行列だから，ユニタリ行列 U によって対角化される．

$$U^*AU = \begin{bmatrix} \lambda_1 & & O \\ & \ddots & \\ O & & \lambda_n \end{bmatrix}.$$

ここで $\lambda_1, \ldots, \lambda_n$ は A の固有値である．右辺の行列を D とおく．

A がエルミート行列ならば，

$$(U^*AU)^* = U^*A^*U = U^*AU$$

により $D = U^*AU$ もエルミート行列．すなわち $D^* = \overline{D} = D$．これは任意の λ_i が実数であることを示す．逆に，任意の固有値が実数ならば，$D^* = D$．このとき，$A = UDU^* = UD^*U^* = (UDU^*)^* = A^*$ となり，A はエルミート行列である．

(ii)　A がユニタリ行列であるとする．このとき D もユニタリ行列になる．すなわち $D^*D = E$．これは $|\lambda_i|^2 = \overline{\lambda_i}\lambda_i = 1$ を示す．したがって $|\lambda_i| = 1$．逆は練習問題とする．

□

命題 32.10 は問 32.9 を使っても証明できる．また (i) は実対称行列に対して定理 29.1 で証明した事実の一般化になっている．

A を実の正規行列とする．A はユニタリ行列 U により対角化できるが，この U を実の行列 (すなわち直交行列) にとれるための条件を考える．

定理 32.11 A を実の正規行列とする．このとき

$$A \text{ が直交行列で対角化可能} \iff A \text{ が対称行列}.$$

［証明］A が直交行列 P によって対角化可能とする．このとき A が対称行列になることは定理 29.1 のところで示した．

逆に A が対称行列であるとする．A はエルミート行列になるから A の固有値はすべて実数である．よって，連立 1 次方程式の理論から固有ベクトルとして実ベクトルがとれる．これから正規直交基底を作れば，実ベクトルだけからなる正規直交基底になる．これを並べて直交行列を作れば，これによって A は対角化される．□

演習問題 VII

[A]

VII.1 $\mathbb{R}^3$ における次の線形変換の標準行列を求めよ．

(i) 平面 $x+2y+z=0$ への正射影

(ii) 平面 $x+2y+z=0$ に関する折り返し

VII.2 3 次元ユークリッド空間 $\mathbb{R}^3$ のベクトル $\boldsymbol{a}=\begin{bmatrix}3\\5\\-2\end{bmatrix}$ の次の部分空間への正射影を求めよ．

(i) 直線 $x=\dfrac{y}{2}=-\dfrac{z}{2}$

(ii) 平面 $2x-y=0$

VII.3 以下の基底からユークリッド空間の正規直交基底をグラム・シュミットの直交化法で構成せよ．

(i) $\left(\begin{bmatrix}1\\3\\0\end{bmatrix},\begin{bmatrix}0\\-10\\2\end{bmatrix},\begin{bmatrix}2\\6\\7\end{bmatrix}\right)$ (ii) $\left(\begin{bmatrix}2\\2\\1\end{bmatrix},\begin{bmatrix}1\\2\\3\end{bmatrix},\begin{bmatrix}-2\\-9\\4\end{bmatrix}\right)$

(iii) $\left(\begin{bmatrix}1\\1\\1\\0\end{bmatrix},\begin{bmatrix}-3\\-2\\-1\\2\end{bmatrix},\begin{bmatrix}0\\-5\\2\\5\end{bmatrix},\begin{bmatrix}2\\-4\\8\\-3\end{bmatrix}\right)$

VII.4 4 次元ユークリッド空間のベクトル $\boldsymbol{a}_1, \boldsymbol{a}_2, \boldsymbol{a}_3, \boldsymbol{a}_4$ を次で定義する.

$$\boldsymbol{a}_1 = \begin{bmatrix} 2 \\ 1 \\ 1 \\ -1 \end{bmatrix}, \ \boldsymbol{a}_2 = \begin{bmatrix} 2 \\ 2 \\ 1 \\ -2 \end{bmatrix}, \ \boldsymbol{a}_3 = \begin{bmatrix} -2 \\ 1 \\ -1 \\ -1 \end{bmatrix}, \ \boldsymbol{a}_4 = \begin{bmatrix} 2 \\ 2 \\ 1 \\ 0 \end{bmatrix}.$$

このとき次の直交補空間の基底を求めよ.

(i) $\langle \boldsymbol{a}_1 \rangle^{\perp}$ (ii) $\langle \boldsymbol{a}_1, \boldsymbol{a}_2 \rangle^{\perp}$ (iii) $\langle \boldsymbol{a}_1, \boldsymbol{a}_2, \boldsymbol{a}_3 \rangle^{\perp}$ (iv) $\langle \boldsymbol{a}_1, \boldsymbol{a}_2, \boldsymbol{a}_3, \boldsymbol{a}_4 \rangle^{\perp}$

VII.5 次の対称行列を直交行列で対角化せよ.

$$A = \begin{bmatrix} 1 & 0 & 3 \\ 0 & -1 & 0 \\ 3 & 0 & 1 \end{bmatrix} \qquad B = \begin{bmatrix} 7 & -4 & -2 \\ -4 & 1 & -4 \\ -2 & -4 & 7 \end{bmatrix}$$

$$C = \begin{bmatrix} 1 & 0 & 0 & -3 \\ 0 & 4 & 0 & 0 \\ 0 & 0 & 4 & 0 \\ -3 & 0 & 0 & 1 \end{bmatrix} \qquad D = \begin{bmatrix} 6 & -4 & 4 & 4 \\ -4 & 7 & 5 & -2 \\ 4 & 5 & 7 & 2 \\ 4 & -2 & 2 & 0 \end{bmatrix}$$

VII.6 A, B を直交行列とする.

(i) A^{-1} が直交行列であることを示せ.

(ii) AB および BA が直交行列であることを示せ.

VII.7 内積空間 V の部分空間 W について $\dim W + \dim W^{\perp} = \dim V$ を示せ.

[B]

VII.8 以下の 2 次曲線の標準形を求めよ.

(i) $52x^2 + 73y^2 + 72xy - 160z - 130y + 100 = 0$

(ii) $161x^2 - 161y^2 - 480xy + 816x + 1530y - 2890 = 0$

(iii) $25x^2 + 144y^2 - 120xy + 26x + 377y + 338 = 0$

VII.9 $\mathbb{R}[x]_3$ の基底 $(1, x, x^2, x^3)$ から，内積

$$(f, g) = \int_{-1}^{1} f(x)g(x)\,dx$$

に関する正規直交基底をグラム・シュミットの直交化法で構成せよ.

VII.10 A は 2 次の直交行列で行列式が -1 になるものとする.

(i) A はある θ $(0 \leq \theta < 2\pi)$ を使って，$\begin{bmatrix} \cos\theta & \sin\theta \\ \sin\theta & -\cos\theta \end{bmatrix}$ と書けることを示せ.

(ii) A の固有ベクトルを求めよ.

(iii) A の定める線形変換はある直線 $y = (\tan\varphi)x$ に関する折り返しになる. φ を θ で表せ.

VII.11 ℓ, m を原点を通る xy 平面内の 2 直線とする．ℓ に関する折り返しと m に関する折り返しの合成が原点まわりの回転になることを示せ．逆に，原点まわりの回転は，原点を通り x 軸に関して対称な 2 直線に関する折り返しの合成になることを示せ．

VII.12 内積空間 V の部分空間 W について $(W^{\perp})^{\perp} = W$ を示せ．

VII.13 W_1, W_2 を内積空間 V の部分空間とする．次を示せ．

$$W_1 \subset W_2 \Longleftrightarrow {W_1}^{\perp} \supset {W_2}^{\perp}.$$

VII.14 V を実内積空間とし，$\boldsymbol{a} \in V$ とする $(\boldsymbol{a} \neq \boldsymbol{0})$．$V$ の線形変換

$$f \ : \ \boldsymbol{x} \mapsto \boldsymbol{x} - \frac{2(\boldsymbol{x}, \boldsymbol{a})}{(\boldsymbol{a}, \boldsymbol{a})}\boldsymbol{a}$$

を考える．

(i) f が直交変換であることを示せ．

(ii) f の固有値，固有空間を求めよ．

VII.15 以下の命題を証明せよ．

(i) H がエルミート行列ならば iH は歪エルミート行列である．

(ii) A を正規行列とするとき，$H_1 = \frac{1}{2}(A + A^*)$ はエルミート行列で $H_2 = \frac{1}{2}(A - A^*)$ は歪エルミート行列である．また，$A = H_1 + H_2$ および $H_1H_2 = H_2H_1$ が成り立つ．

(iii) H_1 がエルミート行列で H_2 が歪エルミート行列とする．$H_1H_2 = H_2H_1$ が成り立つならば，$A = H_1 + H_2$ は正規行列である．

VII.16 実ベクトル空間

$$\mathbb{H} = \left\langle E = \begin{bmatrix} 1 & 0 \\ 0 & 1 \end{bmatrix}, I = \begin{bmatrix} i & 0 \\ 0 & -i \end{bmatrix}, J = \begin{bmatrix} 0 & 1 \\ -1 & 0 \end{bmatrix}, K = \begin{bmatrix} 0 & i \\ i & 0 \end{bmatrix} \right\rangle$$

を考える．

(i) $\mathbb{H}$ の実ベクトル空間としての次元が 4 であることを示せ．

(ii) $A, B \in \{E, I, J, K\}$ に対して，AB を計算し $AB \in \mathbb{H}$ を示せ．

(iii) $\mathbb{H}$ の O でない元は逆行列をもつことを示せ．また逆行列を求めよ．

(iv) $\mathbb{H}$ の部分空間 $\langle E, I \rangle$ は 1 次元の複素ベクトル空間であることを示せ．

(v) 行列式が 1 の 2 次ユニタリ行列をユニタリ行列によって対角化すると部分空間 $\langle E, I \rangle$ に含まれることを示せ．

(vi) $\mathbb{H}$ の部分空間 $\langle E, J \rangle$ の元で行列式が 1 のものは直交行列であることを示せ．

積を線形に拡張すると $\mathbb{H}$ はかけ算が非可換な体になる．$\mathbb{H}$ を**ハミルトンの 4 元数体**とよぶ．

VII.17 $U=\begin{bmatrix} a & b \\ c & d \end{bmatrix} \in M_2(\mathbb{C})$ を行列式 1 のユニタリ行列とする.

(i) $a=x_1+ix_2$, $b=x_3+ix_4$ と書くとき,

$$x_1^2+x_2^2+x_3^2+x_4^2=1$$

を示せ.

(ii) U に対して以下の条件が同値であることを示せ.

(a) $x_1=0$

(b) $\operatorname{tr} U=0$

(c) U の固有値は $\pm i$

(d) $U^2=-E$

(iii) (ii) の条件をみたす行列の全体を V と表す.

$$V=\{A \mid A \text{ はユニタリ行列}, \ \det A=1, \ \operatorname{tr} A=0\}.$$

(a) V の元は歪エルミート行列であることを示せ.

(b) V は基底 $\mathscr{B}=(I,J,K)$ をもつ実ベクトル空間であることを示せ. ここで I,J,K は演習問題 VII.16 で与えた行列である.

(c) 行列式 1 のユニタリ行列 U と $A \in V$ に対して, $f_U(A)=UAU^*$ とおくと $f_U(A) \in V$ であることを示せ. また, $A \mapsto f_U(A)$ が V の 1 次変換であることを示せ.

(d) (c) で決まる V の 1 次変換 f_U の基底 $\mathscr{B}$ に関する表現行列 C を求めよ. また, C が直交行列であること, $\det C=1$ であることを確かめよ.

VII.18 f を複素内積空間 V の 1 次変換とし, $\alpha_1,\ldots,\alpha_r$ を f の相異なる固有値とする. 次をみたす V の 1 次変換 φ_i $(i=1,\ldots,r)$ が存在すると仮定する.

$$\varphi_i \circ \varphi_j=\delta_{ij}\varphi_i, \quad \varphi_i=\varphi_i^*,$$
$$\mathrm{id}_V=\varphi_1+\cdots+\varphi_r,$$
$$f=\alpha_1\varphi_1+\cdots+\alpha_r\varphi_r.$$

このとき V は直交分解 $V_{\alpha_1}\oplus\cdots\oplus V_{\alpha_r}$ をもつことを示せ.

参 考 文 献

線形代数には様々な工夫をほどこされた良書が多く存在する．本書の執筆にあたり，それらのうちいくつかの本を参考にさせていただいた．著者の方々に感謝したい．日本で線形代数の名著とされている 2 冊は

[1] 佐武一郎：線型代数学（新装版），裳華房 (2015).

[2] 齋藤正彦：線型代数入門，東京大学出版会 (1966).

特に [1] は線形代数の基礎が詳しく述べられているのは無論のこと，そこから現代数学への広がりを感じさせる．より進んだ数学の勉強をする際に必要になる線形代数の知識がよく網羅されていて，高度な数学が必要な人は座右に置いておきたい本である．新装版がでて読みやすくなったのもよい．

その他に私が講義に長年使った本に次のものがある．

[3] 三宅敏恒：入門線形代数，培風館 (1991).

[4] ハワード・アントン（山下純一 訳）：アントンのやさしい線型代数（新装版），現代数学社 (2020).

[5] 村上正康，佐藤恒雄，野澤宗平，稲葉尚志：教養の線形代数，六訂版，培風館 (2016).

これらの本は教科書の定番としてよくまとまっており，本書にもいろいろな部分で影響を与えている．

なお，1 年間で使える教科書という制約から，理工系で学ぶべき線形代数の内容のうち，「ジョルダン標準形」は割愛せざるをえなかった．[1], [2] の他に，代数学の立場から書かれた

[6] 堀田良之：代数入門：群と加群（新装版），裳華房 (2021)

がおすすめである．

問題の略解

第 I 章

1.1 $\frac{1}{2}(\boldsymbol{a}+\boldsymbol{b})=\begin{bmatrix}3\\1\\2\end{bmatrix}$

1.2 $\frac{\pi}{4}$

1.3 $\frac{1}{\sqrt{5}}\begin{bmatrix}2\\-1\end{bmatrix}$

1.4 $\boldsymbol{a}_1=\begin{bmatrix}7\\7\end{bmatrix}$, $\boldsymbol{a}_2=\begin{bmatrix}3\\-3\end{bmatrix}$

1.5 (i) $\begin{bmatrix}-3\\-6\\6\end{bmatrix}$ (ii) $\begin{bmatrix}3\\6\\-6\end{bmatrix}$ (iii) $\begin{bmatrix}-6\\-6\\6\end{bmatrix}$ (iv) $\begin{bmatrix}6\\-18\\-12\end{bmatrix}$ (v) $\begin{bmatrix}-24\\-9\\-21\end{bmatrix}$

1.6 103

2.1 (i) $\boldsymbol{x}=\begin{bmatrix}1\\2\end{bmatrix}+t\begin{bmatrix}3\\-1\end{bmatrix}$, $y=-\frac{1}{3}x+\frac{7}{3}$

(ii) $\boldsymbol{x}=\begin{bmatrix}1\\1\end{bmatrix}+t\begin{bmatrix}2\\4\end{bmatrix}$, $y=2x-1$

2.2 $\boldsymbol{x}=\begin{bmatrix}1\\2\\3\end{bmatrix}+t\begin{bmatrix}-3\\1\\-4\end{bmatrix}$, $\frac{x-1}{-3}=y-2=\frac{z-3}{-4}$

2.3 (i) $2x+y-3z=-4$ (ii) $z=-3$

演習問題 I

I.1 (i) $\begin{bmatrix} 2 \\ 7 \\ 13 \end{bmatrix}$ (ii) $\begin{bmatrix} -10 \\ 5 \\ -7 \end{bmatrix}$ (iii) $\begin{bmatrix} 10 \\ -5 \\ 7 \end{bmatrix}$ (iv) $\sqrt{6}$ (v) $2\sqrt{6}$ (vi) -12

(vii) $\begin{bmatrix} 10 \\ -14 \\ 6 \end{bmatrix}$ (viii) $\begin{bmatrix} -10 \\ 14 \\ -6 \end{bmatrix}$ (ix) $2\sqrt{83}$ (x) $\begin{bmatrix} 24 \\ 30 \\ 30 \end{bmatrix}$ (xi) $\begin{bmatrix} 20 \\ 2 \\ 42 \end{bmatrix}$ (xii) 106

(xiii) $\sqrt{83}$ (xiv) 106 (xv) $\boldsymbol{c} \cdot (\boldsymbol{a} \times \boldsymbol{b})/6 = 53/3$

I.2 (i) $\boldsymbol{x} = \begin{bmatrix} 1 \\ 1 \end{bmatrix} + t \begin{bmatrix} 2 \\ -3 \end{bmatrix}$ (ii) $\boldsymbol{x} = \begin{bmatrix} 1 \\ 1 \end{bmatrix} + t \begin{bmatrix} 1 \\ 2 \end{bmatrix}$ (iii) $\boldsymbol{x} = \begin{bmatrix} 3 \\ -2 \\ 5 \end{bmatrix} + t \begin{bmatrix} 1 \\ 0 \\ 0 \end{bmatrix}$

(iv) $\boldsymbol{x} = \begin{bmatrix} 1 \\ -1 \\ 1 \end{bmatrix} + t \begin{bmatrix} 0 \\ 0 \\ 1 \end{bmatrix}$ (v) $\boldsymbol{x} = \begin{bmatrix} 0 \\ 1 \\ -1 \end{bmatrix} + t \begin{bmatrix} 1 \\ -1 \\ 3 \end{bmatrix}$

(vi) $\boldsymbol{x} = \begin{bmatrix} 2 \\ 0 \\ 1 \end{bmatrix} + s \begin{bmatrix} -1 \\ -1 \\ 0 \end{bmatrix} + t \begin{bmatrix} 1 \\ 2 \\ -1 \end{bmatrix}$

(vii) $\boldsymbol{x} = s \begin{bmatrix} 3 \\ -1 \\ 5 \end{bmatrix} + t \begin{bmatrix} 1 \\ -2 \\ -1 \end{bmatrix}$ (viii) $\boldsymbol{x} = \begin{bmatrix} -3/2 \\ -5/2 \\ 0 \end{bmatrix} + t \begin{bmatrix} 1/2 \\ 5/2 \\ 1 \end{bmatrix}$

I.3 $\dfrac{5\pi}{6}$ ($\dfrac{\pi}{6}$ も可).

I.4 $\dfrac{\pi}{4}$ ($\dfrac{3\pi}{4}$ も可).

I.5 $t = 1$，面積は $\dfrac{1}{2}$.

I.6 (i) $\left\| \boldsymbol{x} - \begin{bmatrix} 1 \\ -1 \end{bmatrix} \right\| = 3$ (ii) $\left\| \boldsymbol{x} - \begin{bmatrix} 2 \\ -3 \\ 1 \end{bmatrix} \right\| = 2$

I.7 (i) $\boldsymbol{x} = \begin{bmatrix} x_0 \\ y_0 \end{bmatrix} + t \begin{bmatrix} a \\ b \end{bmatrix}$ (ii) $t = -\dfrac{ax_0 + by_0 + c}{a^2 + b^2}$

(iii) $\left\| -\dfrac{ax_0 + by_0 + c}{a^2 + b^2} \begin{bmatrix} a \\ b \end{bmatrix} \right\| = \dfrac{|ax_0 + by_0 + c|}{\sqrt{a^2 + b^2}}$

I.8 $\begin{bmatrix} p \\ q \\ r \end{bmatrix} \cdot \begin{bmatrix} A \\ B \\ C \end{bmatrix} = \sqrt{p^2 + q^2 + r^2}\sqrt{A^2 + B^2 + C^2} \cos\left(\frac{\pi}{2} - \theta\right)$

I.9 $\boldsymbol{a}, \boldsymbol{b}, \boldsymbol{c}$ で決まる平行六面体の体積を考えよ.

I.10 (ii) 左辺の 3 項を (i) を使って書き換えよ.

第 II 章

3.1 (i) $2\times 3,\ 3\times 3$ (ii) $A: -1, -3,\ \ B: 3, -2$

3.2 $\begin{bmatrix} 1 & 1/2 & 1/3 \\ 2 & 1 & 2/3 \\ 3 & 3/2 & 1 \end{bmatrix}$

3.3 $\begin{bmatrix} 1 & -1 & 1 & -1 \\ -1 & 1 & -1 & 1 \\ 1 & -1 & 1 & -1 \\ -1 & 1 & -1 & 1 \end{bmatrix}$

3.4 ${}^{t}A = \begin{bmatrix} 2 & -1 \\ 1 & -2 \end{bmatrix},\quad {}^{t}B = \begin{bmatrix} 3 & 2 & 0 \\ 1 & 4 & 5 \end{bmatrix},\quad {}^{t}C = \begin{bmatrix} -1 \\ 2 \\ 4 \\ 1 \end{bmatrix}$

4.1 (i) $\begin{bmatrix} -1 & -3 \\ -1 & 2 \end{bmatrix}$ (ii) $\begin{bmatrix} 15 & -3 & -2 \\ -12 & 17 & -8 \end{bmatrix}$ (iii) $\begin{bmatrix} -2 \\ 5 \\ -\dfrac{5}{2} \end{bmatrix}$ (iv) $\begin{bmatrix} 1 & 2 \\ 1 & 4 \end{bmatrix}$

4.2 (i) 30 (ii) 42 (iii) 40 (iv) 12

4.3 (i) $\begin{bmatrix} 11 & 0 \\ 20 & 12 \end{bmatrix}$ (ii) $\begin{bmatrix} 14 \\ 19 \end{bmatrix}$ (iii) $\begin{bmatrix} 83 & -34 \end{bmatrix}$

4.4 $AC = \begin{bmatrix} 8 & 1 & 4 \end{bmatrix},\quad AD = \begin{bmatrix} -5 \end{bmatrix},\quad BC = \begin{bmatrix} 3 & 6 & 0 \\ 0 & -12 & -2 \end{bmatrix},\quad BD = \begin{bmatrix} -2 \\ 2 \end{bmatrix},$

$CC = C^2 = \begin{bmatrix} 7 & 2 & 2 \\ 8 & -5 & 0 \\ -10 & 1 & -8 \end{bmatrix},\quad CD = \begin{bmatrix} -4 \\ -3 \\ 7 \end{bmatrix},\quad DA = \begin{bmatrix} -1 & -2 & 0 \\ -2 & -4 & 0 \\ 0 & 0 & 0 \end{bmatrix}$

4.5 $\begin{bmatrix} a & b \\ b & a \end{bmatrix}$

4.6 例えば $A = \begin{bmatrix} 0 & 1 \\ 1 & 0 \end{bmatrix},\ B = \begin{bmatrix} 1 & 0 \\ 0 & 2 \end{bmatrix}.$

4.7 例えば $A = \begin{bmatrix} 0 & 1 \\ 0 & 0 \end{bmatrix},\ B = \begin{bmatrix} 1 & 0 \\ 0 & 1 \end{bmatrix},\ C = \begin{bmatrix} 0 & 0 \\ 0 & 1 \end{bmatrix}.$

4.8 $AB = \begin{bmatrix} 27 & 33 \\ 34 & -51 \end{bmatrix},\quad BA = \begin{bmatrix} -59 & 31 \\ 14 & 35 \end{bmatrix},\quad {}^{t}A\,{}^{t}B = \begin{bmatrix} -59 & 14 \\ 31 & 35 \end{bmatrix},$

${}^{t}B\,{}^{t}A = \begin{bmatrix} 27 & 34 \\ 33 & -51 \end{bmatrix}.$

4.9 A が正則ならば，$A\begin{bmatrix} e & f \\ g & h \end{bmatrix} = E$. これから

$$\begin{cases} ae + bg = 1 & \cdots ① \\ af + bh = 0 & \cdots ② \\ ce + dg = 0 & \cdots ③ \\ cf + dh = 1 & \cdots ④ \end{cases}$$

①×d－③×b より $(ad-bc)e = d$. また ②×d－④×b より，$(ad-bc)f = -b$. ここで，$ad-bc=0$ なら，この 2 式から $b=d=0$. このとき ①, ④ から $ac \neq 0$. よって ②, ③ から $e=f=0$. 以上の結果を ① に代入すると矛盾を得る．よって $ad-bc \neq 0$.

4.10 $(ABC)(C^{-1}B^{-1}A^{-1})$ および $(C^{-1}B^{-1}A^{-1})(ABC)$ を計算せよ．

4.11 仮に A が正則なら $B = A^{-1}(AB) = A^{-1}O = O$ となり矛盾．

4.12 $A^n = \begin{bmatrix} 1 & 0 & 0 \\ 0 & 2^n & 0 \\ 0 & 0 & 3^n \end{bmatrix}$,　$B^2 = \begin{bmatrix} 0 & 0 & 2 \\ 0 & 0 & 0 \\ 0 & 0 & 0 \end{bmatrix}$,　$B^n = O\ (n \geq 3)$,　$C^n = {}^t B^n$,

$$A^{-n} = \begin{bmatrix} 1 & 0 & 0 \\ 0 & 2^{-n} & 0 \\ 0 & 0 & 3^{-n} \end{bmatrix}.$$

4.13 $AA^{n-1} = A^{n-1}A = E$ より A は正則で $A^{-1} = A^{n-1}$.

5.1 (i) $\begin{bmatrix} AC & O \\ O & BD \end{bmatrix}$　(ii) $\begin{bmatrix} AS+BU & AT+BV \\ CU & CV \end{bmatrix}$　(iii) $\begin{bmatrix} C & D \\ A & B \end{bmatrix}$

5.2 $S^{-1} = \begin{bmatrix} A^{-1} & -A^{-1}BC^{-1} \\ O & C^{-1} \end{bmatrix}$, $T^{-1} = \begin{bmatrix} O & C^{-1} \\ A^{-1} & -A^{-1}BC^{-1} \end{bmatrix}$

5.3 $\begin{bmatrix} A\boldsymbol{e}_1 & \cdots & A\boldsymbol{e}_n \end{bmatrix} = A\begin{bmatrix} \boldsymbol{e}_1 & \cdots & \boldsymbol{e}_n \end{bmatrix} = AE = A = \begin{bmatrix} \boldsymbol{a}_1 & \cdots & \boldsymbol{a}_n \end{bmatrix}$. 各列を比較して $A\boldsymbol{e}_i = \boldsymbol{a}_i$. $\boldsymbol{e}_j{}'A = \boldsymbol{a}_j{}'$ も同様．

5.4 $\boldsymbol{x}$ として基本ベクトル $\boldsymbol{e}_i$ をとると，$A\boldsymbol{e}_i = B\boldsymbol{e}_i$. 問 5.3 から左辺は A の第 i 列，右辺は B の第 i 列である．

演習問題 II

II.1 (i) $\begin{bmatrix} 0 & -26 \\ -1 & 21 \\ 0 & 11 \end{bmatrix}$　(ii) $\begin{bmatrix} 6 & 3 & -9 \\ 8 & 4 & -12 \\ -4 & -2 & 6 \end{bmatrix}$　(iii) $\begin{bmatrix} 0 & 0 & 1 \\ 1 & 0 & 0 \\ 0 & 1 & 0 \end{bmatrix}$　(iv) $\begin{bmatrix} -13 & -4 \\ 17 & 36 \\ -6 & 12 \end{bmatrix}$

(v) $\begin{bmatrix} -36 \end{bmatrix}$　(vi) $\begin{bmatrix} 0.3 & 2.2 \\ 2.9 & 0.4 \end{bmatrix}$　(vii) $\begin{bmatrix} 2+2i \end{bmatrix}$

II.2 (i) $\begin{bmatrix} 17 & 20 & 11 \\ 20 & 25 & 10 \\ 11 & 10 & 13 \end{bmatrix}$　(ii) $\begin{bmatrix} 0 & 32 & 12 \\ 0 & -8 & -3 \\ 0 & -32 & -12 \end{bmatrix}$　(iii) 定義されない　(iv) $\begin{bmatrix} 5 & 9 \\ 10 & 5 \\ -5 & 17 \end{bmatrix}$

(v) 定義されない (vi) $\begin{bmatrix} 13 & 11 \\ 20 & 5 \\ -1 & 23 \end{bmatrix}$ (vii) $\begin{bmatrix} 298 & 89 \\ -252 & 55 \end{bmatrix}$

II.3 (i) 12 (ii) $\begin{bmatrix} 13 & 64 & 3 & -11 \end{bmatrix}$ (iii) $\begin{bmatrix} 5 \\ 3 \\ -2 \\ 2 \end{bmatrix}$

II.4 $a=3,\ b=2,\ c=5$

II.5 $\begin{bmatrix} 5 & 13 \\ 1 & 11 \end{bmatrix}$

II.6 (i) $\pm E, \begin{bmatrix} \pm 1 & b \\ 0 & \mp 1 \end{bmatrix}$ (複号同順．b は任意の整数)

(ii) $\begin{bmatrix} 0 & a \\ 0 & 0 \end{bmatrix}, \begin{bmatrix} 0 & 0 \\ a & 0 \end{bmatrix}, \begin{bmatrix} a & b \\ -a^2/b & -a \end{bmatrix}$ (a は任意，$b \neq 0$)

II.7 (i) ${}^{\mathrm{t}}(A^{-1})\,{}^{\mathrm{t}}(B^{-1})$ (ii) ${}^{\mathrm{t}}(A^{-1})\,{}^{\mathrm{t}}(B^{-1})$

II.8 命題 4.2 を使う．

II.9 $A=[a_{ij}]$, $B=[b_{ij}]$ を上三角行列とする．$i>j$ ならば $a_{ij}=b_{ij}=0$. このとき AB の (i,j) 成分は $i>j$ のとき，

$$\sum_{k=1}^{n} a_{ik}b_{kj} = \sum_{k=1}^{i-1} a_{ik}b_{kj} + \sum_{k=i}^{n} a_{ik}b_{kj} = \sum_{k=1}^{i-1} 0 \cdot b_{kj} + \sum_{k=i}^{n} a_{ik} \cdot 0 = 0.$$

II.10 $\begin{bmatrix} E_m & kA \\ O & E_n \end{bmatrix}$

II.11 (ii) ${}^{\mathrm{t}}(A - {}^{\mathrm{t}}A) = {}^{\mathrm{t}}A - {}^{\mathrm{t}}({}^{\mathrm{t}}A) = {}^{\mathrm{t}}A - A = -(A - {}^{\mathrm{t}}A)$

II.12 零行列

II.13 (iii) AB の (i,i) 成分は $\sum_{k=1}^{n} a_{ik}b_{ki}$，$BA$ の (i,i) 成分は $\sum_{k=1}^{n} b_{ik}a_{ki}$ だから，

$$\mathrm{tr}(AB) = \sum_{i=1}^{n}\sum_{k=1}^{n} a_{ik}b_{ki} = \sum_{k=1}^{n}\sum_{i=1}^{n} b_{ki}a_{ik} = \sum_{i=1}^{n}\sum_{k=1}^{n} b_{ik}a_{ki} = \mathrm{tr}(BA).$$

ここで最後から 2 つめの等式は変数の名前の付け替えで得られる．

次に $AB - BA = E$ が成り立つとする．両辺のトレイスをとると，(ii) から $\mathrm{tr}(AB) - \mathrm{tr}(BA) = \mathrm{tr}\,E = n$. (iii) より左辺は 0 となり矛盾．

II.14 aE (a はスカラー)

II.15 (i) $A^4 = O$

(ii) $A^m = O, B^n = O$ とし，m, n の大きいほうを k とすると，$A^k = B^k = O$. このとき A, B が可換であることを使うと，$(AB)^k = A^k B^k = O$.

(iii) n を $A^n = O$ をみたす最小の正の整数とする．A が正則なら A^{-1} を両辺左からかけると，$A^{n-1} = O$. これは n のとり方に反する．
(iv) $A^n = O$ とすると，

$$(E-A)(E+A+\cdots+A^{n-1}) = (E+A+\cdots+A^{n-1})(E-A) = E,$$

$$(E+A)(E-A+\cdots+(-1)^{n-1}A^{n-1}) = (E-A+\cdots+(-1)^{n-1}A^{n-1})(E+A) = E.$$

よって

$$(E-A)^{-1} = E+A+\cdots+A^{n-1},\ (E+A)^{-1} = E-A+\cdots+(-1)^{n-1}A^{n-1}.$$

第 III 章

6.1 (i) $\begin{bmatrix} 3 & 2 & -1 \\ -1 & 0 & 4 \end{bmatrix}\begin{bmatrix} x \\ y \\ z \end{bmatrix} = \begin{bmatrix} 1 \\ -2 \end{bmatrix}$. 係数行列は $\begin{bmatrix} 3 & 2 & -1 \\ -1 & 0 & 4 \end{bmatrix}$,

拡大係数行列は $\begin{bmatrix} 3 & 2 & -1 & 1 \\ -1 & 0 & 4 & -2 \end{bmatrix}$. (ii) $\begin{cases} x_1 + 2x_2 = -3 \\ 2x_1 - x_2 = 5 \end{cases}$

6.2 (a) (1)(5)(9) (b) (1)(3)(5)(6)(8)(9) (c) (2)(4)(7)

6.3 (2) ② ↔ ③ $\begin{bmatrix} 1 & 0 \\ 0 & 1 \\ 0 & 0 \end{bmatrix}$ (3) ①+1×② $\begin{bmatrix} 1 & 0 & 0 & 0 \\ 0 & 1 & 0 & 0 \\ 0 & 0 & 0 & 1 \end{bmatrix}$ (4) ② ↔ ③ $\begin{bmatrix} 1 & 0 & 0 \\ 0 & 1 & 0 \\ 0 & 0 & 1 \end{bmatrix}$

(6) ① + (−2) × ③ $\begin{bmatrix} 1 & 0 & 0 \\ 0 & 1 & 0 \\ 0 & 0 & 1 \end{bmatrix}$ (7) (−1) × ① $\begin{bmatrix} 1 & 0 & 0 \\ 0 & 0 & 1 \end{bmatrix}$

(8) ① + 2 × ② $\begin{bmatrix} 1 & 1 & 0 \\ 0 & 0 & 1 \end{bmatrix}$

6.4 O (零行列), $\begin{bmatrix} 1 & a \\ 0 & 0 \end{bmatrix}$ (a は任意の実数), $\begin{bmatrix} 0 & 1 \\ 0 & 0 \end{bmatrix}$, E_2.

7.1 E_n

7.2 (i) $\begin{bmatrix} 1 & 0 & -2 \\ 0 & 1 & 8 \end{bmatrix}$, 階数は 2 (ii) $\begin{bmatrix} 1 & 0 & -1 \\ 0 & 1 & 1 \\ 0 & 0 & 0 \end{bmatrix}$, 階数は 2

(iii) $\begin{bmatrix} 1 & 0 & 1 & 0 \\ 0 & 1 & 2 & 0 \\ 0 & 0 & 0 & 1 \end{bmatrix}$, 階数は 3

7.3 $P_2(c)A = \begin{bmatrix} 1 & 2 \\ 3c & 4c \\ 5 & 6 \end{bmatrix}$, $P_{12}A \begin{bmatrix} 3 & 4 \\ 1 & 2 \\ 5 & 6 \end{bmatrix}$, $P_{13}(c) = \begin{bmatrix} 1+5c & 2+6c \\ 3 & 4 \\ 5 & 6 \end{bmatrix}$

7.4 $P_{ij}A = \begin{bmatrix} \vdots \\ \boldsymbol{e}_j \\ \vdots \\ \boldsymbol{e}_i \\ \vdots \end{bmatrix} A$，および $P_{ij}(c)A = \begin{bmatrix} \vdots \\ \boldsymbol{e}_i + c\boldsymbol{e}_j \\ \vdots \\ \boldsymbol{e}_j \\ \vdots \end{bmatrix} A$ を計算せよ．

7.5 $\begin{bmatrix} 2 & 1 & 0 \\ 0 & -2 & -1 \\ -3 & 0 & 1 \end{bmatrix}$

8.1 (i) $x_1 = 2, x_2 = -1$ (ii) $x_1 = 3, x_2 = 7, x_3 = -3$

8.2 (i) $\begin{bmatrix} x \\ y \\ z \end{bmatrix} = \begin{bmatrix} -3 \\ 2 \\ 0 \end{bmatrix} + t \begin{bmatrix} -2 \\ 1 \\ 1 \end{bmatrix}$ (ii) $\begin{bmatrix} x \\ y \\ z \end{bmatrix} = \begin{bmatrix} 4 \\ 0 \\ 0 \end{bmatrix} + s \begin{bmatrix} -2 \\ 1 \\ 0 \end{bmatrix} + t \begin{bmatrix} -3 \\ 0 \\ 1 \end{bmatrix}$

8.3 拡大係数行列の簡約行列は $\begin{bmatrix} 1 & -2 & 0 & 0 \\ 0 & 0 & 1 & 0 \\ 0 & 0 & 0 & 1 \end{bmatrix}$.

8.4 例えば，(i) $\begin{bmatrix} 1 & 0 \\ 0 & 1 \\ 0 & 0 \end{bmatrix}$ (ii) $\begin{bmatrix} 1 & 0 \\ 0 & 1 \\ 1 & 1 \end{bmatrix}$ (iii) $\begin{bmatrix} 1 & 1 \\ 2 & 2 \\ 3 & 3 \end{bmatrix}$.

(iv) $\boldsymbol{x}_1, \boldsymbol{x}_2$ を相異なる解とする．このとき，すべての実数 t に対して $\boldsymbol{x}_1 + t(\boldsymbol{x}_2 - \boldsymbol{x}_1)$ は $A\boldsymbol{x} = \begin{bmatrix} 1 \\ 2 \\ 3 \end{bmatrix}$ の解になることを示せ．よって 2 個の相異なる解があれば，無数に解があることになる．

8.5 (i) $x = 11, y = 1, z = 3$ (ii) $x = 34, y = -24, z = 37$

8.6 (i) $\begin{bmatrix} x \\ y \\ z \end{bmatrix} = t \begin{bmatrix} 3 \\ -1 \\ 1 \end{bmatrix}$ (ii) $\begin{bmatrix} x \\ y \\ z \end{bmatrix} = \begin{bmatrix} 0 \\ 0 \\ 0 \end{bmatrix}$

8.7 $\operatorname{rank}\begin{bmatrix} \boldsymbol{a}_1 & \boldsymbol{a}_2 & \boldsymbol{a}_3 \end{bmatrix} = 3$ を示せ．

8.8 例えば $-3\boldsymbol{a}_1 + 4\boldsymbol{a}_2 + \boldsymbol{a}_3 = \boldsymbol{0}$.

8.9 $\begin{bmatrix} -3 \\ 1 \\ 0 \\ 0 \\ 0 \end{bmatrix}, \begin{bmatrix} 3 \\ 0 \\ -5 \\ 1 \\ 0 \end{bmatrix}, \begin{bmatrix} -1 \\ 0 \\ -2 \\ 0 \\ 1 \end{bmatrix}$. 解の自由度は 3.

9.1 $A^{-1} = \begin{bmatrix} 7 & -2 \\ 25 & -7 \end{bmatrix}$. B は正則でない． $C^{-1} = \begin{bmatrix} -3 & 6 & 2 \\ -1/2 & 1 & 1/2 \\ 5 & -9 & -3 \end{bmatrix}$.

演習問題 III

III.1
(i) $\begin{bmatrix}1 & 0\\0 & 1\end{bmatrix}$ (ii) $\begin{bmatrix}1 & 0 & 5/4\\0 & 1 & 1/4\end{bmatrix}$ (iii) $\begin{bmatrix}1 & -7 & 0\\0 & 0 & 1\end{bmatrix}$

(iv) $\begin{bmatrix}1 & 0 & 0\\0 & 1 & 0\\0 & 0 & 1\end{bmatrix}$ (v) $\begin{bmatrix}1 & 0 & 4\\0 & 1 & -2\\0 & 0 & 0\end{bmatrix}$ (vi) $\begin{bmatrix}1 & 0 & 0 & 0\\0 & 1 & 0 & 2\\0 & 0 & 1 & -1\end{bmatrix}$

(vii) $\begin{bmatrix}1 & 5 & 7 & 6\\0 & 0 & 0 & 0\\0 & 0 & 0 & 0\end{bmatrix}$ (viii) $\begin{bmatrix}1 & 0 & 0 & 4\\0 & 1 & 0 & 1\\0 & 0 & 1 & 2\\0 & 0 & 0 & 0\end{bmatrix}$ (ix) $\begin{bmatrix}1 & 0 & 0 & 0\\0 & 1 & 0 & 0\\0 & 0 & 1 & 0\\0 & 0 & 0 & 1\end{bmatrix}$

階数は，(i) 2 (ii) 2 (iii) 2 (iv) 3 (v) 2 (vi) 3 (vii) 1 (viii) 3 (ix) 4

III.2 (i) $x=-12, y=-31$ (ii) $x=-9, y=-7-2t, z=t$
(iii) $x=-4-2t, y=t, z=-12$ (iv) $x=-2, y=3, z=1$
(v) $x=5.0, y=3.0, z=-3.0$
(vi) 解なし (vii) $x=1+2t, y=3-2t, z=t$
(viii) $x_1=1-s+t, x_2=s, x_3=t, x_4=-2$
(ix) $x_1=1, x_2=3/2, x_3=1, x_4=0$
(x) $x_1=-t, x_2=-2, x_3=2, x_4=t, x_5=t$

III.3 (i) $15a+8b+1=0$ (ii) $(a,b)=(3,2)$ または $b \neq 2$

III.4 $a=2$ ならば解なし．$a=0$ ならば解を無数にもち $\begin{bmatrix}-1\\0\\2\end{bmatrix}+t\begin{bmatrix}-1\\1\\0\end{bmatrix}$．$a \neq 0, 2$ ならば解は 1 つで，$\dfrac{1}{2-a}\begin{bmatrix}-1\\-1\\4-a\end{bmatrix}$．

III.5 (i) 1 次従属．$4\boldsymbol{a}_1 - 7\boldsymbol{a}_2 + \boldsymbol{a}_3 = \boldsymbol{0}$． (ii) 1 次独立

III.6 (i) $\boldsymbol{a}_1+\boldsymbol{a}_2=\boldsymbol{0}, -2\boldsymbol{a}_1-\boldsymbol{a}_3-5\boldsymbol{a}_4+\boldsymbol{a}_5=\boldsymbol{0}$ およびこれらの 1 次結合．
(ii) 例えば $\boldsymbol{a}_1, \boldsymbol{a}_3, \boldsymbol{a}_4$．

III.7 (i) $\begin{bmatrix}-3\\1\\0\end{bmatrix}$．解の自由度は 1． (ii) 基本解なし．解の自由度は 0．

(iii) $\begin{bmatrix}-5\\0\\0\\1\end{bmatrix}, \begin{bmatrix}2\\-2\\1\\0\end{bmatrix}$．解の自由度は 2． (iv) $\begin{bmatrix}-4\\1\\0\\0\end{bmatrix}, \begin{bmatrix}-1\\0\\-1\\1\end{bmatrix}$．解の自由度は 2．

III.8 (i) $\begin{bmatrix}13 & -1\\1 & 0\end{bmatrix}$ (ii) $\begin{bmatrix}-3/2 & 1\\-17/2 & 6\end{bmatrix}$ (iii) $\begin{bmatrix}0 & 2 & -3\\1 & 3 & -1\\0 & 1 & -1\end{bmatrix}$

(iv) $\begin{bmatrix} 22 & 21 & -7 \\ 32 & 32 & -11 \\ 3 & 3 & -1 \end{bmatrix}$ (v) $\begin{bmatrix} 10 & -3 & 5 \\ 16 & -5 & 8 \\ -3 & 1 & -1 \end{bmatrix}$ (vi) 正則ではない

(vii) $\begin{bmatrix} 1 & 1 & -1 \\ -1/3 & 2/3 & 0 \\ -2/3 & -2/3 & 1 \end{bmatrix}$

(viii) $\begin{bmatrix} 1 & 2 & 0 & 0 \\ 0 & -1 & 1 & 0 \\ -3 & 0 & 5 & 2 \\ 1 & -1 & -2 & -1 \end{bmatrix}$ (ix) $\dfrac{1}{3}\begin{bmatrix} -1 & -1 & 2 & -1 \\ 2 & -1 & 5 & 2 \\ 2 & 2 & -4 & -1 \\ 1 & -2 & 4 & 1 \end{bmatrix}$

III.9 (i) $a = 1$ のとき，階数は 1．$a = -2$ のとき，階数は 2．その他のときは階数は 3.
(ii) $a = 1$ のとき階数 1．$a = 0$ のとき，階数は 2．その他のときは階数は 3.
(iii) $a = -3, \dfrac{3 \pm \sqrt{-3}}{2}$ のとき，階数は 2．その他のときは階数は 3.

III.10 (i) $\begin{bmatrix} 1 & -a & ac-b \\ 0 & 1 & -c \\ 0 & 0 & 1 \end{bmatrix}$ (ii) $\begin{bmatrix} 0 & 0 & 0 & 1/d \\ 0 & 0 & 1/c & 0 \\ 0 & 1/b & 0 & 0 \\ 1/a & 0 & 0 & 0 \end{bmatrix}$

(iii) $\begin{bmatrix} 1 & -a & ab & -abc \\ 0 & 1 & -b & bc \\ 0 & 0 & 1 & -c \\ 0 & 0 & 0 & 1 \end{bmatrix}$

III.11

$$P_j(-1)P_{ji}(-1)P_{ij}(1)P_{ji}(-1)E = P_j(-1)P_{ji}(-1)P_{ij}(1)P_{ji}(-1)\begin{bmatrix} \vdots \\ \boldsymbol{e}_i \\ \vdots \\ \boldsymbol{e}_j \\ \vdots \end{bmatrix}$$

$$= P_j(-1)P_{ji}(-1)P_{ij}(1)\begin{bmatrix} \vdots \\ \boldsymbol{e}_i \\ \vdots \\ \boldsymbol{e}_j - \boldsymbol{e}_i \\ \vdots \end{bmatrix} = P_j(-1)P_{ji}(-1)\begin{bmatrix} \vdots \\ \boldsymbol{e}_j \\ \vdots \\ \boldsymbol{e}_j - \boldsymbol{e}_i \\ \vdots \end{bmatrix}$$

$$= P_j(-1)\begin{bmatrix} \vdots \\ \boldsymbol{e}_j \\ \vdots \\ -\boldsymbol{e}_i \\ \vdots \end{bmatrix} = \begin{bmatrix} \vdots \\ \boldsymbol{e}_j \\ \vdots \\ \boldsymbol{e}_i \\ \vdots \end{bmatrix} = P_{ij}$$

III.12 命題 7.6 と定理 9.1 から，A が B に行同値であることは $B = PA$ をみたす正則行列があることと同値である．

(i) $A = EA$ より A は A に行同値．

(ii) 仮定より，$B = PA$ をみたす正則行列 P がある．このとき $A = P^{-1}B$ より B は A に行同値．

(iii) 仮定より，$B = PA$, $C = QB$ となる正則行列 P, Q がある．このとき $C = QPA$ で，積 QP は正則だから A は C に行同値．

III.13 (i) $A = B = E_2$ (ii) $A = E_2, B = \begin{bmatrix} 1 & 1 \\ 0 & 0 \end{bmatrix}$

(iii) $A = E_2, B = \begin{bmatrix} 0 & 2 \\ 3 & 0 \end{bmatrix}$ (iv) $A = \begin{bmatrix} 1 & 1 \\ 0 & 0 \end{bmatrix}, B = \begin{bmatrix} 0 & 1 \\ 0 & 0 \end{bmatrix}$

III.14 仮定より，$A\boldsymbol{x} = \boldsymbol{b}$ と $A\boldsymbol{x}_0 = \boldsymbol{0}$ が成り立つから，

$$A(\boldsymbol{x} + \boldsymbol{x}_0) = A\boldsymbol{x} + A\boldsymbol{x}_0 = \boldsymbol{b} + \boldsymbol{0} = \boldsymbol{b}.$$

これは $\boldsymbol{x} + \boldsymbol{x}_0$ が $A\boldsymbol{x} = \boldsymbol{b}$ の解となることを示す．

逆に $\boldsymbol{y}$ を $A\boldsymbol{x} = \boldsymbol{b}$ の解であるとして，$\boldsymbol{x}_0 = \boldsymbol{y} - \boldsymbol{x}$ とおくと，$A\boldsymbol{y} = A\boldsymbol{x} = \boldsymbol{b}$ であるから，

$$A\boldsymbol{x}_0 = A(\boldsymbol{y} - \boldsymbol{x}) = A\boldsymbol{y} - A\boldsymbol{x} = \boldsymbol{b} - \boldsymbol{b} = \boldsymbol{0}.$$

したがって $\boldsymbol{x}_0$ は $A\boldsymbol{x} = \boldsymbol{0}$ の解になる．よって，$\boldsymbol{y} = \boldsymbol{x} + \boldsymbol{x}_0$.

第 IV 章

10.1 (i) -3 (ii) 26 (iii) -121 (iv) -250

10.2 (i) 36 (ii) 26 (iii) -0.14 (iv) $a^3 - 2a$ (v) -648 (vi) 37

11.1 (i) $a \neq 1, -2$ (ii) $a \neq -3, 0, 2$

11.2 $|AB| = |A|\,|B| = |B|\,|A| = |BA|$

11.3 (i) 4 (ii) $-\dfrac{1}{8}$ (iii) -2

12.1 (i) -305 (ii) -40 (iii) $a(1-a)(a^2 + a - 1)$

12.2 $\widetilde{A} = \begin{bmatrix} -1 & 0 & 7 \\ 3 & -1 & -30 \\ 0 & 0 & 1 \end{bmatrix}$, $A^{-1} = \begin{bmatrix} 1 & 0 & -7 \\ -3 & 1 & 30 \\ 0 & 0 & -1 \end{bmatrix}$

12.3 $x = 67,\ y = 39$

13.1 $A:\ \lambda = -1, \begin{bmatrix} -\frac{1}{3} \\ 1 \end{bmatrix}, \lambda = 2, \begin{bmatrix} 1 \\ 0 \end{bmatrix}$. $B:\ \lambda = 4$ (2 重根), $\begin{bmatrix} 1 \\ 1 \end{bmatrix}$.

$C:\ \lambda = \dfrac{1 + \sqrt{-3}}{2}, \begin{bmatrix} -\frac{3 + \sqrt{-3}}{6} \\ 1 \end{bmatrix}, \lambda = \dfrac{1 - \sqrt{-3}}{2}, \begin{bmatrix} -\frac{3 - \sqrt{-3}}{6} \\ 1 \end{bmatrix}$.

$$D:\ \lambda=-1,\ \begin{bmatrix}1\\0\\1\end{bmatrix},\ \lambda=1,\ \begin{bmatrix}0\\1\\0\end{bmatrix},\ \lambda=2,\ \begin{bmatrix}\frac{4}{3}\\0\\1\end{bmatrix}.$$

13.2 A が正則でないことは同次連立 1 次方程式 $A\boldsymbol{x}=\boldsymbol{0}=0\boldsymbol{x}$ が非自明解をもつことと同値.

13.3 A は対角化可能. $P=\begin{bmatrix}7&1\\15&1\end{bmatrix}$ で $P^{-1}AP=\begin{bmatrix}-3&0\\0&5\end{bmatrix}$.

B は対角化可能. $P=\begin{bmatrix}2&1&-1\\0&1&-2\\1&0&1\end{bmatrix}$ で $P^{-1}BP=\begin{bmatrix}1&0&0\\0&1&0\\0&0&2\end{bmatrix}$.

C は対角化可能でない.

13.4 $F_A(x)=x^2-x-2$.

(i) $x^4=(x^2+x+3)F_A(x)+5x+6$ より $f(A)=A^4=5A+6E=\begin{bmatrix}16&15\\0&1\end{bmatrix}$.

(ii) $x^7-3x^4=(x^5+x^4+3x^3+2x^2+8x+12)F_A(x)+28x+24$ より

$f(A)=28A+24E=\begin{bmatrix}80&84\\0&-4\end{bmatrix}$.

演習問題 IV

IV.1 (i) 205 (ii) 16 (iii) -9 (iv) -56 (v) 0 (vi) 1 (vii) 4 (viii) 0 (ix) -3 (x) 2 (xi) 32 (xii) -8 (xiii) $a(a-b)^2$ (xiv) $-abc(b-c)(a-c)(a-b)$ (xv) $2(b-a)(b+a)$

IV.2 $A:\ a\neq -2,1$ (演習問題 III.9 (i) と比較せよ) $B:\ a\neq 0,\pm\sqrt{2}$

IV.3 (i) 16 (ii) 1/8 (iii) 4 (iv) 8

IV.4 (i) 系 10.5 を繰り返し使え.

(ii) 一番下の行から順に行に関する余因子展開を繰り返せばよい.

(iii) $\begin{bmatrix}A&B\\O&D\end{bmatrix}=\begin{bmatrix}E&B\\O&D\end{bmatrix}\begin{bmatrix}A&O\\O&E\end{bmatrix}$ の両辺の行列式をとって (i), (ii) を使え.

(iv) 転置をとると $\begin{vmatrix}{}^{\mathrm{t}}A&{}^{\mathrm{t}}C\\O&{}^{\mathrm{t}}D\end{vmatrix}=|{}^{\mathrm{t}}A|\,|{}^{\mathrm{t}}D|=|A|\,|D|$.

(v) $\begin{bmatrix}A&B\\C&D\end{bmatrix}=\begin{bmatrix}E&O\\CA^{-1}&D-CA^{-1}B\end{bmatrix}\begin{bmatrix}A&B\\O&E\end{bmatrix}$ の両辺の行列式をとれ.

IV.5 $y=\begin{vmatrix}1&-1&0\\10&3&5\\1&0&4\end{vmatrix}\begin{vmatrix}1&1&0\\10&2&5\\1&-7&4\end{vmatrix}^{-1}=\dfrac{47}{8}$

IV.6 $(2,3)$ 成分 $=(-1)^{2+3}|A_{32}|/|A|=-(1740)/(-20)=87$

IV.7 $|A|^{n-1}$

IV.8 対角化する行列 P と対角行列 $P^{-1}AP$ を与える.

(i) $\begin{bmatrix}-2 & 1\\ 1 & 0\end{bmatrix}, \begin{bmatrix}3 & 0\\ 0 & 7\end{bmatrix}$ (ii) $\begin{bmatrix}1 & 2/5\\ 1 & 1\end{bmatrix}, \begin{bmatrix}-9 & 0\\ 0 & -6\end{bmatrix}$ (iii) 対角化できない

(iv) $\begin{bmatrix}1 & 1\\ -1+\sqrt{3} & -1-\sqrt{3}\end{bmatrix}, \begin{bmatrix}-2+\sqrt{3} & 0\\ 0 & -2-\sqrt{3}\end{bmatrix}$

(v) $\begin{bmatrix}1 & 0 & -1\\ 0 & 1 & 1\\ 0 & 0 & 1\end{bmatrix}, \begin{bmatrix}1 & 0 & 0\\ 0 & -2 & 0\\ 0 & 0 & -1\end{bmatrix}$ (vi) $\begin{bmatrix}7/2 & 1 & 0\\ 0 & 1 & -3\\ 1 & 0 & 1\end{bmatrix}, \begin{bmatrix}3 & 0 & 0\\ 0 & 3 & 0\\ 0 & 0 & 4\end{bmatrix}$

(vii) $\begin{bmatrix}-29 & 1 & -4\\ 7 & 0 & 1\\ 1 & 0 & 0\end{bmatrix}, \begin{bmatrix}7 & 0 & 0\\ 0 & 1 & 0\\ 0 & 0 & 0\end{bmatrix}$ (viii) 対角化できない

(ix) $\begin{bmatrix}-1 & 1 & 0 & 2\\ 0 & 1/2 & 1 & 3\\ 1 & -1/2 & 0 & 1\\ 0 & 1 & 1 & 0\end{bmatrix}, \begin{bmatrix}-2 & 0 & 0 & 0\\ 0 & -1 & 0 & 0\\ 0 & 0 & 1 & 0\\ 0 & 0 & 0 & 1\end{bmatrix}$

IV.9 与えられた行列を対角化して $D = P^{-1}AP$ とすると, $A^n = PD^nP^{-1}$ で与えられる.

$$A^n = \begin{bmatrix}-4(-1)^n+5 & 2(-1)^n-2\\ -10(-1)^n+10 & 5(-1)^n-4\end{bmatrix}, \quad B^n = \begin{bmatrix}2^n & -2^n+1 & 0\\ 0 & 1 & 0\\ -2^n+(-1)^n & 2^n-1 & (-1)^n\end{bmatrix}$$

IV.10 仮定より, P, Q を正則行列として, $B = P^{-1}AP$, $C = Q^{-1}BQ$. このとき $C = Q^{-1}(P^{-1}AP)Q = (PQ)^{-1}A(PQ)$.

IV.11 A の次数を n とし, これが奇数と仮定する. このとき $A = -{}^{t}A$ より, $|A| = (-1)^n|A| = -|A|$. したがって $|A| = 0$.

IV.12 与えられた行列式は x, y の 1 次式であって, $(x, y) = (x_1, y_1), (x_2, y_2)$ を代入すると 0 となる.

IV.13 (i) 第 1 行について展開せよ.
(ii) 両辺ともに x の n 次式で x に a_i を代入すると 0 になる.
(iii) $x_i = z^{i-1}$ のヴァンデルモンド行列式を右からかけると,

$$\begin{vmatrix}a_0 & a_1 & \cdots & a_{n-1}\\ a_{n-1} & a_0 & \cdots & a_{n-2}\\ a_{n-2} & a_{n-1} & \cdots & a_{n-3}\\ \vdots & \vdots & & \vdots\\ a_1 & a_2 & \cdots & a_0\end{vmatrix}\begin{vmatrix}1 & 1 & \cdots & 1\\ 1 & z & \cdots & z^{n-1}\\ 1 & z^2 & \cdots & z^{2(n-1)}\\ \vdots & \vdots & & \vdots\\ 1 & z^{n-1} & \cdots & z^{(n-1)^2}\end{vmatrix}$$

$$= \begin{vmatrix}1 & 1 & \cdots & 1\\ 1 & z & \cdots & z^{n-1}\\ 1 & z^2 & \cdots & z^{2(n-1)}\\ \vdots & \vdots & & \vdots\\ 1 & z^{n-1} & \cdots & z^{(n-1)^2}\end{vmatrix}\begin{vmatrix}u_0 & & O\\ & \ddots & \\ O & & u_{n-1}\end{vmatrix}$$

が示せる．ここで $u_k = a_0 + a_1 z^k + a_2 z^{2k} + \cdots + a_{n-1} z^{(n-1)k}$．ヴァンデルモンド行列式は 0 でないので，両辺をそれでわればよい．

IV.14 (i) $(x+1)^{\lfloor n/2 \rfloor}(x-1)^{\lfloor (n+1)/2 \rfloor}$．ここで $\lfloor y \rfloor$ は y を超えない最大の整数を表す．
(ii) $x^n + a_n x^{n-1} + \cdots + a_2 x + a_1$

IV.15 $A = [a_{ij}]$ を正則な上三角行列とする．$i > j$ なら $a_{ij} = 0$．$i > j$ のとき，A^{-1} の (i,j) 成分は系 12.7 より $(-1)^{i+j}|A_{ji}|/|A|$．ここで A_{ji} は上三角行列であって，$j > i$ のとき，$i \leq k < j$ をみたす k に対して A_{ji} の (k,k) 成分は 0 になるから，$|A_{ji}| = 0$.

IV.16 $A = [a_{ij}]$ とするとき，A^{-1} の (i,j) 成分は系 12.7 より $b_{ij} = (-1)^{i+j}|A_{ji}|/|A|$．よって $|A| = \pm 1$ ならば，$|A_{ji}|$ は整数だから，b_{ij} も整数になる．逆に A^{-1} も整数を成分にもつ行列ならば $|A^{-1}|$ も整数．$|AA^{-1}| = |E| = 1$ だから $|A| = \pm 1$ でなくてはならない．

IV.17 λ に対応する固有ベクトルを $\boldsymbol{x}$ とする．
(i) $A\boldsymbol{x} = \lambda \boldsymbol{x}$ の両辺に A^{n-1} を左からかけると，

$$A^n \boldsymbol{x} = \lambda A^{n-1} \boldsymbol{x} = \lambda^2 A^{n-2} \boldsymbol{x} = \cdots = \lambda^n \boldsymbol{x}.$$

(ii) $(aA^m + bA^n)\boldsymbol{x} = aA^m \boldsymbol{x} + bA^n \boldsymbol{x} = a\lambda^m \boldsymbol{x} + b\lambda^n \boldsymbol{x} = (a\lambda^m + b\lambda^n)\boldsymbol{x}$
(iii) (ii) と同様．

IV.18 $A^k = O$ とする．$P^{-1}AP = \begin{bmatrix} \lambda_1 & & O \\ & \ddots & \\ O & & \lambda_n \end{bmatrix}$ となったとすると，$P^{-1}A^kP = (P^{-1}AP)^k = \begin{bmatrix} {\lambda_1}^k & & O \\ & \ddots & \\ O & & {\lambda_n}^k \end{bmatrix}$．これから $\lambda_1 = \cdots = \lambda_n = 0$．すなわち $P^{-1}AP = O$ となるので $A = O$.

IV.19 行列式の具体的な形から

$$\begin{aligned} F_A(x) &= (x - a_{11}) \cdots (x - a_{nn}) + (x \text{ の } n-2 \text{ 次以下の項}) \\ &= x^n - (a_{11} + \cdots + a_{nn})x^{n-1} + (x \text{ の } n-2 \text{ 次以下の項}). \end{aligned}$$

これから $b_{n-1} = -\operatorname{tr} A$．また $b_0 = F_A(0) = |-A| = (-1)^n|A|$.

IV.20 命題 13.5 から相似な行列は同じ固有多項式をもつ．演習問題 IV.19 から両方の x^{n-1} の係数を比べればトレイスが等しいことがわかる．

IV.21 (i) $\boldsymbol{b}_1$ と $\boldsymbol{b}_2$ が 1 次従属．
(ii) $\overrightarrow{\mathrm{P}_1\mathrm{P}_2} \cdot \boldsymbol{b}_1 = \overrightarrow{\mathrm{P}_1\mathrm{P}_2} \cdot \boldsymbol{b}_2 = 0$ より，

$$\begin{cases} (\boldsymbol{b}_1 \cdot \boldsymbol{b}_2)t - (\boldsymbol{b}_1 \cdot \boldsymbol{b}_1)s = \boldsymbol{b}_1 \cdot (\boldsymbol{a}_1 - \boldsymbol{a}_2) \\ (\boldsymbol{b}_2 \cdot \boldsymbol{b}_2)t - (\boldsymbol{b}_2 \cdot \boldsymbol{b}_1)s = \boldsymbol{b}_2 \cdot (\boldsymbol{a}_1 - \boldsymbol{a}_2). \end{cases}$$

係数行列の行列式 $\begin{vmatrix} (\boldsymbol{b}_1 \cdot \boldsymbol{b}_2) & -(\boldsymbol{b}_1 \cdot \boldsymbol{b}_1) \\ (\boldsymbol{b}_2 \cdot \boldsymbol{b}_2) & -(\boldsymbol{b}_2 \cdot \boldsymbol{b}_1) \end{vmatrix} = \|\boldsymbol{b}_1\|^2\|\boldsymbol{b}_2\|^2 - (\boldsymbol{b}_1 \cdot \boldsymbol{b}_2)^2$．この絶対値は $\boldsymbol{b}_1$ と $\boldsymbol{b}_2$ のなす平行四辺形の面積に等しいから，$\boldsymbol{b}_1$ と $\boldsymbol{b}_2$ が 1 次独立ならば 0 でない．よって上の連立 1 次方程式はただ 1 つの解をもつ．

(iii) $\boldsymbol{x}_2 = \boldsymbol{x}_1 + u(\boldsymbol{b}_1 \times \boldsymbol{b}_2)$ に $\boldsymbol{x}_1, \boldsymbol{x}_2$ の式を代入すると，$-\boldsymbol{b}_1 s + \boldsymbol{b}_2 t - (\boldsymbol{b}_1 \times \boldsymbol{b}_2)u = \boldsymbol{a}_1 - \boldsymbol{a}_2$. クラメールの公式より，

$$u = \frac{\begin{vmatrix} -\boldsymbol{b}_1 & \boldsymbol{b}_2 & \boldsymbol{a}_1 - \boldsymbol{a}_2 \end{vmatrix}}{\begin{vmatrix} -\boldsymbol{b}_1 & \boldsymbol{b}_2 & -(\boldsymbol{b}_1 \times \boldsymbol{b}_2) \end{vmatrix}} = \frac{-(\boldsymbol{b}_1 \times \boldsymbol{b}_2) \cdot (\boldsymbol{a}_1 - \boldsymbol{a}_2)}{\|(\boldsymbol{b}_1 \times \boldsymbol{b}_2)\|^2}.$$

最後のところは (12.2) を使った．よって求める長さは

$$|u| \, \|\boldsymbol{b}_1 \times \boldsymbol{b}_2\| = \frac{|(\boldsymbol{b}_1 \times \boldsymbol{b}_2) \cdot (\boldsymbol{a}_1 - \boldsymbol{a}_2)|}{\|(\boldsymbol{b}_1 \times \boldsymbol{b}_2)\|}.$$

(iv) $\begin{vmatrix} \boldsymbol{b}_1 & \boldsymbol{b}_2 & \boldsymbol{a}_1 - \boldsymbol{a}_2 \end{vmatrix} = 0$

(v) $\begin{vmatrix} \boldsymbol{b}_1 & \boldsymbol{b}_2 & \boldsymbol{a}_1 - \boldsymbol{a}_2 \end{vmatrix} \neq 0$

第 V 章

14.1 (i) $0\boldsymbol{a} = (0+0)\boldsymbol{a} = 0\boldsymbol{a} + 0\boldsymbol{a}$. 両辺に $-(0\boldsymbol{a})$ をたすと $0\boldsymbol{a} = \boldsymbol{0}$.
(ii) $\boldsymbol{a} + (-1)\boldsymbol{a} = (1 + (-1))\boldsymbol{a} = 0\boldsymbol{a} = \boldsymbol{0}$.

15.1 まず (ii) と (iii) を仮定する．(iii) から $k\boldsymbol{a}, \ell\boldsymbol{b} \in W$. よって (ii) により，$k\boldsymbol{a} + \ell\boldsymbol{b} \in W$. 逆に $k\boldsymbol{a} + \ell\boldsymbol{b} \in W$ で $k = \ell = 1$ とすると (ii) が，$\ell = 0$ とすると (iii) が得られる．

15.2 略

15.3 $\boldsymbol{a} = \begin{bmatrix} 1 \\ 1 \end{bmatrix} \in W_1$ であるが，$(-1)\boldsymbol{a} \notin W_1$. また $\boldsymbol{a} = \begin{bmatrix} 1 \\ 0 \end{bmatrix}, \boldsymbol{b} = \begin{bmatrix} 0 \\ 1 \end{bmatrix} \in W_2$ であるが，$\boldsymbol{a} + \boldsymbol{b} \notin W_2$.

15.4 (i), (iii) は部分空間．(ii) は零多項式が含まれないので部分空間でない．

15.5 $\begin{bmatrix} 12 \\ 3 \\ -11 \end{bmatrix} = -4 \begin{bmatrix} 3 \\ -3 \\ 2 \end{bmatrix} - 3 \begin{bmatrix} -8 \\ 3 \\ 1 \end{bmatrix}$ による．

15.6 $W_1 \cap W_2 = \{\boldsymbol{0}\}$, $W_1 + W_2 = \mathbb{R}^2$

16.1 (i) $-3 \begin{bmatrix} 2 \\ 0 \\ 3 \end{bmatrix} + \begin{bmatrix} 1 \\ 1 \\ 7 \end{bmatrix} + \begin{bmatrix} 5 \\ -1 \\ 2 \end{bmatrix} = \boldsymbol{0}$ (ii) 1 次独立

17.1 (i) $A = \begin{bmatrix} -5/2 & 7/2 \\ -3 & 4 \end{bmatrix}$ (ii) $B = \begin{bmatrix} 8 & -7 \\ 6 & -5 \end{bmatrix}$ (iii) $AB = E$

17.2 1 次独立の定義を 1 次結合の記法で書き直しただけである．

17.3 $A = \begin{bmatrix} 1 & 1 & -1 \\ -1 & 1 & 1 \\ 1 & -1 & 1 \end{bmatrix}$ とする．$|A| = 4$ より，A は正則である．$(\boldsymbol{c}_1, \boldsymbol{c}_2, \boldsymbol{c}_3) = (\boldsymbol{b}_1, \boldsymbol{b}_2, \boldsymbol{b}_3)A$ の両辺の右から A^{-1} をかけると，$(\boldsymbol{b}_1, \boldsymbol{b}_2, \boldsymbol{b}_3) = (\boldsymbol{c}_1, \boldsymbol{c}_2, \boldsymbol{c}_3)A^{-1}$. 仮定

より $\boldsymbol{c}_1, \boldsymbol{c}_2, \boldsymbol{c}_3$ が 1 次独立で，A^{-1} は正則だから，命題 17.1 によって $\boldsymbol{b}_1, \boldsymbol{b}_2, \boldsymbol{b}_3$ は 1 次独立になる．

17.4 $\begin{vmatrix} 1 & 1 & 2 \\ 1 & 0 & 1 \\ 2 & 1 & 1 \end{vmatrix} = 2 \neq 0$

17.5 (i) $\begin{bmatrix} \boldsymbol{b}_1 & \boldsymbol{b}_2 & \boldsymbol{a} \end{bmatrix} \to \begin{bmatrix} 1 & 0 & 3 \\ 0 & 1 & -5 \\ 0 & 0 & 0 \end{bmatrix}$ より $\boldsymbol{a} = 3\boldsymbol{b}_1 - 5\boldsymbol{b}_2 \in W$．座標は $[\boldsymbol{a}]_{(\boldsymbol{b}_1, \boldsymbol{b}_2)}$ $= \begin{bmatrix} 3 \\ -5 \end{bmatrix}$．　(ii) $[\boldsymbol{a}]_{(\boldsymbol{b}_1, \boldsymbol{b}_2, \boldsymbol{b}_3)} = \begin{bmatrix} 3 \\ -5 \\ 0 \end{bmatrix}$．

17.6 $\mathbb{R}[x]_3$ の基底 $\mathscr{B} = (1, x, x^2, x^3)$ をとり，この基底に関する座標 $[f]_{\mathscr{B}}$ を $[f]$ と略記する．

(i) $[1] = \begin{bmatrix} 1 \\ 0 \\ 0 \\ 0 \end{bmatrix}$, $[1-x] = \begin{bmatrix} 1 \\ -1 \\ 0 \\ 0 \end{bmatrix}$, $[(1-x)^2] = \begin{bmatrix} 1 \\ -2 \\ 1 \\ 0 \end{bmatrix}$, $[(1-x)^3] = \begin{bmatrix} 1 \\ -3 \\ 3 \\ -1 \end{bmatrix}$.

この 4 つの座標が $\mathbb{R}^4$ の基底になることを示せばよい．

例えば $\det \begin{bmatrix} [1] & [1-x] & [(1-x)^2] & [(1-x)^3] \end{bmatrix} = 1 \neq 0$ だからよい．

(ii) $[x^3] = [1] - 3[1-x] + 3[(1-x)^2] - [(1-x)^3]$ より

$$x^3 = 1 - 3(1-x) + 3(1-x)^2 - (1-x)^3.$$

(iii) $[-1 + 3x - x^3] \in \langle [1], [(1-x)^2], [(1-x)^3] \rangle$ を連立 1 次方程式を解くことにより示せばよい．$[-1 + 3x - x^3] = [1] - 3[(1-x)^2] + [(1-x)^3]$．

17.7 $\begin{bmatrix} \boldsymbol{a}_1 & \ldots & \boldsymbol{a}_5 \end{bmatrix} \to \begin{bmatrix} 1 & -3 & 0 & 2 & 0 \\ 0 & 0 & 1 & 1 & 0 \\ 0 & 0 & 0 & 0 & 1 \end{bmatrix}$ より $(\boldsymbol{a}_1, \boldsymbol{a}_3, \boldsymbol{a}_5)$ が基底．

$\boldsymbol{a}_2 = -3\boldsymbol{a}_1$, $\boldsymbol{a}_4 = 2\boldsymbol{a}_1 + \boldsymbol{a}_3$．

17.8 $u_0(x) = \frac{1}{2}x(x-1)$, $u_1(x) = -(x+1)(x-1)$, $u_2(x) = \frac{1}{2}x(x+1)$.

$$f(x) = au_0(x) + bu_1(x) + cu_2(x) = \left(\frac{a}{2} - b + \frac{c}{2}\right)x^2 + \left(-\frac{a}{2} + \frac{c}{2}\right)x + b.$$

18.1 $\{\boldsymbol{0}\}$, $\mathbb{R}^2$, 原点を通る直線 $\langle \boldsymbol{a} \rangle$ $(\boldsymbol{a} \neq \boldsymbol{0})$.

19.1 $\left(\begin{bmatrix} -2 \\ -1 \\ 1 \\ 0 \end{bmatrix}, \begin{bmatrix} 0 \\ 1 \\ 0 \\ 1 \end{bmatrix} \right)$, $\dim N(A) = 2$.

19.2 $R(A)$: $\left(\begin{bmatrix} 1 & 0 & 1 & 0 \end{bmatrix}, \begin{bmatrix} 0 & 1 & 1 & 0 \end{bmatrix}, \begin{bmatrix} 0 & 0 & 0 & 1 \end{bmatrix} \right)$, $\dim R(A) = 3$.

$C(A)$: $\left(\begin{bmatrix} 1 \\ 0 \\ 0 \end{bmatrix}, \begin{bmatrix} 0 \\ 1 \\ 0 \end{bmatrix}, \begin{bmatrix} 0 \\ 0 \\ 1 \end{bmatrix} \right)$, $\dim C(A) = 3$.

19.3 $\left(\begin{bmatrix}1\\0\\0\\3\end{bmatrix}, \begin{bmatrix}0\\1\\0\\-3\end{bmatrix}, \begin{bmatrix}0\\0\\1\\-1\end{bmatrix}\right)$

19.4 $N(A):\ \left(\begin{bmatrix}-1\\0\\1\\0\end{bmatrix}, \begin{bmatrix}0\\0\\0\\1\end{bmatrix}\right),\quad N(B):\ \left(\begin{bmatrix}1\\1\\0\\1\end{bmatrix}, \begin{bmatrix}-1\\0\\1\\0\end{bmatrix}\right).$

さらに $N(A) \cap N(B) = N\left(\begin{bmatrix}A\\B\end{bmatrix}\right)$ として計算できて (演習問題 5.16 をみよ)，基底は

$\left(\begin{bmatrix}-1\\0\\1\\0\end{bmatrix}\right)$. よって $\dim(N(A)+N(B)) = 3$.

19.5 (i) W_1 を原点を通る平面とし，原点を通り W_1 上にない直線を W_2 としてとればよい．(ii) W_1, W_2 をともに原点を通る平面で，その交わりが直線になるものをとればよい．

演習問題 V

V.1 (i), (iv), (v) は部分空間．(ii), (iii), (vi) は部分空間ではない．

V.2 $\boldsymbol{v}_1 = 4\boldsymbol{a}_2 - \boldsymbol{a}_3$，$\boldsymbol{v}_3 = 2\boldsymbol{a}_1 - \boldsymbol{a}_2 - \boldsymbol{a}_3 \in W$. $\boldsymbol{v}_2 \notin W$.

V.3 $13b - 9a + 8 = 0$

V.4

$A = \begin{bmatrix}1&0&1\\1&1&1\\0&1&1\end{bmatrix}\quad B = \begin{bmatrix}1&0&1\\2&1&2\\-2&-2&-3\end{bmatrix}\quad C = \begin{bmatrix}1&0&0\\-1&1&0\\0&-1&-1\end{bmatrix}\quad D = \begin{bmatrix}1&0&2\\3&1&2\\0&3&3\end{bmatrix}$

V.5 (i) $5\boldsymbol{a}_1 - \boldsymbol{a}_2 - 6\boldsymbol{a}_3 = \boldsymbol{0}$ (ii) 1 次独立 (iii) $-\boldsymbol{a}_1 + \boldsymbol{a}_2 + \boldsymbol{a}_3 = \boldsymbol{0}$ (iv) 1 次独立

V.6 $a = -1$ のとき $\boldsymbol{a}_1 - \boldsymbol{a}_2 = \boldsymbol{0}$，$\boldsymbol{a}_1 - \boldsymbol{a}_3 = \boldsymbol{0}$. $a = 2$ のとき $\boldsymbol{a}_1 + \boldsymbol{a}_2 + \boldsymbol{a}_3 = \boldsymbol{0}$.

V.7 (i), (ii)

V.8 (i) $\left(\begin{bmatrix}1/2\\-3/4\\1\end{bmatrix}\right)$ (ii) $\left(\begin{bmatrix}0\\-1\\0\\1\end{bmatrix}, \begin{bmatrix}-2/5\\-1/5\\1\\0\end{bmatrix}\right)$

V.9 $N(A):\ \left(\begin{bmatrix}-3\\1\\0\end{bmatrix}\right),$

$R(A):\ \left(\begin{bmatrix}1&3&0\end{bmatrix}, \begin{bmatrix}0&0&1\end{bmatrix}\right),\quad C(A):\ \left(\begin{bmatrix}1\\0\\6\end{bmatrix}, \begin{bmatrix}0\\1\\-3\end{bmatrix}\right).$

$$N(B):\left(\begin{bmatrix}-4\\1\\1\\1\end{bmatrix}\right),$$

$$R(B):\left(\begin{bmatrix}1&0&0&4\end{bmatrix},\ \begin{bmatrix}0&1&0&-1\end{bmatrix},\ \begin{bmatrix}0&0&1&-1\end{bmatrix}\right),$$

$$C(B):\left(\begin{bmatrix}1\\0\\0\end{bmatrix},\ \begin{bmatrix}0\\1\\0\end{bmatrix},\ \begin{bmatrix}0\\0\\1\end{bmatrix}\right).$$

$$N(C):\left(\begin{bmatrix}-4/5\\-3/5\\0\\1\end{bmatrix},\quad \begin{bmatrix}0\\-1\\1\\0\end{bmatrix}\right),\quad R(C):\left(\begin{bmatrix}1&0&0&4/5\end{bmatrix},\ \begin{bmatrix}0&1&1&3/5\end{bmatrix}\right),$$

$$C(C):\left(\begin{bmatrix}1\\0\\-1\\-2\end{bmatrix},\ \begin{bmatrix}0\\1\\1\\1\end{bmatrix}\right).$$

V.10 $\boldsymbol{a}_1, \boldsymbol{a}_2 \in W_2$ がいえれば，W_2 はベクトル空間だから，$\langle \boldsymbol{a}_1, \boldsymbol{a}_2 \rangle \subset W_2$．逆の包含関係についても $\boldsymbol{b}_1, \boldsymbol{b}_2, \boldsymbol{b}_3 \in W_1$ を示せばよい．例えば，

$$(\boldsymbol{a}_1, \boldsymbol{a}_2) = (\boldsymbol{b}_1, \boldsymbol{b}_2, \boldsymbol{b}_3)\begin{bmatrix}3/5 & 1/5\\2/5 & 4/5\\0 & 0\end{bmatrix},\ (\boldsymbol{b}_1, \boldsymbol{b}_2, \boldsymbol{b}_3) = (\boldsymbol{a}_1, \boldsymbol{a}_2)\begin{bmatrix}2 & -1/2 & 1\\-1 & 3/2 & 2\end{bmatrix}.$$

V.11 $W_1 + W_2 = \{(c_1\boldsymbol{a}_1 + \cdots + c_s\boldsymbol{a}_s) + (d_1\boldsymbol{b}_1 + \cdots + d_t\boldsymbol{b}_t) \mid c_1, \ldots, c_s, d_1, \ldots, d_t \in \mathbb{R}\} = \langle \boldsymbol{a}_1, \ldots, \boldsymbol{a}_s, \boldsymbol{b}_1, \ldots, \boldsymbol{b}_t \rangle$

V.12 (ii), (iii), (v) は部分空間．(i), (iv) は部分空間ではない．

V.13 (i) $-\dfrac{1}{2}f_1 + \dfrac{1}{2}f_2 - f_3 + f_4 = 0$ (ii) (f_1, f_2, f_3) (iii) $g = f_1 - f_2 + f_3$

V.14 $c_0\boldsymbol{a} + c_1A\boldsymbol{a} + \cdots + c_{n-1}A^{n-1}\boldsymbol{a} = \boldsymbol{0}$ とする．A^{n-1} を左からかけると，$c_0A^{n-1}\boldsymbol{a} = \boldsymbol{0}$．$A^{n-1}\boldsymbol{a} \neq \boldsymbol{0}$ より $c_0 = 0$．これをもとの式にもどして，両辺に A^{n-2} をかけると，同様に $c_1 = 0$ が得られる．以下同様にして $c_0 = \cdots = c_{n-1} = 0$.

V.15 命題 17.1 (ii) を使う． (i) $A = \begin{bmatrix}1 & 1 & \cdots & 1\\0 & 1 & \cdots & 1\\ & & \ddots & 1\\O & & & 1\end{bmatrix}$, $|A| = 1$ より，1 次独立.

(ii) $A = \begin{bmatrix}1 & 0 & \cdots & 1\\1 & 1 & \cdots & 0\\0 & 1 & \cdots & 0\\\vdots & \vdots & \cdots & \\0 & 0 & & 1\end{bmatrix}$. 第 1 行で展開すると $|A| = 1 + (-1)^{r-1}$ がわかる.

よって r が奇数なら 1 次独立，r が偶数なら 1 次従属.

V.16 $\boldsymbol{x} \in N(A) \cap N(B) \iff A\boldsymbol{x} = \mathbf{0}$ かつ $B\boldsymbol{x} = \mathbf{0} \iff \begin{bmatrix} A \\ B \end{bmatrix} \boldsymbol{x} = \mathbf{0}$

V.17 (i), (ii) 略

(iii) $\left(\begin{bmatrix} 1 & 0 \\ 0 & 0 \end{bmatrix}, \begin{bmatrix} 0 & 1 \\ 0 & 0 \end{bmatrix}, \begin{bmatrix} 0 & 0 \\ 1 & 0 \end{bmatrix}, \begin{bmatrix} 0 & 0 \\ 0 & 1 \end{bmatrix} \right)$ は $M_2(\mathbb{R})$ の基底．$\dim M_2(\mathbb{R}) = 4$.

$\left(\begin{bmatrix} 1 & 0 \\ 0 & 0 \end{bmatrix}, \begin{bmatrix} 0 & 0 \\ 0 & 1 \end{bmatrix} \right)$ は W の基底．$\dim W = 2$.

V.18 (i) $A = \begin{bmatrix} \boldsymbol{a}_1 & \cdots & \boldsymbol{a}_r \end{bmatrix}$ を A の列ベクトル分割とする．$AB = \begin{bmatrix} \boldsymbol{a}_1 & \cdots & \boldsymbol{a}_r \end{bmatrix} B$ だから AB の列ベクトルは $\boldsymbol{a}_1, \ldots, \boldsymbol{a}_r$ の 1 次結合．よって列空間の関係 $C(AB) \subset C(A)$ を得る．両辺の次元をとって $\mathrm{rank}(AB) \leq \mathrm{rank}\, A$.

B が正則ならば B は基本行列の積．このとき AB は A に何度か列基本変形を行った行列になる (補注 11.8)．補題 19.4 と同様に，列空間は列基本変形で変わらないから，$C(AB) = C(A)$. これから $\mathrm{rank}(AB) = \mathrm{rank}\, A$.

(ii) は列を行に変えて議論すればよい．

V.19 r に関する帰納法で証明する．$r = 2$ のときは命題 19.12 により成立する．$r \geq 3$ とし $r-1$ 以下のときに成立すると仮定する．

(i) を仮定する．$W = W_2 + \cdots + W_r$ とおくと，$V = V_1 \oplus W$ がわかる．$r = 2$ のときから，$V_1 \cap W = \{\mathbf{0}\}$ がでる．V_1 を V_i に取り換えれば，(i) から (ii) が導かれる．

(ii) を仮定する．$r = 2$ のときから，$\dim V = \dim V_1 + \dim W$. $W_2 \cap (W_3 + \cdots + W_r) \subset W_2 \cap (W_1 + W_3 + \cdots + W_r) = \{\mathbf{0}\}$ だから，$\dim W = \dim W_2 + \dim(W_3 + \cdots + W_r)$. 以下，帰納的に (iii) が導かれる．

(iii) を仮定する．$W_1, \ldots, W_r$ の基底をとり，それを集めて $\dim V$ 個のベクトルの組 $\mathscr{B}$ を作る．$V = W_1 + \cdots + W_r$ から，$\mathscr{B}$ は V を生成する．命題 18.5 から $\mathscr{B}$ は V の基底になるので，V の元の W_i の元の 1 次結合による表し方は一意的である．

第 VI 章

20.1 (i) $f([0,1]) = [0,1]$, $f^{-1}(0) = \{0\}$

(ii) $f([0,1]) = \left[-\frac{2}{9}\sqrt{3}, 0 \right]$, $f^{-1}(0) = \{-1, 0, 1\}$

20.2 (a) f_2, f_4 (b) f_2, f_3 (c) f_2

20.3 (i) $c \in C$ とする．g が全射より，$b \in B$ があって $g(b) = c$. f が全射より，$f(a) = b$ をみたす $a \in A$ がある．このとき $g \circ f(a) = g(f(a)) = g(b) = c$ となって $g \circ f$ 全射がわかる．

(ii) $g \circ f(a_1) = g \circ f(a_2)$ とする．$g(f(a_1)) = g(f(a_2))$. ここで g は単射だから $f(a_1) = f(a_2)$. さらに f は単射だから $a_1 = a_2$.

(iii) は (i), (ii) からわかる．

(iv) $g \circ f$ が全射だから，任意の $c \in C$ に対して $g \circ f(a) = c$ をみたす $a \in A$ がとれる．$b = f(a)$ とおくと $g(b) = g(f(a)) = c$. よって g は全射．

(vi) $b \in B$ とする．$g(b) \in C$ に対して，$g \circ f$ が全射だから $g \circ f(a) = g(b)$ をみたす

$a \in A$ がとれる．これは $g(f(a)) = g(b)$ を意味する．g が単射だから $f(a) = b$. よって f は全射.
(v), (vii) 略

21.1 略.

21.2 例えば $\boldsymbol{a} = \begin{bmatrix} 1 \\ 0 \end{bmatrix}$, $\boldsymbol{b} = \begin{bmatrix} 0 \\ 1 \end{bmatrix}$.

21.3 $\begin{bmatrix} 0 & -1 \\ 2 & 1 \\ 3 & 0 \end{bmatrix}$

21.4 (i) $f\left(\begin{bmatrix} -4 \\ 5 \end{bmatrix}\right) = -13f\left(\begin{bmatrix} 1 \\ 1 \end{bmatrix}\right) + 9f\left(\begin{bmatrix} 1 \\ 2 \end{bmatrix}\right) = \begin{bmatrix} -102 \\ 71 \end{bmatrix}$

(ii) $f\left(\begin{bmatrix} x \\ y \end{bmatrix}\right) = (2x-y)f\left(\begin{bmatrix} 1 \\ 1 \end{bmatrix}\right) + (y-x)f\left(\begin{bmatrix} 1 \\ 2 \end{bmatrix}\right) = \begin{bmatrix} 13x - 10y \\ -9x + 7y \end{bmatrix}$

21.5 (i) $\begin{bmatrix} 1 \\ -1 \end{bmatrix}$ (ii) 原点を通る直線 $\boldsymbol{x} = t\begin{bmatrix} 1 \\ -1 \end{bmatrix}$ (iii) $\begin{bmatrix} 7 \\ -7 \end{bmatrix}$ (iv) 空集合 $\emptyset$

(v) 直線 $\boldsymbol{x} = \begin{bmatrix} -\frac{1}{2} \\ 0 \end{bmatrix} + t\begin{bmatrix} 1 \\ 2 \end{bmatrix}$ (vi) $\mathbb{R}^2$

21.6 自明な部分空間 $\{\boldsymbol{0}\}, \mathbb{R}^2$ は条件をみたす．$\dim W = 1$ として $W = \langle \boldsymbol{x} \rangle$ と書くと，条件は $A\boldsymbol{x} = \lambda \boldsymbol{x}$ となる実数が存在することと同値．よって，$\boldsymbol{x}$ としては固有ベクトルがとれる．$W = \left\langle \begin{bmatrix} 3 \\ 2 \end{bmatrix} \right\rangle$ $(\lambda = 2)$，および $\left\langle \begin{bmatrix} 5 \\ 3 \end{bmatrix} \right\rangle$ $(\lambda = -1)$. (補注 13.2 をみよ).

21.7 (i) $f_B \circ f_A(\boldsymbol{a}) = f_B(A\boldsymbol{a}) = B(A\boldsymbol{a}) = (BA)\boldsymbol{a} = f_{BA}(\boldsymbol{a})$
(ii) (i) で $B = A^{-1}$ ととることにより，$f_{A^{-1}} \circ f_A = f_A \circ f_{A^{-1}} = f_E = \mathrm{id}$. 逆写像は一意的に決まるので ${f_A}^{-1} = f_{A^{-1}}$.

22.1 $f : U \longrightarrow V$, $g : V \longrightarrow W$ を同型写像とする．$g \circ f : U \longrightarrow W$ は命題 21.10 より線形写像である．f, g は全単射だから，問 20.3 (iii) より $g \circ f$ も全単射．よって同型写像になる.

22.2 $a \neq 1$, $(1 \pm \sqrt{5})/2$

22.3 $\mathrm{Ker} f_A$: $\left(\begin{bmatrix} 1 \\ 2 \end{bmatrix}\right)$, $\dim \mathrm{Ker} f_A = 1$. $\mathrm{Im}\, f_A$: $\left(\begin{bmatrix} 1 \\ -1 \end{bmatrix}\right)$, $\dim \mathrm{Im}\, f_A = 1$. A は問 21.5 の行列と同じである．この計算から問 21.5 の解答を説明してみよ.
$\mathrm{Ker} f_B = \{\boldsymbol{0}\}$ だから基底はない.

$\dim \mathrm{Ker} f_B = 0$. $\mathrm{Im}\, f_B = \mathbb{R}^3$: $\left(\begin{bmatrix} 1 \\ 0 \\ 0 \end{bmatrix}, \begin{bmatrix} 0 \\ 1 \\ 0 \end{bmatrix}, \begin{bmatrix} 0 \\ 0 \\ 1 \end{bmatrix}\right)$, $\dim \mathrm{Im}\, f_B = 3$.

$$\mathrm{Ker} f_C : \left(\begin{bmatrix} -1 \\ 1 \\ 1 \end{bmatrix}\right), \ \dim \mathrm{Ker} f_C = 1.\ \mathrm{Im}\, f_C : \left(\begin{bmatrix} 1 \\ 0 \\ 4 \end{bmatrix}, \begin{bmatrix} 0 \\ 1 \\ -3 \end{bmatrix}\right), \ \dim \mathrm{Im}\, f_C = 2.$$

23.1 (i) $\begin{bmatrix} 5 & 0 \\ 0 & 5 \end{bmatrix}$ (ii) $\begin{bmatrix} 1 & 0 \\ 0 & -1 \end{bmatrix}$ (iii) $\begin{bmatrix} 0 & 1 \\ 1 & 0 \end{bmatrix}$ (iv) $\dfrac{1}{2}\begin{bmatrix} 1 & -1 \\ -1 & 1 \end{bmatrix}$ (v) $\begin{bmatrix} \cos\theta & -\sin\theta \\ \sin\theta & \cos\theta \end{bmatrix}$

23.2 $\begin{bmatrix} -4 & 17 & -25 \\ -3 & 1 & -2 \\ 3 & -9 & 15 \end{bmatrix}$

23.3 $\begin{bmatrix} -1 & 0 & 3 \\ 0 & 2 & 1 \\ 1 & -1 & 0 \end{bmatrix}$

23.4 (i) $\boldsymbol{a} = (\boldsymbol{a}_1, \boldsymbol{a}_2, \boldsymbol{a}_3)\begin{bmatrix} -2 \\ 5 \\ -3 \end{bmatrix}$. (ii) $B\begin{bmatrix} -2 \\ 5 \\ -3 \end{bmatrix} = \begin{bmatrix} 10 \\ 66 \end{bmatrix}$. $10\boldsymbol{b}_1 + 66\boldsymbol{b}_2$ が $A\boldsymbol{a}$ と等しいことを確かめよ．

23.5 $\begin{bmatrix} 2 & -1 & 0 \\ 0 & 2 & -2 \\ 0 & 0 & 2 \end{bmatrix}$. 全単射．

23.6 $\begin{bmatrix} \cos(\theta+\varphi) & -\sin(\theta+\varphi) \\ \sin(\theta+\varphi) & \cos(\theta+\varphi) \end{bmatrix} = \begin{bmatrix} \cos\theta & -\sin\theta \\ \sin\theta & \cos\theta \end{bmatrix}\begin{bmatrix} \cos\varphi & -\sin\varphi \\ \sin\varphi & \cos\varphi \end{bmatrix}$. 右辺の積を計算し，両辺を比較せよ．

23.7 $P = \begin{bmatrix} 3 & 4 \\ 2 & 3 \end{bmatrix}$, $Q = \begin{bmatrix} 3 & -4 \\ -2 & 3 \end{bmatrix}$

23.8 $\boldsymbol{u} = 4\boldsymbol{a}_1 + 5\boldsymbol{a}_2 = -17\boldsymbol{b}_1 + 13\boldsymbol{b}_2$. $P\begin{bmatrix} -17 \\ 13 \end{bmatrix} = \begin{bmatrix} 4 \\ 5 \end{bmatrix}$.

23.9 $\begin{bmatrix} 3 & -1 & 3 \\ 0 & -2 & 1 \end{bmatrix}$

24.1 $(1, x, x^2)$ に関する表現行列は $\begin{bmatrix} 1 & 1 & 1 \\ 0 & -1 & -2 \\ 0 & 0 & 1 \end{bmatrix}$. 固有値は $\lambda = 1, -1$. $\lambda = 1$ に対応する固有ベクトルは $\begin{bmatrix} 0 \\ -1 \\ 1 \end{bmatrix}$, $\begin{bmatrix} 1 \\ 0 \\ 0 \end{bmatrix}$, $\lambda = -1$ に対応する固有ベクトルは $\begin{bmatrix} -1/2 \\ 1 \\ 0 \end{bmatrix}$. よって対角化可能．新しい基底 $(-x + x^2, 1, -1/2 + x)$ をとると，表現行列は $\begin{bmatrix} 1 & 0 & 0 \\ 0 & 1 & 0 \\ 0 & 0 & -1 \end{bmatrix}$.

24.2 $\mathscr{A}$ に関する表現行列は $A = \begin{bmatrix} 3 & -4 & 0 \\ 0 & -2 & -1 \\ -6 & 6 & -1 \end{bmatrix}$. $P = \begin{bmatrix} -1 & -2/3 & -2/3 \\ -1 & -1/2 & -1/3 \\ 1 & 1 & 1 \end{bmatrix}$ とすると $P^{-1}AP = \begin{bmatrix} -1 & 0 & 0 \\ 0 & 0 & 0 \\ 0 & 0 & 1 \end{bmatrix}$.

25.1 $a_n = (2^n - (-1)^n)/3$

25.2 $y = C_1 e^x + C_2 e^{-6x}$

演習問題 VI

VI.1 (i) (iii) (vi) (vii) (viii) (x)

VI.2 (i) $\begin{bmatrix} 3 \end{bmatrix}$ (iii) $\begin{bmatrix} 1 & 2 \end{bmatrix}$ (vi) $\begin{bmatrix} 1 & 0 \\ 3 & 0 \end{bmatrix}$ (vii) $\begin{bmatrix} -1 & 2 & 0 \\ 0 & -1 & 4 \\ 0 & 0 & -1 \end{bmatrix}$ (viii) $\begin{bmatrix} 1 & 1 & 1 \\ 0 & 0 & 0 \\ 0 & 1 & 2 \\ 0 & 0 & 0 \\ 0 & 0 & 1 \end{bmatrix}$

(x) $\begin{bmatrix} 0 & -1 & 1 \\ 1 & 0 & 0 \\ 1 & 1 & 0 \end{bmatrix}$

VI.3 (i) $\begin{bmatrix} 34 \\ -21 \end{bmatrix}$ (ii) $\begin{bmatrix} 2x + 4y \\ 2x - 3y + 3z \end{bmatrix}$

VI.4 (i) $\begin{bmatrix} 1 \\ -2 \\ 0 \end{bmatrix}$ (ii) 直線 $\boldsymbol{x} = t \begin{bmatrix} 5 \\ -21 \\ 11 \end{bmatrix}$ (iii) $\begin{bmatrix} 3 \\ -14 \\ 8 \end{bmatrix}$ (iv) 平面 $\boldsymbol{x} = s \begin{bmatrix} 2 \\ -8 \\ 4 \end{bmatrix} + t \begin{bmatrix} 1 \\ -10 \\ 8 \end{bmatrix}$

(v) 直線 $\boldsymbol{x} = t \begin{bmatrix} 0 \\ 1 \\ -1 \end{bmatrix}$ (vi) $\emptyset$ (vii) 直線 $\boldsymbol{x} = \begin{bmatrix} -8 \\ 10 \\ 0 \end{bmatrix} + t \begin{bmatrix} -4 \\ 3 \\ 1 \end{bmatrix}$ (viii) $\mathbb{R}^3$

(ix) $\left(\begin{bmatrix} -4 \\ 3 \\ 1 \end{bmatrix} \right)$ (x) $\left(\begin{bmatrix} 1 \\ 0 \\ -2 \end{bmatrix}, \begin{bmatrix} 0 \\ 1 \\ -1 \end{bmatrix} \right)$

VI.5 $\boldsymbol{b}, \boldsymbol{c} \in \operatorname{Im} f_A$. $f^{-1}(\boldsymbol{b}) = \left\{ \begin{bmatrix} -5 \\ 3 \end{bmatrix} \right\}$, $f^{-1}(\boldsymbol{c}) = \left\{ \begin{bmatrix} -2 \\ 1 \end{bmatrix} \right\}$.

VI.6 (i) $\begin{bmatrix} 5 & 3 \\ -4 & -2 \end{bmatrix}$

(ii) $[f(\boldsymbol{a})]_{(\boldsymbol{a}_1, \boldsymbol{a}_2)} = \begin{bmatrix} 5 & 3 \\ -4 & -2 \end{bmatrix} \begin{bmatrix} 2 \\ 1 \end{bmatrix} = \begin{bmatrix} 13 \\ -10 \end{bmatrix}$. $f(\boldsymbol{a}) = 13\boldsymbol{a}_1 - 10\boldsymbol{a}_2 = \begin{bmatrix} 29 \\ 19 \\ 16 \end{bmatrix}$.

VI.7 (i) $\mathrm{Ker} f_A : \left(\begin{bmatrix} -1 \\ 2 \end{bmatrix}\right)$, $\dim \mathrm{Ker} f_A = 1$. $\mathrm{Im}\, f_A : \left(\begin{bmatrix} 2 \\ -1 \end{bmatrix}\right)$, $\dim \mathrm{Im}\, f_A = 1$.

$\mathrm{Ker} f_B$: 基底なし, $\dim \mathrm{Ker} f_B = 0$. $\mathrm{Im}\, f_B : \left(\begin{bmatrix} 1 \\ 0 \\ 0 \end{bmatrix}, \begin{bmatrix} 0 \\ 1 \\ 0 \end{bmatrix}, \begin{bmatrix} 0 \\ 0 \\ 1 \end{bmatrix}\right)$, $\dim \mathrm{Im}\, f_B = 3$.

$\mathrm{Ker} f_C : \left(\begin{bmatrix} -1 \\ 1 \\ 0 \end{bmatrix}\right)$, $\dim \mathrm{Ker} f_C = 1$. $\mathrm{Im}\, f_C : \left(\begin{bmatrix} 1 \\ 0 \\ -3 \end{bmatrix}, \begin{bmatrix} 0 \\ 1 \\ 1 \end{bmatrix}\right)$, $\dim \mathrm{Im}\, f_C = 2$.

$\mathrm{Ker} f_D$: 基底なし, $\dim \mathrm{Ker} f_D = 0$. $\mathrm{Im}\, f_D : \left(\begin{bmatrix} 1 \\ 0 \\ 0 \\ 0 \end{bmatrix}, \begin{bmatrix} 0 \\ 1 \\ 0 \\ 0 \end{bmatrix}, \begin{bmatrix} 0 \\ 0 \\ 1 \\ 2 \end{bmatrix}\right)$, $\dim \mathrm{Im}\, f_D = 3$.

$\mathrm{Ker} f_F : \left(\begin{bmatrix} -7 \\ 0 \\ 1 \end{bmatrix}\right)$, $\dim \mathrm{Ker} f_F = 1$. $\mathrm{Im}\, f_F : \left(\begin{bmatrix} 1 \\ 0 \\ -4 \\ 1 \end{bmatrix}, \begin{bmatrix} 0 \\ 1 \\ 2 \\ -1 \end{bmatrix}\right)$, $\dim \mathrm{Im}\, f_F = 2$.

$\mathrm{Ker} f_G : \left(\begin{bmatrix} 0 \\ -2 \\ 1 \\ 0 \end{bmatrix}\right)$, $\dim \mathrm{Ker} f_G = 1$. $\mathrm{Im}\, f_G : \left(\begin{bmatrix} 1 \\ 0 \\ 0 \end{bmatrix}, \begin{bmatrix} 0 \\ 1 \\ 0 \end{bmatrix}, \begin{bmatrix} 0 \\ 0 \\ 1 \end{bmatrix}\right)$, $\dim \mathrm{Im}\, f_G = 3$.

(ii) f_B, f_D
(iii) f_B, f_G

VI.8 (i) $\begin{bmatrix} 2 & 5 \\ 1 & 3 \end{bmatrix}$, $\begin{bmatrix} 3 & 5 & 2 \\ 0 & -1 & 0 \\ -2 & -4 & -1 \end{bmatrix}$ (ii) $\begin{bmatrix} 44 & 17 \\ -101 & -39 \end{bmatrix}$, $\begin{bmatrix} 0 & -4 & 2 \\ 0 & -1 & 0 \\ -1/2 & -4 & 2 \end{bmatrix}$

VI.9 (i) $P_1 = \begin{bmatrix} -4 & 5 \\ 1 & -1 \end{bmatrix}$, $P_2 = \begin{bmatrix} -1 & 1 & 0 \\ -4 & 9 & -1 \\ 0 & -1 & 0 \end{bmatrix}$, $P_3 = \begin{bmatrix} 1 & 5 \\ 1 & 4 \end{bmatrix}$,

$P_4 = \begin{bmatrix} -1 & 0 & -1 \\ 0 & 0 & -1 \\ 4 & -1 & -5 \end{bmatrix}$. (ii) $P_4AP_1 = \begin{bmatrix} 22 & -30 \\ 8 & -11 \\ 3 & -5 \end{bmatrix}$ (iii) $P_4A = \begin{bmatrix} -8 & -10 \\ -3 & -4 \\ -2 & -5 \end{bmatrix}$

VI.10 (i) $P = \begin{bmatrix} -1 & -1 \\ 2 & 3 \end{bmatrix}$, $P^{-1}AP = \begin{bmatrix} 5 & 0 \\ 0 & 3 \end{bmatrix}$ (ii) $P = \begin{bmatrix} -1 & 1 & -1 \\ 0 & 1 & 1 \\ 1 & 0 & 1 \end{bmatrix}$,

$P^{-1}BP = \begin{bmatrix} 2 & 0 & 0 \\ 0 & 2 & 0 \\ 0 & 0 & -5 \end{bmatrix}$ (iii) 固有値が $1, \pm\sqrt{-2}$ となるので，実ベクトル空間の線形変換としては対角化できない．

VI.11 $c_1 f(\boldsymbol{a}_1) + \cdots + c_r f(\boldsymbol{a}_r) = \mathbf{0}$ とすると，$f(c_1\boldsymbol{a}_1 + \cdots + c_r\boldsymbol{a}_r) = \mathbf{0}$．よって

$c_1\boldsymbol{a}_1+\cdots+c_r\boldsymbol{a}_r\in\mathrm{Ker}f$．単射だから $c_1\boldsymbol{a}_1+\cdots+c_r\boldsymbol{a}_r=\mathbf{0}$．$\boldsymbol{a}_1,\ldots,\boldsymbol{a}_r$ が1次独立だから，$c_1=\cdots=c_r=0$．

VI.12 (i) 略　(ii) $f(\mathbf{0}_V)=\mathbf{0}_W=\mathbf{0}_U$ だから $\mathbf{0}_V\in f^{-1}(U)$．次に $\boldsymbol{a}_1,\boldsymbol{a}_2\in f^{-1}(U)$ とする．逆像の定義から $\boldsymbol{b}_1,\boldsymbol{b}_2\in U$ で $f(\boldsymbol{a}_1)=\boldsymbol{b}_1, f(\boldsymbol{a}_2)=\boldsymbol{b}_2$ をみたすものがある．このとき $f(\boldsymbol{a}_1+\boldsymbol{a}_2)=f(\boldsymbol{a}_1)+f(\boldsymbol{a}_2)=\boldsymbol{b}_1+\boldsymbol{b}_2\in U$ だから，$\boldsymbol{a}_1+\boldsymbol{a}_2\in f^{-1}(U)$．また $k\in\mathbb{R}$ とすると，$f(k\boldsymbol{a}_1)=kf(\boldsymbol{a}_1)=k\boldsymbol{b}_1\in U$ より $k\boldsymbol{a}_1\in f^{-1}(U)$．

VI.13 (i) $\begin{bmatrix}1&1&1\\0&-1&-2\\0&0&1\end{bmatrix}$　(ii) $\begin{bmatrix}-5\\21\\-12\end{bmatrix}$　(iii) $\begin{bmatrix}-2&-3&0\\0&-2&-6\\0&0&-2\end{bmatrix}$

(iv) $-(2a+3b)-(2b+6c)(1-x)-2c(1-x)^2$

VI.14 (i) $(1,4+x,1-x+x^2)$　(ii) $(-2+x+x^2,2x+x^2,4+3x+x^2)$

VI.15 (i) $\begin{bmatrix}1&2&-1\\0&1&1\\0&0&1\\1&3&0\end{bmatrix}$，$\mathrm{Ker}f_1$：基底なし，　$\mathrm{Im}\,f_1:(\boldsymbol{b}_1+\boldsymbol{b}_4,\boldsymbol{b}_2+\boldsymbol{b}_4,\boldsymbol{b}_3)$

(ii) $\begin{bmatrix}-1&3&-2\\0&0&1\\-1&3&-2\\1&-3&2\end{bmatrix}$，$\mathrm{Ker}f_2:(3\boldsymbol{a}_1+\boldsymbol{a}_2)$，　$\mathrm{Im}\,f_2:(\boldsymbol{b}_1+\boldsymbol{b}_3-\boldsymbol{b}_4,\boldsymbol{b}_2)$

(iii) $\begin{bmatrix}0&7&-1\\2&0&-3\\-2&-7&-2\\0&0&-1\end{bmatrix}$，$\mathrm{Ker}f_3$：基底なし，　$\mathrm{Im}\,f_3:(6\boldsymbol{b}_1+\boldsymbol{b}_4,6\boldsymbol{b}_2+\boldsymbol{b}_4,6\boldsymbol{b}_3+\boldsymbol{b}_4)$

VI.16 固有値0に対する固有空間を V_0 とすると，

$$V_0=\{\boldsymbol{x}\in V\mid f(\boldsymbol{x})=0\boldsymbol{x}=\mathbf{0}\}=\mathrm{Ker}f.$$

したがって，系22.7より

$$f\text{ が可逆}\iff f\text{ が単射}\iff \mathrm{Ker}f=\{\mathbf{0}\}\iff V_0=\{\mathbf{0}\}.$$

最後の条件は f が固有値0をもたないことと同値．

VI.17 (i) 略　(ii) $A+B, kA$

VI.18 (i), (ii) 略　(iii) $\begin{bmatrix}E_n\\O\end{bmatrix}$

VI.19 $\boldsymbol{a}\in V$ とすると，$f(f(\boldsymbol{a}))=f(\boldsymbol{a})$ から $f(f(\boldsymbol{a})-\boldsymbol{a})=\mathbf{0}$．よって，$f(\boldsymbol{a})-\boldsymbol{a}\in\mathrm{Ker}f$．これから $\boldsymbol{b}\in\mathrm{Ker}f$ があって $f(\boldsymbol{a})-\boldsymbol{a}=\boldsymbol{b}$．したがって $\boldsymbol{a}=f(\boldsymbol{a})-\boldsymbol{b}\in\mathrm{Im}\,f+\mathrm{Ker}f$．直和であることをいうために，$\boldsymbol{a}\in\mathrm{Im}\,f\cap\mathrm{Ker}f$ とする．$\boldsymbol{a}=f(\boldsymbol{b})$ となる $\boldsymbol{b}$ がとれるが，$\boldsymbol{a}\in\mathrm{Ker}f$ より $\mathbf{0}=f(\boldsymbol{a})=f(f(\boldsymbol{b}))=f(\boldsymbol{b})$．よって $\boldsymbol{a}=f(\boldsymbol{b})=\mathbf{0}$ がわかる．よって $\mathrm{Im}\,f\cap\mathrm{Ker}f=\{\mathbf{0}\}$．

VI.20 (i) $F_{A,\boldsymbol{b}}$ が線形写像なら $\boldsymbol{a}_1,\boldsymbol{a}_2\in\mathbb{R}^n$ に対して，$F_{A,\boldsymbol{b}}(\boldsymbol{a}_1+\boldsymbol{a}_2)=F_{A,\boldsymbol{b}}(\boldsymbol{a}_1)+F_{A,\boldsymbol{b}}(\boldsymbol{a}_1)$．これを具体的に書くと $\boldsymbol{b}=\mathbf{0}$ がでる．逆に $\boldsymbol{b}=\mathbf{0}$ なら $F_{A,\mathbf{0}}$ は行列 A の

定める線形写像になる.
(ii) $F_{A_2,\boldsymbol{b}_2} \circ F_{A_1,\boldsymbol{b}_1} = F_{A_2A_1,A_2\boldsymbol{b}_1+\boldsymbol{b}_2}$
(iii) $F_{A,\boldsymbol{b}}$ が可逆とする. $f : \boldsymbol{x} \mapsto F_{A,\boldsymbol{b}}(\boldsymbol{x}) - F_{A,\boldsymbol{b}}(\boldsymbol{0}) = A\boldsymbol{x}$ を考えると, これは $\mathbb{R}^n$ の線形変換. $\boldsymbol{x} \in \mathrm{Ker} f$ とすると, $F_{A,\boldsymbol{b}}(\boldsymbol{x}) - F_{A,\boldsymbol{b}}(\boldsymbol{0}) = \boldsymbol{0}$. すなわち $F_{A,\boldsymbol{b}}(\boldsymbol{x}) = F_{A,\boldsymbol{b}}(\boldsymbol{0})$. $F_{A,\boldsymbol{b}}$ は仮定から可逆だから, 逆写像で両辺を写すことにより, $\boldsymbol{x} = \boldsymbol{0}$ がわかる. よって $\mathrm{Ker} f = \{\boldsymbol{0}\}$. 系 22.7 より f は全単射である. 系 22.11 から A は正則になる. 逆に A が正則ならば, $F_{A^{-1},-A^{-1}\boldsymbol{b}_1}$ が $F_{A,\boldsymbol{b}_1}$ の逆写像になることが確かめられる.

第 VII 章

26.1 $c_1 = 1, c_2 = -1$ なら, 例えば $a = \begin{bmatrix} 1 \\ 1 \end{bmatrix}$ に対して, $(\boldsymbol{a}, \boldsymbol{a}) = 0$.

26.2 (ii) $\|c\boldsymbol{a}\| = \sqrt{(c\boldsymbol{a}, c\boldsymbol{a})} = \sqrt{c^2(\boldsymbol{a}, \boldsymbol{a})} = |c|\,\|\boldsymbol{a}\|$

26.3 $\boldsymbol{a} \cdot \boldsymbol{b} = -14$, $\|\boldsymbol{a}\| = 9$

26.4 (i) 2 (ii) 0 (iii) $\dfrac{2\sqrt{6}}{3}$

27.1 $\left(\dfrac{1}{\sqrt{2}} \begin{bmatrix} 1 \\ 0 \\ 1 \end{bmatrix}, \dfrac{1}{\sqrt{6}} \begin{bmatrix} -1 \\ 2 \\ 1 \end{bmatrix}, \dfrac{1}{\sqrt{3}} \begin{bmatrix} 1 \\ 1 \\ -1 \end{bmatrix} \right)$

27.2 (i) $\begin{bmatrix} 3 \\ 6 \\ 3 \end{bmatrix}$ (ii) $\begin{bmatrix} 1 \\ 4 \\ 9 \end{bmatrix}$

27.3 (i) $\left(\dfrac{1}{\sqrt{10}} \begin{bmatrix} 1 \\ 3 \end{bmatrix}, \dfrac{1}{\sqrt{10}} \begin{bmatrix} 3 \\ -1 \end{bmatrix} \right)$ (ii) $\left(\dfrac{1}{\sqrt{3}} \begin{bmatrix} 1 \\ 1 \\ -1 \end{bmatrix}, \dfrac{1}{\sqrt{6}} \begin{bmatrix} 2 \\ -1 \\ 1 \end{bmatrix}, \dfrac{1}{\sqrt{2}} \begin{bmatrix} 0 \\ 1 \\ 1 \end{bmatrix} \right)$

27.4 $\begin{bmatrix} 2/3 \\ 4/3 \\ 2 \\ -2/3 \end{bmatrix} \in W$ と $\begin{bmatrix} -2/3 \\ 8/3 \\ -1 \\ 5/3 \end{bmatrix} \in W^{\perp}$ の和.

27.5 今の場合は与えられた 2 つのベクトルの外積 $\begin{bmatrix} -1 \\ 3 \\ -10 \end{bmatrix}$ が $W^{\perp}$ の基底になって, $\dim W^{\perp} = 1$.

28.1 (i) $\|f(\boldsymbol{a})\|^2 = (f(\boldsymbol{a}), f(\boldsymbol{a})) = (\boldsymbol{a}, \boldsymbol{a}) = \|\boldsymbol{a}\|^2$
(ii) $(f(\boldsymbol{u}_i), f(\boldsymbol{u}_j)) = (\boldsymbol{u}_i, \boldsymbol{u}_j) = \delta_{ij}$

28.2 $a = \pm\dfrac{1}{\sqrt{2}}$, $b = \pm\dfrac{1}{\sqrt{6}}$, $c = \pm\dfrac{1}{\sqrt{3}}$ (複号任意)

28.3 ${}^{\mathrm{t}}AA = E$ の両辺の行列式をとって，$1 = |{}^{\mathrm{t}}AA| = |{}^{\mathrm{t}}A|\ |A| = |A|^2$.

29.1 固有値は 2 のみ．$V_2 = \left\langle \begin{bmatrix} -i \\ 1 \end{bmatrix} \right\rangle$.

29.2 A： $P = \begin{bmatrix} 1/\sqrt{2} & -1/\sqrt{2} \\ 1/\sqrt{2} & 1/\sqrt{2} \end{bmatrix}$，$P^{-1}AP = \begin{bmatrix} 2 & 0 \\ 0 & 4 \end{bmatrix}$

B： $P = \begin{bmatrix} 1/\sqrt{3} & -1/\sqrt{2} & -1/\sqrt{6} \\ 1/\sqrt{3} & 0 & 2/\sqrt{6} \\ 1/\sqrt{3} & 1/\sqrt{2} & -1/\sqrt{6} \end{bmatrix}$，$P^{-1}BP = \begin{bmatrix} 4 & 0 & 0 \\ 0 & 1 & 0 \\ 0 & 0 & 1 \end{bmatrix}$

29.3 $\dfrac{\pi}{6}$ 回転すると，$(x'+1)^2 - (y'-1)^2/3^2 = 1$ になる．

30.1 $\dfrac{(f(x),1)}{\pi} = \dfrac{\pi}{2}$，$a_k = 0\ (k \geq 1)$，$b_k = \dfrac{2}{k^2\pi}((-1)^k - 1)$.

31.1 (i) $-3+3i$　(ii) $-3-3i$　(iii) $\sqrt{6}$

31.2 $\left(\dfrac{1}{\sqrt{2}} \begin{bmatrix} 1 \\ 0 \\ i \end{bmatrix}, \dfrac{1}{3} \begin{bmatrix} 2i \\ 1 \\ 2 \end{bmatrix}, \dfrac{1}{3\sqrt{2}} \begin{bmatrix} i \\ -4 \\ 1 \end{bmatrix} \right)$

31.3 $\boldsymbol{x} \in \langle \boldsymbol{a}, \boldsymbol{b} \rangle^{\perp}$ とすると，$\begin{bmatrix} {}^{\mathrm{t}}\boldsymbol{a} \\ {}^{\mathrm{t}}\boldsymbol{b} \end{bmatrix} \overline{\boldsymbol{x}} = \boldsymbol{0}$. 複素共役をとると，${}^{\mathrm{t}}\begin{bmatrix} \overline{\boldsymbol{a}} & \overline{\boldsymbol{b}} \end{bmatrix} \boldsymbol{x} = \boldsymbol{0}$. この連立 1 次方程式の解空間の基底を求めると，$\begin{bmatrix} -i \\ -1+i \\ 1 \end{bmatrix}$.

32.1 $(f(\boldsymbol{u}_i), f(\boldsymbol{u}_j)) = (\boldsymbol{u}_i, \boldsymbol{u}_j) = \delta_{ij}$

32.2 $(\boldsymbol{u}_1, \ldots, \boldsymbol{u}_n), (\boldsymbol{v}_1, \ldots, \boldsymbol{v}_n)$ を二組の正規直交基底とし，$(\boldsymbol{u}_1, \ldots, \boldsymbol{u}_n) = (\boldsymbol{v}_1, \ldots, \boldsymbol{v}_n)P$ で基底変換行列 P を決める．P の第 i 列 $\boldsymbol{p}_i$ は $\boldsymbol{u}_i$ の正規直交基底 $(\boldsymbol{v}_1, \ldots, \boldsymbol{v}_n)$ に関する座標である．よって命題 31.4 より $\delta_{ij} = (\boldsymbol{u}_i, \boldsymbol{u}_j) = \boldsymbol{p}_i \cdot \boldsymbol{p}_j$. これは $(\boldsymbol{p}_1, \ldots, \boldsymbol{p}_n)$ が正規直交基底であることを示す．

32.3 (iv) 任意の $\boldsymbol{x}, \boldsymbol{y} \in \mathbb{C}^n$ に対し，$(AB)^*$ の定義より，$(AB)\boldsymbol{x} \cdot \boldsymbol{y} = \boldsymbol{x} \cdot (AB)^*\boldsymbol{y}$. 一方，$(AB)\boldsymbol{x} \cdot \boldsymbol{y} = A(B\boldsymbol{x}) \cdot \boldsymbol{y} = B\boldsymbol{x} \cdot A^*\boldsymbol{y} = \boldsymbol{x} \cdot B^*A^*\boldsymbol{y}$. したがって，(iv) が成り立つ．

32.4 命題 23.12 と同じ計算で $U^{-1}CU$ となるが，U はユニタリ行列なのでこれは U^*CU と同じ．

32.5 A をユニタリ行列とすると，$AA^* = E$. これから A^* は A の逆行列であることがわかるので $A^*A = E$. よって $AA^* = A^*A$ が成り立つ．

32.6 $\boldsymbol{x} \in V_\alpha$ なら，$A(A^*\boldsymbol{x}) = A^*(A\boldsymbol{x}) = \alpha A^*\boldsymbol{x}$. これは $A^*\boldsymbol{x} \in V_\alpha$ を示す．V_α の正規直交基底を $(\boldsymbol{u}_1, \ldots, \boldsymbol{u}_s)$ とすると，

$$(A^*\boldsymbol{u}_i, \boldsymbol{u}_j) = (\boldsymbol{u}_i, A\boldsymbol{u}_j) = \overline{\alpha}(\boldsymbol{u}_i, \boldsymbol{u}_j) = \overline{\alpha}\delta_{ij}.$$

したがって，$A^*\boldsymbol{u}_i = \overline{\alpha}\boldsymbol{u}_i$. 任意の $\boldsymbol{x} \in V_\alpha$ は $\boldsymbol{u}_1, \ldots, \boldsymbol{u}_s$ の 1 次結合だから，$A^*\boldsymbol{x} = \overline{\alpha}\boldsymbol{x}$ が成り立つ．

32.7 $U = \begin{bmatrix} \frac{i}{\sqrt{2}} & -\frac{i}{\sqrt{2}} & 0 \\ \frac{1}{\sqrt{3}} & \frac{1}{\sqrt{3}} & -\frac{1}{\sqrt{3}} \\ \frac{1}{\sqrt{6}} & \frac{1}{\sqrt{6}} & \frac{2}{\sqrt{6}} \end{bmatrix}$, $U^*AU = \begin{bmatrix} \sqrt{3}i & 0 & 0 \\ 0 & -\sqrt{3}i & 0 \\ 0 & 0 & 0 \end{bmatrix}$.

$$A = \sqrt{3}i \begin{bmatrix} \frac{1}{2} & \frac{i}{\sqrt{6}} & \frac{i}{2\sqrt{3}} \\ -\frac{i}{\sqrt{6}} & \frac{1}{3} & \frac{1}{3\sqrt{2}} \\ -\frac{i}{2\sqrt{3}} & \frac{1}{3\sqrt{2}} & \frac{1}{6} \end{bmatrix} - \sqrt{3}i \begin{bmatrix} \frac{1}{2} & -\frac{i}{\sqrt{6}} & -\frac{i}{2\sqrt{3}} \\ \frac{i}{\sqrt{6}} & \frac{1}{3} & \frac{1}{3\sqrt{2}} \\ \frac{i}{2\sqrt{3}} & \frac{1}{3\sqrt{2}} & \frac{1}{6} \end{bmatrix}.$$

32.8 λ を P の固有値，$\boldsymbol{x}$ を対応する固有ベクトルとすると，$P\boldsymbol{x} = \lambda\boldsymbol{x}$. 両辺に P を左からかけて $P^2 = P$ を使うと，$P\boldsymbol{x} = \lambda P\boldsymbol{x} = \lambda^2\boldsymbol{x}$. よって $\lambda^2 = \lambda$. したがって $\lambda = 0, 1$.

32.9 (i) 定理 32.7 より P_i は正規行列であることに注意し，問 32.3 を使えばよい.
(ii) $(\alpha_1 P_1 + \cdots + \alpha_r P_r)(\alpha_1^{-1} P_1 + \cdots + \alpha_r^{-1} P_r) = E$ と，スペクトル分解の一意性から，A^{-1} のスペクトル分解は

$$A^{-1} = \alpha_1^{-1} P_1 + \cdots + \alpha_r^{-1} P_r$$

となる．よって $\boldsymbol{x} = A^{-1}\boldsymbol{b} = \alpha_1^{-1} P_1 \boldsymbol{b} + \cdots + \alpha_r^{-1} P_r \boldsymbol{b}$.

演習問題 VII

VII.1 (i) $\frac{1}{6}\begin{bmatrix} 5 & -2 & -1 \\ -2 & 2 & -2 \\ -1 & -2 & 5 \end{bmatrix}$ (ii) $\frac{1}{3}\begin{bmatrix} 2 & -2 & -1 \\ -2 & -1 & -2 \\ -1 & -2 & 2 \end{bmatrix}$

VII.2 (i) $\frac{17}{9}\begin{bmatrix} 1 \\ 2 \\ -2 \end{bmatrix}$ (ii) $\frac{1}{5}\begin{bmatrix} 13 \\ 26 \\ -10 \end{bmatrix}$

VII.3 (i) $\left(\frac{1}{\sqrt{10}}\begin{bmatrix} 1 \\ 3 \\ 0 \end{bmatrix}, \frac{1}{\sqrt{14}}\begin{bmatrix} 3 \\ -1 \\ 2 \end{bmatrix}, \frac{1}{\sqrt{35}}\begin{bmatrix} -3 \\ 1 \\ 5 \end{bmatrix} \right)$

(ii) $\left(\frac{1}{3}\begin{bmatrix} 2 \\ 2 \\ 1 \end{bmatrix}, \frac{1}{\sqrt{5}}\begin{bmatrix} -1 \\ 0 \\ 2 \end{bmatrix}, \frac{1}{3\sqrt{5}}\begin{bmatrix} 4 \\ -5 \\ 2 \end{bmatrix} \right)$

(iii) $\left(\frac{1}{\sqrt{3}}\begin{bmatrix} 1 \\ 1 \\ 1 \\ 0 \end{bmatrix}, \frac{1}{\sqrt{6}}\begin{bmatrix} -1 \\ 0 \\ 1 \\ 2 \end{bmatrix}, \frac{1}{3\sqrt{3}}\begin{bmatrix} 3 \\ -4 \\ 1 \\ 1 \end{bmatrix}, \frac{1}{3\sqrt{6}}\begin{bmatrix} -3 \\ -2 \\ 5 \\ -4 \end{bmatrix} \right)$

VII.4 (i) $\left(\begin{bmatrix} 1 \\ 0 \\ 0 \\ 2 \end{bmatrix}, \begin{bmatrix} -1 \\ 0 \\ 2 \\ 0 \end{bmatrix}, \begin{bmatrix} -1 \\ 2 \\ 0 \\ 0 \end{bmatrix} \right)$ (ii) $\left(\begin{bmatrix} 0 \\ 1 \\ 0 \\ 1 \end{bmatrix}, \begin{bmatrix} -1 \\ 0 \\ 2 \\ 0 \end{bmatrix} \right)$

(iii) $\left(\begin{bmatrix}0\\1\\0\\1\end{bmatrix}, \begin{bmatrix}-1\\0\\2\\0\end{bmatrix}\right)$ (iv) $\left(\begin{bmatrix}-1\\0\\2\\0\end{bmatrix}\right)$

VII.5 $A:\ P = \dfrac{1}{\sqrt{2}}\begin{bmatrix}-1 & 0 & 1\\ 0 & \sqrt{2} & 0\\ 1 & 0 & 1\end{bmatrix},\ P^{-1}AP = \begin{bmatrix}-2 & 0 & 0\\ 0 & -1 & 0\\ 0 & 0 & 4\end{bmatrix}$

$$B:\ P = \begin{bmatrix}1/\sqrt{6} & -2/\sqrt{5} & -1/\sqrt{30}\\ 2/\sqrt{6} & 1/\sqrt{5} & -2/\sqrt{30}\\ 1/\sqrt{6} & 0 & 5/\sqrt{30}\end{bmatrix},\ P^{-1}BP = \begin{bmatrix}-3 & 0 & 0\\ 0 & 9 & 0\\ 0 & 0 & 9\end{bmatrix}$$

$$C:\ P = \begin{bmatrix}-1/\sqrt{2} & 0 & 0 & 1/\sqrt{2}\\ 0 & 0 & 1 & 0\\ 0 & 1 & 0 & 0\\ 1/\sqrt{2} & 0 & 0 & 1/\sqrt{2}\end{bmatrix},\ P^{-1}CP = \begin{bmatrix}4 & 0 & 0 & 0\\ 0 & 4 & 0 & 0\\ 0 & 0 & 4 & 0\\ 0 & 0 & 0 & -2\end{bmatrix}$$

$$D:\ P = \begin{bmatrix}-1/\sqrt{5} & -4/\sqrt{70} & 2/3 & 4/(3\sqrt{14})\\ 0 & -5/\sqrt{70} & -2/3 & 5/(3\sqrt{14})\\ 0 & 5/\sqrt{70} & 0 & 9/(3\sqrt{14})\\ 2/\sqrt{5} & -2/\sqrt{70} & 1/3 & 2/(3\sqrt{14})\end{bmatrix},\ P^{-1}DP = \begin{bmatrix}-2 & 0 & 0 & 0\\ 0 & -2 & 0 & 0\\ 0 & 0 & 12 & 0\\ 0 & 0 & 0 & 12\end{bmatrix}$$

VII.6 (i) ${}^{\mathrm{t}}AA = E$ の両辺の逆行列をとると，$A^{-1}({}^{\mathrm{t}}A)^{-1} = E$. 命題 4.5 より $({}^{\mathrm{t}}A)^{-1} = {}^{\mathrm{t}}(A^{-1})$ だから A^{-1} も直交行列.
(ii) ${}^{\mathrm{t}}(AB)(AB) = {}^{\mathrm{t}}B\,{}^{\mathrm{t}}AAB = {}^{\mathrm{t}}BEB = {}^{\mathrm{t}}BB = E$

VII.7 命題 27.11 と命題 19.12 による.

VII.8 (i) $4X^2 + Y^2 - 1 = 0$ (ii) $X^2 - Y^2 + 1 = 0$ (iii) $X + Y^2 + 1 = 0$

VII.9 $\left(\dfrac{\sqrt{2}}{2}, \dfrac{\sqrt{6}}{2}x, \dfrac{3\sqrt{10}}{4}\left(x^2 - \dfrac{1}{3}\right), \dfrac{5\sqrt{14}}{4}\left(x^3 - \dfrac{3}{5}x\right)\right)$

VII.10 (i) 略

(ii) $\theta \neq 0, \pi$ のとき，$V_1 = \left\langle \begin{bmatrix}1+\cos\theta\\ \sin\theta\end{bmatrix} \right\rangle,\ V_{-1} = \left\langle \begin{bmatrix}-1+\cos\theta\\ \sin\theta\end{bmatrix} \right\rangle$.

$\theta = 0$ のとき，$V_1 = \left\langle \begin{bmatrix}1\\0\end{bmatrix} \right\rangle, V_{-1} = \left\langle \begin{bmatrix}0\\1\end{bmatrix} \right\rangle$.

$\theta = \pi$ のとき，$V_1 = \left\langle \begin{bmatrix}0\\1\end{bmatrix} \right\rangle, V_{-1} = \left\langle \begin{bmatrix}1\\0\end{bmatrix} \right\rangle$.

(iii) $\varphi = \theta/2$

VII.11 2 直線を $y = \tan(\theta_1/2)$, $y = \tan(\theta_2/2)$ とすると，演習問題 VII.10 により，折り返しの行列は $\begin{bmatrix}\cos\theta_i & \sin\theta_i\\ \sin\theta_i & -\cos\theta_i\end{bmatrix}$ $(i = 1, 2)$ となる．その合成は

$$\begin{bmatrix}\cos\theta_1 & \sin\theta_1\\ \sin\theta_1 & -\cos\theta_1\end{bmatrix}\begin{bmatrix}\cos\theta_2 & \sin\theta_2\\ \sin\theta_2 & -\cos\theta_2\end{bmatrix} = \begin{bmatrix}\cos(\theta_2-\theta_1) & -\sin(\theta_2-\theta_1)\\ \sin(\theta_2-\theta_1) & \cos(\theta_2-\theta_1)\end{bmatrix}$$

より，$\theta_2 - \theta_1$ 回転の行列になる．逆に，上の式で $\theta_1 = -\theta_2$ とおけば，

$$\begin{bmatrix} \cos(2\theta_2) & -\sin(2\theta_2) \\ \sin(2\theta_2) & \cos(2\theta_2) \end{bmatrix} = \begin{bmatrix} \cos\theta_2 & \sin\theta_2 \\ \sin\theta_2 & -\cos\theta_2 \end{bmatrix} \begin{bmatrix} \cos(-\theta_2) & \sin(-\theta_2) \\ \sin(-\theta_2) & -\cos(-\theta_2) \end{bmatrix}.$$

これは任意の回転行列が x 軸に関して対称な 2 直線に関する折り返しの合成として得られることを示す．

VII.12 $\boldsymbol{a} \in W$ とする．任意の $\boldsymbol{b} \in W^{\perp}$ について，$(\boldsymbol{a}, \boldsymbol{b}) = 0$. よって $\boldsymbol{a} \in (W^{\perp})^{\perp}$. 逆に $\boldsymbol{a} \in (W^{\perp})^{\perp}$ とする．$\boldsymbol{a} = \boldsymbol{x}_1 + \boldsymbol{x}_2$ $(\boldsymbol{x}_1 \in W, \boldsymbol{x}_2 \in W^{\perp})$ と表す．$\boldsymbol{b} \in W^{\perp}$ に対して，$(\boldsymbol{x}_2, \boldsymbol{b}) = (\boldsymbol{x}_1, \boldsymbol{b}) + (\boldsymbol{x}_2, \boldsymbol{b}) = (\boldsymbol{a}, \boldsymbol{b}) = 0$. よって $\boldsymbol{x}_2 \in W^{\perp} \cap (W^{\perp})^{\perp} = \{\boldsymbol{0}\}$. よって $\boldsymbol{a} = \boldsymbol{x}_1 \in W$.

VII.13 $(\Longrightarrow)$ $y_2 \in {W_2}^{\perp}$ ならば任意の $x_2 \in W_2$ に対して，$(x_2, y_2) = 0$. $W_2 \supset W_1$ より，これは任意の $x_2 \in W_1$ に対しても成り立つ．よって $y_2 \in {W_1}^{\perp}$.
$(\Longleftarrow)$ $x_1 \in W_1$ とする．任意の $y_1 \in {W_1}^{\perp}$ に対して，$(x_1, y_1) = 0$. ${W_1}^{\perp} \supset {W_2}^{\perp}$ より，この式は任意の $y_1 \in {W_2}^{\perp}$ についても成り立つ．よって $x_1 \in ({W_2}^{\perp})^{\perp} = W_2$. 最後のところで，演習問題 VII.12 を使った．

VII.14 (i) $$\left(\boldsymbol{x} - \frac{2(\boldsymbol{x}, \boldsymbol{a})}{(\boldsymbol{a}, \boldsymbol{a})}\boldsymbol{a}, \boldsymbol{y} - \frac{2(\boldsymbol{y}, \boldsymbol{a})}{(\boldsymbol{a}, \boldsymbol{a})}\boldsymbol{a}\right)$$
$$= (\boldsymbol{x}, \boldsymbol{y}) - \frac{2(\boldsymbol{x}, \boldsymbol{a})}{(\boldsymbol{a}, \boldsymbol{a})}(\boldsymbol{a}, \boldsymbol{y}) - \frac{2(\boldsymbol{y}, \boldsymbol{a})}{(\boldsymbol{a}, \boldsymbol{a})}(\boldsymbol{x}, \boldsymbol{a}) + \frac{4(\boldsymbol{x}, \boldsymbol{a})(\boldsymbol{y}, \boldsymbol{a})}{(\boldsymbol{a}, \boldsymbol{a})^2}(\boldsymbol{a}, \boldsymbol{a})$$
$$= (\boldsymbol{x}, \boldsymbol{y}).$$

(ii) $\boldsymbol{x}$ を固有値 λ の固有ベクトルとする．$\boldsymbol{x} - \dfrac{2(\boldsymbol{x}, \boldsymbol{a})}{(\boldsymbol{a}, \boldsymbol{a})}\boldsymbol{a} = \lambda \boldsymbol{x}$ の両辺と $\boldsymbol{a}$ の内積をとって整理すると，$(\lambda + 1)(\boldsymbol{x}, \boldsymbol{a}) = 0$. これから $\lambda = -1$ または $(\boldsymbol{x}, \boldsymbol{a}) = 0$. もとの式にもどすと，$V_{-1} = \langle \boldsymbol{a} \rangle$, $V_1 = \langle \boldsymbol{a} \rangle^{\perp}$.

VII.15 問 32.3 を使う．(i) は $(iH)^* = \bar{i}H^* = -iH^* = -(iH)$. また (iii) は $AA^* = A^*A = H_1^2 - H_2^2$ が確かめられる．

VII.16 (i) $a, b, c, d \in \mathbb{R}$ とする．$aE + bI + cJ + dK = \begin{bmatrix} a + bi & c + di \\ -c + di & a - bi \end{bmatrix}$. $aE + bI + cJ + dK = O \iff a = b = c = d = 0$ より E, I, J, K は $\mathbb{R}$ 上 1 次独立．
(ii) (A, B) 成分が AB の積になるように表を作ると

	E	I	J	K
E	E	I	J	K
I	I	$-E$	K	$-J$
J	J	$-K$	$-E$	I
K	K	J	$-I$	$-E$

(iii) (i) の行列の行列式は $a^2 + b^2 + c^2 + d^2$. この値が 0 になるのは $a = b = c = d = 0$ のときのみ．逆行列は $\frac{1}{a^2+b^2+c^2+d^2} \begin{bmatrix} a - bi & -c - di \\ c - di & a + bi \end{bmatrix} = aE - bI - cJ - dK$.

(iv) $aE + bI = \begin{bmatrix} a + bi & 0 \\ 0 & a - bi \end{bmatrix} \mapsto a + bi$ が同型写像 $\langle E, I \rangle \cong \mathbb{C}$ を与える．

(v) A を2次ユニタリ行列とし，ユニタリ行列 U で対角化して $U^*AU = \begin{bmatrix} \lambda_1 & 0 \\ 0 & \lambda_2 \end{bmatrix}$ となったとする．この行列もユニタリ行列だから $|\lambda_1| = 1$, $|\lambda_2| = 1$．また $\det A = \lambda_1\lambda_2 = 1$ だから，$\lambda_2 = \overline{\lambda}_1$．したがって $U^*AU \in \langle E, I \rangle$.

(vi) $\det(aE + cJ) = a^2 + c^2 = 1$ なので $(aE + cJ)^{\mathrm{t}}(aE + cJ) = E$.

VII.17 (i) $\det U = 1$ とする．このとき

$$U \text{ がユニタリ行列} \iff U^{-1} = U^* \iff d = \overline{a},\ c = -\overline{b}.$$

よって $U = \begin{bmatrix} a & b \\ -\overline{b} & \overline{a} \end{bmatrix}$．したがって $1 = \det U = |a|^2 + |b|^2 = x_1^2 + x_2^2 + x_3^2 + x_4^2$.

(ii) $\mathrm{tr}\, U = 2x_1$ と $F_U(\lambda) = x^2 - (\mathrm{tr}\, U)\lambda + \det U$ によりわかる．

(iii) (a) $V \ni A = \begin{bmatrix} ix_2 & x_3 + ix_4 \\ -x_3 + ix_4 & -ix_2 \end{bmatrix}$ となるので，$A^* = -A$.

(b) $V \ni A = x_2 I + x_3 J + x_4 K$ による．

(c) $\det f_U(A) = \det(UAU^*) = \det U \det A \det U^* = \det(UU^*) \det A = \det A = 1$．また章末問題II.13を使うと，$\mathrm{tr}\, f_U(A) = \mathrm{tr}\,(U(AU^*)) = \mathrm{tr}\,((AU^*)U) = \mathrm{tr}\, A = 0$.

(d) $U = x_1E + x_2I + x_3J + x_4K$ と書ける．

$(f_U(I), f_U(J), f_U(K))$

$$= (I, J, K) \begin{bmatrix} x_1^2 + x_2^2 - x_3^2 - x_4^2 & 2x_1x_4 + 2x_2x_3 & -2x_1x_3 + 2x_2x_4 \\ -2x_1x_4 + 2x_2x_3 & x_1^2 - x_2^2 + x_3^2 - x_4^2 & 2x_1x_2 + 2x_3x_4 \\ 2x_1x_3 + 2x_2x_4 & -2x_1x_2 + 2x_3x_4 & x_1^2 - x_2^2 - x_3^2 + x_4^2 \end{bmatrix}.$$

また $C\,{}^{\mathrm{t}}C$ は対角成分 $(x_1^2 + x_2^2 + x_3^2 + x_4^2)^2 = (\det U)^2 = 1$ をもつ行列になる．

VII.18 簡単のため $V_i = V_{\alpha_i}$ と書く．任意の $\boldsymbol{x} \in V$ に対して，

$$f(\varphi_i(\boldsymbol{x})) = (\alpha_1\varphi_1 + \cdots + \alpha_r\varphi_r)(\varphi_i(\boldsymbol{x})) = \alpha_i{\varphi_i}^2(\boldsymbol{x}) = \alpha_i\varphi_i(\boldsymbol{x}).$$

よって $\mathrm{Im}\,\varphi_i \subset V_i$．一方 $\mathrm{id}_V = \varphi_1 + \cdots + \varphi_r$ より $V = \mathrm{Im}\,\varphi_1 + \cdots + \mathrm{Im}\,\varphi_r$．これらの式から $V = V_1 + \cdots + V_r$ かつ $\mathrm{Im}\,\varphi_i = V_i$.

また $\boldsymbol{a} \in V_i \cap (V_1 + \cdots + V_{i-1} + V_{i+1} + \cdots + V_r)$ とし，$\varphi_i(\boldsymbol{x}) = \boldsymbol{a} = \sum_{j \neq i} \varphi_j(\boldsymbol{y}_j)$ と $\boldsymbol{x} \in V_i$，$\boldsymbol{y}_i \in V_j$ を使って表したとする．このとき

$$\left(\varphi_i(\boldsymbol{x}), \sum_{j \neq i} \varphi_j(\boldsymbol{y}_j)\right) = \left(\boldsymbol{x}, \sum_{j \neq i} {\varphi_i}^*\varphi_j(\boldsymbol{y}_j)\right) = \left(\boldsymbol{x}, \sum_{j \neq i} \varphi_i\varphi_j(\boldsymbol{y}_j)\right) = (\boldsymbol{x}, \boldsymbol{0}) = 0.$$

よって $\boldsymbol{a} = \boldsymbol{0}$ となるので，$V_i \cap (V_1 + \cdots + V_{i-1} + V_{i+1} + \cdots + V_r) = \{\boldsymbol{0}\}$．したがって，$V = V_1 \oplus \cdots \oplus V_r$.

最後に $i \neq j$ のとき，$\varphi_i(\boldsymbol{x}) \in V_i$ と $\varphi_j(\boldsymbol{y}) \in V_j$ ならば，

$$(\varphi_i(\boldsymbol{x}), \varphi_j(\boldsymbol{y})) = (\boldsymbol{x}, {\varphi_i}^*\varphi_j(\boldsymbol{y})) = (\boldsymbol{x}, \varphi_i\varphi_j(\boldsymbol{y})) = (\boldsymbol{x}, \boldsymbol{0}) = 0.$$

よって V_i と V_j は直交する．

記号索引

索　　引

●さ　行

●た 行

●な 行

●は 行

著者略歴

木田雅成（きだ まさなり）

1965年　石川県生まれ
1989年　早稲田大学理工学部数学科卒業
1994年　The Johns Hopkins University
　　　　博士課程修了　Ph.D.
2008年　電気通信大学教授
現　在　東京理科大学理学部第一部数学
　　　　科教授

主要著書

楕円曲線論入門（共訳，丸善出版，1995）
数理・情報系のための整数論講義
（サイエンス社，2007）
素数全書（共訳，朝倉書店，2010）
連分数（近代科学社，2022）

2013年3月28日　初版発行
2023年1月20日　増補版発行
2023年9月8日　増補版第2刷発行

線形代数学講義

著　者　木田雅成
発行者　山本　格

発行所　株式会社　培風館
東京都千代田区九段南4-3-12・郵便番号102-8260
電話(03)3262-5256(代表)・振替00140-7-44725

平文社印刷・牧製本

PRINTED IN JAPAN

ISBN 978-4-563-01251-9 C3041